Unterwegs in die Welt von morgen

Unterwegs in die Welt von morgen

Utopische Geschichten
und Science-fiction-Romane

Verlag Das Beste
Stuttgart · Zürich · Wien

Die Texte in diesem Buch
erscheinen mit Genehmigung der Verleger

116

PRINTED IN GERMANY
ISBN 3 87070 347 4

Leben ohne Ende

von GEORGE R. STEWART

Ins Deutsche übertragen von
Ernst Sander

Illustrationen: Peter Klaucke

Erster Teil

DIE PEST

1

... und die Regierung der Vereinigten Staaten von Amerika wird hiermit ihres Amtes enthoben, ausgenommen ist der District of Columbia, als außerhalb des Notstandsgebietes gelegen. Die Bundesbeamten und -angestellten, einschließlich der Offiziere der bewaffneten Streitkräfte, unterstellen sich der Befehlsgewalt der einzelnen Staaten oder den noch amtierenden örtlichen Regierungs- und Verwaltungsstellen. Auf Befehl des Regierenden Präsidenten. Gott schütze die Bevölkerung der Vereinigten Staaten ...

Hier eine soeben vom Obersten Rat der Notstandsgebiete eingetroffene Nachricht: Das Lazarettlager West-Oakland ist aufgegeben worden. Seine Funktionen, einschließlich der Bestattungen im Meere, werden jetzt vom Berkeley-Lager übernommen und durchgeführt. Das ist alles ...

Lassen Sie diesen Sender eingeschaltet; er ist der einzige jetzt noch in Betrieb befindliche im nördlichen Kalifornien. Wir werden Sie so lange wie möglich über die weitere Entwicklung informieren.

Gerade als er den Felsrand erklommen hatte, hörte er ein plötzliches Rascheln und leises Klappern und verspürte den scharfen Stich der Giftzähne. Mechanisch riß er die rechte Hand zurück; als er den Kopf wandte, erblickte er die Schlange, die zusammengerollt und drohend dalag. Sie war nur klein, stellte er im gleichen Augenblick fest, da er die Hand an die Lippen hob und heftig am unteren Teil des Zeigefingers sog, wo ein winziger Blutstropfen hervorquoll.

Keine Zeit mit dem Totschlagen der Schlange verlieren! dachte er.

Immerfort am Finger saugend, glitt er vom Felsen herunter. Unten sah er den Hammer an der Stelle, wo er ihn hingelegt hatte. Er hob ihn mit der linken Hand auf und stieg dann den schmalen, holprigen

Pfad hinab. Er hastete nicht. Dabei kam nichts heraus. Hast beschleunigte lediglich den Herzschlag, und das Gift zirkulierte schneller. Doch sein Herz pochte so rasch, sei es der Aufregung wegen oder aus Angst, daß es sich, so meinte er, völlig gleichblieb, ob er schneller ging oder nicht. Als er bei einer Baumgruppe angelangt war, nahm er sein Taschentuch und knotete es sich um das rechte Handgelenk. Mit einem Zweigstück drehte er das Tuch so fest, daß der Blutkreislauf abgestaut wurde.

Im Weitergehen spürte er, wie Schreck und Bestürzung von ihm wichen. Allmählich schlug sein Herz wieder langsamer. Beim Abwägen des Geschehenen empfand er kaum Furcht. Er war jung, kräftig und gesund. Solch ein Biß hatte schwerlich üble Folgen, obwohl er ganz allein war und im Moment noch ohne die richtigen Gegenmittel.

Jetzt sah er die Hütte daliegen. Seine Hand fühlte sich steif an. Bevor er in die Hütte ging, blieb er stehen und lockerte den Knebel an seinem Handgelenk; er hatte irgendwo gelesen, daß man das tun solle, damit das Blut wieder zirkulieren könne. Dann drehte er ihn erneut fest.

Er stieß die Tür auf und ließ dabei den Hammer zu Boden fallen. Mit dem Stiel nach oben fiel das Werkzeug auf sein schweres Ende, wackelte einen Augenblick und blieb dann stehen, den Stiel in der Luft.

Er sah in der Tischschublade nach und fand seine Schlangenbißausrüstung, die er an diesem vertrackten Tage eigentlich hätte bei sich haben müssen. Schnell befolgte er die Gebrauchsanweisung, ritzte mit der Rasierklinge ein sauberes kleines Kreuz über die Bißstelle und setzte die Gummisaugpumpe an. Dann legte er sich auf seine Pritsche und sah zu, wie die Gummibirne sich langsam ausdehnte, während sie das Blut aufsog.

Er empfand keinerlei Todesahnungen. Die ganze Geschichte erschien ihm lediglich als ein lästiger Zwischenfall. Immerfort war ihm gesagt worden, er solle nicht ohne Begleitung in die Berge gehen – „und ja nicht ohne Hund!" hatte man gewöhnlich hinzugefügt. Aber er hatte die Warner dann stets ausgelacht. Ein Hund machte einem unausgesetzt Scherereien und spürte Stachelschweinen oder Stinktieren nach; und überdies machte er sich nichts aus Hunden, im Gegenteil! Nun würde es natürlich heißen: „Na ja, wir hatten Sie ja gewarnt."

Im Fieber warf er sich herum; ihm war, als baue er sich eine Verteidigungsrede zusammen. „Vielleicht", so könnte er etwa sagen, „hat gerade das Gefährliche dabei mich gelockt!" Es würde der Wahrheit näher kommen, wenn er sagte: „Ich mag nun eben manchmal gern allein sein; ich muß einfach dann und wann dem Fragwürdigen den Rücken kehren, das der Umgang mit anderen Leuten mit sich bringt." Indessen würde es seine beste Verteidigung sein, wenn er bloß sagte, er sei, zumindest während des letzten Jahres, aus beruflichen Gründen allein in die Berge gegangen: Schließlich war er Doktorand und schrieb an seiner Dissertation: „Die Ökologie des Black-Creek-Gebietes". Er hatte die Wechselbeziehungen zwischen Menschen, Pflanzen und Tieren jener Gegend zu erforschen. Da war es doch klar, daß er nicht warten konnte, bis ihm ein geeigneter Kamerad über den Weg lief. Überdies war es ihm nie in den Sinn gekommen, daß er sich einer ernstlichen Gefahr aussetzte. Obwohl kein Mensch im Umkreis von acht Kilometern rings um seine Hütte wohnte, war während des Sommers kaum ein Tag hingegangen, ohne daß ein Angler vorbeigekommen wäre, der in seinem Wagen die felsige Straße entlangfuhr oder einfach dem Bachlauf folgte.

Als ihm das einfiel, überlegte er, wann er eigentlich den letzten Angler gesehen hatte. In der letzten Woche schwerlich. Er konnte sich tatsächlich nicht erinnern, ob er während der beiden Wochen, die er ganz allein in der Hütte verbracht hatte, überhaupt einen gesehen hatte. Eines Abends war nach Einbruch der Dunkelheit ein Wagen vorbeigefahren. Es war ihm seltsam vorgekommen, daß bei Dunkelheit ein Auto gerade diese Straße entlangfuhr, und er vermochte den Grund dafür nicht einzusehen; denn für gewöhnlich zelteten die Leute unten, ehe die Nacht hereinbrach, und kamen erst morgens herauf. Aber vielleicht, dachte er, hatten sie zu ihrem Lieblingsbach hinauffahren und in aller Frühe fischen wollen.

Nein, wahrhaftig, während der letzten beiden Wochen hatte er mit keiner Menschenseele ein Wort gewechselt, und er konnte sich nicht einmal erinnern, jemanden gesehen zu haben.

Ein zuckender Schmerz machte ihm wieder bewußt, was gegenwärtig geschah. Die Hand fing an zu schwellen. Er lockerte den Knebel, damit das Blut wieder zirkulieren konnte.

Ja, jetzt wurde ihm bewußt, daß er gänzlich außerhalb aller Verbindungen mit der Außenwelt stand. Er hatte kein Radio. Vielleicht hatte es einen Börsenkrach oder ein zweites Pearl Harbor gegeben;

dergleichen hätte das Ausbleiben der Angler erklärt. Jedenfalls bestand allem Anschein nach nur geringe Aussicht, daß jemand kommen und ihm helfen würde. Er mußte eben sehen, wie er auf eigene Faust zurechtkam.

Der Nachmittag schleppte sich hin. Er verspürte nicht die mindeste Eßlust, als die Stunde des Abendessens heranrückte; aber er bereitete sich auf dem Benzinkocher eine Kanne Kaffee und trank mehrere Tassen. Er hatte heftige Schmerzen; doch trotz der Schmerzen und trotz des Kaffees wurde er müde ...

Plötzlich wachte er im Zwielicht auf und merkte sogleich, daß jemand die Hüttentür aufgestoßen hatte. Unvermittelt empfand er Erleichterung in der Gewißheit, daß er jetzt Hilfe habe. Zwei Männer in städtischer Kleidung standen dort, sehr anständig wirkende Männer, obwohl sie auf eine befremdliche Weise hierhin und dorthin starrten, als ob sie Furcht hätten. „Ich bin krank", sagte er auf seiner Pritsche, und jäh sah er, wie die Furcht auf ihren Gesichtern sich in wildes Entsetzen wandelte. Sie machten schleunigst kehrt, ohne auch nur die Tür zu schließen, und rannten davon. Einen Augenblick später scholl das Geräusch eines anspringenden Motors herüber. Es wurde schwächer und schwächer, als sich der Wagen auf der Straße entfernte.

Nun erschrak er zum erstenmal, richtete sich auf der Pritsche auf und schaute aus dem Fenster. Das Auto war bereits hinter der Kurve verschwunden. Er begriff von alledem nichts. Warum waren die beiden so plötzlich in wildem Entsetzen davongelaufen, ohne ihm wenigstens ihre Hilfe anzubieten?

Er stand auf. Im Osten dämmerte es; also hatte er bis zum anderen Morgen geschlafen. Seine rechte Hand war geschwollen und schmerzte. Abgesehen davon fühlte er sich nicht allzu schlecht. Er wärmte sich den Kaffee auf, kochte sich einen Haferbrei und legte sich wieder auf die Pritsche, in der Hoffnung, daß er sich über kurz oder lang kräftig genug fühlen würde, um die Fahrt zu den Johnsons auf dem nächstgelegenen Bauernhof wagen zu können – nur dann freilich, wenn in der Zwischenzeit niemand vorbeikommen, anhalten, ihm helfen und nicht wie die beiden andern, die verrückt gewesen sein mußten, beim Anblick eines Kranken davonlaufen würde.

Bald jedoch fühlte er sich sehr viel schlechter; er meinte, es müsse eine Art Rückfall sein. Er lag auf seiner Pritsche und schrieb ein paar Zeilen; denn er glaubte, er müsse einen kurzen Bericht über das

Geschehene hinterlassen. Natürlich würde es nicht allzulange dauern, bis ihn jemand fand; sicherlich würden seine Eltern in ein paar Tagen bei Johnsons anrufen, wenn sie nichts von ihm hörten. Er brachte es fertig, mit der linken Hand die Worte aufs Papier zu kritzeln. Er unterschrieb lediglich: „Ish". Es war zu beschwerlich, den vollen Namen Isherwood Williams hinzuschreiben, und es kannte ihn jeder unter seinem Spitznamen.

Am Nachmittag fühlte er sich wie ein schiffbrüchiger Seemann, der von seinem Floß aus einen Dampfer am Horizont entlanggleiten sieht, als er die Geräusche von zwei Autos hörte, die die steile Straße hinauffuhren. Sie kamen näher, und dann fuhren sie vorüber, ohne anzuhalten. Er rief; doch er war jetzt geschwächt und ganz sicher, daß seine Stimme nicht über die hundert Schritte bis zur Straßenbiegung drang, wo die Wagen vorbeifuhren.

Obwohl sein Befinden sich nicht besserte, stand er strauchelnd und taumelnd auf, ehe es dunkel wurde, und steckte die Kerosinlampe an. Er wollte nicht im Dunkeln liegenbleiben.

Voll schlimmer Befürchtungen warf er einen Blick in den kleinen Spiegel, der des schrägen Hüttendachs wegen unter Augenhöhe hing. Sein längliches Gesicht war stets hager gewesen und kam ihm jetzt kaum hagerer vor; doch durch die Sonnenbräune seiner Wangen hindurch glühte es rötlich. Seine großen blauen Augen waren blutunterlaufen und starrten ihn fieberglänzend an. Sein immer wirres hellbraunes Haar stand ihm jetzt in allen Richtungen vom Kopfe und vervollständigte das Spiegelbild eines schwerkranken jungen Mannes.

Er legte sich wieder auf seine Pritsche. Allzu ängstlich war ihm nicht zumute, obwohl er jetzt nahezu fest überzeugt war, daß er sterben müsse. Plötzlich überfiel ihn ein heftiger Schüttelfrost; dann glitt er ins Fieber hinein. Auf dem Tisch brannte die Lampe ruhig fort, und er konnte in der Hütte Umschau halten. Der Hammer, den er hatte zu Boden fallen lassen, stand nach wie vor dort, mit dem Stiel steif nach oben, sicher ausbalanciert. Da er ihn stets vor Augen hatte, beanspruchte der Hammer einen unziemlich großen Teil seines Bewußtseins – er dachte ein wenig regellos darüber nach, als sei er dabei, sein Testament zu machen, ein altmodisches Testament, in dem er genau das Hab und Gut aufschrieb, das er hinterließ. „Ein Hammer, Eisengewicht vier Pfund, Stiel dreißig Zentimeter lang, leicht angekratzt, etwas verwittert, Hammerkopf leicht angerostet, noch verwendbar." Es hatte ihm mächtig Spaß gemacht, als er den

Hammer gefunden hatte. Er hielt ihn für das einzige Verbindungsglied zur Vergangenheit. Irgendein Bergmann hatte ihn wohl in jenen alten Zeiten benutzt. Im Fieber dachte er, daß er vielleicht gar seiner Dissertation ein Bild des Hammers einfügen könne.

Die meisten dieser umdunkelten Stunden verbrachte er in einer Art leichten Alpdrucks; Husten plagte ihn; manchmal glaubte er zu erstikken; es überkam ihn Schüttelfrost, und dann glühte er wieder im Fieber. Ein hellroter Ausschlag, wie Masern, begann sich zu zeigen. Bei Tagesanbruch sank er abermals in einen tiefen Schlaf.

„Es hat sich nie ereignet" kann keinesfalls bedeuten: „Es kann sich nie ereignen!" Das käme der Behauptung gleich: „Da ich mir nie das Bein gebrochen habe, ist mein Bein unzerbrechlich" oder: „Da ich nie gestorben bin, bin ich unsterblich." Zunächst denkt man an eine große Insektenplage – an Heuschrecken –, wenn die Art sich urplötzlich über alle Maßen vermehrt und dann genauso unvermutet wieder zu der geringen Zahl wie kurz zuvor absinkt. Genauso fluktuieren auch die höheren Tiere. Die Lemminge vermehren sich und schwinden hin. Die Schneeschuhhasen nehmen eine Reihe von Jahren hindurch zu, bis sie eine Höchstzahl erreichen; dann überfällt sie mit dramatischer Plötzlichkeit ihre Pest. Einige Zoologen vermuten darin sogar ein biologisches Gesetz: die Zahl der Individuen innerhalb einer Spezies bleibe nie konstant, sondern sei in stetem Steigen und Fallen begriffen – je höher das Tier stehe und je länger die Aufzucht seiner Nachkommen dauere, desto länger sei auch die Fluktuationsperiode.

Was nun den Menschen betrifft, so besteht wenig Grund zu der Annahme, daß er auf die Dauer dem Schicksal der übrigen Geschöpfe entgehen kann, und wenn es tatsächlich ein biologisches Gesetz von Ebbe und Flut gibt, so ist seine gegenwärtige Situation recht gefährlich. Zehntausend Jahre lang war seine Zahl in stetem Ansteigen begriffen, trotz aller Kriege, Seuchen und Hungersnöte. Immer schneller hat das Anwachsen der Bevölkerung sich vollzogen. Biologisch betrachtet hat der Mensch bereits viel zu lange eine ununterbrochene Folge von „sieben guten Jahren" durchlebt.

Als er gegen Mittag erwachte, empfand er unvermittelt ein wohliges Gefühl. Am Nachmittag war sein Kopf klar.

Er aß etwas und beschloß dann, den Versuch einer Fahrt hinunter zu den Johnsons zu wagen. Er hielt sich nicht damit auf, alles einzupacken. Nur seine kostbaren Notizbücher und den Fotoapparat nahm er mit. Im letzten Augenblick hob er wie aus einer Art Zwangsvorstellung heraus den Hammer auf, trug ihn zum Wagen und warf ihn vor seinem Sitz auf den Boden. Langsam fuhr er los und bediente sich der rechten Hand sowenig wie möglich.

Bei den Johnsons war alles still. Er ließ den Wagen bis zur Benzinpumpe rollen, wo er anhielt. Niemand kam heraus, um ihm den Tank zu füllen; das war nichts Besonderes, da Johnsons Pumpe wie die meisten im Gebirge jedermann auf eigene Faust zur Verfügung stand. Er hupte und wartete ein Weilchen. Dann stieg er aus und ging die wackeligen Stufen hinauf, die zu dem Raum führten, der als Laden diente, wo die Camper Zigaretten und Konserven aller Art erstehen konnten. Er ging hinein; es war niemand da.

Sein Tank war nahezu leer. Die Pumpe war nicht abgeschlossen, und so griff er zur Selbsthilfe und tankte vierzig Liter; mühsam kritzelte er mit der linken Hand einen Scheck, den er auf dem Zahlbrett hinterließ, zusammen mit der Notiz: „Ihr wart alle weg. Habe vierzig Liter getankt. Ish."

Als er die Straße hinabfuhr, hatte er plötzlich eine schwache Empfindung von Unbehagen. Die Johnsons an einem Werktag auf und davon, die Tür unverschlossen, weit und breit kein Angler – das während der Nacht vorüberfahrende Auto und die beiden Männer, die davongerannt waren, als sie einen andern Mann krank auf der Pritsche in einer einsamen Gebirgshütte hatten liegen sehen! Doch das Wetter war prächtig, und seine Hand schmerzte ihn nicht allzusehr; und überdies schien er jene zweite seltsame Infektion überstanden zu haben, wenn es sich überhaupt um dergleichen und nicht einzig um den Schlangenbiß gehandelt hatte. Sein körperliches Befinden war jetzt beinahe wieder normal. Die Straße wand sich geruhsam zwischen lichten Fichtenhainen neben einem kleinen, schnell strömenden Fluß dahin. Als er beim Black-Creek-Kraftwerk anlangte, fühlte er sich auch geistig und seelisch wieder völlig normal.

Das Kraftwerk sah von oben bis unten aus wie gewöhnlich. Er hörte das Summen der großen Generatoren und sah Ströme dampfenden Wassers unten heraustosen. Auf der Brücke brannte eine Laterne. Er dachte: Vermutlich macht sich niemals jemand die Mühe, das Licht auszuschalten. Sie haben so viel Strom, daß sie nicht damit zu sparen brauchen.

Er spielte mit dem Gedanken, über die Brücke in das Kraftwerk hineinzugehen, nur um jemand zu sehen und die sonderbaren Ängste zu beschwichtigen, die in ihm aufzusteigen begonnen hatten. Doch der Anblick und die Geräusche, die ankündigten, daß alles seinen normalen Gang ging, waren beruhigende Anzeichen, daß schließlich das Kraftwerk arbeitete wie sonst auch, obwohl er keine Menschenseele sah. Aber selbst dabei war nichts Auffälliges. Der Arbeitsvorgang verlief so automatisch, daß dort nur ein paar Leute beschäftigt waren, und die hielten sich zumeist drinnen auf.

Gerade als er an dem Kraftwerk vorüber war, kam ein großer Collie aus einem der hinteren Gebäude gelaufen. Vom anderen Ufer des Flusses her bellte er Ish laut und ungestüm an. Aufgeregt rannte er hin und her.

Verrückter Köter! dachte Ish. Warum ist er wohl so aufgeregt? Ob er mir zu sagen versucht, ich dürfe das Kraftwerk nicht stehlen?

Er durchfuhr die Kurve, und das Bellen blieb hinter ihm zurück. Doch der Anblick des Hundes hatte ihn abermals davon überzeugt, daß sich alles im Normalzustand befand. Ish begann zufrieden vor sich hin zu pfeifen. Jetzt hatte er nur noch fünfzehn Kilometer zurückzulegen, bis er zur ersten Stadt kam, einem kleinen Ort namens Hutsonville.

Man vergegenwärtige sich den Fall der „Captain-Maclear-Ratte". Dieses interessante Nagetier lebte auf der Weihnachtsinsel, einem winzigen Fleckchen tropischen Grüns etwa zweihundert Meilen südlich von Java. Die Art war 1887 zum erstenmal wissenschaftlich beschrieben worden: sie sei groß und kräftig, habe höckrige Jochbögen, und das Vorderende der Jochbeinplatte trete auffällig hervor.

Ein Naturwissenschaftler beobachtete, daß die Ratten die Insel „in Schwärmen" bewohnten und sich von Früchten und jungen Sprossen nährten. Für die Ratten bedeutete die Insel eine ganze Welt, ein irdisches Paradies. Der Beobachter notierte: „Sie scheinen sich das ganze Jahr hindurch zu vermehren." Aber das Übermaß an tropischem Wachstum war derart, daß die Ratten nicht so zahlreich geworden wären, wenn sie in stetem Wettbewerb mit andern Angehörigen der Spezies gestanden hätten. Die einzelnen Ratten waren außerordentlich gut genährt und selbst unmäßig fett.

Im Jahr 1903 brach eine neue Seuche aus. Infolge ihrer ungeheuren Population und wahrscheinlich wohl auch infolge der verweichlich-

ten Konstitution der Einzeltiere erkrankten die Ratten sämtlich und starben bald zu Tausenden. Trotz ihrer großen Zahl, trotz einer verschwenderischen Fülle an Nahrung, trotz ihrer schnellen Vermehrung ist die Spezies ausgestorben.

Er fuhr über eine Bodenwelle und sah Hutsonville in etwa drei Kilometer Entfernung vor sich liegen. Gerade als er sich anschickte, bergab zu fahren, bemerkte er seitlich etwas, das ihm einen kalten Schauer über den Rücken jagte. Mechanisch trat er hart auf die Bremse. Er stieg aus. Am Straßenrand lag, deutlich sichtbar, die Leiche eines völlig bekleideten Mannes, über dessen Gesicht Ameisen liefen. Die Leiche mußte schon mindestens zwei Tage dort gelegen haben. Warum war sie noch nicht entdeckt worden? Er beugte sich nieder und stellte keine großen Nachforschungen an; denn selbstverständlich kam es jetzt darauf an, nach Hutsonville hineinzufahren und so schnell wie möglich der Polizei Meldung zu erstatten. Er hastete zu seinem Wagen zurück.

Doch als er wieder anfuhr, hatte er tief im Innern die sonderbare Empfindung, daß dies kein Fall für die Polizei sei und daß es womöglich gar keine Polizei mehr gebe. Weder bei den Johnsons noch beim Kraftwerk hatte er jemanden gesehen, und auf der Landstraße war ihm kein einziger Wagen begegnet. Das, was ihm vom früheren Leben her als wirklich erschienen war, das waren die brennende Laterne beim Kraftwerk und das ruhige Summen der großen Generatoren im Innern gewesen, die weiterarbeiteten.

Als er dann an die ersten Häuser kam, atmete er plötzlich leichter; denn auf einer freien Stelle scharrte eine Henne in aller Ruhe im Staub, ein halbes Dutzend Küken um sich herum, und etwas weiter vorn überquerte eine schwarzweiße Katze so unbeteiligt den Bürgersteig, wie sie es an jedem andern Junitage ebenfalls getan hätte.

Die Nachmittagshitze lag schwer über der Straße, und er sah niemanden. Faul wie eine mexikanische Stadt, dachte er. Alles hält Siesta. Plötzlich merkte er, daß er es laut gesagt hatte, wie einer, der pfeift, um sich Mut zu machen. Er kam ins Geschäftszentrum, hielt am Bordstein an und stieg aus. Es war niemand da.

Er drückte auf die Klinke der Tür eines kleinen Restaurants. Sie war offen. Er ging hinein. „Hallo!" rief er.

Es kam niemand. Nicht einmal ein Echo antwortete und beruhigte ihn.

Die Tür der Bank war geschlossen, obwohl noch längst nicht Geschäftsschluß war. Die Tür der Eisenwarenhandlung hinter der Bank war offen. Er ging hinein; abermals rief er, und wiederum erscholl nicht einmal ein Echo als Antwort. Er schaute in eine Bäckerei; dort hörte er nur ein winziges Geräusch wie von einer flüchtenden Maus.

Auf der gegenüberliegenden Straßenseite lag eine kleine Billardstube, wo er oftmals angehalten und sich eine Zeitung gekauft hatte. Er ging hinüber. Die Tür war verschlossen. Er schaute durch die Fensterscheibe und sah Zeitungen auf dem Gestell. Er starrte durch den Lichtwiderschein auf der Scheibe hindurch, und plötzlich sah er, daß die Schlagzeilen größer waren als damals diejenigen für Pearl Harbor. Er las:

AKUTE KRISE

Was für eine Krise? Mit jähem Entschluß ging er rasch zu seinem Wagen hinüber und holte den Hammer. Einen Augenblick später stand er mit dem schweren Werkzeug vor der Tür.

Dann brachten ihn die Hemmungen des gewohnten Anstands zum Innehalten. Als gesetzestreuer Staatsbürger konnte man nicht einfach auf solcherlei Weise in ein Haus einbrechen. Er spähte die Straße hinauf und hinab, als könne sich jeden Augenblick ein Polizist auf ihn stürzen.

Aber die Leere der Straße machte ihn anderen Sinnes, und das Entsetzen schwemmte alle Hemmungen hinweg. Zum Teufel! dachte er, schließlich kann ich ja die Tür bezahlen, wenn es sein muß!

Mit der wilden Empfindung, als verbrenne er die Brücken und lasse die Zivilisation hinter sich, schwang er den schweren Hammer mit aller Kraft gegen das Türschloß. Das Holz splitterte, die Tür flog auf, er stolperte hinein.

Der erste Schreck durchzuckte ihn, als er nach der Zeitung griff. Die *Chronicle*, die einzige, deren er sich erinnerte, war dick – mindestens zwanzig oder dreißig Seiten stark. Die Zeitung jedoch, die er in der Hand hielt, war wie ein kleines Dorfblatt, eine einzige zusammengefaltete Seite. Sie trug das Datum des Mittwochs der vergangenen Woche.

Die Schlagzeilen sagten ihm das Wesentlichste. Die Vereinigten Staaten wurden von Ozean zu Ozean von einer neuen, unbekannten Seuche von beispielloser Schnelligkeit der Ausbreitung und der tödlichen Wirkung heimgesucht. In verschiedenen Städten angestellte

Schätzungen, die kaum mehr als Vermutungen waren, gaben an, daß zwischen fünfundzwanzig und fünfunddreißig Prozent der Bevölkerung bereits gestorben seien. Er las, daß aus Boston, Atlanta und New Orleans keine Berichte zu bekommen seien, was darauf schließen lasse, daß der Nachrichtendienst in diesen Städten bereits zusammengebrochen sei. Indem er hastig den übrigen Inhalt der Zeitung überflog, hatte er eine Fülle von Eindrücken – ein Durcheinander, in das er kaum einen logischen Zusammenhang zu bringen vermochte. Die Symptome der Seuche waren diejenigen einer Art „Über-Masern". Keiner konnte mit Sicherheit angeben, in welchem Teil der Welt die Seuche zuerst ausgebrochen war; durch Flugreisende verbreitet, war sie fast gleichzeitig in jedem Zivilisationszentrum aufgetreten und hatte alle Versuche zu einer Quarantäne überrannt.

In einem Interview wies ein Bakteriologe von Rang auf drei Möglichkeiten hin. Die Seuche könne sich von irgendeinem tierischen Krankheitsherd aus verbreitet haben; sie könne durch irgendeinen neuen Mikroorganismus verursacht worden sein, wahrscheinlich ein durch Mutation entstandenes Virus; sie könne einem Laboratorium für Bakterienkrieg entstammen, aus dem der Erreger ausgebrochen oder möglicherweise gar aus Rachsucht absichtlich verbreitet worden sei. Augenscheinlich hatte die Volksmeinung sich für die letzte Annahme entschieden. Es hieß, die Seuche entstehe in der Luft, wahrscheinlich auf Staubpartikeln. Ein seltsamer Umstand war, daß die Isolierung der Einzelmenschen keinerlei Abhilfe zu schaffen schien.

Die Herren von der Presse hatten nicht versäumt, auch in ihre, wie sie vermutlich wußten, letzte Ausgabe ein paar von ihren geliebten Sensationsberichten einzustreuen. In Omaha war ein religiöser Fanatiker nackt durch die Straßen gelaufen und hatte schallend das Ende der Welt verkündet. In Sacramento hatte eine übergeschnappte Frau die Käfige einer Zirkusmenagerie geöffnet, aus Furcht, die Tiere könnten Hungers sterben, und war von einer Löwin zerrissen worden. Von größerem wissenschaftlichen Interesse war die Meldung des Zoodirektors von San Diego, seine Menschenaffen und Meerkatzen gingen rasch nacheinander ein, während die übrigen Tiere frei von Ansteckung seien.

Indem er las, empfand Ish eine sich immerfort steigernde Schwäche angesichts dieser geballten Anhäufung von Schrecken, und zugleich übermannte ihn ein Gefühl der Einsamkeit. Dennoch las er wie gebannt weiter.

Wenigstens war die Zivilisation, die menschliche Rasse, so schien es, tapfer zugrunde gegangen. Von manchen Völkern wurde berichtet, sie seien aus den Städten geflohen – doch die Zurückgebliebenen waren, soweit man das den eine Woche alten Zeitungen zu entnehmen vermochte, keiner schmählichen Panik verfallen. Die Zivilisation war zurückgewichen; aber sie hatte ihre Verwundeten mit sich genommen und dem Feind ins Antlitz geschaut. Ärzte und Krankenpflegerinnen waren auf ihren Posten verblieben, und Tausende hatten sich als Helfer zur Verfügung gestellt. Ganze Stadtgebiete waren zu Lazarettlagern und Sammelstellen erklärt worden. Das gesamte Geschäftsleben hatte aufgehört; Lebensmittel wurden indessen auf Grund von Notstandsmaßnahmen weiter verkauft. Obwohl ein Drittel der Bevölkerung tot war, blieben Fernsprechwesen und Versorgung mit Wasser, Licht und Kraftstrom in den meisten Städten in Betrieb. Um unerträgliche Zustände zu vermeiden, die zu einem völligen Zusammenbruch der Moral geführt hätten, setzten die Behörden strenge Verordnungen für Massenbestattungen durch, die augenblicklich zu erfolgen hatten.

Ish las die Zeitung, und dann las er sie sorgfältiger ein zweites Mal. Als er mit der zweiten Lesung zu Ende gekommen war, ging er hinaus und setzte sich in seinen Wagen. Lange Zeit saß er da und dachte nach; vielmehr dachte er nicht eigentlich, sondern sein Geist glitt ziellos über die Dinge hin.

Die Sonne war beinahe untergegangen, als er sich aufraffte. Er ließ den Motor an und fuhr die Straße hinab; dann und wann hielt er und hupte. Er bog in eine Seitenstraße ein und durchfuhr nach und nach die ganze Stadt, in unregelmäßigen Abständen hupend. Die Stadt war klein, und so gelangte er innerhalb einer Viertelstunde an seinen Ausgangspunkt zurück. Er hatte niemand gesehen und keinerlei Antwort vernommen.

Diesmal hielt er nicht nochmals in dem Geschäftsviertel an, sondern fuhr weiter bis zu dem Hause, das er als das beste der Stadt erkannt hatte. Er stieg aus dem Wagen und nahm den Hammer mit. Diesmal brach er die Tür ohne Zögern und Hemmungen auf; dreimal mußte er kräftig zuschlagen, dann flog sie nach innen. Wie er erwartet hatte, stand im Wohnzimmer ein großer Radioapparat.

Er unternahm einen raschen Erkundungsgang. Kein Mensch da! sagte er sich. Dann traf ihn der unerbittliche Sinn seiner Worte wie ein Keulenschlag: Kein Mensch! Keine Menschenseele!

Er spürte, wie die beiden Ausdrücke in seinem Denken zusammenschmolzen und eins wurden. Er ging wieder in das Wohnzimmer. Er schaltete das Radio ein und stellte fest, daß das Elektrizitätswerk noch arbeitete. Er ließ die Röhren warm werden und suchte sorgfältig. Nur ein schwaches Knacken von atmosphärischen Störungen drang an sein gespannt lauschendes Ohr; es wurde nirgendwo ein Programm gesendet. Er schaltete auf Kurzwelle; aber auch dort herrschte Schweigen. Systematisch prüfte er nochmals beide Wellenbereiche durch. Natürlich, dachte er, sind noch ein paar Sender in Betrieb; wahrscheinlich senden sie aber kein Vierundzwanzig-Stunden-Programm.

Er stellte auf einen Sender ein, von dem er wußte, daß er besonders stark war, und ging von dem Radio weg. Wenn der Sender kam, würde er ihn hören. Er legte sich auf eine Couch.

Der Abend war warm. Von seiner Krankheit körperlich erschöpft, schlief Ish bald ein.

Hoch über ihm zogen Mond, Planeten und Sterne ihre langen, weiten Bahnen. Sie hatten keine Augen; sie konnten nicht sehen; doch von den Zeiten an, da sich im Menschen die Phantasie gebildet hatte, war er überzeugt gewesen, daß sie auf die Erde hinabschauten.

Und wenn wir noch immer diesem Glauben anhingen und wenn sie tatsächlich in jener Nacht zur Erde hinabschauten: Was sahen sie dann?

Wir müssen gestehen, daß sie keinerlei Veränderung sahen. Obwohl der Rauch von Schloten und Schornsteinen nicht mehr aufstieg und die Atmosphäre verdüsterte, erhob sich nach wie vor der Rauch der Vulkane und der Waldbrände. Selbst vom Monde aus betrachtet muß der Planet in jener Nacht geschimmert haben wie gewöhnlich – weder strahlender noch düsterer.

Er erwachte im hellen Tageslicht. Als er seine Hand untersuchte, stellte er fest, daß der Schmerz von dem Schlangenbiß her sich bis auf eine empfindliche Stelle verflüchtigt hatte. Auch sein Kopf war klar, und er spürte, daß die andere Krankheit, sofern es eine andere Krankheit und nicht eine der Folgen des Schlangenbisses gewesen war, sich gleichfalls gebessert hatte. Dann stutzte er plötzlich, als ihm etwas einfiel, das er zuvor nicht bedacht hatte. Der Gedanke lag nahe, daß auch er von der neuen Seuche ergriffen gewesen war und daß sie gegen das Schlangengift in seinem Blute angekämpft hatte, in der Weise, daß das eine das andere neutralisierte. Zumindest stellte das die einfachste Erklärung dafür dar, daß er noch am Leben war.

Während er ausgestreckt auf der Couch lag, empfand er eine große Ruhe. Die einzelnen Teile des Puzzlespiels fingen jetzt an, auf die Stelle zu rücken, an die sie gehörten. Die beiden Männer, die, von panischem Entsetzen gepackt, davongelaufen waren, als sie in der Hütte einen Kranken hatten liegen sehen – sie waren lediglich arme Flüchtlinge gewesen, voller Furcht, daß die Seuche sie bereits überholt habe. Das Auto, das in der Dunkelheit auf der Straße vorübergesaust war, hatte weitere Flüchtlinge befördert; vielleicht waren es gar die Johnsons gewesen.

Doch als er so dalag, bereitete ihm nicht einmal der Gedanke allzu große Unruhe, daß er vielleicht der einzige lebende Mensch sei, der auf der Erde zurückgeblieben war. Möglicherweise rührte das daher, daß er während der letzten Zeit nur wenige Menschen zu Gesicht bekommen hatte, so daß das Erschreckende dieser neuen Vorstellung ihn weniger hart traf als jemand, der seine Mitgeschöpfe ringsum hatte sterben sehen. Überdies aber konnte er letztlich nicht glauben, und er hatte auch keinen überzeugenden Grund für diese Annahme, daß er der einzige überlebende Mensch auf der Erde sei. Der letzte Zeitungsbericht gab an, daß die Bevölkerung sich bloß um ein Drittel vermindert habe. Die Evakuierung einer kleinen Stadt wie Hutsonville bewies lediglich, daß die Bevölkerung zu einem anderen Zentrum abgewandert war. Bevor er über die Vernichtung der Zivilisation und das Aussterben der Menschen auch nur eine Träne vergoß, mußte er herausbekommen, ob die Zivilisation tatsächlich vernichtet und die Menschheit ausgestorben war. Das erste, was ihm als seine Aufgabe erschien, war, in das Haus zurückzukehren, wo seine Eltern gelebt hatten – oder, wie er hoffte, wohl noch immer lebten. Nachdem er auf diese Weise einen festen Tagesplan entworfen hatte, überkam ihn eine ruhige Genugtuung wie stets, wenn er aus wirren Gedanken zu einer zeitweiligen Gewißheit gelangt war.

Er ging in die Küche; als er die Tür des Kühlschranks öffnete, merkte er, daß er noch funktionierte. In den Fächern stand eine hübsche Auswahl von Nahrungsmitteln, obwohl nicht in der Menge, wie er es erwartet hatte. Augenscheinlich waren die Vorräte schon ein bißchen knapp geworden, als die Bewohner das Haus verließen, die Speisekammer war verhältnismäßig kümmerlich ausgestattet. Doch fand er ein halbes Dutzend Eier, fast ein Pfund Butter, ein bißchen Speck, ein paar Salatköpfe, eine kleine Sellerieknolle und ein paar Reste. Als er im Schrank nachschaute, fand er eine Dose Grapefruitsaft; in der Brottrommel lag ein Laib Brot, das zwar trocken, aber nicht ungenießbar war. Er schätzte, daß es seit fünf Tagen da gelegen hatte, und so bekam er eine deutliche Vorstellung von dem Zeitpunkt, zu dem die Stadt wahrscheinlich verlassen worden war. Mit solcherlei Vorräten hätte er als erfahrener Camper draußen über einem offenen Feuer eine vortreffliche Mahlzeit bereiten können; doch er schaltete den Elektroherd ein und spürte, daß die Platten Hitze auszustrahlen begannen. Wie stets, wenn er vom Gebirge herunterkam, hatte er Hunger auf frisches Grün, und so fügte er denn dem gewohnten Frühstück, Eier auf Speck und Kaffee, einen gehörigen Salatkopf hinzu.

Dann ging er wieder zur Couch, bediente sich aus der roten Lackdose auf dem danebenstehenden Tischchen und rauchte als Nachtisch eine Zigarette. Bis jetzt, so überlegte er, bot die Fristung des Lebens keinerlei Schwierigkeiten.

Da er von Natur ordnungsliebend war, ging er in die Küche und überzeugte sich, daß die Kühlschranktür geschlosen und der Elektroherd abgeschaltet war. Dann nahm er den Hammer, der sich bereits als nützlich erwiesen hatte, und ging durch die zertrümmerte Haustür hinaus. Er stieg in seinen Wagen und begann die Heimfahrt.

Ein paar Kilometer hinter der Stadt kam der Friedhof in Sicht. Es fiel Ish ein, daß ihm während des vorhergegangenen Tages der Friedhof nicht in den Sinn gekommen war. Ohne den Wagen zu verlassen, stellte er eine lange Reihe neuer Einzelgräber fest, und er bemerkte auch einen Bagger neben einem großen Erdhaufen. Wahrscheinlich, so schloß er daraus, waren nicht allzu viele Menschen übriggeblieben, die Hutsonville schließlich hatten verlassen können.

Hinter dem Friedhof senkte sich die Straße hinab in flaches Gelände. Das Bedrückende der Leere überkam ihn wieder; er wünschte, es möchte doch wenigstens ein einziger ratternder Lastwagen über die vor ihm liegende Bodenwelle kommen; doch es kam keiner.

Zusammen mit einigen Pferden standen ein paar junge Ochsen auf einem Feld. Sie wehrten mit den Schwänzen die Fliegen ab, wie an jedem beliebigen heißen Sommermorgen. Über ihnen drehten sich die Flügel einer Windmühle langsam im leichten Wind, und um den Wassertrog herum wuchs ein Fleckchen Grün, und der schlammige

Boden war zertrampelt; es war, wie es von jeher gewesen war – und nichts sonst.

Doch auf der Straße, die von Hutsonville wegführt, hatte niemals viel Verkehr geherrscht, und er hätte auch an jedem anderen Morgen viele Kilometer fahren können, ohne jemandem zu begegnen. Anders war es, als er an die große Hauptstraße kam. An der Kreuzung brannten noch die Ampeln, und mechanisch schickte er sich zum Anhalten an, als er sah, daß die Ampel rot war.

Aber wo auf den vier Fahrbahnen Lastwagen und Autobusse und Personenwagen hätten in großer Zahl dahinsausen müssen, war nichts als Leere. Nachdem er einen kurzen Augenblick vor der roten Ampel angehalten hatte, fuhr er hindurch, wobei ihn ein leises Gefühl des Unrechttuns beschlich.

Doch dahinter war auf der Hauptstraße, auf der er alle vier Fahrbahnen vor sich hatte, alles noch geisterhafter denn zuvor. Ihm war, als fahre er in einer Art halber Betäubung, aus der ihn nur dann und wann ein besonderes Geschehnis auftauchen ließ, das in sein Bewußtsein eindrang ...

Zwei Wagen lagen in einem seltsamen Winkel zueinander und blockierten beide Fahrbahnen. Hier hatte sich ein schwerer Unfall ereignet. Er bog sich bis zur Schulter hinaus und stoppte. Die verkrümmte Leiche eines Mannes lag unter dem einen Wagen. Ish stieg aus und hielt Umschau. Es war keine andre Leiche zu sehen, obwohl sich Blutflecken auf dem Pflaster befanden. Selbst wenn er einen besonderen Grund für den Versuch gehabt hätte, so hätte er den Wagen nicht von der Leiche des Mannes heben und sie bestatten können. Er fuhr weiter ...

Er machte sich nicht einmal die Mühe, den Namen der Stadt festzustellen, in der er anhielt, um zu tanken, obwohl es eine große Stadt war. Das Elektrizitätswerk war noch in Betrieb: An einer großen Tankstelle nahm er die Zapfpistole von der Pumpe herunter und füllte den Tank. Da sein Wagen so lange im Gebirge gewesen war, überprüfte er Licht und Batterie und goß einen Viertelliter Öl nach. Er stellte fest, daß ein Reifen mehr Luft brauchte, und preßte die Luftzuführung gegen das Ventil. Ja, mit dem Menschen war es aus, aber erst seit so kurzer Zeit, daß alle seine wohldurchdachten technischen Vorrichtungen nach wie vor auch ohne seine Wartung funktionierten ...

In der Hauptstraße irgendeiner andern Stadt stoppte er und ließ die Hupe lange ertönen. Im Grunde erwartete er nicht, daß er Antwort erhalten würde; doch irgend etwas im Aussehen dieser Straße erweckte den Anschein, als sei sie normaler als diejenigen anderer Städte. Viele Wagen parkten an den bezeichneten Stellen. Es sah aus, als sei es ein Sonntagmorgen, die Läden seien noch nicht offen und der Straßenverkehr habe noch nicht eingesetzt. Dabei war es gar nicht früher Morgen; denn die Sonne stand jetzt fast in Scheitelhöhe. Dann erkannte er, was ihn hatte innehalten lassen und was dieser Straße den Anschein des Lebens gab. An der Fassade eines Restaurants, das „Zum Derby" hieß, war die Neonreklame noch in voller Tätigkeit – ein kleines, wild galoppierendes Pferd, das die Beine bewegte wie sonst auch.

Er sah auch Rauch gen Himmel steigen. Sein Herz tat einen Sprung, und er bog rasch in eine Seitenstraße ein und fuhr in Richtung des Rauches. Doch noch ehe er hingelangt war, wußte er, daß er dort niemand finden würde, und es wurde ihm wieder trübsinnig zumute. Er fuhr auf den Rauch zu, und dann sah er, daß es sich um ein kleines Bauernhaus handelte, das in aller Ruhe abzubrennen begann. Er wendete und fuhr wieder auf die große Landstraße zurück ...

Er fuhr nicht schnell, und oft stoppte er, um Nachforschungen anzustellen. Hier und dort erblickte er Leichen, aber im allgemeinen gewahrte er nichts als Leere. Es schien, als habe der Ausbruch der Seuche sich langsam vollzogen, so daß die Leute nur in seltenen Fällen einfach auf der Straße umgefallen waren.

Am späten Nachmittag kam er über den Hügelkranz und sah die Meeresbucht schimmernd im Licht der sich nach Westen neigenden Sonne liegen. Hier und dort entstiegen der weit ausgedehnten Stadt Rauchwolken; aber sie sahen nicht aus, als entquöllen sie Schornsteinen. Er fuhr zu dem Hause hin, wo er mit seinen Eltern gewohnt hatte. Er hegte keinerlei Hoffnung.

Er bog vom Boulevard in die San-Lupo-Promenade ein. Alles sah fast aus wie sonst, nur daß die Gehwege nicht so sauber gefegt waren, wie es sich für die vornehme San-Lupo-Promenade geziemte. Sie war stets eine Straße gewesen, die in allerhöchstem Ansehen gestanden hatte, und selbst jetzt bewahrte sie ihren Glanz. Es lag keine Leiche auf der Straße; das wäre bei der San-Lupo-Promenade unvorstellbar gewesen. Ish sah die alte graue Katze der Hatfields auf der Treppe der Säulenvorhalle in der Sonne schlafen, genauso, wie er sie früher Hunderte von Malen gesehen hatte. Das Geräusch des vorbeifahrenden Wagens störte sie; sie stand auf und reckte sich wohlig.

Gegenüber dem Hause, in dem er so lange gewohnt hatte, stoppte er. Er hupte zweimal und wartete. Nichts! Er stieg aus und stieg die Stufen der Treppe hinauf. Erst als er im Hause war, kam es ihm ein bißchen seltsam vor, daß die Tür nicht einmal verschlossen war.

Im Innern war alles recht gut in Ordnung. Voll dumpfer Ahnungen spähte er umher; aber er gewahrte nichts, was anzuschauen ein Mensch zögern würde. Er durchsuchte das ganze Wohnzimmer nach einem Zettel, den sie hinterlassen haben mußten, um ihm mitzuteilen, wo sie sich befanden, doch er fand keinen.

Auch oben sah alles fast so aus wie sonst; nur im Schlafzimmer der Eltern waren beide Betten ungemacht. Vielleicht war es diese Tatsache, die in ihm ein Gefühl des Schwindels und des Krankseins erregte. Er verließ das Zimmer schwankenden Schrittes.

Sich am Geländer haltend, ging er wieder nach unten. Die Küche! fiel ihm ein, und bei dem Gedanken, daß er etwas Bestimmtes tun wolle, wurde ihm der Kopf etwas klarer.

Als er die Schwingtür öffnete, machte es ihn betroffen, daß sich in dem Raum etwas bewegte. Dann sah er, daß es nur die elektrische Uhr war, die über dem Ausguß hing und deren großer Zeiger sich der Sechs entgegendrehte. Im gleichen Augenblick zuckte er bei einem unvermuteten Geräusch erschrocken zusammen, bis er erkannte, daß es der Motor des Kühlschrankes war, der bei der geringen Erschütterung durch sein Kommen zu laufen angefangen hatte. Seine Reaktion darauf war eine abscheuliche Übelkeit; er erbrach in den Ausguß.

Nachdem er sich leidlich erholt hatte, durchschritt er wiederum die leeren Räume. Es sprach aus ihnen das trauervoll Schmerzliche einer von Menschen verlassenen Wohnung. Nach einer Weile setzte er sich ins Wohnzimmer. Angesichts der vertrauten Bücher begann seine Mutlosigkeit zu weichen. Als es dämmerte, fiel ihm ein, daß er seit dem frühen Morgen nichts gegessen hatte. Er verspürte keinen Hunger; aber seine Schwäche rührte wohl zum Teil von Nahrungsmangel her. Er stöberte herum und machte dann eine Dose mit Suppe auf. Er fand lediglich einen Brotrest, und der war verschimmelt. Der Kühlschrank lieferte Butter und viel zu alten Käse. In einem Schrank entdeckte er Kekse. Der Gasdruck in der Küche war sehr gering; doch es gelang ihm, sich die Suppe aufzuwärmen. Danach setzte er sich im Dunkeln unter die Eingangssäulen. Trotz der genossenen Mahlzeit fühlte er Schwäche in den Beinen, und er meinte, das sei eine Folge des Schocks.

Die San-Lupo-Promenade lag so hoch am Hang, daß sie stolz auf die Aussicht sein konnte, die man von dort aus hatte. Als Ish dasaß und Ausschau hielt, kam ihm alles vor wie früher. Anscheinend vollzog sich der zur Erzeugung von Elektrizität führende Prozeß völlig automatisch. In den Turbinenanlagen betätigte das durchströmende Wasser nach wie vor die Generatoren. Als alles zusammenbrach, mußte irgend jemand angeordnet haben, daß die Straßenbeleuchtung eingeschaltet blieb. Nun sah er unter sich das verworrene Lichtmuster der Städte an der Ostbucht und darüber die gelben Lichterketten der großen Buchtbrücke und in weiterer Ferne durch den schwachen Abendnebel den Lichtschimmer von San Francisco und die mageren Ketten der Golden-Gate-Brücke. Hoch oben auf den Brückentürmen sandten die Blinklichter stumm ihr Warnzeichen zu Flugzeugen empor, die wohl nie wieder fliegen würden. Sogar die Reklameschilder, wenigstens manche, hatte man brennen lassen. Eindringlich flammte ihre Aufforderung zum Kaufen, obwohl es keine Käufer und Verkäufer mehr gab. Eine große Lichtreklame, deren unterer Teil von einem nahen Gebäude verdeckt wurde, sandte nach wie vor ihre Botschaft aus: „Trink", obwohl Ish nicht sehen konnte, was zu trinken ihm da angeraten wurde.

Immerfort sah er hin, beinahe hypnotisiert. „Trink" – Dunkel. „Trink" – Dunkel. „Trink." Ja, warum eigentlich nicht? dachte er, ging hinein und kam mit einer Flasche des väterlichen Whiskys wieder heraus.

Aber der Whisky schmeckte ein bißchen zu scharf und brachte keinen Trost. Wie lange die Lichter wohl noch brennen würden? Wodurch würden sie schließlich erlöschen? Was würde dann werden? Was würde mit allem geschehen, was der Mensch im Laufe von Jahrhunderten aufgebaut und nun zurückgelassen hatte?

Langsam versank er in eine Stumpfheit, die an Verzweiflung grenzte. Was kam dabei heraus, wenn er weiterlebte und sich wie ein Straßenräuber von den riesigen Nahrungsmittelvorräten nährte, die in allen Läden aufgestapelt lagen? Was kam dabei heraus, wenn er gut leben und vielleicht gar ein paar andre Überlebende zusammenbringen konnte? Wohin sollte das führen? Freilich wäre es etwas andres gewesen, wenn er sich ein halbes Dutzend Freunde hätte auswählen können, die mit ihm weiterlebten; so aber würde er wohl nur dumme und stumpfsinnige Leute finden oder vielleicht gar lasterhafte oder Verbrecher. Er blickte auf und sah in der Ferne noch immer die große

Lichtreklame aufstrahlen. „Trink" – Dunkel. „Trink" – Dunkel. „Trink." Immer wieder überlegte er, wie lange sie wohl noch aufflammen würde, während es doch keine Automaten oder Verkäufer mehr gab, die das betreffende Getränk feilboten.

Dann gab er sich plötzlich einen Ruck und erkannte, daß noch Wille zum Leben in ihm war! Und wenn er nicht länger tätigen Anteil nehmen konnte, so wollte er eben Zuschauer sein, und ein Zuschauer war darauf bedacht, alles wahrzunehmen, was geschah. Selbst wenn der Vorhang vor allem, was Mensch hieß, gefallen war, so bot sich hier für einen Studenten gleich ihm der Blick auf die größte aller Tragödien. Tausende von Jahren hindurch hatte der Mensch der Welt seinen Stempel aufgedrückt. Nun war der Mensch dahingegangen, sicherlich für geraume Zeit, vielleicht für immer. Wenn sich auch ein paar Überlebende fanden, so würde es doch sehr lange dauern, bis sie wieder die Oberherrschaft errungen hatten. Was würde aus der Welt und ihren Geschöpfen ohne den Menschen werden? Das war es, was zu sehen übrigblieb!

2

DOCH als er im Bett lag, konnte er nicht schlafen. Als die kühlen Arme des Sommernebels in der Dunkelheit das Haus umschlangen, fühlte er anfangs eine Einsamkeit und dann Furcht und schließlich panisches Entsetzen. Er warf einen Bademantel um, setzte sich vor den Radioapparat und suchte in wahnwitziger Erregung die Wellenbereiche ab. Doch er hörte nur in weiter Ferne das Knacken atmosphärischer Störungen; es wurde nicht gesendet.

In einem jähen Einfall versuchte er es mit dem Telefon. Als er den Hörer abhob, hörte er das Zeichen, daß die Leitung frei sei. Außer sich wählte er eine Nummer – irgendeine! In einem fernen Hause hörte er das Telefon klingeln, immer wieder. Er wartete; er stellte sich das Geräusch vor, wie es durch die leeren Räume hallte. Nach dem zehnten Male legte er den Hörer auf. Er versuchte es mit einer zweiten Nummer, mit einer dritten – und dann mit keiner mehr.

Es kam ihm ein neuer Gedanke; er nahm eine große Taschenlampe, stellte sich in die Haustür hoch oberhalb der Stadt und sandte die Strahlen in die Nacht: kurz-kurz-kurz, lang-lang-lang, kurz-kurz-kurz. Den alten Ruf SOS, der so oft von verzweifelten Menschen ausgesandt worden war. Doch so weit die Nacht sich auch erstreckte: es erfolgte keine Antwort. Nach einer Weile erkannte er, daß in Anbetracht der gesamten noch brennenden Straßenbeleuchtung allzuviel Licht herrschte; schwerlich war sein Signal zu sehen.

So ging er denn wieder ins Haus. Die Nebelnacht machte ihn frösteln. Er schaltete den Thermostat ein, und im gleichen Augenblick hörte er das Summen der Ölheizung. Solange die Stromversorgung intakt blieb und im Tank Heizöl war, gab es nichts zu befürchten. Er saß da, und nach einer Weile schaltete er alles Licht im Hause aus, da ihm auf eine seltsame Weise bewußt wurde, daß es zu auffällig sei. Er ließ sich von Nebel und Dunkelheit umhüllen und abschließen. Noch immer empfand er das Beängstigende des Alleinseins, und wie er so dasaß, legte er den Hammer griffbereit für den Fall, daß er seiner bedürfen sollte.

Für sie war die zwanzigtausend Jahre alte Welt ausgelöscht. In den Zwingern lagen sie mit geschwollenen Zungen tot und verdurstet: Collies, Pudel, winzige Pekinesen, große Hunde. Die Glücklicheren, die nicht eingesperrt gewesen waren, irrten verloren durch die Stadt und die ländlichen Bezirke; sie tranken aus Bächen, aus Brunnen, aus Goldfischgläsern; hier und dort jagten sie etwas Eßbarem nach, rannten hinter einem Huhn her, schnappten sich im Park ein Eichhörnchen. Und allmählich ließen Hungerqualen die langen Jahrhunderte der Zivilisation zusammenbrechen, und sie umkreisten immer enger die Stätten, wo unbestattete Leichen lagen.

Jetzt wurde nicht mehr der Beste des Wurfs seiner Haltung, seiner Kopfform, seiner Zeichnung wegen bewundert. Jetzt galt ein Preisgekrönter nicht mehr einem Fixköter als unendlich überlegen. Der Preis, der das Leben an sich war, fiel dem kühnsten Hirn anheim, den kräftigsten Beinen, dem stärksten Kiefer, dem, der sich am besten den neuen Daseinsbedingungen anpassen und durch einen Rückfall in den wilden Zustand Mittel und Wege zur Lebensfristung gewinnen konnte.

Ein honigfarbener Spaniel saß mißmutig da, wurde vor Hunger immer schwächer und war zu dumm, um sich durch List und Geschicklichkeit am Leben zu erhalten, zu kurzbeinig, um eine Beute zu verfolgen … Ein Drahthaarterrier, der von Natur einzelgängerisch veranlagt und ein Herumtreiber war, brachte sich prächtig durch … Ein roter Setter zitterte und bebte und heulte dann und wann schwach auf, so daß es wie ein Stöhnen klang; er war zu edel geartet, als daß er den Willen zum Leben in einer Welt aufgebracht hätte, wo es keinen Herrn und keine Herrin gab, die er lieben konnte.

Am nächsten Morgen arbeitete er einen Plan aus. Er war fest davon überzeugt, daß in einem Stadtbezirk von zwei Millionen Einwohnern noch andre am Leben geblieben sein mußten. Der Schluß lag nahe; er mußte jemanden, irgend jemanden finden. Es handelte sich einzig um die Art und Weise, die Verbindung herzustellen.

Er begann damit, daß er in der Nachbarschaft umherging in der Hoffnung, einem alten Bekannten zu begegnen. Aber an den wohlbekannten Häusern ringsum nahm er keine Zeichen wahr, daß sie bewohnt seien. Die Rasenflächen waren verdorrt, die Blumen verwelkt.

Auf dem Heimweg durchschritt er den kleinen Park, in dem er als Junge häufig gespielt und dessen Felsgruppen er erklettert hatte. Zwei Felsblöcke lehnten mit den Spitzen aneinander, so daß sie eine Art hoher, enger Höhle bildeten. Ish hatte dort oftmals Verstecken gespielt. Die Höhle sah aus wie eine natürliche, primitive Zufluchtsstätte, und er schaute hinein. Es war niemand darin.

Er klomm eine breite, sanft zugleich mit dem Hügel ansteigende Felsfläche hinan. Sie war mit kleinen, runden Löchern übersät, den Stellen, wo dereinst die Indianerfrauen mit Steinstößeln Körner zerstampft hatten.

Die Welt jener Indianer ist untergegangen, dachte er. Und mit unserer Welt, die auf die ihrige folgte, ist es nun auch aus. Bin ich wirklich der Letzte?

Nachdem er wieder bei dem Hause angelangt war, stieg er in seinen Wagen und arbeitete im Kopfe eine Rundfahrt durch die Stadt aus, bei der nur ganz wenige Bezirke außerhalb der Reichweite seiner Hupe bleiben sollten. Er fuhr los, ließ ungefähr jede Minute die Hupe ertönen, stoppte dann und horchte auf eine Antwort. Im Fahren hielt er neugierig Umschau.

Die Straßen boten einen frühmorgendlichen Anblick. Es parkten zahlreiche Wagen, und es herrschte keine Unordnung. An einigen Stellen brannte es, wie er an den Rauchsäulen erkennen konnte. Hier und dort lagen einzelne Leichen, und bei der einen sah er zwei Hunde. An einer Straßenecke hing eine Männerleiche am Querträger eines Telefonmastes; daran war ein auffälliges Schild mit der Inschrift

„Plünderer". Als er vorüber war, gelangte er in ein elegantes Geschäftsviertel, und dort stellte er fest, daß es bis zu einem gewissen Grade zu Ausschreitungen gekommen sein mußte. Das große Schaufenster einer Weinhandlung war zertrümmert.

Nachdem er das Geschäftsviertel durchfahren hatte, ließ er wieder in regelmäßigen Abständen die Hupe ertönen, und eine halbe Minute später zuckte er zusammen, weil er aus der Ferne ein schwaches Hupsignal zu vernehmen meinte. Für einen Augenblick glaubte er, seine Ohren spielten ihm einen Streich.

Rasch hupte er abermals, und diesmal erhielt er sogleich Antwort. Das Herz wurde ihm schwer. Ein Echo! dachte er. Doch dann hupte er wiederum lang und kurz, und als er angespannt lauschte, kam als Antwort lediglich ein langer Ton.

Er wendete und fuhr auf das Hupsignal zu, das, wie er schätzte, ungefähr einen Kilometer entfernt ertönt war. Als er drei Hausblocklängen gefahren war, hupte er wieder und wartete. Diesmal antwortete es weiter rechts! Er wendete. Er wand sich durch die Straßen, kam in eine Sackgasse, machte kehrt und suchte einen andern Weg. Er hupte, und die Antwort klang näher. Diesmal fuhr er geradeaus weiter, in aller Hast, und die nächste Antwort hörte er rechts hinter sich. Er schlug einen andern Weg ein und gelangte in einen kleinen Geschäftsbezirk. Längs der Straße parkten Wagen; doch er sah niemanden. Es kam ihm seltsam vor, daß derjenige – wer es auch sein mochte –, der ihm geantwortet hatte, nicht irgendwo auf der Straße stand und winkte. Er hupte, und plötzlich ertönte die Antwort in seiner unmittelbaren Nähe. Er stoppte, sprang hinaus und hastete den Bürgersteig entlang. Auf dem Führersitz eines an der Straßenbiegung parkenden Wagens sah er einen Mann. Gerade als er ihn erblickt hatte, schwankte der Mann und fiel vornüber auf das Steuerrad. Der niedergedrückte Hupenknopf ließ ein langes Geheul entstehen, worauf der Körper seitwärts auf den Sitz glitt. Im Nähertreten witterte Ish Whiskydunst. Er sah, daß der Mann einen langen, wuchernden Bart hatte, sein Gesicht war blutig und rot; augenscheinlich befand er sich im letzten Stadium. Ish wandte sich um und sah, daß die Tür eines unmittelbar daneben gelegenen Schnapsladens weit offenstand.

In jäher Angst schüttelte Ish den schlaffen Körper. Der Mann kam ein bißchen zu sich, öffnete die Augen und stieß eine Art Grunzen aus, das wohl bedeuten sollte: Was ist denn los? Ish brachte den haltlosen Körper in eine sitzende Stellung; dabei tastete die Hand des

Mannes nach der halbgeleerten Whiskyflasche, die in der Ecke des Sitzes steckte. Ish bekam sie zu fassen, warf sie hinaus und hörte, wie sie auf dem Straßenpflaster zerschellte. In ihm war nichts als tiefer, bitterer Zorn. Von allen Überlebenden, die er hätte finden können, war er ausgerechnet an einen armen alten Trunkenbold geraten, der weder in dieser noch in jener Welt zu irgend etwas nütze war. Doch als der Mann die Augen aufschlug und Ish hineinschaute, empfand er plötzlich keinen Zorn mehr, sondern nur noch tiefes Mitleid.

Diese Augen hatten zu viel gesehen. Unaussprechliche Angst und wildes Entsetzen waren darin. So sternhagelvoll der blutige Körper des Trunkenbolds auch sein mochte: irgendwo in dem allem lagen ein empfänglicher Geist, eine Seele, und jener Geist und jene Seele hatten mehr aufgenommen, als sie ertragen konnten. Ihnen blieb nichts als Flucht ins Vergessen.

Sie saßen nebeneinander. Dann und wann glänzten die Augen des Trunkenen auf, aber schwerlich hing das mit seinem Bewußtsein zusammen. Das Tragische in ihnen schien sich lediglich zu vertiefen. Er atmete röchelnd. In einer plötzlichen Eingebung ergriff Ish die schlaffe Hand und fühlte den Puls. Er war schwach und unregelmäßig. Zweifellos hatte der Mann die ganze Woche nichts getan als getrunken. Ob er es überstehen würde, war höchst fraglich.

Das ist nun dabei herausgekommen! dachte Ish. Es hätte ja ein hübsches Mädchen verschont bleiben können oder ein feiner, intelligenter Mann. Und nun war er auf diesen Trunkenbold gestoßen, der wohl schon jenseits aller Hilfe stand.

Nach einer Weile stieg Ish aus dem Wagen. Aus Neugierde ging er in den Schnapsladen. Eine tote Katze, so schien es, lag auf dem Schanktisch; aber als er sich über sie beugte, erwachte sie zum Leben. Kalt und hochmütig sah die Katze ihn an wie eine Herzogin ihre Zofe. Ish hatte ein unbehagliches Gefühl, bis ihm einfiel, daß dies von jeher die Art aller Katzen gewesen war. Die Katze sah zufrieden und wohlgenährt aus.

Indem er den Blick über die Regale schweifen ließ, stellte Ish fest, daß der Mann sich nicht erst die Mühe gemacht hatte, eine möglichst gute Whiskymarke herauszusuchen. Der erstbeste hatte ihm vollauf genügt.

Beim Herauskommen sah Ish, daß der Mann es irgendwie fertiggebracht hatte, eine weitere Flasche zu ergattern; er tat gerade einen langen Zug. Ish erkannte, daß er nichts dagegen unternehmen konnte. Doch er wollte noch einen letzten Versuch machen. Er schaute zum Wagenfenster hinein. Vielleicht hatte der letzte Schluck den Mann etwas belebt; wenigstens war er, wie es schien, ein bißchen klarer. Er sah zu Ish hin, er schien dazu imstande, seinem Blick Stetigkeit zu geben, und er lächelte schmerzlich.

„Ach – ja!" sagte er und rülpste dabei.

„Wie geht's?" fragte Ish.

„Ah – bar – el – low!" sagte der Mann.

Ish versuchte herauszubekommen, was diese Laute bedeuten sollten. Wiederum lächelte der Mann sein schmerzliches Kinderlächeln und wiederholte, diesmal etwas deutlicher: „Ah – nein bar'l – low!"

Ish glaubte halbwegs zu verstehen.

„Sie heißen Barello?" fragte er. „Oder Barlow?"

Bei dem zweiten Namen nickte der Mann, lächelte wiederum, und ehe Ish ihn daran hindern konnte, nahm er nochmals einen Schluck. Ish fühlte sich den Tränen nahe. Was kam es jetzt darauf an, wie ein Mensch hieß! Und dennoch machte Mister Barlow in seinem zerrütteten Geisteszustand den Versuch zu dem, was in der zivilisierten Welt als erste Bekundung des Wohlgesinntseins gegolten hatte.

Dann sank Mister Barlow ganz sanft in sich zusammen und verlor abermals das Bewußtsein, und der Whisky gluckerte aus der unverschlossenen Flasche auf den Wagenboden.

Ish zögerte. Sollte er Mister Barlow in sein Schicksal einbeziehen, sollte er warten, bis er wieder nüchtern war, und ihn bekehren? Was er von Alkoholikern wußte, ließ ihm seine Aussichten als gering erscheinen. Und wenn er länger hierblieb, ging er vielleicht der Möglichkeit verlustig, jemanden zu treffen, der sympathischer war.

„Du bleibst hier", sagte er zu dem zusammengesunkenen Körper, für den Fall, daß Mister Barlow trotz allem imstande war, ihn zu verstehen. „Ich verspreche dir, daß ich wiederkomme."

Nach diesen Worten hatte Ish die Empfindung, doch die mindeste Pflicht erfüllt zu haben. Im Grunde hegte er keinerlei Hoffnung. Mister Barlows Augen ließen erkennen, daß er zu viel gesehen hatte; der Pulsschlag, daß es schon zu weit mit ihm gekommen war. Ish fuhr weiter; indessen merkte er sich die Stelle.

Was nun die Katzen betrifft, so waren sie erst wenig mehr als fünftausend Jahre Haustiere des Menschen und hatten sich seit jeher nur unter Vorbehalt darein geschickt. Die unglücklichen, die im Innern der Häuser eingesperrt waren, gingen bald an Durst zugrunde. Aber diejenigen, die sich im Freien befanden, brachten es besser als die Hunde fertig, sich auf die eine oder andre Weise durchzuschlagen. Das Mäusefangen war nicht länger ein Spiel, sondern wurde mit Fleiß und Geschicklichkeit betrieben. Zudem stellten sie den Vögeln nach, um den peinigenden Hunger zu stillen. Sie durchschlichen die Straßen und Alleen und entdeckten hier und dort Abfalleimer, die die Ratten noch nicht ausgeplündert hatten. Sie verstreuten sich außerhalb der Stadtgrenzen und suchten die Nester der Wachteln und die Erdlöcher der Kaninchen heim. Dort begegneten sie der echten Wildkatze, und das Ende war schnell und unerwartet, da der stärkere Waldbewohner die Hauskatzen in Stücke riß.

Die nächste Hupe klang munterer. Tut, tut, tut, sagte sie, tut-ta-tut, tut, tut! So hupte kein Betrunkener. Als er an die betreffende Stelle kam, sah er einen Mann und eine Frau beieinander stehen. Sie lachten und winkten ihm zu. Er fuhr hin und stieg aus dem Wagen. Der Mann war ein stämmiger Kerl und trug schreiendbuntes Sportzeug. Die Frau war ziemlich jung und hübsch, auf eine etwas zweideutige Weise. Ihr Mund war eine kleine, runde Lippenstiftmasse. An ihren Fingern glitzerten zahlreiche Ringe.

Ish tat zwei Schritte vorwärts; dann hielt er plötzlich inne. „Zwei sind ein Paar, drei eine Schar!" Der Mann schaute ganz entschieden feindlich drein. Und jetzt merkte Ish überdies, daß er die rechte Hand in der gebauschten Tasche seines Sportsakkos hielt.

„Oh, uns geht's großartig", sagte der Mann. Die Frau kicherte bloß, aber Ish konnte sehen, daß ihr Lächeln ein einladendes Zwinkern war, und stärker denn zuvor empfand er das Gefährliche seiner Lage. „Ja", redete der Mann weiter, „uns geht's großartig. Haufen zu essen, Haufen zu trinken, Haufen zu ..." Er vollführte eine unanständige Geste und sah grinsend nach der Frau. Wieder kicherte sie.

Er überlegte, was die Frau in ihrem früheren Leben gewesen sein könnte. Jetzt sah sie lediglich wie eine vielbeschäftigte Prostituierte aus. An den Fingern trug sie so viele Brillantringe, daß ein ganzer Juwelierladen damit hätte ausgestattet werden können. „Ist hier sonst noch wer am Leben?"

Sie sahen einander an. Wieder kicherte die Frau; das schien ihre einzige Antwort zu sein.

„Nein", sagte der Mann. „Hier herum nicht, soviel ich weiß." Er hielt inne und zwinkerte der Frau zu. „Wenigstens jetzt nicht mehr."

Ish blickte auf die Hand, die der Mann nach wie vor in der Seitentasche seines Sakkos hielt. Er sah, wie die Frau herausfordernd die Lippen bewegte und wie ihre Augen schmaler wurden. In den Augen dieses Paars war kein Leid wie in denen des Betrunkenen. Sie schienen weder Geist noch Seele zu haben, und dennoch hatten sie beide vielleicht mehr durchlitten, als Männer und Frauen ertragen können, und waren auf die ihnen gemäße Weise schlecht geworden. Unvermittelt fiel es Ish ein, daß er vielleicht dem Tode näher war als je zuvor.

„Was haben Sie vor?" fragte der Mann, und es war nur zu offensichtlich, was er meinte.

„Oh, ich will bloß ein bißchen in der Gegend herumfahren", sagte Ish, und die Frau kicherte.

Ish drehte sich um und ging auf seinen Wagen zu, so gut wie überzeugt davon, einen Schuß in den Rücken zu bekommen. Er kam hin, stieg ein und fuhr davon ...

Diesmal hörte er keine Hupsignale; doch als er um die Ecke bog, da stand mitten auf der Straße ein langbeiniges, noch nicht zwanzig Jahre altes Mädchen mit gelöstem blondem Haar. Sie stand wie angewurzelt, wie ein erschrockenes Reh in einer Waldschneise. Mit der raschen Bewegung eines gehetzten Wesens beugte sie sich vor, schützte die Augen mit der Hand vor der Sonne und versuchte zu erkennen, wer da sei. Dann drehte sie sich um und eilte behend davon, abermals wie ein Reh. Sie schlüpfte durch ein Loch im Straßenzaun und war verschwunden.

Er fuhr an das Zaunloch heran, sah hindurch, rief und rief nochmals. Er bekam keine Antwort. Halb und halb erwartete er, er würde wenigstens von einem der Fenster her ein spöttisches Gelächter vernehmen oder einen Rockzipfel um die Ecke flitzen sehen; und wenn er auch nur die mindeste Ermunterung dazu erhalten hätte, so würde er die Verfolgung aufgenommen haben. Aber ihr war wohl nicht nach einem Flirt zumute gewesen. Vielleicht hatte sie bereits ihre Erfahrungen gemacht und wußte, daß in solchen Zeiten für ein junges Mädchen die einzige Sicherheit darin besteht, sich schnell und endgültig aus dem Staube zu machen. Er wartete noch ein paar Minuten; doch da nichts geschah, fuhr er weiter ...

Dann und wann hörte er Hupsignale; doch sie setzten aus, bevor Ish hingelangen konnte. Ein paar Minuten fuhr er in der Nähe umher, und schließlich sah er einen alten Mann aus einem Krämerladen kommen; er schob einen Kinderwagen, der mit Konservendosen und Kartons vollgepackt war. Als Ish näher heran war, sah er, daß der alte Mann möglicherweise gar nicht so alt war. Wenn sein struppiger weißer Bart sauber abrasiert war, hätte er vielleicht wie ein kräftiger Sechziger ausgesehen. Jetzt aber war er verwahrlost und schmutzig, und seine Kleider sahen aus, als habe er darin geschlafen.

Von den paar Menschen, denen Ish an diesem Tag begegnet war, dünkte ihn der alte Mann noch am umgänglichsten, und dennoch war er schon bedenklich verschroben. Er nahm Ish mit in sein nahe gelegenes Haus, in dem er Vorratslager von allen möglichen Dingen angelegt hatte, nützlichen und völlig überflüssigen. Der nackte Besitztrieb hatte Gewalt über ihn gewonnen, und der alte Mann war ohne alle Hemmungen auf dem besten Wege dazu, ein typischer Eigenbrötler und Hamsterer zu werden. Im früheren Dasein, so erfuhr Ish, war der Mann verheiratet und Angestellter in einer Eisenwarenhandlung gewesen. Doch wahrscheinlich hatte er von jeher zur Einzelgängerei geneigt, bei großer Zurückhaltung in seinen Beziehungen zu andern Menschen. Es schien, als sei er jetzt glücklicher denn zuvor, weil ihm jetzt niemand mehr dazwischenreden und er in aller Ruhe materielle Güter um sich aufstapeln konnte. Er besaß Konserven, manche in einzelnen Dosen, manche in Stapeln und Haufen. Doch er hatte sich auch Dutzende von Kisten mit Apfelsinen geholt, weit mehr, als er essen konnte, ehe sie verdorben waren. Auch Bohnen in Cellophansäcken standen da, und einer der Säcke war schon geplatzt, und die Bohnen rannen auf den Fußboden.

Außer den Nahrungsmitteln hatte er sich haufenweise Schachteln mit Glühbirnen und Radioröhren geholt, ein Cello (obwohl er nicht spielen konnte), einen ganzen Stapel der gleichen Nummer einer Zeitschrift, ein Dutzend Wecker und eine Fülle anderer Dinge, die er nur um des tröstlichen Gefühls der Sicherheit willen, das für ihn von dem unterschiedlichen Besitz ausging, zusammengetragen haben konnte. Der alte Mann war zwar ziemlich vergnügt; aber Ish war es, als sei er im Grunde schon tot. Der Schock hatte sich auf seinen an sich schon eigenbrötlerischen Charakter so ausgewirkt, daß er jetzt der Geistesgestörtheit nahe war. Er würde fortan nichts tun als alle möglichen Dinge um sich aufstapeln, für sich leben und sich immer mehr in sich selbst verkriechen.

Doch als Ish aufbrechen wollte, packte ihn der alte Mann entsetzt am Arm. „Warum ist das alles geschehen?“ fragte er verstört. „Warum bin ich verschont geblieben?“

Ish schaute voll Widerwillen in das plötzlich schreckverzerrte Gesicht. „Ja – warum sind *Sie* verschont worden, und so viele bessere Menschen haben sterben müssen?“ sagte er zornig.

Der alte Mann starrte ihn an. Jetzt war seine Angst verächtlich und unmenschlich. „Davor habe ich mich nämlich gefürchtet!“ flüsterte der Alte.

In Ish stieg Mitleid auf. „Ach, lassen Sie nur“, sagte er. „Sie brauchen sich nicht zu fürchten. Warum Sie noch leben, das weiß niemand. Nicht wahr, Sie sind nie von einer Klapperschlange gebissen worden?“

„Nein ...“

„Na ja, das schadet nichts. Wie es kommt, daß jemand von Natur aus immun ist – das weiß kein Mensch. Aber selbst bei den schlimmsten Seuchen erkranken nicht alle.“

Doch der andre schüttelte den Kopf. „Ich muß wohl ein großer Sünder gewesen sein“, sagte er.

„In diesem Falle müßten Sie tot sein.“

„Der Herr ...“, der alte Mann unterbrach sich und schaute umher. „Der Herr hat mich wohl für seinen besonderen Zweck aufgespart.“ Und ihn schauderte ...

Ish hatte sich vorgenommen, durch San Francisco zu fahren und nachzuschauen, wie es dort stünde. Aber als er auf der Brücke war, merkte er, daß vor allem die Brücke ihn angezogen hatte. Es war das größte und kühnste Menschenwerk des ganzen Zeitalters. Gleich allen Brücken war sie das Sinnbild der Vereinigung und der Sicherheit. Der Gedanke, nach San Francisco zu fahren, hatte ihm nur als Vorwand dienen müssen. Im Grunde hatte er nichts gewünscht, als auf irgendeine Weise wieder in Beziehung zu dem Sinnbild der Brücke zu kommen.

Nun lag sie leer. Wo sechs Reihen von Wagen eilfertig in westlicher oder östlicher Richtung gerollt waren, erstreckten sich jetzt die weißen Linien auf dem Pflaster ungebrochen jener Unendlichkeit entgegen, wo sie einander schnitten. Eine Möwe, die sich auf dem Geländer niedergelassen hatte, flatterte beim Geräusch des näher kommenden Wagens lässig auf und schwebte davon.

Weil es ihm gerade in den Sinn kam, bog er nach links ab und fuhr ungehindert auf der falschen Fahrbahn. Er durchfuhr den Tunnel, und die hohen Türme und gestreckten Kurven der Hängebrücke boten sich seinen Blicken in großartiger Verkürzung. Wie gewöhnlich wurde an einer Stelle der Anstrich erneuert; im Gegensatz zu dem vorherrschenden Silbergrau wies das eine Kabel orangerote Flecken auf.

Dann plötzlich erblickte er etwas Sonderbares. Ein Wagen, ein kleiner, grüner, geschlossener Zweisitzer, parkte am Geländer, mit dem Kühler der Ostbucht zu.

Ish fuhr hin und betrachtete ihn neugierig. Dann gab er der Neugierde nach, machte die Tür auf und schaute hinein. Nichts! Hatte der Fahrer, als er sich voller Verzweiflung von der Seuche ergriffen fühlte, hier angehalten und war über das Geländer gesprungen? Oder hatte er oder sie nur eine Panne gehabt, auf einen anderen Wagen gewartet oder war davongegangen? Am Armaturenbrett hingen Schlüssel; der Zulassungsschein war an der Steuersäule befestigt – John S. Robertson, Vierundfünfzigste Straße Nummer soundso, Oakland. Ein gleichgültiger Name und eine gleichgültige Adresse. Nun beherrschte Mister Robertsons Wagen die ganze Brücke.

Erst als Ish wieder in den Tunnel einfuhr, fiel ihm ein, daß er wenigstens hätte feststellen müssen, ob eine Panne vorlag oder nicht: Er hätte versuchen müssen, ob der Motor ansprang. Aber im Grunde kam es darauf nicht an, genausowenig wie darauf, daß er jetzt wieder in Richtung Ostbucht fuhr. Es war ihm klargeworden, daß es zu nichts nütze sei, nach San Francisco zu fahren ...

Bald danach kam Ish, wie er es versprochen, wieder in die Straße, wo er am Morgen mit dem Betrunkenen gesprochen hatte, sofern man das „sprechen" nennen konnte.

Er fand die Leiche auf dem Bürgersteig vor dem Schnapsladen liegen. Schließlich, dachte Ish, hat die menschliche Aufnahmefähigkeit für Alkohol ihre Grenzen.

Einstweilen waren keine Hunde in der Nähe; doch Ish mochte die Leiche nicht einfach liegenlassen. Denn er hatte Mister Barlow ja doch gekannt und mit ihm gesprochen. Er konnte sich nicht vorstellen, wo oder wie er ein Begräbnis vornehmen sollte. So holte er denn aus einem in der Nähe gelegenen Wäschegeschäft ein paar Bettlaken und wickelte die Leiche sorgsam hinein. Dann hob er Mister Barlow in dessen Wagen und schloß die Fenster. Das war eine abgeschlossene Grabstätte auf lange Zeit.

Er sagte kein Wort; das wäre fehl am Platze gewesen. Aber er blickte durch das Fenster auf die saubere Lakenrolle und dachte an

Mister Barlow, der sicherlich ein guter Kerl gewesen war, der indessen eine Welt, die rings um ihn zugrunde ging, nicht hatte überleben können. Und dann nahm Ish, weil es ihm schicklich dünkte, den Hut ab und stand ein paar Sekunden mit entblößtem Kopf da ...

Wie in alten Zeiten, wenn ein großer König gestorben war und die Überlebenden der besiegten Völker jubelten – so freuten sich an jenem Tage die Fichten und Zedern und riefen: „Nun es mit euch zu Ende ist, rührt uns kein Holzfäller mehr an!" Und die Rehe und Füchse und Wachteln triumphierten: „Bist du nun ebenso schwach geworden wie wir? Bist du nun unsresgleichen geworden? Und ehedem hat vor dem Menschen die Erde gezittert!"

Gegen Abend fuhr Ish wieder zu seinem Elternhaus in der San-Lupo-Promenade.

Er hatte viel gelernt. Das Große Unheil, wie er es nun nannte, hatte manche nicht getroffen. Darum brauchte er seine Zukunft nicht sogleich an das erste Wesen zu knüpfen, dem er begegnete. Besser war es, Versuche anzustellen und eine Auswahl zu treffen, zumal jeder, soweit er hatte sehen können, irgendwie unter der Nachwirkung des Schockes stand.

Ein neuer Gedanke nahm in seinem Geiste Gestalt an und damit zugleich ein neues Wort: der Zweite Tod. Von denjenigen, die das Große Unheil verschont hatte, würden viele einer Verwirrung zum Opfer fallen, vor der die Zivilisation sie bewahrt hatte. Mit unbeschränkten Mengen von Alkohol würden sie sich zu Tode trinken. Es waren, so vermutete er, Morde begangen worden und sicherlich Selbstmorde. Manche, wie der alte Mann, der unter normalen Umständen ein recht unauffälliges Leben gelebt hätte, würden durch den Schock über die Grenzen des Wahnsinns getrieben werden und nicht zurückfinden können; wahrscheinlich würden sie nicht sehr lange am Leben bleiben. Manche würden Unfälle erleiden, und da ihnen niemand half, würden sie sterben. Manche würden an Krankheiten zugrunde gehen, da niemand sie pflegte. Er wußte, daß es, biologisch gesprochen, einen kritischen Punkt in der Anzahl jeder Spezies gibt – wenn die Anzahl unter diesen Punkt sinkt, so kann die Spezies nicht überdauern.

Würde die Menschheit weiterleben? Das war eine der interessantesten Fragen, die seinen Willen zum Leben anfachten. Freilich gab ihm das Ergebnis seiner Nachforschungen dieses Tages nur geringe Zuversicht. Wenn das, was er an Überlebenden gesehen hatte, als typisch anzusehen war, dann konnte man nicht eben wünschen, daß die Menschheit fortbestehe.

Er war an diesem Morgen mit der Robinson-Crusoe-Empfindung aufgebrochen, daß er jeden menschlichen Gefährten willkommen heißen würde. Er war heimgekehrt mit der Gewißheit, daß er lieber allein bleiben wolle, bis er jemanden gefunden hatte, der besser zu ihm paßte als diejenigen, die der Tag ihm dargeboten hatte.

Nein, das Große Unheil hatte keinerlei Neigung gezeigt, nette Leute aufzusparen, und die Überlebenden waren durch das Gottesgericht, durch das sie hindurchgegangen waren, nicht sympathischer geworden.

Er bereitete sich eine Abendmahlzeit und aß ohne Appetit. Danach versuchte er zu lesen; aber die Worte boten ihm sowenig Anreiz wie das Essen. Nochmals dachte er an Mister Barlow und die andern; auf die eine oder andre Weise würden alle, denen er begegnet war, zugrunde gehen. Von sich selbst glaubte er das nicht. Aber war er denn noch heil und gesund? Litt auch er vielleicht noch unter dem Schock? In ruhiger Selbstprüfung dachte er darüber nach. Nach einer Weile nahm er Federhalter und Papier in dem Entschluß niederzuschreiben, welche Eigenschaften und Fähigkeiten er hatte, warum er weiterleben wollte, selbst bis zu einem gewissen Grade glücklich, während die andern es nicht waren.

Zunächst schrieb er, ohne zu zögern: „1. Habe Willen zum Leben. Möchte sehen, was auf der Erde ohne den Menschen geschieht und wie es geschieht."

Darunter schrieb er andere Notizen: „2. War immer Einzelgänger. Brauche nicht mit andern Leuten zu reden.

3. Mein Blinddarm ist raus.

4. Mäßig praktisch begabt, technisch ahnungslos.

5. Habe bei der ganzen Sache keine verheerenden Erlebnisse gehabt, habe Familie und andre Leute nicht sterben sehen. Also dem schlimmsten Schock entgangen."

Er hielt inne und las noch einmal die letzte Notiz. Er wollte wenigstens hoffen, daß sie stimmte.

Noch immer saß er da, starrte vor sich hin und dachte nach. Er konnte noch andre seiner Eigenschaften und Fähigkeiten dazuschreiben, so etwa, daß er geistig wach sei und sich deshalb, wie er glaubte, neuen Lebensumständen anpassen könne. Er konnte aufschreiben, daß er gern las und daß ihm auf diese Weise ein wichtiges Mittel zur Verfügung stand, sich abzulenken und der Gegenwart zu entfliehen. Gleichzeitig aber war er mehr als ein bloßer Bücherwurm, weil er sich darauf verstand, Bücher als Mittel der Forschung zu benutzen: Auf diese Weise besaß er ein mächtiges Rüstzeug für den Wiederaufbau.

Seine Finger umschlossen abermals für einen Augenblick den Füllhalter, während er erwog, ob er niederschreiben solle, daß er nicht abergläubisch sei. Das konnte von Wichtigkeit sein. Denn sonst würde er vielleicht jetzt schon, wie der alte Mann, gegen die Furcht anringen, das Große Unheil sei das Werk eines zornigen Gottes, der jetzt sein Volk durch eine Pestilenz ausgerottet hatte wie ehedem durch die Sintflut, wobei Ish (obwohl ohne Weib und Kind) als ein neuer Noah übriggeblieben war, um die Leere wieder zu bevölkern. Doch solcherlei Gedanken leiteten auf den Weg zum Wahnsinn. Ja, er meinte, wenn ein Mensch erst anfinge, sich für einen von Gott Erkorenen zu halten, so war er nicht weit davon entfernt, sich selbst als Gott zu betrachten – und eben das war Wahnwitz.

Nein, dachte er. Was auch immer geschehen möge: Wenigstens will ich niemals glauben, ich sei ein Gott. Nein, ich darf nie ein Gott werden!

Dann fuhr er von ungefähr mit seinen Gedanken fort, und er erkannte, daß seltsamerweise ein neues Gefühl der Sicherheit und selbst der Genugtuung in ihm war, wenn er sein einsames Leben betrachtete. Alle Widerwärtigkeiten früherer Zeiten waren in der Hauptsache durch andre Menschen entstanden. Die Notwendigkeit, auf ein Tanzfest zu gehen, hatte ihn mehrmals in kalten Schweiß gebracht; er war nie sehr kontaktfähig gewesen; niemand hatte ihm je Bruderschaft angeboten. Früher war dergleichen sehr lästig gewesen. Jetzt, so meinte er, gereichte es ihm zum Vorteil. Weil er sich stets als fünftes Rad am Wagen gefühlt hatte, kaum fähig, sich an einer Unterhaltung zu beteiligen, immer nur zuhörend, objektiv beobachtend, konnte er es jetzt ertragen, daß er keine Möglichkeit hatte, sich zu unterhalten; wieder konnte er dasitzen, beobachten und aufschreiben, was geschah. Seine Schwäche war zur Stärke geworden. Es war, als sei ein Blinder in einer plötzlich des Lichtes beraubten Welt. In dieser Welt konnten die mit sehenden Augen Begabten lediglich umhertappen; doch ein Blinder fühlte sich heimisch, und anstatt einer zu sein, den andre führen mußten, war er jetzt der einzige, an den die andern sich klammerten, damit er sie führe.

Als er aber wieder in seinem Bett lag und die kalten Finger des Nebels von der Meeresbucht her durch die Dunkelheit tasteten und das Haus an der San-Lupo-Promenade einhüllten, mutete ihn das einsame Leben, das sich vor ihm dehnte, nicht eben einfach an und schien ihm der Sicherheit und den Annehmlichkeiten entrückt zu sein. Wieder überkam ihn große Angst, und er krümmte sich in unbestimmter Furcht zusammen und lauschte in die Finsternis hinein auf Geräusche. Ein wildes Verlangen nach Flucht und Entkommen kam in ihm auf. Er hatte das Gefühl, als müsse er so schnell wie möglich weit wegfahren. Dann gab er diesem Gefühl einen vernünftigen Unterbau, indem er dachte, daß die Seuche schwerlich die gesamten Vereinigten Staaten heimgesucht haben könne, daß irgendwo noch eine Gemeinschaft übriggeblieben sein müsse, die es aufzufinden galt.

3

AM MORGEN hatte das wilde Entsetzen sich verflüchtigt; aber tief in seinem Innern kauerte noch die Angst. Behutsam verließ er das Bett und machte Schluckbewegungen, weil er fürchtete, er habe eine Halsentzündung. Er ging mit sich um wie ein bejahrter Hypochonder. Als er die Treppe hinunterging, überlegte er pedantisch jeden Schritt, weil er meinte, ein verstauchtes Fußgelenk bedeute bereits den Tod.

Sogleich begann er mit den Vorbereitungen für seine Flucht, und wie stets, wenn er nach einem wohldurchdachten Plan zu handeln begann, selbst wenn jener Plan an sich wenig Sinn hatte, empfand er Ruhe und Genugtuung. Darum hielt er zunächst erst einmal Umschau nach einem besseren unter den Hunderten von Wagen, die in den Straßen parkten. Bei den meisten fehlten die Schlüssel; aber schließlich entdeckte er in einer Garage einen schweren Wagen, der seinen Vorstellungen entsprach und in dem der Schlüssel steckte. Er betätigte den Anlasser, und sogleich sprang der Motor an. Er ließ ihn eine Minute laufen, überprüfte ihn und stellte fest, daß er gut war. Er fuhr los, um seine Habseligkeiten zu holen, und hielt dann plötzlich in einem Gefühl des Unbehagens an. Es tat ihm nicht weiter leid, seinen alten Wagen im Stich zu lassen; aber irgend etwas gefiel ihm nicht. Im nächsten Augenblick wußte er es. Er kehrte zu seinem alten Wagen zurück und nahm den Hammer heraus. Er trug ihn zu dem schweren Wagen hinüber und legte ihn sich zu Füßen. Dann fuhr er zum Garagentor hinaus.

In einem Lebensmittelgeschäft versah er sich mit Vorräten, wobei er als Mittagessen ein paar Kekse und etwas Käse aß, während er umherging und seine Auswahl unter den Konserven traf. Es würde sich empfehlen, einen gewissen Reservevorrat bei sich im Wagen zu haben. Aus andern Läden holte er sich einen Schlafsack, eine Axt, eine Schaufel, einen Regenmantel, Zigaretten, Nahrungsmittel für eine Reihe von Tagen, eine kleine Flasche guten Whisky. An seine Erfahrungen des Vortages denkend, ging er in ein Sportgeschäft und suchte sich mehrere Waffen aus: eine leichte Flinte, ein Repetiergewehr mittleren Kalibers, eine kleine Pistole, die bequem in die Seitentasche ging, und ein Jagdmesser.

Als er mit der Beladung seines neuen Wagens fertig und zur Abfahrt bereit war, schaute er noch einmal um sich und gewahrte einen Hund. Er hatte während der letzten beiden Tage viele Hunde gesehen und versucht, sie zu vergessen. Sie taten ihm leid, und das Geschehene schien ihnen durchaus nicht zu behagen. Manche sahen halb verhungert aus, manche viel zu vollgefressen. Manche waren unsicher und kriecherisch; andere knurrten und waren äußerst selbstbewußt. Dieser Hund aber war klein, hatte lange Hängeohren und war weiß und rötlichbraun gezeichnet; vielleicht war es ein Dackel; Ish kannte sich in Hunderassen nicht aus. Der Hund hielt sich in der sicheren Entfernung von zehn Schritten, sah ihn an, wedelte und fiepte vernehmlich.

„Scher dich weg!“ sagte er roh; denn in seinem Herzen stieg jäh Bitterkeit auf, und er fühlte, wie sich in ihm eine Mauer gegen alle Zuneigungen bildete, die doch nur mit dem Tode enden würden. „Scher dich weg!“ sagte er noch einmal. Statt dessen kam der Hund ein paar Schritte näher heran, legte die Vorderpfoten flach auf den Boden, den Kopf darauf und blickte ihn mit seltsam flehenden Augen an, die nach oben hin verdreht waren. Die langen Hängeohren gaben dem Hundegesicht einen Ausdruck von unendlicher Traurigkeit. Es war, als wolle der Hund sagen: Nun hast du mir das Herz gebrochen! Ohne groß nachzudenken, lächelte Ish unvermittelt, und es fiel ihm ein, daß es vielleicht sein erstes Lächeln nach dem Schlangenbiß war, abgesehen von sarkastischem Grinsen.

Er faßte sich sogleich wieder, und als er merkte, daß der Hund sich an seinem Fuße rieb, wurde er schnell andern Sinnes. Als er sich niederbeugte, hastete der Hund ängstlich davon, oder er tat wenigstens so; dann vollführte er in einem kleinen Kreise einen Tanz um Ish herum, den er durch zwei behende Seitensprünge abwechslungsreicher gestaltete. Und schließlich kauerte er sich wieder nieder, den Kopf auf den Pfoten, worauf er fröhlich bellte und gleich darauf zu heulen anfing. Abermals lächelte Ish, und diesmal war es ein richtiges, breites Lächeln, so daß der Hund die Sinnesänderung spürte. Wieder sprang er in einem schnellen Kreis um ihn herum, mit jähem Wechsel der Richtung, als führe er vor, wie er ein Kaninchen jagen würde. Er beendete seine kleine Darbietung, indem er an Ishs Beinen emporsprang, sich an ihnen scheuerte und den Kopf an sie schmiegte, als wollte er sagen: Habe ich das nicht gut gemacht? Ish merkte, was von ihm erwartet wurde; er legte dem Hund die Hand auf den Kopf und streichelte die schmale Stirn. Der Hund fiepte leise und zufrieden.

Sein Schwanz wedelte so heftig, daß der ganze Körper bis zu den Ohren mitzuwedeln schien. Er verdrehte die lichtbraunen Augen, bis das Weiße zu sehen war. Es war der Inbegriff der Anbetung. Die langen Ohren baumelten seitlich, und auf der Stirn bildeten sich Fältchen. Sicherlich war der Hund auf den ersten Blick verliebt gewesen. Sein Gehaben besagte: Dies ist das einzige Herrchen auf der ganzen Welt für mich!

Ish kniete nieder. Ohne sich zu schämen, liebkoste er den Hund. Na ja, dachte er, nun habe ich mir einen Hund zugelegt, ob ich ihn brauche oder nicht. Und dann dachte er: Oder vielmehr: Ich bin es, den der Hund sich zugelegt hat.

Er machte die Wagentür auf, der Hund sprang hinein und setzte sich auf den Vordersitz, sogleich völlig daheim.

In einem Lebensmittelgeschäft fand Ish eine Büchse Hundekuchen; er gab dem Hund einen aus der Hand. Das Tier nahm ihn ohne ein besonderes Zeichen der Freude oder des Dankes. Offensichtlich war der Mensch zu so etwas da. Nun, da er sich einmal einen Menschen angeschafft hatte, brauchte er ihm nicht weiter dankbar zu sein. Indem Ish ihn zum erstenmal genauer ansah, stellte er fest, daß es eine Hündin war. „Na ja", sagte er, „ein eindeutiger Fall von Verführung."

Er fuhr zu seinem Elternhaus und holte ein paar persönliche Dinge, Garderobe, seinen Feldstecher, einige Bücher. Er überlegte kurze

Zeit, ob er noch etwas für eine Reise brauchte, die ihn über den ganzen Kontinent führen würde. Dann zuckte er mit den Achseln.

Er zog seine Brieftasche heraus und stellte fest, daß er neunzehn Dollar besaß. Wahrscheinlich würde er nie wieder Geld brauchen. Er überlegte sogar, ob er nicht die ganze Brieftasche einfach wegwerfen sollte; aber schließlich behielt er sie doch. Er war es so sehr gewohnt, sie in der Brusttasche stecken zu haben, daß er sich ohne sie unbehaglich fühlte. Sicherlich würde das Geld ihm keine Ungelegenheiten bereiten.

Obwohl er keinerlei wirkliche Hoffnung hegte, schrieb er einen Zettel und legte ihn auffällig auf den Eßzimmertisch. Wenn sie zurückkamen, während er fort war, wußten sie wenigstens, daß sie auf seine Rückkehr warten oder ihrerseits einen Zettel für ihn hinterlassen sollten.

Als er neben seinem Wagen stand, schaute er noch einmal die San-Lupo-Promenade hinauf und hinab. Natürlich war niemand zu sehen. Die Häuser und Bäume sahen genauso aus wie zuvor; doch er stellte fest, daß die Rasenflächen und Gärten bereits den Mangel an Pflege erkennen ließen, insbesondere was das Begießen betraf.

Inzwischen war es Nachmittag geworden. Dennoch entschloß er sich zu sofortiger Abfahrt. Er war begierig darauf wegzukommen, und die Nacht über konnte er ja in einer der Städte der Umgebung bleiben.

Wie mit den Hunden und Katzen, so ging es auch mit dem Gras und den Blumen, die der Mensch so lange betreut hatte. Klee und Riedgras verdorrten auf den Rasenflächen, und der Löwenzahn schoß auf. Die wasserliebenden Astern auf den Blumenbeeten welkten und ließen die Köpfe hängen, und das Unkraut wucherte. Wie ehedem, als die Heere des Römischen Reichs geschlagen waren und die starken Barbaren sich über die blühenden Provinzen ergossen, so brach der Wildwuchs über die verhätschelten Lieblinge des Menschen herein.

Der Motor summte regelmäßig. Ish fuhr am Morgen dieses zweiten Tages übertrieben vorsichtig, weil er an alle möglichen Pannen und Hindernisse denken mußte, an plötzlich versagende Bremsen, an über die Landstraße trottende Kühe. Er versuchte die Tachometernadel auf fünfzig zu halten.

Doch dieser Motor war nicht entwickelt worden, daß der Wagen so langsam fuhr, und ehe es ihm recht bewußt wurde, war er auf neunzig oder hundert.

Schon allein die Tatsache, daß er sich fortbewegte, hielt das Gefühl des Bedrücktseins fern. Die bloße Ortsveränderung war tröstlich, die Flucht an sich schon eine Erquickung. Im tiefsten Innern wußte er, daß er all dies einzig unternahm, um für einige Zeit der Notwendigkeit einer Entscheidung aus dem Wege zu gehen. Solange er den Vorhang einer Landschaft hinter sich fallen lassen und den der vor ihm liegenden aufziehen konnte, solange er nur zu fahren brauchte, erübrigte es sich, Zukunftspläne zu machen, sich zu entscheiden, wie er leben oder sogar ob er leben solle. Jetzt kam es nur darauf an, die nächste Kurve richtig zu nehmen.

Die Hündin lag neben ihm. Dann und wann schmiegte sie den Kopf in seinen Schoß; aber zumeist schlief sie ruhig, und ihr Nahesein war ebenfalls tröstlich. Niemals sah er im Rückspiegel einen Wagen hinter sich; dennoch schaute er aus alter Gewohnheit manchmal hinein. Er sah darin die Flinte und das Gewehr mitten auf dem Rücksitz und den hohen Stapel, den sein Schlafsack und die Kartons mit den Lebensmitteln bildeten.

Er folgte der großen Fernstraße Nr. neunundneunzig südlich durch das Joaquintal. Obwohl er nicht schnell fuhr, kam er großartig voran. Er brauchte nicht hinter einer Lastwagenkolonne herzufahren oder vor Verkehrsampeln zu stoppen (obwohl die meisten immer noch funktionierten) oder in den Städten die Geschwindigkeit herabzusetzen. Trotz aller trüben Ahnungen mußte er gestehen, daß es unter den gegenwärtigen Umständen sehr viel leichter war, die große Straße Nr. neunundneunzig entlangzufahren.

Er sah keinen Menschen. Wenn er bei der Fahrt durch die Städte nachgesucht hätte, so würde er vielleicht einen entdeckt haben; aber dabei wäre nichts herausgekommen. Vielleicht hätte er hier und dort einen einsamen Wanderer auflesen können. Doch er war jetzt auf der Suche danach, ob irgendwo eine größere Ansammlung von Menschen übriggeblieben war.

Bei Bakersfield verließ er die Straße Nr. neunundneunzig und bog in die kurvenreiche Nebenstraße über den Tehachapipaß ein. Die Felder wichen verstreuten Eichenwäldchen, und in noch größerer Höhe kamen lichte, parkähnliche Bestände von dünnkronigen Kiefern. Auch hier war niemand. Doch hier fiel die Abwesenheit von Menschen weniger auf, da dieses von jeher ein dünn besiedeltes

Gebiet gewesen war. Er fuhr auf der andern Seite des Passes talwärts und hielt über die weiten Ebenen Ausschau, mit denen die Wüste begann. Stärker denn je lastete eine dumpfe Ahnung auf ihm. Obwohl die Sonne noch recht hoch über dem Horizont stand, hielt er in der kleinen Stadt Mojave und begann mit seinen Vorbereitungen.

Um die gut dreihundert Kilometer Wüste zu durchqueren, hatten die Menschen auch schon vor sehr langer Zeit in ihren Wagen Wasser mitgeführt. Es gab Strecken, wo man einen ganzen Tag gehen mußte, um wenigstens an eine behelfsmäßige Reparaturwerkstatt zu kommen, wenn der Wagen schlecht lief. Das konnte er jetzt nicht riskieren, nun da niemand ihm zu Hilfe kommen würde.

Er entdeckte ein Eisenwarengeschäft. Die Tür war fest und gut verschlossen; so schlug er mit dem Hammer eine Fensterscheibe ein, durch die er kletterte. Er nahm sich drei große Kanister und füllte sie an einem Hahn, aus dem noch Wasser lief, wenngleich schwach. Außerdem holte er sich aus einer Lebensmittelhandlung eine große Korbflasche Rotwein.

Aber damit war er noch nicht zufrieden, und der Gedanke an die Wüste bedrückte ihn. Noch einmal durchfuhr er die Hauptstraße, ohne recht zu wissen, was er eigentlich suchte, bis sein Blick auf ein Motorrad fiel. Es war schwarzweiß lackiert. Trotz aller Niedergeschlagenheit und Angst empfand er Gewissensqualen, ein Motorrad zu stehlen, das der Polizei gehörte. Das war der Höhepunkt des Unglaublichen!

Doch eine Minute später bereits probierte er das Motorrad aus, fand es brauchbar und fuhr dann langsam die Straße hinab und zurück.

Nach einer Stunde Arbeit in der drückenden Spätnachmittagshitze, nachdem er aus Brettern und Balken eine Art Rampe gebaut hatte, gelang es ihm, das Motorrad aufzuladen und hinten auf seinem Wagen festzubinden.

Die Sonne ging unter, und er war müde. Er bereitete sich eine kalte, unbefriedigende Mahlzeit und aß sie ohne Appetit. Noch immer war die Angst in ihm. Er überlegte sogar, was er tun würde, wenn das Essen ihm eine Magenverstimmung verursachte. Als er fertig war, entdeckte er in einem Laden eine Dose Hundefutter. Die Hündin nahm es als selbstverständlich entgegen. Danach rollte sie sich auf dem Vordersitz zusammen. Er fuhr zum bestaussehenden Gasthof der Stadt, fand eine der Zimmertüren unverschlossen und ging hinein; der Hund lief ihm nach. Aus den Wasserhähnen tröpfelte es nur noch.

Augenscheinlich hatte diese kleine Stadt keine automatische Wasserversorgung wie die großen Städte. Er wusch sich, so gut es ging; dann legte er sich zu Bett. Der Hund lag zusammengerollt auf dem Fußboden.

Die Angst machte ihm schwer zu schaffen; er konnte nicht schlafen. Der Hund fiepte im Traum, wobei Ish heftig zusammenfuhr. Immer größer wurde seine Angst. Er stand auf und drückte die Klinke nieder, um sich zu vergewissern, daß er auch die Tür abgeschlossen hatte, obwohl er nicht wußte, wen oder was er fürchten oder warum er die Tür abschließen sollte. Er dachte daran, in einer Apotheke nach Schlaftabletten zu suchen; doch allein schon der Gedanke daran schreckte ihn. Er überlegte, ob er Whisky trinken sollte; aber auch das war mit düsteren Nebengedanken verbunden. Schließlich schlief er ein; aber er schlief äußerst unruhig.

Am Morgen hatte er einen schweren Kopf, und in Anbetracht der zu erwartenden trockenen Hitze des Wüstenvormittags zögerte er, in die dürre Öde hinauszufahren. Er überlegte, ob er nicht umkehren oder südwärts nach Los Angeles fahren sollte, wobei er sich einredete, es sei ein guter Gedanke nachzuschauen, was dort geschehen sei. Doch alle diese Erwägungen waren nur Ausflüchte, wie er nur zu gut wußte, waren nur ein Hinauszögern seines ursprünglichen Vorhabens, und er besaß noch genügend Stolz, um von einer nutzlosen Umkehr oder von einem Abweichen von der geplanten Fahrstrecke Abstand zu nehmen. Dennoch gab er sich so weit nach, daß er beschloß, erst gegen Sonnenuntergang abzufahren.

Er verbrachte einen ruhelosen Tag in Mojave, bedrückt von Ängsten und immerfort darauf bedacht, noch mehr für seine Sicherheit zu tun. Als die Sonne fast schon den westlichen Hügel berührte, fuhr er los; der Hund lag neben ihm auf dem Sitz.

Kaum hatte er ein paar Kilometer zurückgelegt, als er wahrnahm, daß die Wüste ihn rings umschloß. Die tiefstehende Sonne ließ die Judasbäume sonderbare lange Schatten werfen. Dann erloschen die Schatten, und es herrschte Dämmerung. Er schaltete die Scheinwerfer ein, und die starken Strahlen beleuchteten die sich vor ihm erstreckende Straße; sie war leer, leer wie stets. Nicht einmal erblickte er im Rückspiegel die fernen Lichter, die bedeuten konnten, daß ein Wagen ihn überholen wollte.

Dann herrschte völlige Dunkelheit, und seine Angst wuchs und wuchs. Er dachte an alles, was ihm geschehen konnte, obwohl der

Motor regelmäßig lief. Er fuhr langsamer und immer langsamer; er dachte an Reifenpannen, an das Heißlaufen des Motors, an ein Auslaufen des Öls – dann würde er am Wege liegenbleiben, allein in weiter Runde. Er verlor sogar das Zutrauen zu dem Motorrad, das er zur Sicherheit mitgenommen hatte. Nach langer Zeit – er fuhr ja langsam – kam er an einer der kleinen Wüstentankstellen vorüber, wo man zumindest Brennstoff oder einen Ersatzreifen oder etwas zu trinken bekommen konnte. Nun lag sie dunkel, und er wußte: Dort war keine Hilfe. Er fuhr weiter, und die weißen Scheinwerferstrahlen ließen die Straße vor ihm klar hervortreten; der Motor arbeitete regelmäßig; doch er überlegte, was er tun sollte, wenn er aussetzte.

Er hatte eine große Strecke zurückgelegt. Schließlich fing der Hund neben ihm an zu fiepen und unruhig zu werden. „Sei still!" fuhr er ihn an; aber der Hund fuhr fort, zu fiepen und zu zappeln. „Ach so!" sagte er und brachte den Wagen zum Halten, wobei er sich nicht die Mühe machte, rechts heranzufahren. Er stieg aus und hielt dem Hund die Tür auf. Sogleich sprang das Tier hinaus, immer fiepend; dann erleichterte es sich, hob plötzlich die Nase in die Luft, kläffte erst ziemlich laut und stob, so schnell es konnte, davon, in die Wüste hinein. „Komm! Komm her!" rief er, aber der Hund kümmerte sich nicht darum; sein Bellen entfernte sich immer mehr.

Es trat tiefe Stille ein, als der Hund aufhörte, Laut zu geben, und in dieser Stille stutzte Ish, weil ihm bewußt wurde, daß auch ein anderes Geräusch aufgehört hatte. Der leerlaufende Motor war stehengeblieben. Entsetzt sprang er in den Wagen und drehte den Zündschlüssel. Sogleich fing der Motor wieder an zu arbeiten. Aber Ish durchschüttelte es. Ihm war, als wirke er auffällig, als werde er gesehen, ohne seinerseits jemanden zu sehen; so schaltete er denn die Scheinwerfer aus und saß im Finstern.

Schwach und in großer Entfernung hörte er wieder den Hund bellen. Das Geräusch nahm zu und ab, je nach dem Kreise, in dem der Hund hinter seiner Beute her war. Anfangs hatte Ish das Tier überhaupt nicht haben wollen. Wenn ihm der Hund jetzt entlief, hinter dem ersten albernen Kaninchen her, in die Wüste hinein, so war das seine Sache. Er legte den Gang ein und fuhr an. Doch schon nach ein paar Metern stoppte er. Dies sah nach Fahnenflucht aus. Wahrscheinlich würde der Hund in der Wüste kein Wasser finden und elend zugrunde gehen. In gewisser Beziehung hatte er dem Tier gegenüber schon Verpflichtungen übernommen, obwohl der Hund ihn einzig für seine Zwecke auszunutzen schien. Ish erschauerte vor Einsamkeit und seelischer Not.

Nach einer Weile wurde er plötzlich gewahr, daß der Hund wieder da war. Er hatte ihn nicht gehört, und nun war er einfach da, keuchend, mit heraushängender Zunge. In Ish stieg plötzlich eine unbezähmbare Wut gegen das Tier auf. Er malte sich in überstürztem Ablauf alle möglichen Gefahren aus, denen die Verrücktheit des Hundes ihn auszusetzen schien. Wenn er das Tier auch nicht gut in der Wüste verdursten lassen konnte, so konnte er ihm doch wenigstens zu einem schnellen Ende verhelfen. Er nahm die Flinte und stieg aus dem Wagen.

Doch als er dann niederschaute, sah er den Hund mit dem Kopf auf den Vorderpfoten daliegen; er keuchte noch immer von dem schnellen Lauf. Der Hund bewegte sich nicht; aber Ish konnte seine großen Augen erkennen, die etwas verdreht zu ihm aufgeschlagen waren, so daß man das Weiße sah. Das Tier hatte bei der Kaninchenjagd seinen Spaß gehabt, und nun war es zu seinem Herrchen zurückgekehrt, das es sich erwählt und das sich als Spender schmackhafter Nahrung aus Konservendosen als so nützlich erwiesen hatte und es in ein schönes Land fahren würde, wo es richtige Kaninchen gab, die man jagen konnte. Ish wurde schnell anderen Sinnes und lachte.

Mit diesem Lachen zerbrach etwas in ihm; es war, als sei eine Last von ihm genommen. Wovor fürchte ich mich eigentlich? dachte er. Ärgeres als der Tod kann mir schließlich nicht widerfahren. Den haben die meisten Menschen schon überstanden. Warum sollte ich Angst davor haben? Er ist das Schlimmste, was mir zustoßen kann.

Er fühlte sich unendlich erleichtert. Er lief ein paar Dutzend Schritte die Straße entlang; er hüpfte beinahe; er gab seinem Körper Gelegenheit, das auszudrücken, was seine Seele empfand. Und sicherlich war dies mehr als das Abfallen einer Last, die er eine Zeitlang hatte schleppen müssen. Er fühlte und zeigte seine Unabhängigkeit. Er war dem Schicksal kühn entgegengetreten; er hatte dem Schicksal mitten ins Gesicht geschlagen; er hatte es gewagt, dem Schicksal zu verstehen zu geben, es habe unrecht. Daraufhin entschloß er sich, wenn er schon lebte, ohne Furcht zu leben. Denn schließlich war er einer Katastrophe von universalen Ausmaßen entgangen.

In raschem Entschluß trat er hinter seinen Wagen, löste die Verschnürungen und ließ das Motorrad hinunterfallen. Schwerlich gab es ein Schicksal, das es den Menschen zugestand, ein allzu sicheres

Spiel zu spielen. Aber auch wenn es überhaupt kein Schicksal gab, behagte ihm ein solches Spiel nicht länger. Er wollte fortan seine eigenen Möglichkeiten nutzen und sich wenigstens furchtlos des Lebens freuen, solange er lebte. Lebte man denn nicht, wie es hieß, auf gewährte Zeit?

„Komm her, Prinzeß!" sagte er ironisch. „Wir wollen weiter!" Und als er das sagte, merkte er, daß er nun endlich dem Hunde einen Namen gegeben hatte. Es war ein guter Name; gerade daß er so alltäglich war, schien eine Verbindung zum Vergangenen herzustellen, und schließlich war die Hündin ja auch eine Prinzessin, die stets erwartete, bestens bedient zu werden, und die ihm das nur beiläufig vergalt, indem sie seine Gedanken von ihm selbst ablenkte.

Nach kurzem Überlegen beschloß er, in dieser Nacht nicht weiterzufahren. In seinem neugewonnenen Bewußtsein der Freiheit wollte er alles nehmen, wie es gerade kam. Er packte seinen Schlafsack aus. Im spärlichen Schutz eines Mesquitebusches legte er ihn in den Sand. Prinzeß kuschelte sich neben ihn und schlief auf der Stelle ein. Einmal wachte er mitten in der Nacht auf und lag ruhig da. Er hatte viel durchgemacht; doch jetzt schien ihm eine Ruhe zuteil geworden zu sein, die nie von ihm weichen würde. Einmal fiepte Prinzeß im Schlaf, und er sah, wie sie die Beine bewegte, als liefe sie noch immer hinter dem Kaninchen her. Dann lag sie wieder ruhig da; auch er schlief wieder ein.

Dies ist die Wüste, die Wildnis. Sie begann vor unendlich langer Zeit. Nach einer Weile kamen die Menschen. Sie rasteten an den Quellen und hinterließen dort Steinhaufen im Sande; sie bahnten schmale Pfade durch das Mesquitebuschwerk; doch man konnte kaum wahrnehmen, daß sie dagewesen waren. Noch später legten sie Schienen und spannten Drähte und bauten lange, gerade Straßen. Doch im Vergleich zur Ausdehnung der Wüste konnte man kaum sagen, daß die Menschen dagewesen waren, und zehn Schritte jenseits der Eisenschienen und der Asphaltstraßen war alles wie früher. Nach einer Weile verschwanden die Menschen und hinterließen ihre Werke.

In der Wüste hat alles viel Zeit. Tausend Jahre sind wie ein Tag. Der Sand treibt, und bei Stürmen rückt selbst der Kies von der Stelle; doch all das vollzieht sich sehr langsam. Dann und wann, vielleicht einmal in einem Jahrhundert, ereignet sich ein Wolkenbruch, und die seit langem ausgetrockneten Bachbetten füllen sich mit rauschendem

Wasser und rollen große Steine. Vielleicht alle zehn Jahrhunderte klaffen Erdspalten auf, und schwarze Lava quillt hervor.

Aber wie die Wüste nur langsam vor dem Menschen zurückgewichen ist, so dauert es auch lange, bis sie seine Spuren ausgelöscht hat. Komm in tausend Jahren wieder: Dann siehst du immer noch die Steinhaufen im Sande und die langen Straßen, die sich nach den Einschnitten der sich messerscharf vom Horizont abhebenden Hügel hin erstrecken. Kann sein, daß sie ein bißchen verkommen sind. Sogar die Schienenstränge sind wohl noch da. Dagegen die Kupferdrähte sind wohl vergangen. Dies ist die Wüste – langsam im Geben, langsam im Nehmen.

Eine Zeitlang stand die Tachometernadel auf achtzig, und er fuhr in dem wilden, freudigen Gefühl der Freiheit, und der Gedanke an eine Reifenpanne machte ihm keine Sorge. Später fuhr er etwas langsamer und begann mit neuerwachter Anteilnahme Umschau zu halten; sein geschultes Geographenhirn stellte sich auf die Tragödie vom Untergang des Menschen ein. In dieser Gegend freilich merkte man den Unterschied kaum.

Er überquerte den Coloradofluß; er durchfuhr Arizona, und die Straße begann zwischen scharfzackigen Felsen anzusteigen. Hier sah er endlich Vieh. Ein halbes Dutzend Ochsen und zwei Kühe mit ihren Kälbern standen am Straßenrand. Sie hoben träge die Köpfe, als er anhielt und zu ihnen hinschaute. Die einsame Herde bekam, wenn sie nicht gerade unmittelbar am Straßenrand graste, kaum alle Monate einmal einen Menschen zu sehen. Zweimal im Jahr kamen die Cowboys und trieben sie zusammen. Das Hinschwinden des Menschen verursachte hier keine Änderung, außer daß die Herden sich wohl schneller vermehren würden. Nach einer gewissen Zeit gab es vielleicht Schwierigkeiten wegen des Mangels an Gras auf den Gebirgshängen; aber dann würde das langgezogene Geheul der Wölfe die Schluchten erfüllen, und die waren dann ein neues Mittel, die Zahl einzudämmen. Schließlich, Ish zweifelte nicht daran, würde sich ein gewisser Gleichstand zwischen dem Vieh und den Wölfen herstellen, und auch ohne den Menschen würde das Vieh weiter gedeihen.

Er fuhr die Bergkette hinter Oatman hinauf, und auf der andern Seite gelangte er zum erstenmal an eine größere schadhafte Stelle der Landstraße. Im Laufe der letzten Tage mußte ein heftiges Gewitter über diesen Teil des Gebirges niedergegangen sein. Die Wassermassen hatten die Fassungskraft der Kanalisation überstiegen, die Stadt überschwemmt und Sand mitgeführt. Er stieg aus und sah sich die Sache an. Innerhalb weniger Jahre würde die Betonlage Risse und Sprünge bekommen und an den unterspülten Stellen einbrechen, und Sand und Geröll würden sich auf der Straße immer höher häufen. Einstweilen jedoch war sie noch passierbar. Er lenkte den Wagen durch den Sand.

Eine Straße hat die Dauer ihrer schwächsten Stelle, dachte er und überlegte, wie lange es wohl noch möglich sei zu reisen, wie er jetzt reiste. In dieser Nacht schlief er wieder in einem Bett, zu dem er sich im besten Hotel von Kingman verhalf.

Die Rinder, die Pferde, die Esel – sie hatten Tausende von Jahrhunderten ihr eigenes Leben gelebt und waren ihre eigenen Wege in Wald, Steppe und Ödland gegangen. Der Mensch erstarkte, und für eine Weile bediente er sich der Rinder, der Pferde und der Esel zu seinen Zwecken. Aber als es mit dem Menschen zu Ende war, gingen sie wieder ihre eigenen Wege.

Eine Weile muhten die in den Ställen angebundenen Milchkühe durstig; dann lagen sie tot und stumm da. In ihren Boxen starben die hochbeinigen Vollblutpferde.

Aber die weißblessigen Herefordpferde auf den Koppeln sorgten für sich selbst, und auf den Bauernhöfen durchbrachen die Kühe die Zäune und liefen frei herum. Das gleiche taten die Esel ...

Die Rinder und Kühe suchen die grüneren Landstriche und die Wälder auf. Im Unterholz verbergen die Kühe die neugeborenen Kälber, bis sie den Muttertieren folgen können. Ihr Gefährte ist der Bison, und auch ihr Rivale. Die großen Bullen kämpfen miteinander, und am Ende siegt vielleicht der schwerere Bison, und dann breitet der Bison sich über sein altes Herrschaftsgebiet aus. Dann werden die Rinder tiefer in das Waldland zurückgedrängt und finden dort ihre Heimstatt.

In Kingman hatte die Stromversorgung ausgesetzt; aber das Wasser lief noch. Der Herd der Hotelküche wurde von einem Tank mit flüssigem Gas gespeist, und der Druck war normal. Seit es keine elektrischen Kühlanlagen mehr gab, fielen für ihn Eier, Butter und Milch aus. Aber er nahm sich Zeit, und nach einem Einbruch in einen Laden bereitete er sich ein vortreffliches Frühstück – Grapefruits aus der

Dose, Wurstkonserven, Pfannkuchen, Sirup. Er kochte sich eine große Kanne Kaffee und trank ihn mit Zucker und Kondensmilch. Prinzeß labte sich an einer Büchse Pferdefleisch. Nach dem Frühstück verschaffte er sich Kraftstoff, indem er mit Hammer und Meißel ein Loch in den Tank eines Lastwagens schlug. Er setzte einen Kanister darunter, ließ ihn vollaufen und füllte den Kraftstoff dann in seinen eigenen Tank, der nicht mehr viel enthielt.

Hinter Kingman gelangte er bald in eine höher gelegene Gegend, wo hagere Kiefern wuchsen; im Norden schimmerte ein schneebedeckter Berggipfel. In Williams stand ein schimmernder Zug im Bahnhof, so, wie ihn der Zugführer verlassen hatte; er sah niemanden. In Flagstaff lag der größere Teil der Stadt in Schutt und Asche; er sah niemanden.

Hinter Flagstaff beschrieb die Straße eine Kurve, und in einiger Entfernung vor sich sah er zwei Krähen von etwas auffliegen, das auf der Straße lag, und schwerfällig davonrudern. Er empfand beim Näherfahren eine gewisse Scheu vor dem Anblick dessen, was sie gefressen hatten; doch es war nur ein Schaf. Als er Umschau hielt, nahm er wahr, daß auf der Straße noch weitere tote Schafe lagen. Er ging die Straße ein Stückchen entlang und zählte sechsundzwanzig.

Eine Zeitlang würden die Herden noch bestehen. Obwohl die Raubtiere einzig aus Blutdurst töten, lassen sich Millionen von Schafen nicht an einem einzigen Tag auslöschen oder in einem Monat, und es werden Tausende von Lämmern geboren werden. Was bedeuten fünfzig oder hundert Getötete unter Millionen! Doch nicht ohne tieferen Sinn haben die Menschen von einem aussterbenden Volke sinnbildlich gesagt: „Schafe ohne Hirten!" Schließlich werden sie untergehen … Hilflos ziehen sie durch winterliche Schneestürme, und im Sommer streifen sie vom Wasser weg und sind zu dumm, wieder hinzufinden; sie werden von Springfluten überfallen, und Hunderte werden hinweggespült; sie flüchten in stumpfsinniger Panik über Felsen und liegen in Massen verwesend auf dem Grunde der Schluchten; und es werden immer mehr Raubtiere – die verwilderten Hunde, die Wölfe, die Kojoten, die Pumas, die Bären. Schnell sind aus den großen Herden ein paar schreckhafte, trippelnde Häuflein geworden; und schließlich gibt es keine Schafe mehr.

Vor Jahrtausenden haben sie sich dem Schutz des Hirten unterstellt und ihre Behendigkeit und das Gefühl der Unabhängigkeit eingebüßt. Jetzt, da der Hirt abgetreten ist, müssen auch sie abtreten …

Am folgenden Tage überquerte er die weite Hochfläche der „Kontinent-Scheide". Es war ein schafreiches Gebiet, und immer wieder stieß er auf Kadaver, wenn die Kojoten in eine Herde eingefallen waren. Einmal sah er auf einem fernen Hügelhang ein versprengtes Schaf wild umherrennen; doch er konnte es nicht genau erkennen.

Dann wieder wurde ihm ein noch seltsamerer Anblick zuteil. Auf einer üppigen Wiese am Flußufer sah er eine Schafherde friedlich weiden. Er hielt Ausschau, halb und halb gewärtig, auch den Hirtenkarren und den Schäfer selbst zu sehen; aber statt dessen sah er nur zwei Hunde. Der Hirt war dahin, doch aus langer Gewohnheit taten die Hunde weiter ihre Pflicht, hielten die Schafe beieinander, hielten sie auf der grünen Weide am Flußufer und kämpften sicherlich auch mit den Räubern, die nachts herankamen.

Die Straße lief durch weite Räume dahin; sie war mit U.S. 66 bezeichnet. Sie war schon in alten Zeiten, wie er sich erinnerte, ein wichtiger Verkehrsweg gewesen; jetzt lag sie leer.

Er bog in das Tal des Rio Grande ein, überquerte die Brücke und fuhr die lange Straße nach Albuquerque hinab. Das war die größte Stadt, in die er kam, seit er Kalifornien verlassen hatte. Er hupte und wartete auf Antwort. Er hörte nichts, und er wartete nicht lange.

In dieser Nacht schlief er in einem Hotel am Ostrande von Albuquerque, in der Nacht darauf in der Vorstadt von Oklahoma City.

Am Morgen umfuhr er die Stadt auf einem Umgehungswege und raste weiter. Er folgte der Straße Nr. sechsundsechzig in Richtung Chicago; aber nach ein paar Kilometern war die Straße durch einen Baum blockiert. Er stieg aus, um die Lage zu untersuchen. Eine hohe Pappel, die vor einem Bauernhaus gestanden hatte, war vom Sturm geknickt worden und umgefallen; die ganze Straße lag unter einem Gewirr von Zweigen und Laubwerk begraben. Es hätte der Arbeit eines halben Tages bedurft, um sich durch dieses Durcheinander einen Weg zu bahnen.

Ish erwog, einen Umweg quer durch die Felder zu fahren; aber der Boden war nach den letzten Regengüssen weich und lehmig. Er sah auf der Karte nach; wenn er etwa fünfzehn Kilometer nach Süden fuhr, konnte er eine andre asphaltierte Straße nehmen, die ihn auf die große Fernstraße zurückführte. Er wendete und fuhr zurück.

Doch als er auf jener andern Straße war, überlegte er, daß kein zwingender Grund bestand, auf die Sechsundsechzig zurückzukehren. Diese neue Straße, eine zweiter Ordnung, führte stracks nach

Osten, und schließlich war diese Richtung genauso gut wie irgendeine andre. Vielleicht, dachte er, hat jener umgefallene Baum den gesamten künftigen Ablauf der Menschheitsgeschichte in andre Bahnen gelenkt. Ich wäre wohl nach Chicago gefahren, und möglicherweise wäre dort etwas geschehen. Nun geschieht eben etwas anderes.

So fuhr er ostwärts durch Oklahoma, und überall war das Land leer. Jetzt herrschte die volle Sommerhitze, und sie brachte mehrere schöne Zivilisationsreste zu Fall. Zwar rasierte er sich noch täglich, mehr weil es angenehmer war, denn weil er Wert auf seine äußere Erscheinung legte; aber sein Haar war nicht geschnitten. Er ging ihm mit einer Schere zu Leibe. Er trug nur noch Jeans und ein am Halse offenes Hemd. Jeden Morgen warf er das Hemd weg und zog ein neues an. Irgendwo hatte er seinen grauen Filzhut liegengelassen, und so holte er sich aus einem Warenhaus in Oklahoma einen schlichten Strohhut.

An jenem Nachmittag wechselte er nach Arkansas hinüber, und obwohl er wußte, daß Staatengrenzen nur in der Phantasie bestehen, merkte er plötzlich, daß alles anders aussah. Hier gab es kein trockenes Flachland; das Wetter war heiß und feucht. Die Folge war, daß überall auf den Landstraßen und den Gebäuden etwas wuchs. Die Ranken des wilden Weins und der Kletterrosen umschlangen bereits die Fenster und hingen schwingend von Dachtraufen und Vorhallendächern. Die kleineren Häuser sahen aus, als wichen sie schüchtern zurück und seien im Begriff, sich in den Wäldern zu verstecken. Auch die Mauern und Zäune waren überwuchert. Es gab keine scharfe Trennungslinie zwischen der Straße und dem Lande mehr, durch das sie führte. Gras und Unkraut sprossen grün aus jedem geringsten Riß im Beton; über die Brüstungen schossen Brombeerranken und überwucherten die hellen, weißen Linien.

Die Pfirsiche waren reif, und er schaffte sich ein bißchen Abwechslung in seiner Konservennahrung, indem er einen Obstgarten plünderte. Beim Hineingehen scheuchte er ein paar Schweine auf, die die abgefallenen Früchte fraßen. Diese Nacht schlief er in North Little Rock.

Nachdem er am nächsten Morgen eine Stunde unterwegs gewesen war, stutzte er bei der Ausfahrt aus einer kleinen Stadt, als sich seinen Augen der ungewohnte Anblick eines gut gejäteten und gepflegten Gartens bot. Er hielt an, um Nachforschungen anzustellen, und entdeckte zum erstenmal, was bei großzügiger Auslegung als eine soziale Gruppe bezeichnet werden konnte. Es waren Schwarze: ein Mann, eine Frau mittleren Alters und ein kleiner Junge. Die Frau sah aus, als ob sich bald ein viertes Familienmitglied einstellen würde.

Sie waren scheu. Der Junge hielt sich im Hintergrund, neugierig, aber ängstlich, und kratzte sich den Kopf auf eine Weise, die die Vermutung nahelegte, daß er Läuse habe.

Ish konnte den breiten Dialekt kaum verstehen. Aber er hörte so viel heraus, daß sie von niemandem in der Nachbarschaft wußten; daß sie überhaupt nur sehr wenig von dem wußten, was geschehen war, da sie sich seit der Katastrophe kaum von der Stelle bewegt hatten. Sie waren nicht miteinander verwandt, sondern lediglich durch Zufall vereinigte Überlebende, drei, die allen Gesetzen der Wahrscheinlichkeit zum Trotz in einer einzigen kleinen Stadt übriggeblieben waren.

Ish konnte bemerken, daß sie nicht nur unter dem von der Katastrophe verursachten Schock litten, sondern auch unter den Verboten und Tabus aus der Zeit vorher. Sie sprachen mit dem weißen Manne ohne jedes Selbstvertrauen und schlugen die Augen nieder.

Trotz ihres augenscheinlichen Widerwillens hielt Ish in ihrer Wohnstätte Umschau. Obwohl alle Häuser der Stadt ihnen offengestanden hätten, wohnten sie nach wie vor in der schäbigen Hütte, wo die Frau vor dem Ausbruch der Seuche gewohnt hatte. Ish ging nicht hinein; aber durch die offene Tür sah er das wackelige Bett, die Stühle und den Kanonenofen, den mit einem Wachstuch bedeckten Tisch, auf dem die Fliegen die Speisen umsummten. Draußen sah alles besser aus. Sie hatten einen überraschend großen Garten und ein ansehnliches Stück Land, auf dem Mais stand, und gegenwärtig waren sie dabei, ein kleines Feld mit Baumwolle zu bestellen, obwohl es über Ishs Phantasie ging, was in aller Welt sie mit der Baumwolle anfangen wollten. Dem Anschein nach hatten sie einfach weiter das getan, was sie zuvor gewohnt waren, und daraus gewannen sie ein Gefühl der Sicherheit.

In einem Verschlag hatten sie Hühner, und ein paar Schweine waren auch da. Ihre naive, übermäßige Verlegenheit, als Ish die Schweine gewahrte, ließ nur zu deutlich erkennen, daß sie sie sich aus irgendeinem Bauernkoben angeeignet hatten und nun meinten, der weiße Mann wisse ganz genau, daß sie Diebe seien.

Ish fragte nach ein paar frischen Eiern, und für ein Dutzend gab er ihnen einen seiner Dollarscheine. Sie schienen begeistert über diesen

Tausch zu sein. Als er nach einer Viertelstunde alle Möglichkeiten der Situation in sich aufgenommen hatte, stieg Ish in seinen Wagen, sehr zur Erleichterung der Schwarzen.

Einen Augenblick saß er da und überlegte. Hier, dachte er, könnte ich ein bißchen König spielen, wenn ich dabliebe. Es würde ihnen nicht gefallen; aber aus langer Gewohnheit würden sie sich wohl darein schicken; sie würden Gemüse und Hühner und Schweine für mich züchten, und bald könnte ich auch eine Kuh oder zwei haben. Sie würden alle Arbeit übernehmen, die ich eigentlich tun müßte.

Doch das war nur eine flüchtige Erwägung, und als er weiterfuhr, kam ihm die Einsicht, daß die Schwarzen im Grunde besser Herren der Lage geworden waren als er. Er lebte als ein Straßenräuber von dem, was von der Zivilisation übriggeblieben war; sie aber lebten wenigstens noch schaffend, dem Boden verbunden, Vieh züchtend, und ernteten selbst das meiste von dem, was sie brauchten.

Von einer halben Million Insektenarten wurden schätzungsweise nur ein paar Dutzend vom Untergang des Menschen betroffen, und die einzigen tatsächlich vom Aussterben bedrohten waren die drei Arten der auf dem Menschen schmarotzenden Läuse. So alt, wenn auch nicht eben ehrenvoll, war diese Gemeinschaft, daß gerade sie als Argument für den einheitlichen Ursprung des Menschen hatten herhalten müssen, indem die Anthropologen feststellten, daß alle noch so fern voneinander lebenden Stämme sich der gleichen Parasiten wegen kratzten und sie ablasen, und daraus schlossen, daß der Affen-Urmensch schon von den Vorfahren dieser Insekten bevölkert gewesen sein müsse, von dem Zeitpunkt an, da sie anfingen, sich zu verbreiten und in Spezies aufzuteilen.

Von da an hatten die Läuse durch Hunderte von Jahrtausenden hindurch ihr Leben auf diese Welt eingestellt, die der Körper des Menschen war. Als sie sich aber so völlig dem Menschen anbefohlen hatten, verloren sie die Fähigkeit, auf einem andern Wirt zu existieren.

Darum bedeutete die Vernichtung des Menschen auch ihre Vernichtung.

Er kam an die lange Brücke über den breiten, braunen strömenden Fluß, und dort stand ein Lastwagen und versperrte die enge Einbahnstraße nach Memphis.

Ihm war zumute wie einem bösen Jungen, der etwas Verbotenes tut und weiß, daß er dafür bestraft werden wird; aber er fuhr gegen alle Verkehrszeichen an.

Doch er traf niemanden, und bald gelangte er auf das Tennessee-Ufer, und als Ausfahrt wählte er wieder die „falsche" Richtung. Memphis war genauso leer wie die andern Städte, in denen er gewesen war; aber es wehte Südwind, und er trug einen üblen Gestank von den dichtbesiedelten Stadtteilen um die Beale Street mit sich. Wenn das eine Andeutung dessen war, was seiner in den Städten des Südens wartete, so trug Ish wenig Verlangen nach ihnen. Schnell fuhr er wieder ins freie Land hinaus.

Aber er war noch nicht allzuweit gekommen, als der Südwind unaufhörlichen Regen heranführte. Da auf diese Weise das Fahren stumpfsinnig und beschwerlich wurde, machte er Rast in einem Hotel, das an der Einfahrtstraße einer kleinen Stadt lag, deren Namen festzustellen er sich gar nicht bemühte. Im Küchenherd dauerte der Gasdruck noch an, und er bereitete sich als Abendessen eine Mahlzeit aus den frischen Eiern. Sie war wirklich ein Festmahl, und dennoch war er auf irgendeine Weise unzufrieden. Es fragt sich, überlegte er, ob ich auch alles zu mir nehme, was ich eigentlich essen müßte. Vielleicht sollte er in eine Drogerie einbrechen und sich ein paar Vitamintabletten holen.

Ish ging zu Bett; er fühlte sich noch immer unzufrieden. Der Schock muß tiefer in mir sitzen, als mir bewußt ist, dachte er.

Am Morgen fühlte er sich noch immer unzufrieden und ruhelos. Das schlechte Wetter war noch nicht vorbei; doch es regnete nicht mehr. Abfahren wollte er noch nicht; aber er entschloß sich zu einem Spaziergang die Landstraße entlang. Ehe er ging, warf er einen Blick in seinen Wagen und sah auf dem Rücksitz die Flinte liegen. Seit er Kalifornien verlassen, hatte er sie kaum angerührt; jetzt ergriff er sie ohne bestimmte Absicht, nahm sie unter den Arm und wanderte die Straße entlang.

Prinzeß lief ihm ein paar Schritte nach, entdeckte dann eine neue Spur, nahm sie auf und verschwand entzückt fiepend und bellend über die Hügel.

Ish wanderte ohne ein bestimmtes Ziel dahin; er wollte lediglich seinen Gliedern ein bißchen Bewegung verschaffen oder vielleicht einen Baum mit reifen Früchten suchen. Er schritt gedankenlos weiter, als er auf einem Felde eine Kuh und ein Kalb erblickte. Das war nichts Auffälliges; auf nahezu jedem Felde in Tennessee konnte man Kühe und Kälber sehen. Das einzig Bemerkenswerte dabei war, daß er eine geladene Flinte unterm Arm trug, und plötzlich wußte er, daß er etwas im Sinn gehabt hatte.

Er legte den Flintenlauf auf einen Zaunpfahl auf, zielte und sah Kimme und Korn eine Linie mit dem roten Fleck auf der Schulter des Kalbes bilden. Er zog durch, es knallte, und er empfing den Rückstoß. Als das Echo verhallte, hörte er das Kalb ein langes, gequältes Winseln ausstoßen; aus den Nüstern tropfte Blut. Dann zuckte es zusammen und fiel.

Die Kuh war bei dem Knall ein paar Schritte weggelaufen, und jetzt stand sie da und wandte unsicher den Kopf. Ish wußte nicht, was sie zur Verteidigung des Kalbes unternehmen würde. Er legte wieder an und jagte ihr eine Kugel in die Schulter. Als sie taumelte, gab er ihr den Gnadenschuß.

Er mußte in seine Unterkunft zurück und das Jagdmesser holen. Er lud seine Flinte wieder. Er empfand es als sonderbar, wie er reagierte. Früher hatte er kaum je über den Gebrauch von Waffen nachgedacht; doch jetzt war es, als hätte er der Schöpfung den Krieg erklärt und müßte gewärtig sein, daß sie es ihm vergelte. Doch als er zu der Stelle kam, wo die Kuh und das Kalb lagen, stieß er weder auf Widerstand noch auf Gegnerschaft.

Als er wieder in dem Hause war, reinigte er sich, so gut es ging, und horchte teilnahmslos nach draußen; denn es hatte wieder angefangen zu regnen. Prinzeß kam zurück und bat um Einlaß. Sie war naß, zerschrammt und schmutzig. Sie legte sich auf den Boden und brachte sich mit der Zunge wieder in Ordnung; er selbst lag auf dem Bett, erschöpft, aber doch irgendwie befriedigt. Draußen regnete es gleichmäßig weiter, und nach einer Stunde merkte Ish, daß ihm zum erstenmal nach all diesem Geschehen ein weiteres Unbekanntes widerfuhr: Er langweilte sich; das war es.

Er blickte in dem Raum umher und fand eine sechs Monate alte Zeitschrift; er setzte sich hin und begann zu lesen.

Gegen Mittag wurde er hungrig. Er briet sich ein saftiges Stück von der Leber und aß es mit großem Genuß. Ein bißchen frisches Fleisch, so schloß er daraus, war alles, was ihm gefehlt hatte. Auch Prinzeß bekam ein Stück.

Als er nach dem Essen geruhsam dasaß, fühlte er sich wieder ganz wohl und behaglich.

NACH und nach verlor er immer mehr das Gefühl für die Zeit. Die täglich zurückgelegte Strecke war nicht groß, weil es häufig regnete, und die Straßen waren nicht so glatt und gerade wie im Westen. Er fuhr in nordöstlicher Richtung durch das Hügelland von Kentucky; dann gelangte er an die Ohio-Ebene und fuhr nach Pennsylvania hinein.

Er war in stärkerem Maße auf die Beschaffung von Nahrungsmitteln bedacht. Er holte sich grüne Maiskolben von den Feldern. Es gab reife Beeren und Früchte. Dann und wann fand er in einem Garten ein paar nicht von Schnecken zerfressene Salatköpfe. Häufig rupfte er Karotten aus und aß sie roh; denn rohe Karotten mochte er sehr gern. Er schoß ein Jungschwein. Er erlegte zwei Rebhühner. Dann wieder schloß er die laut Einspruch erhebende Prinzeß in den Wagen ein und verbrachte zwei glückliche Stunden damit, eine Schar Truthühner zu beschleichen, die aber stets davonstoben, ehe er in Schußweite kam. Schließlich jedoch brachte er es fertig, nahe genug heranzukommen und einen Hahn zu erlegen.

Zwischen den Regenschauern war es warm, und wenn ihm danach zumute war, zog er sich aus und schwamm in einem Bach oder kleinen Flusse, der ihm geeignet dazu schien.

Er bekam Übung im Beurteilen der Städte und konnte im allgemeinen im voraus sagen, ob sie gänzlich leer waren oder ob er nach einigem Suchen einen oder mehrere Überlebende aufzustöbern vermochte. Oft waren die Spirituosenläden geplündert. Die andern Gebäude waren für gewöhnlich unzerstört, obwohl hier und dort in die Banken eingebrochen worden war; augenscheinlich hatten die Leute noch Zutrauen zum Geld. In den Straßen sah man gelegentlich ein Schwein oder einen Hund, seltener eine Katze.

Selbst in dieser ehedem dichtbevölkerten Gegend fand er verhältnismäßig wenig Tote, und der Leichengeruch war weniger spürbar, als er gefürchtet hatte. Die meisten Bauernhöfe und viele der kleineren Städte waren augenscheinlich sich selbst überlassen worden, als die letzten Einwohner um der ärztlichen Hilfe willen in die größeren Zentren oder aber in die Berge geflohen waren, wo sie der Ansteckung zu entgehen hofften.

Die Überlebenden, so stellte er fest, lebten im allgemeinen als Einzelgänger und gelegentlich paarweise. Sie blieben unbeirrt in ihren eigenen Häusern. Manchmal schienen sie zu wünschen, daß er bei ihnen bliebe; niemals aber wünschten sie, mit ihm zu fahren.

Nach wie vor gewahrte er unter ihnen niemanden, mit dem er seine Zukunft zu teilen gewünscht hätte. Wenn es nicht anders ging, meinte er, könnte er ja heimfahren.

Irgendwie zeigte sich das offene Land in stärkerem Maße verändert als die Städte, obwohl man kaum vermuten konnte, daß die Entwicklung so verlaufen würde. Aber auf dem Lande wucherte auf den Äckern das Unkraut. In dieser Gegend war zur Zeit des Ausbruchs der Seuche der Weizen noch nicht gemäht worden, und nun stand er mit schweren Ähren da, und hier und dort fingen die Körner schon an herauszufallen.

Dann überquerte er eines Morgens den Delawarestrom, fuhr nach New Jersey hinein und wußte, daß er am frühen Nachmittag in New York sein würde.

4

GEGEN Mittag kam er auf den Pulaski Skyway. Früher, als Fünfzehnjähriger, war er hier einmal mit seinen Eltern gefahren. Damals hatte der strömende Verkehr ihn erschreckt; Last- und Personenwagen waren aus allen Richtungen, wie es schien, geräuschvoll herangekommen und dann plötzlich dem Blicke entschwunden, wenn sie in die Zubringerstraßen eingebogen waren. Er wußte noch, daß sein Vater ängstlich nach dieser und jener Richtung Ausschau gehalten hatte, der Verkehrszeichen wegen, während seine Mutter nervös dazwischenredete. Jetzt indessen schlief Prinzeß neben ihm auf dem freien Sitz, und er fuhr ganz allein den Skyway hinab.

In weiter Ferne vor sich sah er die hohen Türme der Wolkenkratzer, die sich perlgrau vom bewölkten Himmel abhoben; es hatte geregnet, und für die Mittsommerzeit war der Tag kühl.

Beim Anblick jener Türme wurde ihm seltsam zumute. Jetzt wußte er, was er vorher nicht hinreichend deutlich hätte erklären können, nämlich warum es ihn unbewußt nach New York getrieben hatte. Für jeden Amerikaner war diese Stadt der Mittelpunkt der Welt. Was in New York geschehen war, das mußte über kurz oder lang überall geschehen, dachte er. Fällt Rom, so fällt die Welt.

Als er an die Kleeblatt-Kreuzung oberhalb von Jersey City kam, hielt er mitten auf dem Skyway an, um die Wegbezeichnungen zu lesen. Keine Bremsen kreischten jäh hinter ihm auf; keine Hupen quäkten;

keine Lastwagenfahrer brüllten ihm Schimpfworte zu, weil er die Straße versperrte; kein Polizist rief ihn durch Lautsprecher an.

Wenigstens, dachte er, ist das Leben ruhiger geworden.

In einiger Entfernung, so daß er es gerade noch hören konnte, rief zweimal ein Vogel, vielleicht eine Möwe. Das einzige andere Geräusch war das nahezu lautlose Brummen seines leerlaufenden Motors, das einschläfernd war wie Bienengesumm.

Im letzten Augenblick schreckte er vor der Einfahrt in einen der Tunnels zurück. Sie wurden nicht mehr in Ordnung gehalten und waren vielleicht allmählich voll Wasser gelaufen, und er hatte eine unbestimmte Furcht, in eine Falle zu geraten. So bog er denn nach Norden ab, überquerte die leere George-Washington-Brücke und gelangte nach Manhattan.

Hingedehnt zwischen ihren Strömen wird die Stadt lange überdauern. Stein und Ziegel, Beton und Asphalt, Glas – damit geht die Zeit behutsam um. Wasser hinterläßt schwarze Flecken, Moos grünt, ein bißchen Gras sprießt in den Ritzen. (Das ist nur die Oberfläche.) Ein Fensterrahmen lockert sich, wackelt, ein kräftiger Windstoß reißt ihn los.

Der Blitz fährt nieder und lockert die Backsteine eines Gesimses. Eine Mauer neigt sich, wenn lange Regengüsse die Fundamente unterwühlen; Jahre vergehen; sie stürzt um und streut Ziegel über die Straße. Der Frost wirkt sich aus, und im Märztauwetter bröckeln Steine ab. (All das vollzieht sich sehr langsam.) Der Regen fließt ruhig durch die Rinnen in die Abflußröhren, und wenn die Abflußröhren sich verstopfen, fließt der Regen über die Rinnen in die Abzugskanäle. Der Schnee türmt sich an den Straßenecken; niemand schafft ihn weg. Im Frühling schmilzt er und fließt ebenfalls in die Abzugskanäle. Wie in der Wüste ist ein Jahr gleich einer Nachtstunde, ein Jahrhundert gleich einem Tag.

Ja, die Stadt ähnelt in vielem der Wüste. Von der Straße rinnt der Regen nach beiden Seiten in die Abzugskanäle. Hier und dort wächst in einem schmalen Riß feines Gras oder kräftiges Unkraut; aber weder Baum noch Rebe, noch größere Grasarten schlagen Wurzeln. Die schattenspendenden Bäume an den Promenaden, denen die Pflege durch den Menschen mangelt, sterben in ihren zu kleinen Erdgruben. Rehe und Kaninchen meiden die leeren Straßen; nach einer Weile verziehen sich sogar die Ratten. Einzig die geflügelten Geschöpfe finden hier Zuflucht; die Vögel nisten in dem hohen Gebälk, und morgens und abends flattern die Fledermäuse durch die zerbrochenen Fensterscheiben ein und aus. So wird die Stadt lange, sehr lange Zeit hindurch überdauern.

Er fuhr den Broadway in südlicher Richtung hinab; er beabsichtigte, geradeaus bis Battery zu fahren. Indessen kam er bei der 170. Straße an ein sehr amtlich aussehendes Schild „Gesperrt!“ mit einem Pfeil, der ihm eine östliche Umleitung wies. Er hätte einfach, trotz der Zeichen, geradeaus weiterfahren können; aber er machte sich einen Spaß daraus, gehorsam der Weisung zu folgen. So fuhr er denn zur Amsterdam Avenue hinüber und dann wieder südwärts.

Auch die Amsterdam Avenue war völlig leer. Irgendwo in diesen weitläufigen Anhäufungen von Beton und Backstein, irgendwo in all diesen höhlenähnlichen Löchern, die der Mensch Wohnräume nannte, irgendwo mußten wohl noch ein paar Leute wohnen. Die Katastrophe hatte nahezu alles erfaßt, und in dem übervölkerten Manhattan hatte sie wahrscheinlich noch heftiger gewütet als anderswo. Das, was er den Zweiten Tod genannt hatte, mußte sich unter einer völlig verstädterten Bevölkerung noch weit schrecklicher ausgewirkt haben. Nichtsdestoweniger hatte er die Erfahrung gemacht, daß überall ein paar Leute übriggeblieben waren, und so würde es sich auch bei der Millionenbevölkerung von Manhattan verhalten. Aber er ließ seine Hupe nicht ertönen; Herumtreiber, die er hier und dort gesehen hatte, waren für ihn von wenig Interesse.

Er fuhr weiter. Am Lewison-Stadion endlich waren zwei am Eingang herumschnuppernde magere Hunde das erste Zeichen von Leben. Beim nächsten Block sah er ein paar Tauben herumflattern; viele waren es nicht.

Er fuhr weiter, an den roten Backsteingebäuden der Columbia-Universität vorüber, und hielt vor der mächtigen, noch unvollendeten Kathedrale. Sie war unvollendet und würde es bleiben.

Er rüttelte an der Tür; sie sprang auf; er trat ein. Er ging in das Seitenschiff und durchschritt die kleinen Kapellen der Apsis, eine nach der andern – all jene Kapellen, die die Engländer und die Franzosen und die Italiener und all die andren der vielsprachigen Stadt zu Gebet und Gottesdienst eingeladen hatten. Das Sonnenlicht strömte durch die bunten Glasfenster; es war alles genauso schön, wie er es von früher her in der Erinnerung trug.

Er ging zurück in das Hauptschiff. Er schaute empor und ließ sich von der Größe des Kircheninnern erschüttern. Er hatte ein würgendes Gefühl in der Kehle. Dies also war das Ende des höchsten Strebens und Verlangens der Menschheit ... Er ging hinaus in die leere Straße und stieg wieder in seinen Wagen.

Am Cathedral Parkway bog er nach Osten ab, fuhr, allen Verkehrszeichen zum Hohn, in den Central Park ein und dann südlich die Ostpromenade hinab, in der Meinung, daß an einem Sommertage die Leute wohl in den Park gehen würden, wie sie es von jeher getan hatten. Doch er sah niemanden. Von seinem damaligen Besuch als Junge her erinnerte er sich an die Eichhörnchen; aber jetzt sah er kein einziges; hungernde Hunde und Katzen hatten sie wohl gefressen. Auf einer Rasenfläche sah er einen Bisonbullen weiden und nicht weit von ihm ein Pferd. Beim Sherman-Denkmal bog er in die Fünfte Avenue ein, und es glitt ihm ein Vers durch den Sinn: „Jetzt sind vergebens alle eure Siege."

Das grüne Rechteck des Parks wird eine Insel auf einer Insel bleiben. Es ist freies Land, in das der Regen hineinsickern kann. Die Sonne scheint darauf. Im ersten Sommer schießt das Gras hoch, die Samen fallen von Busch und Baum, die Vögel tragen andern Samen heran. Laß zwei Sommer vorübergehen, und der Park ist ein Dschungel von nachgewachsenen Gewächsen, darin jeder Baum sich über die Nachbarn zu erheben trachtet, um zum Licht zu gelangen, und die zähen Einheimischen, die rasch wachsenden Eschen und Ahornbäume, überwuchern die zarten Exoten, die der Mensch hier vormals angepflanzt hatte. Man kann den Reitweg kaum noch sehen; auf den schmalen Pfaden liegt dick moderndes Laub. Laß ein Jahrhundert vorübergehen, und du durchwanderst einen dichten, üppigen Wald und merkst kaum noch, daß der Mensch je hier gewesen ist, abgesehen von dem steinernen Bogen, der nach wie vor die Unterführung überspannt und jetzt ein seltsames Gewölbe bildet.

In den großen Schaufenstern der Modehäuser vollführen nach wie vor die Gliederpuppen in heiterer Gewandung und mit blitzendem Schmuck eine absonderliche Gestik. Aber die Fünfte Avenue dehnte sich leer vor ihm. Die Schaufenster eines großen Juweliergeschäftes waren zertrümmert.

Ein paar Tauben flatterten beim Rockefeller-Center auf; das

Geräusch des einsamen Motors hatte sie aufgestört. Bei der Zweiundvierzigsten Straße fiel es ihm ein, mitten auf der Fünften Avenue anzuhalten und auszusteigen; Prinzeß ließ er im Wagen.

Er ging die Zweiundvierzigste Straße in östlicher Richtung hinab; der leere Bürgersteig kam ihm lächerlich breit vor. Er ging in den Grand-Central-Bahnhof hinein und schaute in die weitläufige Empfangshalle. „Wau!" rief er laut und empfand kindische Freude, als das Echo durch die Leere von der hohen Wölbung widerhallte.

Er kehrte auf die Straße zurück und erblickte eine Drehtür. Gedankenlos durchschritt er sie und befand sich in der Vorhalle eines großen Hotels. Rechts und links standen behäbige Sessel und Sofas; hinten war das Empfangsbüro.

Auf allen Sesseln und Sofas und Zigarettenvitrinen und Marmorfliesen lag deutlich wahrnehmbar eine Schicht grauen Staubes, und von jetzt an würde Staub ein Teil seines Lebens sein.

Als er wieder in seinem Wagen saß, legte er den Gang ein, überquerte die Zweiundvierzigste Straße und fuhr weiter nach Süden. Auf den Stufen der Bibliothek sah er eine große graue Katze kauern.

Er bog in den Broadway ein und fuhr ihn in südlicher Richtung hinab bis zur Battery. Dort hielt er über die untere Bucht Ausschau nach dem Ozean. Dies war das Ende seiner Reise.

Vielleicht bestanden noch Verbindungen nach Europa oder Südamerika oder einigen der Inseln; aber er nahm keine Spur davon wahr. An dieser Stelle war sicherlich sein holländischer Vorfahr vor drei Jahrhunderten an Land gestiegen. Jetzt stand er, Ish, hier, und der Kreis hatte sich geschlossen.

Er gewahrte die Freiheitsstatue. Freiheit! dachte er ironisch. Die wenigstens habe ich!

Dicht am Ufer von Governors Island war ein großer Dampfer gestrandet. Er mußte bei Hochflut auf Grund geraten sein, und jetzt, bei tiefer Ebbe, ragte er hoch aus dem Wasser und lag absonderlich schief. Bevor das Schiff Europa verließ, mußte die Infektion heimlich gewirkt haben; Passagiere und Mannschaft waren in gleicher Weise krank oder tot gewesen, als der Dampfer verzweifelt in den Hafen zu gelangen suchte – den Hafen, der seltsamerweise keine Signale mehr aussandte. Es kamen dem Schiff keine Schlepper entgegen. Vielleicht hatte ein sterbender Bootsmann auf der Brücke gar versäumt, den Befehl zum Fallenlassen des Ankers zu geben, und nur mit verschwimmenden Augen auf die Sandbank gestarrt. Dort würde das

Schiff Ruhe finden, und die Wellen würden Sand und Schlamm gegen das den Verkehr hindernde Wrack werfen, und in einem Jahrhundert würde es kaum noch kenntlich sein – nur die rostbedeckte Mitte einer kleinen Insel, und darum herum würden Bäume wachsen.

Im Weiterfahren bog Ish zur East Side ein, kam an ein unangenehm riechendes Viertel in der Nähe des großen Komplexes des Bellevue-Krankenhauses, wandte sich westwärts und stieß auf den gleichen Geruch rings um den Pennsylvania-Bahnhof, und schließlich fuhr er nordwärts durch die Elfte Avenue. Er bog in die Riverside-Promenade ein und gewahrte, daß die Sonne niedrig über den rauchlosen Schornsteinen des Jersey-Ufers stand. Er überlegte gerade, wo er die Nacht verbringen sollte, als er einen Ruf hörte: „He! Hierher!"

Prinzeß fing wütend an zu bellen. Er stoppte, schaute zurück und sah einen Mann aus dem Eingang eines Mietshauses herauskommen. Ish stieg aus und ging ihm entgegen; die bellende Prinzeß ließ er im Wagen.

Der Mann kam mit ausgestreckter Hand auf ihn zu. Er sah kein bißchen ungewöhnlich aus, war gut rasiert und trug einen Tropenanzug. Halb und halb war Ish darauf gefaßt, daß er jetzt die konventionelle Ladeninhaberbegrüßung hören würde: Guten Tag, der Herr, womit kann ich dienen?

„Abrams ist mein Name", sagte er. „Milt Abrams."

Ish stotterte seinen eigenen Namen – es war recht lange her, daß er daran gedacht hatte, wie er eigentlich hieß. Nach den Begrüßungsworten nahm Milt Abrams ihn mit ins Haus. Sie gingen in eine hübsche Wohnung im zweiten Stockwerk. Eine blonde, etwa vierzigjährige, gut gekleidete Frau saß an einem Cocktailtisch, und vor ihr stand ein Cocktailshaker. „Habe die Dame – getroffen", sagte Milt Abrams, und bei seinem Zögern konnte Ish sich seinen Teil denken. Schwerlich würde die Katastrophe Mann und Frau verschont haben, und für eine feierliche Trauung war seither keine Gelegenheit gewesen. Augenscheinlich steckte Milt Abrams noch immer so tief im Überlieferten, daß er sich das sogar unter den gegebenen Umständen zu Herzen nahm.

Die Dame sah Ish lächelnd an. „Sagen Sie Ann zu mir", meinte sie. „Kommen Sie, trinken Sie etwas! Leider kann ich Ihnen nur warmen Martini anbieten! In New York City ist kein bißchen Eis aufzutreiben!" Auf ihre Art war sie eine genauso typische New Yorkerin, wie Milt ein typischer New Yorker war.

„Hier", sagte Milt, „ich kann Ihnen etwas Besseres anbieten." Er machte einen Schrank auf, und man erblickte eine schöne Sammlung von Weinen, altem Kognak und erlesenen Likören. „Und", fügte er hinzu, „die kann man auch ohne Eis trinken."

Augenscheinlich war Milt ein Kenner. Die Flasche Château Margaux, die er zum Abendessen hervorzauberte, war erstklassig.

Château Margaux zu einer aus kaltem Corned beef bestehenden Mahlzeit war vielleicht nicht alles, was man sich hätte wünschen können; doch der Wein war kräftig genug, um in Ish eine leichte, glückliche Bezechtheit zu erregen. Ann war um jene Zeit schon ziemlich angeheitert.

Der Abend verlief recht angenehm. Sie spielten bei Kerzenlicht Karten – Bridge zu dritt. Sie tranken Liköre. Sie hörten Schallplatten auf einem dünnstimmigen Koffergrammophon, das den großen Vorteil hatte, vom elektrischen Strom unabhängig zu sein, aber mit der Hand aufgezogen werden mußte. Sie plauderten – wie man an jedem beliebigen Abend geplaudert hätte.

Man tat, als gebe es draußen vor den Fenstern eine Welt; man spielte bei Kerzenlicht Karten, weil das hübsch ist; man dachte und sprach nichts, als was unter solcherlei Umständen eben gedacht und gesprochen wurde. Und Ish meinte, das sei nur recht und billig. Normale Menschen, und Milt und Ann schienen durchaus normal zu sein, kümmerten sich nicht allzuviel um Zurückliegendes oder Künftiges. Glücklicherweise lebten sie in der Gegenwart.

Doch während des Spieles konnte Ish aus gelegentlichen Nebenbemerkungen bis zu einem gewissen Grade die Situation erkennen. Milt war Mitinhaber eines kleinen Juweliergeschäfts gewesen und Ann die Frau eines gewissen Harry, und sie waren so wohlhabend gewesen, daß sie die Sommer an der Küste von Maine hatten verbringen können. Die einzige bezahlte Arbeit, die Ann je hatte leisten müssen, war der Verkauf von Parfüm in einem der exklusivsten Geschäfte gewesen; das hatte sie mehr zum Spaß in der Weihnachtszeit getan. Nun lebten die beiden in einer hübschen Wohnung, die sehr viel besser war, als Harry sie sich hatte leisten können. Der elektrische Strom hatte sofort ausgesetzt, da die Dynamos, die New York versorgten, Dampfantrieb hatten; die Wasserversorgung blieb einstweilen normal, und so gab es noch keine sanitären Schwierigkeiten.

Gegenwärtig wohnten sie in der Riverside-Promenade. Da sie gewöhnliche New Yorker waren, hatten sie nie ein Auto besessen, und so konnten sie beide nicht fahren. Autos waren für sie etwas Geheimnisvolles. Seit alle öffentlichen Verkehrsmittel ausgefallen waren, waren sie völlig auf ihre Beine angewiesen, und beide waren, was Alter, Temperament und Körperbeschaffenheit betraf, nicht gerade freudige Fußgänger. Der Broadway mit seinen noch wohlversehenen Lebensmittel- und Spirituosengeschäften bildete für sie die Ostgrenze; im Westen lag der Strom; sie wanderten die Promenade auf und ab, etwa einen Kilometer nördlich und südlich. Das war ihre Welt.

Sie glaubten nicht, daß innerhalb dieses kleinen Bereichs noch jemand am Leben war. Was in den übrigen Teilen der Stadt vor sich ging, wußten sie genausowenig wie Ish. Für sie war es zur East Side genauso weit wie nach Philadelphia; Brooklyn hätte auch Saudi-Arabien sein können.

Einmal indessen hatten sie Autos die Riverside-Promenade entlangfahren hören, und dann und wann, wenngleich sehr selten, hatten sie auch eins gesehen. Doch hatten sie sich gehütet, einem der Autos ein Zeichen zu geben, denn in ihrer Einsamkeit und im Gefühl ihrer Hilflosigkeit waren sie in ständiger Angst; sie lebten in einer Art Kinderschreck-Furcht vor räubernden Gangstern.

„Aber alles blieb so ruhig, daß man tatsächlich verlangte, mal jemand zu treffen. Sie fuhren nicht allzu schnell", sagte Milt beinahe schüchtern, „ich sah, daß Sie allein waren und nicht bösartig, und außerdem war Ihr Nummernschild nicht von hier."

Ish hätte beinahe vorgeschlagen, ihnen seine Pistole dazulassen; doch er tat es nicht. Schußwaffen waren stets die Ursache von Schwierigkeiten. Aller Wahrscheinlichkeit nach hatte Milt nie im Leben einen Schuß abgefeuert, und er sah, was das betraf, nicht gerade gelehrig aus. Und Ann sah aus, als sei sie eine jener reizbaren Frauen, die als Freundin wie als Feindin gleich gefährlich waren, wenn sie eine Pistole in der Hand hatten.

Obwohl sie weder Fernseher noch Radio hatten und obwohl sie den Anblick der vorüberflutenden Menge in der großen Stadt entbehren mußten, schienen Milt und Ann nicht weiter bedrückt zu sein. Sie spielten zu zweit Karten, bei hohen, aber natürlich nur fingierten Einsätzen. Das Ergebnis war, daß Ann jetzt Milt mehrere Millionen Dollar schuldete. Sie spielten endlos Schallplatten – Jazz, Volkslieder, Tänze – auf dem kleinen Grammophon. Sie lasen ungezählte Kriminalromane, die sie sich aus den Leihbüchereien am Broadway holten und dann in der Wohnung herumliegen ließen.

Aber obwohl sie nicht bedrückt waren, schien beiden das Leben nicht allzuviel Freude zu machen. Nach dem Schock schienen sie in einer Art Dumpfheit umherzugehen. Sie waren Menschen ohne Hoffnung. New York, ihre Welt, war dahin; zu ihren Lebzeiten würde es nicht wieder auferstehen. Sie bezeigten keinerlei Anteilnahme, als Ish ihnen zu erzählen versuchte, was in den übrigen Teilen der Vereinigten Staaten geschehen sei. „Fällt Rom, so fällt die Welt!"

Am nächsten Morgen trank Ann wieder einen warmen Martini zum Frühstück und jammerte abermals, daß es in New York kein einziges Stückchen Eis gebe. Sie baten ihn inständig, er möge noch länger bei ihnen bleiben; sie baten ihn sogar, er möge für immer dableiben. Sie waren die reizendsten Leute, denen er seit der Katastrophe begegnet war. Doch er empfand kein Verlangen, bei ihnen zu bleiben. Nein, er war entschlossen, wieder gen Westen zu fahren.

Doch als er davonfuhr und die beiden in der Tür des Mietshauses standen und ihm nachwinkten, hätte er beinahe kehrtgemacht und wäre noch ein Weilchen geblieben. Er mochte die beiden gern, und sie taten ihm leid. Ihm graute bei dem Gedanken, was geschehen würde, wenn es Winter wurde, wenn der Schnee hoch zwischen den Schluchten der Häuser lag und der Nordwind den Broadway entlangpfiff. In diesem Winter würde die Zentralheizung in New York nicht in Betrieb sein; aber es würde sehr viel Eis geben, und man brauchte keinen warmen Martini zu trinken.

Er bezweifelte, daß die beiden den Winter überleben würden, selbst wenn sie zertrümmerte Möbelstücke im Kamin verheizten. Ein Unfall würde sie hinwegraffen oder eine Lungenentzündung. Sie waren wie die überzüchteten Pekinesen, die einst an der Leine durch die Stadt geführt worden waren. Auch Milt und Ann waren Stadtbewohner, und wenn die Stadt starb, würden sie schwerlich ohne sie leben können. Sie würden die Strafe zahlen, die in der Weltgeschichte, wie Ish wußte, stets allen zu einseitig entwickelten Organismen auferlegt wird. Milt und Ann, der Juwelierladenbesitzer und die Parfümverkäuferin, hatten sich so einseitig entwickelt, daß sie sich keinen neuen Daseinsbedingungen anpassen konnten.

Die Promenade machte eine Biegung, und er wußte, daß sie ihn jetzt nicht mehr sehen konnten, auch wenn er zurückschauen würde. Er spürte Tränen in seinen Augen – lebt wohl, Milt und Ann!

5

SEIN Kühler war westwärts gerichtet; er fuhr heim, wie er es im stillen noch immer nannte; und es war ihm bisweilen dabei zumute, als befände er sich auf einer müßiggängerischen Rundreise. Ein Mann und ein Hund saßen in einem Auto, und die Tage glitten ereignislos vorüber.

Er durchquerte das reiche Bauernland des östlichen Pennsylvania, wo der reife, ungemähte Weizen goldbraun, wo der Mais mannshoch stand. Als er durch das leere Turnpike kam, gab er kräftig Gas und steuerte wie ein Irrsinniger durch die überhöhten Kurven, berauscht von der Freude an der Geschwindigkeit. Er brauste nach Ohio hinein.

Inzwischen hatte der Gasdruck fast überall ausgesetzt; aber Ish verschaffte sich einen Benzinkocher mit Doppelbrenner, der großartig funktionierte. Bei gutem Wetter kampierte er einfach im Walde und machte sich ein offenes Feuer. Konserven, die er aus den Läden geborgen hatte, bildeten nach wie vor den Hauptbestandteil seiner Ernährung; aber er holte sich auch Maiskolben und nahm Gemüse, wo er es fand.

Er hätte dann und wann gern ein paar Eier genossen; aber die Hühner schienen gänzlich verschwunden zu sein. Auch Enten sah er nicht. Wiesel, Katzen und Ratten, so meinte er, hatten unter dem kleineren Geflügel aufgeräumt, das während der langen Haustierzeit zu stumpfsinnig geworden war, um ohne Schutz leben zu können. Einmal indessen hörte er den heiseren Ruf eines Perlhuhns, und zweimal sah er Gänse, die ruhig im Tümpel eines Bauernhofs schwammen. Er schoß die eine, aber dann merkte er, daß er leider einen alten Ganter erwischt hatte, der zu zäh war, um, über dem Lagerfeuer gebraten, eine genießbare Mahlzeit zu ergeben. Oft sah er Truthühner in den Wäldern, und gelegentlich schoß er eins. Wenn Prinzeß für die Geflügeljagd abgerichtet gewesen wäre, hätte er es mit Rebhühnern und Fasanen versuchen können. Zwar stürzte sie sich wie wild auf jede Kaninchenfährte, trieb ihm aber nie eins vor die Flinte.

Er mied die großen Städte und fuhr westwärts.

Jetzt stieß er gewöhnlich auf zwei oder drei Menschen. Meist klammerten sich diese Leute an eine kleine Örtlichkeit, die sie bereits vor dem Unheil gekannt hatten. Wie schon früher zeigte kein einziger das Verlangen, mit ihm wegzufahren; aber bisweilen forderten sie ihn auf, bei ihnen zu bleiben. Das Angebot barg nichts Verlockendes für ihn. Diese Menschen waren körperlich am Leben; aber mehr und mehr kam er zu der Überzeugung, daß sie in einer Art Abgestorbenheit allen Gefühls einherwandelten. Einmal sah er eine Frau, deren Verstand gelitten hatte. Ihre Kleidung wies darauf hin, daß sie einmal wohlhabend gewesen war; doch jetzt war sie kaum imstande, für sich selbst zu sorgen, und sie konnte schwerlich den Winter überleben. Mehrere Überlebende erzählten ihm von anderen, die Selbstmord begangen hatten.

Obwohl er sich manchmal daraufhin prüfte, war er sich nach wie vor keines großen seelischen Schadens bewußt, weder durch den Schock noch durch das Alleinsein. Er schrieb das der Aufrechterhaltung seines Interesses am Verlauf der Ereignisse zu und seinem persönlichen Temperament. Häufig dachte er über seine Begabung und Fähigkeiten für das neue Leben nach, die er damals notiert hatte.

Wenn er fuhr oder am Feuer saß, durchglitten manchmal erotische Vorstellungen seinen Geist. Er dachte an Ann auf der Riverside-Promenade, die in ihrer Blondheit verlockend und schmuck gewesen war. Doch sie bildete eine Ausnahme. Die meisten Frauen waren schlecht frisiert und sogar schmutzig; sie hatten flache Gesichter vor geistiger Teilnahmslosigkeit, wenn sie nicht gerade hysterisch lachten oder kicherten. An manche wäre heranzukommen gewesen; aber stets fühlte er, wie sein Verlangen sogleich schwand. Das, so meinte er, war wohl die besondere Form, die der Schock in ihm angenommen hatte. Aber es bestand keinerlei Notwendigkeit, etwas zu erzwingen; es würde schon wieder anders mit ihm werden.

Nirgends in den flammenden Ebenen von Nebraska war der Weizen gemäht worden. Nun stand er da, und seine Goldfarbe wandelte sich in Braun. Die Körner fielen bereits aus den Ähren. Nächstes Jahr würde er üppig wachsen, aber überall würden zugleich andere Grasarten aufsprießen; Gras, das besser wuchs, wenn der Boden unberührt blieb. Ish wußte, daß diese heimischen Gräser bald den Weizen überwuchern würden.

Estes Park bot gute Rast nach den sonnenheißen Ebenen. Er blieb eine Woche lang dort. Hier waren während des ganzen Sommers keine Forellen geangelt worden, und so war das Fischen eine wahre Freude.

Dann kam das Hochgebirge, dann wieder die Wüste und die Salbeibüsche, und er drückte den Fuß fest auf das Gaspedal und durchbrauste die Kurven der Fernstraße vierzig dem Donnerpaß zu.

Auf der andern Seite des Passes nahm er plötzlich wahr, daß die ganze Gegend vor ihm rauchverhüllt war. Welchen Monat haben wir eigentlich? dachte er. August? Wahrscheinlich eher Anfang September. Die beste Jahreszeit für Waldbrände. Und es fiel ihm ein, daß jetzt niemand mehr da war, der gegen die durch Blitzschlag entstandenen Feuersbrünste ankämpfen konnte.

Bei Yuba Gap kam er plötzlich an das Feuer heran. Es brannte mit niedriger Flamme zu beiden Seiten der Straße, und er wagte es hindurchzufahren. Die Straße war breit, und die Hitze war nicht allzu groß, bis er beim Durchfahren einer Kurve unvermittelt an einen Baumstamm kam, der umgefallen war und die Straße völlig versperrte; er flammte in seiner ganzen Länge und war glühend heiß. Da verspürte er wieder die alte Furcht, die ihn (das lag Jahre zurück, so meinte er) an jenem Morgen in der Wüste geschüttelt hatte – die äußerste Verlassenheit in der Gefahr nach einem Unfall.

Es blieb ihm nichts anderes übrig, als auf der großen Straße zu wenden. Er fuhr zweimal zurück und vor, und in seiner panischen Hast würgte er den Motor ab. Er startete und raste auf dem gleichen Weg, den er gekommen war, aus den Flammen hinaus.

Als er sich in Sicherheit wußte, fand er seine Ruhe wieder. Er fuhr bis zur Abzweigung der California zwanzig zurück und beschloß, einen weiteren Versuch zu wagen. Auch an den Rändern dieser Straße brannte es hier und dort; aber im allgemeinen war das Feuer schon erloschen. Er fuhr behutsam, wich umgefallenen Bäumen aus, die auf der Straße lagen, und kam tatsächlich durch. Indessen war er sehr betroffen, als er von dem Höhenzug aus rückblickend überall Feuer sah. Er hatte Glück gehabt, daß er es geschafft hatte.

Es war seine Absicht gewesen, diese Nacht in den kühlen Bergen zu kampieren; aber nun wollte er es nicht riskieren, vom Feuer eingeschlossen zu werden, und so fuhr er weiter und wickelte seinen Schlafsack erst im Park einer kleinen Stadt am Fuße der Bergkette auseinander. Es brannte kein Licht. Er war enttäuscht, denn er hatte gehofft, daß in Kalifornien die Beleuchtung noch funktionierte. Sicherlich hatte der Waldbrand die Überlandleitungen zerstört, wenigstens in gewissen Bezirken.

Als er dalag und zu schlafen versuchte, heiß und unbequem, und den trockenen Rauch einatmete, hatte er die Empfindung, daß er jetzt in der Falle säße. Obwohl die Brände von selbst erlöschen würden, waren die Straßen durch die Sierra wohl durch zahlreiche umgestürzte Bäume oder durch Erdrutsche und Unterspülungen von den jetzt kahlen Hängen immer wieder versperrt.

Wie gewöhnlich war ihm am Morgen zuversichtlicher zumute. Wenn er schon in der Falle saß, so war Kalifornien eine höchst geräumige und angenehme Falle, und obgleich die Sierra wohl unpassierbar war, mochte doch die südliche Straße durch die Wüste noch für längere Zeit befahrbar bleiben. Er war zur Abfahrt bereit; aber Prinzeß in ihrem gewohnten Eigensinn gab plötzlich Laut und verschwand auf einer Fährte. Wütend wartete er auf sie und verbrachte den größten Teil des Tages halbnackt im Schatten einiger Bäume. Als sie am späten Nachmittag wiederkam, brach er auf.

In der Dämmerung gelangte er auf den Gebirgskamm und hielt Ausschau über die weithin sich dehnenden Städte an der Meeresbucht. Mit jäher Freude sah er, daß der größte Teil der Straßenbeleuchtung noch brannte.

Im Augenblick konnte er beinahe meinen, alles sei eine wilde Wucherung seiner Phantasie gewesen und nun sei er in einen normal funktionierenden Stadtbetrieb zurückgekehrt.

Die lange, leer vor ihm liegende Landstraße strafte dergleichen Erwägungen Lügen. Er sah aufmerksam hin. Ein paar Bezirke, so stellte er fest, lagen dunkel da, weil während seines Fortseins das örtliche Kraftwerk ausgefallen war. Die Lichter der Golden-Gate-Brücke waren entweder erloschen, oder er konnte sie des Rauchs wegen nicht sehen, der über der Bucht hintrieb.

Er bog in die San-Lupo-Promenade ein. Soweit er es im Licht der Straßenbeleuchtung und seiner Scheinwerfer erkennen konnte, sah alles genauso aus, wie er es verlassen hatte. Hier wird immer und ewig eine San-Lupo-Promenade sein! dachte er, und dann fiel ihm ein, daß er wenigstens darin allen übrigen Überlebenden ähnlich war, daß er sich eine besonders vertraute Stätte aussuchte; obwohl er weggefahren war, kehrte er heim wie eine Taube in ihren Schlag.

Er machte die Haustür auf, schaltete das Licht ein und hielt Umschau. Nichts hatte sich verändert. Er hatte gewußt, daß es so sein würde, und dennoch hatte er sich stets in Hoffnungen gewiegt. Er empfand keinen wirklichen Kummer, nur Stumpfheit.

Prinzeß tat in der Küche einen Satz, rutschte über das Linoleum, glitt aus, fiepte komisch und kam wieder auf die Beine. Er war ihr dankbar, daß sie den Bann gebrochen hatte, und ging ihr nach. Sie schnüffelte an einem Wandschrank herum; aber er konnte nicht entdecken, was sie so aufregte.

Na ja, dachte er, als er wieder ins Wohnzimmer ging, wenn kein Gefühl mehr in mir ist, so ist das vielleicht seltsam; aber es ist wenigstens niemand da, dem ich Gefühl vorspielen müßte.

Der Zettel, den er auf dem Tisch hinterlassen hatte, lag noch dort, unberührt, und sah merkwürdig frisch aus. Er nahm ihn, zerknüllte ihn, warf ihn in den Kamin und zündete ein Streichholz an. Einen Augenblick zögerte er. Dann hielt er das Streichholz an das Papier und wartete, bis die Flamme aufzüngelte. Auch das war vorüber!

In jener Generation wird weder Vater noch Mutter sein, noch Weib, noch Kind, noch Freund. Doch es wird sein wie in den alten Sagen, als die Götter ein neues Volk aus Steinen oder Drachenzähnen erstehen ließen, und alle waren Fremde mit fremden Gesichtern, und kein Mensch kannte seines Gefährten Gesicht.

Am nächsten Morgen begann er, sich sein Leben einzurichten. Die Ernährung bereitete, wie er bereits wußte, nicht die mindesten Schwierigkeiten. Im nächstgelegenen Geschäftsbezirk fing er an, in die Ladenfenster zu schauen. Ratten und Mäuse hatten bereits mancherlei Wirrwarr angerichtet, und der Boden war bedeckt mit angenagten Kartons und verschütteten Nahrungsmitteln. Zu seiner Verwunderung sah er indessen durch ein Fenster die bunten Stapel von Früchten und Gemüsen so frisch und verlockend wie je daliegen. Ungläubig spähte er durch das staubbedeckte Glas. Dann aber merkte er, anfangs wütend und dann verblüfft, daß die leuchtenden Farben lediglich von Orangen, Äpfeln, Tomaten und Avocados aus Pappmaché herrührten, deren sich das Geschäft früher als Schaufensterdekoration bedient hatte.

Nach einer Weile entdeckte er eine Lebensmittelhandlung, die nicht in Unordnung geraten war. Augenscheinlich hatte sie sich gegen Nagetiere gesichert. Vorsichtig stemmte er ein Fenster auf und stieg hinein.

Das Brot war ungenießbar, und selbst in einigen der sorgfältig verschlossenen Kekspackungen war das Ungeziefer am Werk. Aber die getrockneten Früchte und der Inhalt von Konservendosen und Gläsern waren nach wie vor gut. Als er ein paar Dosen Oliven wegnahm, hörte er einen Elektromotor anspringen. Neugierig öffnete er den Kühlschrank und entdeckte, daß die Butter noch tadellos war. Dann untersuchte er die Tiefkühlanlage und fand Fleisch, gefrorenes Gemüse und Fruchteis. Als er mit seiner Beute fortging, schloß er sorgfältig das Fenster hinter sich, damit wenigstens dieser eine Laden von Ratten verschont blieb.

Als er wieder daheim war, dachte er nochmals über seine Lage nach und kam zu dem Ergebnis, daß fortan die Beschaffung von Nahrung und Kleidung für lange Zeit leicht sein würde – die Läden waren voll davon, und er hatte ja nur für sich zu sorgen! Das Wasser strömte noch mit vollem Druck aus den Hähnen. Gas gab es nicht mehr, und wenn es sich um ein Land mit bitterkalten Wintern gehandelt hätte, so hätte er sich einen Vorrat an Heizöl zulegen können. Sein Benzinkocher reichte für die Zubereitung der Mahlzeiten völlig aus; wenn der Kamin im Winter nicht genügen sollte, konnte er eine Batterie solcher Kocher aufbauen und sich auf diese Weise die Wärme verschaffen, deren er bedurfte. Nur zu bald begann er eine solche Selbstzufriedenheit zu empfinden, daß er fürchtete, er werde zu einem Eigenbrötler wie der alte Mann, dem er einmal begegnet war.

In jenen Tagen, da jeder Atemzug Tod bedeutete und die Zivilisation ihrem Ende entgegenwankte – in jenen Tagen sahen die Menschen, die die Wasserversorgungsanlagen betreuten, einander an und sagten: „Auch wenn wir erkranken und sterben, müssen die Menschen Wasser haben." Und sie gedachten der Pläne, die sie in jenen Zeiten sorglich ausgearbeitet hatten, da die Menschen fürchteten, es könnten Bomben fallen. Sie setzten Schleusen und öffneten Kanäle, so daß das Wasser ungehindert von den großen Staubecken im Gebirge durch die langen Zuleitungen in die Tunnels und schließlich in die Reservoire fließen konnte, von wo aus es, wo immer ein Hahn aufgedreht wurde, ausströmen konnte. „Nun wird das Wasser weiterfließen", sagten sie, „auch wenn wir dahin sind – bis die Röhren rosten, und dazu bedarf es eines Menschenalters!" Dann starben sie. Aber sie starben als Männer, die ihr Werk vollbracht haben und in allen Ehren ausruhen.

Anfangs hatte Ish gefürchtet, er würde unter Langeweile zu leiden haben; aber bald merkte er, daß es so viel zu tun gab, wie er sich nur immer wünschen konnte. Das Verlangen nach Tätigkeit, das sich in seiner Reise gen Osten ausgedrückt hatte, war jetzt schwächer geworden. Er schlief viel. Auch überraschte er sich dabei, daß er lange Zeit dasaß, seiner selbst zwar bewußt, aber einigermaßen teilnahmslos. Dergleichen Anfälle des Versagens flößten ihm Angst ein, und so versuchte er immerfort, sich zu einer Tätigkeit zu zwingen.

Obwohl es ihm nicht schwerfiel, für sein äußeres Dasein zu sorgen, kostete es ihn glücklicherweise eine beträchtliche Menge seiner Zeit. Er mußte sich sein Essen kochen, und bald merkte er, daß, wenn er sein Geschirr nicht auf der Stelle abwusch, ein Strom von Ameisen kam und alles doppelt schwierig machte. Aus dem gleichen Grunde war er gezwungen, die Abfälle zu sammeln und sie vom Hause wegzutragen.

Um sich aus seiner Stumpfheit aufzurütteln, ging er eines Tages zur öffentlichen Bibliothek, verschaffte sich mit dem Hammer Einlaß und fand nach einigem Stöbern (zu seinem heimlichen Schmunzeln) „Robinson Crusoe“ und den „Schweizerischen Robinson“, die er mit nach Hause nahm.

Indessen gewann er den Büchern kein allzu großes Interesse ab. Crusoes religiöse Voreingenommenheit erschien ihm langweilig und ziemlich dumm. Und was die Robinsonfamilie betraf, so dachte er (was er auch schon als Junge gedacht hatte), daß das zurückgebliebene Schiff für die Familie eine Art unerschöpflicher Vorratskammer bedeutete, der sie alles entnehmen konnte, dessen sie bedurfte.

Zwar war das Radio verstummt; aber er besaß ja den Plattenspieler seiner Eltern und die Schallplattensammlung. Nach einiger Zeit entdeckte er in einer Musikalienhandlung einen besseren Plattenspieler. Zudem nahm er alle Schallplatten mit, die er haben wollte. Um ein übriges zu tun, verschaffte er sich ein schönes Akkordeon. Mit Hilfe eines Lehrbuches brachte er es fertig, damit ein paar seelentröstende Geräusche hervorzubringen, obwohl Prinzeß sich bisweilen durch lautes Geheul widersetzte. Auch versah er sich mit Zeichenmaterial; aber er kam nie gut damit zurecht.

Sein Hauptinteresse galt nach wie vor der sorgfältigen Beobachtung alles dessen, was auf der Welt geschah, nachdem der Mensch aufgehört hatte, sie zu betreuen. Er fuhr durch alle Bezirke der Stadt und in die Umgebung. Dann wieder hängte er sich seinen Feldstecher um und unternahm ausgedehnte Wanderungen durch das Hügelland; Prinzeß trottete bald hinter ihm her, bald stob sie in wilder Verfolgung eines Kaninchens davon.

Einmal forschte er nach dem alten Mann, der dabei gewesen war, sich mit großen Vorräten an allen erdenklichen Dingen zu umgeben. Mit einiger Mühe fand er das Haus wieder: In den aufgestapelten Vorräten hatten die Ratten sich eingenistet. Aber der alte Mann war nicht in dem Hause, und es fanden sich keinerlei Anzeichen, wohin er gegangen und ob er überhaupt noch am Leben war. Abgesehen von diesem einen Fall bemühte Ish sich nicht, Menschen aufzustöbern.

Nach und nach änderte sich das Aussehen der Straßen ein wenig. Der Wind hatte Staub, Laub und Reisig hergeweht und hier und dort zu kleinen Haufen aufgeschichtet. In den meisten Teilen der Stadt erblickte er überhaupt keine Tiere, weder Hunde noch Katzen, noch Ratten. In gewissen Bezirken jedoch, zumal in der Nähe des Wassers, sah er Scharen von Hunden, und zwar sämtlich von einer bestimmten Art. Sie waren klein und behend, Terrier oder terrierähnliche Bastarde. Sie räuberten in den Vorräten, die sie in den Läden fanden, was sie vielleicht von den Ratten gelernt hatten. Wenn die Ratten einen Kekskarton aufgenagt hatten, kamen die Hunde und fraßen den Inhalt. Überdies nährten die Hunde sich, wie es schien, weidlich von den Ratten. Dem entsprach ihr häufiges Vorkommen in den Bezirken, wo es auch vor der Katastrophe schon von Ratten gewimmelt hatte. Auch hatten die Hunde wohl die Katzen vertrieben oder getötet.

Lediglich in den Parks oder den Außenbezirken der Stadt, wo Buschwerk wuchs, sah er gelegentlich eine Katze. Meist kauerten sie im Geäst, wohl aus Furcht vor den Hunden.

Auf seinen Wanderungen in den Bergen hatte er nie irgendwelche Hunde zu Gesicht bekommen, bis er eines Tages zu seiner Überraschung ein Gemisch aus Gejaul und tieferem Bellen hörte. Er bestieg einen Hügel, von wo er Ausschau halten konnte, und sah ein halbes Dutzend Kühe auf der Fläche, die ehedem der Golfplatz gewesen war, verfolgt und bedrängt von acht oder zehn Hunden. Er nahm den Feldstecher an die Augen und bemerkte, daß es Hunde verschiedenster Rassen waren, aber kein kurzbeiniger Rattenfänger war unter ihnen. Augenscheinlich bildeten sie eine Meute, die sich durch Zufall zusammengefunden hatte und schon ihre Erfahrungen besaß. Sie versuchten, eines der Kälber abzusondern. Aber die Herde kämpfte ihrerseits heftig mit den Hörnern gegen die Köter oder keilte hinten aus. Allmählich bahnte sie sich einen Weg zu den freieren Grasflächen. Als sie Zuflucht im Gebüsch an der Grenze des Golfplatzes fand, schien sie im Vorteil zu sein, und die Hunde ließen von ihr ab.

Sobald das Schauspiel vorüber war, rief Ish Prinzeß, und sie gingen die anderthalb Kilometer bis zu der Stelle, wo er den Wagen hatte stehenlassen. Nach ein paar Minuten hörte er das Gebell der Meute hinter sich. Und plötzlich wußte er, daß sie ihm auf der Spur war.

Entsetzen packte ihn. Er fing an zu laufen. Doch nach ein paar Schritten fiel ihm ein, daß das nutzlos sei, vielmehr die Hunde reizte. Er zwang sich zur Ruhe, sammelte ein paar Steine auf und ergriff einen abgefallenen Ast, der ihm als Keule dienen konnte. Das Gebell kam näher. Jetzt kam einer der Hunde, ein häßlicher schwarzer Köter, auf dem Wege gerade auf ihn zu. In fünfzig Schritt Entfernung blieb er stehen, setzte sich hin und sah Ish an. Ish hob den Arm und tat, als werfe er einen Stein. Aus uralter Gewohnheit sprang der Hund beiseite. Er trottete vom Weg und verschwand im Gebüsch. Überall im Buschwerk bewegte sich etwas, wie Ish hören konnte; es war, als kreisten die Hunde ihn ein. Prinzeß benahm sich wie gewöhnlich unbeherrscht und unsicher. Bald drängte sie sich, den Schwanz zwischen den Beinen, an ihn; bald bellte sie kurz und aufreizend laut, als fordere sie alle und jeden zum Kampfe heraus.

Jetzt konnte er den Wagen in der Ferne sehen; er ging darauf zu und sah sich nur dann und wann um, wobei er auf Prinzeß achtete, die ihn warnen würde, wenn ein plötzlicher Angriff von hinten erfolgte. Er erblickte eine dänische Dogge, die zwischen den Büschen stand, schwer wie ein Mann. Mit lautem Aufheulen vollführte Prinzeß einen selbstmörderischen Angriff auf das große Tier. Ish sprang ihr nach, und gleichzeitig brach ein Collie aus dem Gebüsch zur Linken. Aber Prinzeß schlug mit der Geschicklichkeit eines Kaninchens Haken, und die beiden größeren Hunde stießen bei der Verfolgung zusammen und drehten sich knurrend umeinander. Prinzeß drängte sich wieder mit wedelndem Schwanz an Ishs Beine. Nun trat ein Dalmatiner auf den Weg und stand dort mit rot heraushängender Zunge. Ish ging ruhig weiter. Als Ish auf zwanzig Schritte heran war, hob er drohend den Arm. Der Dalmatiner kniff den Schwanz ein und trottete davon. Nun war der Wagen nahe, und Ish atmete auf.

Er trat an den Wagen heran, machte die Tür auf, damit Prinzeß hineinspringen konnte, rang ein letztes panisches Zittern nieder und stieg würdevoll hinter Prinzeß ein. Als die Tür zuklickte, hatte er sogleich das Gefühl der Sicherheit. Er umschloß mit den Fingern den festen, handgerechten Stiel des zu seinen Füßen liegenden Hammers. Jetzt, da die Gefahr überstanden war, war ihm elend zumute.

Als er vom Wagen aus Umschau hielt, sah er nur den hübschen Dalmatiner am Wegrand sitzen. Da er sich in Sicherheit wußte, wandelte seine Stimmung sich rasch. Die Hunde hatten ihm schließlich nichts getan, und eigentlich hatten sie ihn nicht einmal bedroht. Noch vor ein paar Minuten hatte er sie für wilde, blutdürstige Geschöpfe gehalten. Jetzt kamen sie ihm ein bißchen jämmerlich vor, als hätten sie nur die Kameradschaft des Menschen gesucht. Als er davonfuhr, wünschte er ihnen nichts Schlechtes, hoffte vielmehr, es werde ihnen dann und wann gelingen, ein Kaninchen zu schnappen oder ein Kalb zu reißen.

Am folgenden Morgen kam ihm das ganze Erlebnis eher komisch vor, zumal er merkte, daß Prinzeß läufig war. Da er keine jungen Hunde wollte, schloß er sie ein.

Doch er war seiner Sache nicht sicher, und wenn er schon einmal auf die eine oder andre Weise sterben mußte, dann wenigstens nicht, indem er von Hundezähnen zerfleischt wurde. Überdies machte er es sich zur Regel, nie wieder ohne eine Pistole in der Tasche in die Berge zu gehen oder ohne seine Flinte ...

Zwei Tage später erschien das Problem der Hunde ihm als harmlos, verglichen mit dem, das die Ameisen darstellten. Auch früher schon hatten sie ihn belästigt; jetzt aber schienen sie gleichzeitig von überall her zu kommen und alles zu bedecken. Innerhalb weniger Monate hatten sie sich in unglaublicher Weise vermehrt. Wahrscheinlich hatten auch sie irgendwo große Nahrungsvorräte gefunden.

Überall krabbelten sie umher. Er mußte jetzt ein gewissenhafter Haushaltungsvorstand werden; denn das geringste Nahrungsrestchen lockte sogleich einen zollbreiten Ameisenstrom herbei. Er sah, wie sie auf Prinzeß' Decke in Scharen krochen wie Flöhe, obwohl sie, wie es schien, nicht bissen. Er fand sie in seiner eigenen Kleidung. Einmal, am frühen Morgen, erwachte er aus einem gräßlichen Traum, weil ein Strom von Ameisen ihm über die Wange lief.

Das Haus war für sie wohl nur ein fremdes Gebiet, in das sie Streifzüge unternahmen. Ihr eigentlicher Bereich lag draußen. Man konnte keine Erdscholle umwenden, ohne daß Tausende von Ameisen aus winzigen Erdlöchern hervorgekommen wären. Sie mußten alle übrigen Insekten verdrängt haben. Er holte sich ganze Flaschen von Vernichtungsmitteln und Spritzmitteln aus dem Drugstore und versuchte, das Haus in eine feindliche Insel zu verwandeln; aber die Zahl der von außen her kommenden war so groß, daß die Ameisen über seine Gegenmittel einfach hinwegströmten. Zweifellos starben viele, aber selbst der Tod von Millionen Ameisen spielte keine Rolle. Er versuchte zu schätzen, wie viele Ameisen einzig in diesem einen Stadtteil hausen mochten, aber er gelangte zu einem unglaublichen Ergebnis, das in die Milliarden ging. Hatten sie keine natürlichen Feinde? Hatten sie alle Grenzen der Kontrolle überschritten? War es ihnen nach dem Erlöschen der Menschheit bestimmt, die Erde zu beherrschen?

Und dabei waren es nur kleine, eilfertige Ameisen, die die kalifornischen Hausfrauen geärgert und geplagt hatten. Auf Grund einiger Nachforschungen bekam er heraus, daß die Ameisenplage sich tatsächlich auf die Stadt beschränkte. Irgendwie waren diese Ameisen gleich Hunden, Katzen und Ratten zu Haustieren geworden, die vom Tun und Lassen des Menschen abhängig waren. Das gab ihm eine gewisse Hoffnung. Wenn er nur auf die eigene Behaglichkeit bedacht gewesen wäre, hätte er die Stadt verlassen; aber selbst unter Inkaufnahme einiger Unbequemlichkeit wollte er auch weiterhin beobachten, was geschah.

Dann merkte er eines Morgens plötzlich, daß keine Ameisen mehr da waren. Sorgfältig hielt er Umschau; doch er konnte keinen ihrer Kundschafter erblicken. Er warf ein paar Brocken Eßbares auf den Fußboden, ging dann weg und beschäftigte sich ein paar Minuten lang mit etwas anderem. Als er zu seinem Experimentierplatz zurückkehrte, lag, was er hingeworfen hatte, da, ohne daß eine einzige Ameise darauf gesessen hätte. Neugierig ging er nach draußen. Er wendete einen Erdklumpen um, aber es kamen keine Ameisen aus ihren Löchern. Sorgsam spürte er ihnen nach. Hier und dort sah er ein paar einzelne ziellos umherrennen; aber es waren so wenige, daß er sie hätte zählen können. Er spürte weiter. Er konnte keine toten Ameisen entdecken. Sie waren einfach verschwunden.

Eines Abends saß er da und las, und nach einer Weile begann er Hunger zu verspüren. Er ging in die Küche und sah im Kühlschrank nach, ob noch etwas Käse da war. Zufällig schaute er auf die Uhr, und er war überrascht, daß es erst sieben Uhr neununddreißig war. Er hatte gemeint, es sei später. Auf dem Wege zum Wohnzimmer aß er ein Stückchen Käse und sah dabei auf seine Armbanduhr. Die Zeiger standen auf zehn nach neun, und er wußte, daß er noch während der letzten vierundzwanzig Stunden seine Uhr nach der Küchenuhr gestellt hatte.

Nun ist die alte Uhr kaputt, dachte er. Kein Wunder! Er setzte sich und fing wieder an zu lesen. Ein heftiger Nordwind, der schweren Brandgeruch mit sich führte, wehte so stark, daß dann und wann die Fenster klapperten. Er hatte sich inzwischen an den Brandgeruch gewöhnt und dachte nicht weiter darüber nach. Manchmal war durch den Rauch der brennenden Wälder sogar die Fernsicht getrübt. Nach einer Weile zwinkerte er mit den Augen und blickte angestrengt auf die Seite, deren Buchstaben seltsam undeutlich geworden zu sein schienen. Wahrscheinlich tränen mir die Augen vom Rauch, dachte er. Ich kann gar nicht richtig sehen. Doch als er sich tiefer beugte, schien nicht nur die Buchseite vor ihm zu verschwimmen, sondern der ganze Raum war dunkler geworden. Ish stutzte und sah nach der elektrischen Birne in der Stehlampe neben ihm.

Hastig, mit wild pochendem Herzen sprang er von seinem Stuhl auf, trat vor die Haustür und blickte über die weiten Flächen der unter ihm liegenden Stadt. Die Straßenbeleuchtung brannte noch. Die gelben Perlenketten auf der großen Brücke leuchteten noch, und auf den Pfeilerspitzen flammten die roten Lichter. Er sah genauer hin. Die Lichter schienen ein bißchen weniger hell zu sein, als sie eigentlich sein sollten; aber er konnte annehmen, der wehende Rauch verdunkle sie. Er ging wieder hinein, setzte sich und versuchte zu lesen und zu vergessen – zu vergessen, was er befürchtete. Aber immer wieder mußte er zwinkern! Als er nach der neben ihm stehenden Lampe sah, war er betroffen. Und dann plötzlich fiel ihm die Küchenuhr ein!

Es mußte ja einmal kommen! dachte er.

Seine Armbanduhr zeigte jetzt zehn Uhr zweiundfünfzig. Er ging in die Küche und sah, daß die Uhr auf zehn Uhr vierzehn stand. Böser Ahnungen voll, rechnete er. Das Ergebnis war übel. Wenn er sich recht erinnerte, hatte die Uhr in drei Viertelstunden sechs Minuten verloren.

Wie er wußte, wurde die Uhr durch elektrische Impulse betrieben, von denen für gewöhnlich sechzig in der Minute erfolgten. Jetzt mußten sie weniger häufig sein. Ish hätte versuchen können, sich das auszurechnen, aber er sah nicht ein, wozu das dienen sollte, und fühlte sich plötzlich sehr niedergeschlagen. Jedenfalls vollzog sich der Niedergang, wenn die Stromversorgung aussetzte, sehr viel schneller.

Als er wieder im Wohnzimmer war, konnte er nicht daran zweifeln, daß das Licht noch schwächer geworden war. Tiefe Schatten schienen hinter den Stühlen und aus den Zimmerecken hervorgekrochen zu sein.

Das Licht verlischt! Das Licht der Welt! dachte er, und ihm war zumute wie einem Kind, das allein im Dunkeln geht.

Er trat wieder vor die Haustür. Minute für Minute wurden die langen Ketten der Straßenbeleuchtung matter und matter. Der starke Wind, so dachte er, mußte dabei mitgeholfen haben, indem er hier ein Gestänge umgeblasen, dort eine Verbindung gelockert hatte. Das Feuer, das über die bewaldeten Höhen leckte und nicht vom Menschen eingedämmt wurde, hatte Überlandleitungen und vielleicht gar Kraftwerke verbrannt.

Er ging wieder hinein und stellte eine zweite Stehlampe neben seinen Sessel. So konnte er bequem lesen. Prinzeß lag da und schlief. Es war inzwischen spät geworden, aber er spürte keinerlei Verlangen nach Schlaf. Ihm war, als sitze er am Sterbebett seines liebsten und ältesten Freundes. Er gedachte der mächtigen Worte: Es werde Licht! Und es ward Licht. Was jetzt geschah, dünkte ihn das andere Ende der Geschichte.

Nach einer Weile schaute er abermals nach der Küchenuhr; er sah, daß sie mit symmetrisch stehenden Zeigern auf elf Uhr fünf stehengeblieben war.

Seine Armbanduhr sagte ihm, daß es jetzt weit nach Mitternacht war. Die Beleuchtung mochte noch ein paar Stunden andauern oder vielleicht gar noch tagelang dämmrig weiterbrennen. Dennoch verlangte es ihn nicht, zu Bett zu gehen.

Die Stromversorgung war so vortrefflich durchkonstruiert, daß sie selbst bei der Katastrophe noch weiterlief. Die Menschen brachen krank zusammen, aber die Generatoren sandten ihre fein abgestimmten Impulse auch weiterhin durch die Drähte. Als dann der kurze Todeskampf der Menschheit vorüber war, brannte das Licht dennoch weiter.

So ging es Wochen hindurch. Wenn ein Draht riß und eine ganze Stadt von der Stromversorgung abgeschnitten wurde, so stellte sich das System anders ein, noch ehe der gerissene Draht den Boden berührt hatte. Wenn ein Kraftwerk ausfiel, so glichen die übrigen, über viele Hunderte von Kilometern verteilten Kraftwerke den Ausfall aus und erzeugten desto mehr Strom, um den Bedürfnissen zu genügen.

Doch jedes System hat, wie eine Kette oder eine Landstraße, seine schwächste Stelle. Das Wasser floß weiter; die großen Generatoren in ihren Öllagern konnten jahrelang weiterlaufen. Aber die Schwäche lag in den Kontrolleinrichtungen der Generatoren. Niemand hatte Einspruch erhoben, als auch sie sämtlich automatisch eingerichtet wurden. Früher waren sie alle zehn Tage auf ihren Ölbedarf hin untersucht worden; einmal monatlich war es vielleicht nötig, Öl zu ergänzen. Nach zwei Monaten ohne Kontrolle wuchs langsam der Ölbedarf, und im Verlauf der Wochen begann eine Kontrolleinrichtung nach der andern ihre Tätigkeit einzustellen. Wenn eine aussetzte, schaltete sich die große Wasserdüse automatisch ab, und das Wasser floß durch, ohne die Turbine zu treiben. Dann stellte der Generator seine Drehungen ein und sandte keinen Strom mehr aus. Als ein Generator nach dem andern sich aus dem System ausschaltete, wurden die Ansprüche an die wenigen noch in Tätigkeit befindlichen größer und größer, und es ging immer schneller mit dem System zu Ende.

Als er erwachte, stellte er fest, daß das Licht noch schwächer geworden war. Die Drahtfäden in den elektrischen Birnen waren jetzt nur noch orangerot.

Das Licht erlischt! Das Licht erlischt!

Ein tiefer Schauder schüttelte ihn, aber er rang gegen das Entsetzen an. Schließlich, so dachte er, hat das große System der Stromversorgung erstaunlich lange Zeit durchgehalten; aber dies hier konnte sehr wohl das letzte auf der ganzen Welt noch brennende elektrische Licht sein, und wenn es erlosch, so war das Licht auf lange, lange Zeit dahin.

Alle Müdigkeit war von ihm gewichen; er saß da und spürte, daß er nicht schlafen gehen könne; schließlich wünschte er, das Ende möge schnell kommen und sich nicht gar zu lange hinzögern. Wieder spürte er, daß das Licht schwächer wurde, und er dachte: Das ist das Ende! Aber noch glommen die Drähte in den Birnen.

Und wieder wurde das Licht schwächer. Für einen Sekundenbruchteil, so glaubte er, flackerte es heller auf – und dann war es dahin.

Prinzeß zuckte im Schlaf zusammen; dann plötzlich bellte sie, halblaut, wie im Traum. War das ein Grabgeläut?

Er ging hinaus. Vielleicht, dachte er, ist nur eine örtliche Leitung ausgefallen. Doch im Grunde war er überzeugt, daß dem nicht so war. Er spähte hinaus in die Dunkelheit, die durch den in der Luft hängenden Rauch noch dichter war; der Rauch verwandelte den Mond in einen orangefarbenen Ball. Ish konnte kein Licht erblicken – weder in den Straßen noch irgendwo auf der Brücke. Dies also war das Ende.

Es hat keinen Zweck, sentimental und pathetisch zu werden! dachte er. Er ging wieder hinein und tastete umher, bis er das Schubfach gefunden hatte, wo seine Mutter Kerzen aufzubewahren pflegte. Er steckte eine in einen Leuchter und saß dann bei dem schwachen, aber stetigen und ausdauernden Licht. Dennoch empfand er unaufhörlich ein leichtes Frösteln.

6

DAS Erlöschen des Lichts übte eine seltsam nachhaltige Wirkung auf Ish aus. Selbst bei vollem Tagesschein schien er die Schatten zu spüren, die aus den Winkeln auf ihn zukrochen. Das dunkle Zeitalter war hereingebrochen.

Er machte sich daran, Streichhölzer, elektrische Taschenlampen und Kerzen zu horten; wider seine eigene Überzeugung türmte er ganze Stapel davon auf als eine Art seelischen Schutzmittels.

Aber nach kurzer Zeit wurde ihm klar, daß das Fehlen des elektrischen Lichts für ihn im Grunde nicht so folgenschwer war wie das Fehlen des elektrischen Stroms, zumal für die Kühlanlagen. Sein Eisschrank arbeitete jetzt nicht mehr, und so verdarben seine Lebensmittel. In den Kühlhäusern wurden Fleisch, Butter und Salatköpfe zu einer übelriechenden, faulenden Masse.

Nun kam der Jahreszeitenwechsel. Ish hatte völlig den Sinn für den Ablauf der Wochen und Monate eingebüßt; aber sein Geographenauge nahm, wenn er um sich schaute, doch wahr, in welcher Jahreszeit er sich befand.

Seiner Vermutung nach mußte es jetzt Oktober sein, und das bestätigte ihm der erste Regen; aus der Art, wie er niederrauschte, war zu ersehen, daß er länger andauern würde, als der erste Sturm es hatte vermuten lassen.

Ish blieb daheim und versuchte, sich zu zerstreuen. Er spielte Akkordeon. Er las mehrere Bücher, solche, die er von jeher gern gelesen hätte und die zu lesen er jetzt hinlänglich Zeit hatte. Dann und wann schaute er in den Regen hinaus und nach den niedrig über den Hausdächern hinwegziehenden Wolken.

Am nächsten Tage verließ er das Haus, um festzustellen, was draußen geschah. Anfänglich schien es ihm, als habe sich nicht allzuviel ereignet. Doch nach einiger Zeit begann ihm dieses und jenes aufzufallen. In der San-Lupo-Promenade war die Kanalisation durch die vielen nicht weggefegten Blätter, die im Rinnstein lagen, verstopft. Durch die Verstopfung des Abflusses war das Wasser über die Straße geflutet und bergab geflossen und hatte dabei den Bordstein überspült. Der Wasserstrom hatte sich seinen Weg durch das hohe Gras des ehemaligen Rasens der Harts gebahnt und war unter der Tür hindurch ins Haus gedrungen. Die Dielen und Teppiche mußten sich vollgesogen haben, und der Schlamm hatte wohl ein übriges getan. Unterhalb des Hauses war das Wasser herausgebrochen, war durch den Rosengarten geströmt und hatte eine schmale Rinne hinterlassen, und dann war es im Abzugskanal der tiefer gelegenen Straße verschwunden. Das war nur eine Kleinigkeit, und dennoch deutete sich darin an, was im ganzen Lande geschehen sein mußte.

Der Mensch hatte Straßen und Kanalisationsanlagen und Dämme und Tausende anderer Vorrichtungen geschaffen, die den natürlichen Fluß des Wassers regeln sollten. Diese konnten einzig funktionieren, weil immerfort der Mensch bei der Hand war und die Tausende kleiner Schäden beseitigte, die bei jeder Wetteränderung auftraten. Ish selbst hätte das verstopfte Abflußloch in zwei Minuten reinigen können; er hätte nur die welken Blätter davor wegzukratzen brauchen. Aber er konnte nicht einsehen, warum er die Hand rühren sollte. Es gab Tausende, Millionen von Stellen, wo sich das gleiche ereignet haben mußte. Die Straßen und Kanalisationsanlagen und Dämme waren einzig für menschliche Bedürfnisse angelegt worden, und da der Mensch nun dahin war, waren sie überflüssig. Mochte das Wasser seinem natürlichen Lauf folgen und durch den Rosengarten abfließen!

Auf dem Heimweg erblickte er plötzlich eine große schwarze Ziege, die in aller Ruhe an der Hecke herumfraß, die Mister Osmar immer so sorgfältig beschnitten hatte. Neugierig und erheitert sah Ish der Ziege zu und überlegte, woher sie wohl stammen mochte. Kein Mensch in der Nähe einer so vornehmen Straße wie der San-Lupo-Promenade hatte Ziegen gehalten. Die Ziege hörte auf, an der Hecke herumzufressen, und schaute Ish an. Vielleicht, dachte Ish, schauen auch die Tiere dem Menschen erheitert und ein bißchen neugierig zu.

Nachdem sie ihn ein paar Sekunden angesehen hatte, als sei er ihresgleichen, wandte sich die Ziege wieder ihrer nützlichen Beschäftigung zu, indem sie die langen Schößlinge fraß, die aus der Hecke herausgewachsen waren.

Ein paar Minuten danach sah Ish die Ziege in aller Ruhe den Bürgersteig hinabtrotten, als seien er und die ganze San-Lupo-Promenade ihr Eigentum.

Warum auch nicht! dachte Ish.

Während dieser Zeit, als der Regen ihn zumeist am Ausgehen hinderte, wandten seine Gedanken sich ein wenig der Religion zu. Er fand im Bücherschrank eine dicke, mit Kommentaren versehene Bibel und versuchte diese und jene Stelle zu lesen.

Die Evangelien kamen ihm merkwürdig unbefriedigend vor, vielleicht, weil sie zumeist von den Problemen des einer sozialen Gruppe angehörenden Menschen handelten. „Gib dem Kaiser ..." war ein recht nutzloser Text, wenn es keinen Kaiser mehr gab und nicht einmal ein Finanzamt.

„Verkaufe, was du hast, und gib es den Armen ... Wie du willst, daß man dir tue ... Liebe deinen Nächsten wie dich selbst" – all das setzte eine aus vielen Menschen bestehende, funktionierende Gesellschaft voraus.

Er blätterte zurück zum Alten Testament; er begann den „Prediger Salomo" zu lesen, und dort fühlte er sich plötzlich heimischer. Der alte Bursche, der „Prediger" – Koheleth, wie die Anmerkungen sagten, wer auch immer er gewesen sein mochte –, hatte eine seltsame Art, einen naturnahen Ton zu treffen und das Problem des dem Universum gegenüberstehenden Einzelmenschen zu wittern. Bisweilen war es, als hätte er in der Phantasie vorweggenommen, was Ish jetzt an Erfahrungen zuteil wurde: „Wenn ein Baum nach Süden oder Norden fällt, wohin der Baum auch fällt, da bleibt er liegen." Ish dachte an jenen Baum in Oklahoma, der umgefallen war und die Fernstraße sechsundsechzig blockiert hatte. Und wieder las er: „Zwei sind besser als einer allein ..., denn wenn sie fallen, wird der eine seinem Gefährten aufhelfen; aber wehe dem, der allein ist, wenn er fällt." Und Ish gedachte der großen Angst, als er nur zu lebhaft gefühlt hatte, daß niemand kommen und ihm helfen würde, wenn er fiel. Er las das Ganze, hingerissen von der klaren, unverfälschten Anschauung des Kosmos.

Er gelangte an das Ende des letzten Kapitels, und sein Blick fiel auf die Zeilen, die auf dem unteren Teil der Seite begannen: „Das Hohelied Salomos." Er las: „Er küsse mich mit dem Kusse seines Mundes; denn deine Liebe ist lieblicher als Wein."

Ish stutzte; es wurde ihm unbehaglich zumute. In all diesen langen Monaten hatte er selten dergleichen Empfindungen gehabt. Jetzt wurde ihm wieder klar, wie stark der Schock von der Katastrophe in ihm nachwirkte, weit stärker, als er es von Tag zu Tag hatte wahrhaben wollen. Es war wie in einer alten Zaubergeschichte, in der ein König dasaß und das Leben vorüberrauschen sah, ohne an ihm teilhaben zu können. Andere Menschen hatten es anders gehalten. Selbst diejenigen, die sich zu Tode getrunken, hatten in gewissem Sinne am Leben teilgehabt. Doch er, er hatte, indem er beobachtete, was geschah, das Leben von sich gestoßen.

Hier saß er, Isherwood Williams, ein seltsames Gemisch von Wirklichkeit und Phantasie und Antrieben und Reaktionen, und außerhalb seiner war nichts als eine weite, leere Stadt, in der Nebelregen auf lange, leere Straßen niederrieselte, und jetzt begann die Dämmerung immer undurchdringlicher zu werden. Zwischen diesen beiden Gegebenheiten, zwischen ihm und allem, was außerhalb seiner selbst war, bestand eine Art sonderbar festen Bandes: Wenn der eine Teil sich änderte, so änderte sich auch der andere.

Wenn die Außenwelt sich änderte, wenn dort eine Katastrophe die menschliche Rasse auslöschte oder wenn nur der Regen aufhörte, dann mußte er sich ebenfalls ändern, und das hieß: Tätigkeit.

Bevor er noch wußte, was er tat, war er aufgesprungen, und sein nächster Gedanke war, daß er es getan hatte, weil abermals ein begehrliches Gefühl über ihn gekommen war. Doch gleichzeitig hörte er den Regen etwas heftiger gegen das Fenster klopfen. Deshalb hatte er aufgeschaut, um zu sehen, was es gebe. Und so hatte die Welt auch auf ihn eingewirkt und ihn veranlaßt, etwas zu tun. Und danach nahm er sich vor, sich sein Abendessen zu bereiten.

Das nahezu gänzliche Hinschwinden des Menschen hatte nicht das mindeste in den Beziehungen der Erde zur Sonne verändert oder die Form und Lage der Ozeane oder Kontinente oder einen der Faktoren, die das Wetter beeinflussen. Darum war der erste Herbststurm, der von den Aleuten her über die kalifornischen Küsten hereinbrach, etwas durchaus Gewöhnliches und oftmals Dagewesenes. Die ihn begleitenden Niederschläge löschten die Waldbrände; ihre Regen-

tropfen reinigten die Atmosphäre von den Rauch- und Staubpartikelchen. Danach brachte ein frischer Wind kühle und kristallklare Luft von Nordwesten. Die Temperatur sank rapide.

Ish fuhr im Schlaf zusammen, und allmählich kam er zu Bewußtsein. Ihn fror. Die Welt hat sich geändert, dachte er und wickelte sich in eine weitere Decke.

Am Morgen war das Haus eisig kalt. Er zog sich einen Pullover an, als er sich das Frühstück bereitete. Er erwog, im Kamin Feuer zu machen; doch das kühlere Wetter hatte seinen Tätigkeitsdrang angefacht, und so meinte er, er werde an diesem Tage schwerlich allzu lange im Hause bleiben.

Nach dem Frühstück trat er vor die Haustür. Wie stets nach einem dieser Stürme war die Luft klar. Der Wind hatte sich gelegt. Die meilenweit entfernten roten Pfeiler der Golden-Gate-Brücke hoben sich so scharf vom blauen Himmel ab, daß man meinte, man könne sie berühren. Er wandte den Blick ein bißchen weiter nördlich zum Gipfel des Tamalpais hin, und plötzlich stutzte er. Zwischen ihm und dem Berge, auf dieser Seite der Bucht, stieg eine dünne Rauchsäule steil in die ruhige Luft, eine Art Rauchsäule, wie sie von einem kleinen Feuer aufsteigt, das in einem Kamin brennt und dessen Rauch durch den Schornstein entweicht.

Freilich konnte es sich auch um ein Feuer handeln, das sich aus einer natürlichen Ursache entzündet hatte, ohne Zutun eines menschlichen Wesens. Doch das war jetzt unwahrscheinlich, weil der Regen dergleichen Feuer ausgelöscht haben würde.

Auf jeden Fall aber konnte es höchstens ein paar Kilometer entfernt brennen, und sein erster Gedanke war, in den Wagen zu steigen und nachzuforschen. Das würde ihn lediglich ein paar Minuten kosten, für die er daheim keine bessere Verwendung hatte. Aber dann ließ ihn etwas innehalten. Seine Versuche, Beziehungen zu andern Menschen herzustellen, hatten sich nicht gelohnt. Es überkam ihn wieder die alte Scheu, wie ehedem, wenn der Gedanke an ein bevorstehendes Tanzfest ihm den kalten Schweiß auf die Stirn getrieben hatte. Er wollte Zeit gewinnen, gerade wie er es früher mit der Behauptung getan hatte, er habe sehr viel zu tun: Dann hatte er sich hinter einem Buch verschanzt, anstatt zum Tanzen zu gehen.

Trug Crusoe tatsächlich das Verlangen, von der Insel weggeholt zu werden, wo er alles beherrschte, was seine Augen sahen? Diese Frage hatten die Menschen sich oftmals gestellt. Doch selbst wenn Crusoe ein Mensch gewesen war, der gar nicht zu entkommen und seine Beziehungen zu andern Menschen wiederaufzunehmen wünschte, so hieß das noch lange nicht, daß er, Ish, ebenfalls solch ein Mensch war. Vielleicht hing er sehr an seiner Insel. Vielleicht fürchtete er sich im Grunde vor menschlichen Verstrickungen.

Fast entsetzt, als flöhe er vor einer Verführerin, rief er Prinzeß in den Wagen und brauste in entgegengesetzter Richtung davon.

Den größten Teil des Tages verbrachte er damit, ruhelos durch das Hügelland zu wandern. Dann und wann beobachtete er, was der Regen den Straßen angetan hatte. Allmählich war die feste Scheidelinie zwischen dem, was Straße, und dem, was nicht Straße war, hingeschwunden. Kälte, Herbst und heftige Winde hatten das Laub von den Bäumen fallen lassen. Kleine, dürre Zweige waren abgebrochen und auf das Pflaster gefallen. Hier und dort hatten überflutete Wasserströme Anhäufungen von Schmutz und Kies hinterlassen. Einmal hörte er in weiter Ferne, oder er glaubte es wenigstens zu hören, das Gebell einer Hundemeute. Doch er bekam sie nicht zu Gesicht, und ehe der Nachmittag um war, war er wieder daheim.

Wenn er jetzt zu den Bergen blickte, sah er keinen Rauch mehr aufsteigen. Das verursachte ihm eine gewisse Erleichterung und zugleich eine noch stärkere Enttäuschung. So war es nun einmal mit ihm. Wenn sich ihm eine Gelegenheit bot, so ließ er sie ungenützt. Wenn die Gelegenheit verpaßt war, so dünkte sie ihn kostbar.

Er verspürte von neuem die Erregung angesichts der nochmals sich darbietenden Gelegenheit, als er nach dem Abendessen in der frühen Dunkelheit wieder Ausschau hielt und einen schwachen, aber deutlichen Lichtschein gewahrte. Nun zögerte er nicht länger. Statt sich hinter Ausflüchten zu verschanzen, rief er Prinzeß, stieg in den Wagen und fuhr in der betreffenden Richtung los.

Es war ein langwieriges Unterfangen. Sobald er sein Haus verlassen hatte, konnte er das Licht nicht mehr sehen. Er fuhr eine halbe Stunde lang in den Straßen hin und her, endlich entdeckte er es wieder, fuhr langsam die richtige Straße hinunter und dann zu dem betreffenden Hause hin. Die Fensterläden waren geschlossen, aber das Licht schien hindurch und erhellte sogar die Straße ein bißchen.

Ish hielt auf der gegenüberliegenden Straßenseite an und wartete einen Augenblick. Anscheinend hatte der Bewohner des Hauses den Motor nicht gehört. Ish zögerte kurze Zeit, fest entschlossen, den

Gang wieder einzulegen und unentdeckt davonzufahren. Doch etwas in seinem Innern trieb ihn vorwärts, und er öffnete halb die Wagentür und schickte sich zum Aussteigen an. Plötzlich schlüpfte Prinzeß vor ihm hinaus und fuhr mit wütendem Gebell auf das Haus los. Sie mußte denjenigen, der darin war, gewittert haben. Er fluchte, stieg aus und wollte hinter ihr hergehen. Nochmals zögerte er, da ihm einfiel, daß er unbewaffnet war. Aber umzukehren und eine Waffe zu holen, das wäre kein guter Anfang gewesen. Ohne sich allzuviel dabei zu denken, griff er in den Wagen und langte sich seinen alten Hammer. Er hielt ihn in der Hand, als er dem Hunde folgte. Hinter dem Fenster sah er einen sich bewegenden Schatten.

Als er auf dem Bürgersteig war, öffnete sich die Haustür eine Hand breit, und plötzlich traf ihn der Lichtstrahl einer Taschenlampe. Ish konnte nichts mehr sehen. Er blieb stehen und wartete, ob der andere ihn ansprechen würde. Prinzeß trottete zurück und war jetzt ruhig. Ish hatte das unbehagliche Gefühl, daß derjenige, der ihn mit der Taschenlampe blendete, in der anderen Hand eine schußbereite Pistole hielt. Verrückt, sich auf dieses Unternehmen einzulassen, dachte er; sich im Schutze der Dunkelheit an ein Haus heranzumachen war immer verdächtig und machte die Leute nervös. Er war jedoch froh, daß er sich am Morgen wenigstens rasiert hatte und sein Anzug verhältnismäßig sauber war.

Es entstand eine lange Pause. Er stand da und wartete auf die unvermeidliche Frage: „Wer sind Sie?" oder den knappen Befehl: „Hände hoch!" Deshalb riß er überrascht den Mund auf, als eine Frauenstimme mit ruhiger Anerkennung sagte: „Das ist aber mal ein hübscher Hund!"

Nun folgte ein Augenblick der Stille; die Stimme klang in ihm sanft und leise nach; ein wenig fremdartig hatte sie geklungen.

Da wich das Licht von seinen Augen und erhellte den Weg vor seinen Füßen, und Prinzeß sprang durch den Lichtstrahl und wedelte freudig. Die Haustür tat sich weit auf, und in dem dämmerigen Licht sah er eine Frau knien und den Hund streicheln. Er ging auf sie zu, wobei er noch immer den Hammer auf eine lächerliche, aber bequeme Weise in der Hand schwang.

Dann tobte Prinzeß in einem jähen Erregungsanfall in das Haus hinein und lief fiepend herum. Die Frau erhob sich mit einem kleinen Schrei, der zur Hälfte ein Auflachen war, und stürzte hinter dem Hunde her. Mein Gott, sie muß eine Katze haben! dachte Ish und folgte ihr.

Doch als er das Wohnzimmer betrat, tobte Prinzeß nur um den Tisch herum und schnupperte an den Stühlen, und die Frau hielt die Petroleumlampe fest, damit sie von dem aufgeregten Hund nicht umgeworfen wurde.

Die Fremde war mittelgroß, brünett, nicht allzu jung – kein Mädchen, sondern eine reife Frau.

Sie sah den Possen des schnuppernden Hundes zu und lachte, und der Klang ihres Lachens war wie etwas, das an das seit langem verlorene Paradies erinnerte. Sie wandte sich Ish zu, und er sah das Aufblitzen weißer Zähne in dem dunklen Gesicht. Da plötzlich barst ein Damm in ihm, und er lachte fröhlich.

Sie sprach wieder, aber es war weder Frage noch Bitte. „Es ist hübsch, mal jemand bei sich zu haben."

Diesmal antwortete Ish; aber es fiel ihm nichts Besseres ein als eine Verteidigungsrede des albernen Hammers wegen, den er noch immer in der Hand hielt. „Verzeihen Sie, daß ich das Ding mit hereingebracht habe", sagte er und stellte ihn auf den Fußboden, auf das schwere Ende, so daß der Stiel nach oben stand.

„Macht nichts", sagte sie. „Ich verstehe schon. Ich muß auch dergleichen haben – etwas Greifbares, damit man sich behaglicher fühlt. Einen Glücksheller oder eine Kaninchenpfote, wissen Sie. Wir alle sind und bleiben nun mal dieselben!"

Er lachte, was ihn erleichterte, und dann fing er an zu zittern. Sein ganzer Körper schien zu versagen. Fast physisch spürte er, wie noch ein paar Dämme einbrachen, die notwendigen Dämme der Verteidigung, die er in sich während der Monate des Alleinseins und der Verzweiflung errichtet hatte. Er mußte ein anderes menschliches Wesen berühren, und so streckte er die Hand aus, in der altüberlieferten Geste des Händeschüttelns. Sie nahm seine Hand, und als sie merkte, daß er zitterte, zog sie ihn zu einem Sessel hin und stieß ihn fast hinein. Als er saß, legte sie ihm sanft die Hand auf die Schulter.

Erneut sprach sie, und wiederum war es weder Frage noch Befehl: „Ich will Ihnen etwas zu essen holen."

Er erhob keinen Einwand, obwohl er kurz zuvor wacker gegessen hatte. Aber er wußte, daß hinter dem ruhigen Anerbieten mehr lag als ein Appellieren an den Körper, weil er Nahrung brauchte. Jetzt mußte eine symbolische gemeinsame Mahlzeit stattfinden, das Sitzen am gleichen Tisch, das Teilen von Brot und Salz.

Kurz darauf saßen sie einander gegenüber. Es gab frisches Brot.

„Ich backe es selbst“, sagte sie. „Aber es ist schwierig, Mehl aufzutreiben, in dem keine Würmer sind.“ Butter gab es nicht, aber Honig und Marmelade zum Brot und eine Flasche Rotwein.

Und nun begann er zu reden wie ein Kind. Dies war ganz anders als damals, als er mit Milt und Ann auf der Riverside-Promenade zusammengesessen hatte. Damals hatten die Dämme noch fest gestanden. Jetzt sprach er zum erstenmal von jenen Tagen. Er zeigte ihr sogar die kleinen Narben des Schlangenbisses und die größeren, wo er sich geschnitten hatte, um die Saugpumpe ansetzen zu können. Er erzählte von seiner Angst und seiner Flucht und der großen Einsamkeit, der er niemals voll ins Auge geschaut, die er sich niemals in ihrem vollen Umfang vorgestellt hatte. Und während er erzählte, sagte sie oftmals: „Ja, ich weiß. Ja, daran erinnere ich mich auch. Sprechen Sie weiter.“

Sie indessen hatte die Katastrophe mit eigenen Augen gesehen. Sie hatte mehr durchgemacht als er, und dennoch merkte er, daß sie es besser bewältigt hatte. Sie sprach wenig; sie schien das nicht nötig zu haben; aber sie brachte ihn zum Sprechen.

Als er mit ihr sprach, wußte er, daß dies endlich, wenigstens soweit es ihn betraf, kein gelegentliches Zusammentreffen oder etwas Flüchtiges oder Vorübergehendes war. Hierin lag alle Zukunft beschlossen.

Plötzlich fiel ihnen ein, daß keiner des andern Namen wußte, obwohl sie beide den Hund Prinzeß genannt hatten.

„Isherwood“, sagte er. „Das war der Mädchenname meiner Mutter, und so hat sie ihn mir gegeben. Ziemlich schlimm, was? Alle Welt hat mich Ish genannt.“

„Ich heiße Em!“ sagte sie. „Das heißt natürlich Emma. Ish und Em! Wir wollen nicht so weit gehen, daß wir über diese Verbindung Gedichte schreiben!“ Und sie lachte. Und sie lachten beide.

Lachen – das war wieder etwas Gemeinsames! In einer wild aufflackernden Erwägung fiel ihm ein, sie sollten beide eine Art Heiratsgelöbnis sprechen. Quäker konnten sich selbst trauen. Warum also nicht auch andere? Sie konnten zusammen aufstehen und nach Osten schauen, wo die Morgensonne aufging.

Er merkte, daß er mindestens eine volle Minute geschwiegen hatte. Sie sah zu ihm aus offenen, ruhigen Augen hinüber, und er wußte, daß sie seine Gedanken las.

In seiner Verlegenheit sprang er plötzlich auf und stieß dabei den Stuhl um. Dann aber war der Tisch zwischen ihnen beiden nicht mehr das Sinnbild, das sie zugleich vereinigte und trennte. Er ging um ihn herum und trat zu ihr, als auch sie aufstand. Und dann fühlte er ihren Körper warm an dem seinen.

O Lied der Lieder! Deine Augen, meine Geliebte, sind sanft, und deine Lippen sind süß und fest. O Lied der Lieder!

Sie war in das andere Zimmer gegangen. Er saß da; sein Herz und sein Atem gingen schnell; er wartete voller Spannung. Jetzt hegte er nur noch eine Furcht. In einer Welt, wo keine Ärzte und nicht einmal andre Frauen waren: Wie konnte er in einer solchen Welt das Wagnis auf sich nehmen? Doch sie war gegangen. Er meinte, daß auch sie, die Bejahende und Bestätigende, daran denken und Vorsorge treffen würde.

7

NACHDEM sie neben ihm eingeschlafen war, lag er wach. Seine Gedanken stürmten so rasend schnell einher, daß er ihnen nicht wehren und nicht einschlafen konnte. Was hatte sie doch zuvor, am frühen Abend gesagt? Gleichgültig, was aus der Welt geworden war, der Einzelmensch wurde dadurch nicht geändert; er blieb, was er gewesen war. Ja, das war der Weg! Obwohl so viel geschehen und obwohl er durch dieses große Erlebnis aufs tiefste innerlich aufgewühlt worden war, so blieb er nach wie vor der Beobachter, der Abseitssitzende, der dem, was geschah, zusah und der sich nie völlig an das Geschehen verlor. Wie seltsam! Vielleicht wäre dergleichen in der alten Welt nicht möglich gewesen. Aus der Vernichtung war für ihn die Liebe erstanden.

Er schlief. Als er erwachte, war es heller Tag, und sie war fort. Besorgt schaute er im Zimmer umher.

Dann stand er auf und zog sich an. Beim Anziehen roch er Kaffeeduft. Kaffee!

Sie hatte den Tisch in die Frühstücksecke geschoben, als er hereinkam. Er betrachtete sie beinahe schamhaft. Wieder sah er, und zwar deutlicher im Morgenlicht, ihre weit auseinanderstehenden schwarzen Augen im dunklen Gesicht und die vollen Lippen.

Er beugte sich nicht nieder, um sie zu küssen, und das schien sie auch gar nicht zu erwarten. Doch beide lächelten einander zu. „Wo ist Prinzeß?“ fragte er.

„Ich habe sie auf die Straße gelassen.“

„Gut. Und ich glaube, es wird heute wieder schönes Wetter.“

„Ja, es sieht so aus. Eier sind leider nicht da.“

„Macht nichts. Was ist denn das? Speck?“

„Natürlich.“

Das waren leicht wiegende Worte ohne die mindeste Bedeutungsschwere, und dennoch schwang in ihnen große Freude. Es überkam ihn eine Zufriedenheit, die ihn ganz und gar erfüllte. Das hatte nichts mit dem dürftigen Mietszimmer zu tun. Sein Glück war in ihm! Er sah ihr in die offenen Augen und spürte, wie neue Sicherheit und neuer Mut ihn überkamen. Dies würde von Dauer sein!

Im Laufe des Tages fuhren sie zu dem Haus in der San-Lupo-Promenade, hauptsächlich, weil er mehr als sie zu besitzen schien.

Fortan vergingen die Tage schneller und angenehmer. Es gab viele Mittel und Wege zur Gemeinsamkeit.

Sie sprach nie von sich. Ein- oder zweimal versuchte er durch Fragen, etwas aus ihr herauszubekommen, in der Meinung, es tue ihr gut, wenn sie sich ausspräche. Doch sie antwortete nur zögernd, und er schloß daraus, daß sie bereits auf ihre eigene Weise mit sich ins reine gekommen war. Sie hatte vor die Vergangenheit einen Vorhang gezogen und schaute nur vorwärts. Dabei machte sie, wie es schien, keinerlei Versuche zur Geheimniskrämerei. Aus gelegentlichen Bemerkungen erfuhr er, daß sie verheiratet gewesen war (glücklich, wie er überzeugt war) und zwei kleine Kinder gehabt hatte. Sie hatte das Gymnasium besucht, aber nicht studiert. Ihr Akzent, der ihm bereits bei ihren ersten Worten aufgefallen war, klang ein wenig nach Kentucky oder Tennessee. Aber sie deutete niemals an, daß sie anderswo als in Kalifornien gelebt hatte.

Ihre soziale Stellung, so meinte Ish, mußte etwas tiefer als die seine gewesen sein. Aber jetzt gab es nichts Alberneres, als sich Gedanken über soziale Klassen zu machen.

Erstaunlich, wie bedeutungslos dergleichen jetzt geworden war! Und die Tage gingen hurtig dahin.

Eines Morgens, als sie neue Nahrungsmittelvorräte brauchte, ging er hinunter zu seinem Wagen. Er drehte den Zündschlüssel. Es machte „klick“, und weiter geschah nichts.

Noch einmal versuchte er es, und es klickte wieder. Weiter nichts.

Er hörte weder das tröstliche Summen des laufenden Motors noch die vertrauten kleinen Knalle, wenn die kalten Zylinder sich erwärmten. Erneut überkam ihn Entsetzen. Noch einmal betätigte er den Anlasser und dann noch einmal, und stets klickte es nur. Die Batterie ist leer! dachte er.

Er stieg aus, öffnete die Haube und starrte auf das wohlgeordnete, aber komplizierte Gewirr von Drähten und Zubehörteilen. Ein Gefühl der Hoffnungslosigkeit überkam ihn; er ging wieder ins Haus.

„Der Wagen springt nicht an", sagte er. „Die Batterie ist leer oder so etwas!" Er wußte, daß sein Gesicht noch jämmerlicher war als seine Stimme. Er hielt es nämlich für unglaublich, daß sie lachte.

„Die Sache ist doch halb so schlimm", sagte sie. „Wenn man dich ansieht, meint man, es wäre wer weiß was passiert!"

Da lachte auch er. Die ganze Welt sah anders aus, wenn man jemand hatte, mit dem man den Kummer teilen konnte; dann muteten alle Schwierigkeiten winzig an. Ein Wagen war bequem, wenn man zu den Läden fahren und das Fahrzeug mit allem vollpacken konnte, was man brauchte. Doch man konnte auch ohne Wagen auskommen. Sie hatte recht – die Sache war halb so schlimm!

An einem trüben Tage hatte er daran gedacht, sich einen neuen Wagen zu beschaffen oder den alten zu reparieren. Wie die Dinge lagen, machten sie sich einen Spaß daraus, obwohl es sie den größten Teil des Morgens kostete, ehe sie einen anderen ausfindig gemacht hatten. In den meisten Wagen befanden sich keine Schlüssel, und wenn er sie auch schließlich durch das Kurzschließen der Kabel in Gang bekommen hätte, so stimmten beide darin überein, daß es lästig und ungehörig sei, einen Wagen ohne Schlüssel zu fahren. Und wenn sie einen mit Schlüssel fanden, so war die Batterie, die ein paar Monate hindurch unbenutzt gestanden hatte, verbraucht. Schließlich fanden sie einen Wagen mit Schlüssel, der auf einer Anhöhe geparkt war. Die Batterie war zu schwach, um den Wagen zu starten; aber die Scheinwerfer brannten matt, und Ish meinte, sie gebe noch genügend Strom für die Zündkerzen. Sie ließen den Wagen die Anhöhe hinabrollen, und nach einer Minute begannen die Zylinder zu knallen. Ish und Em lachten glücklich über dieses Abenteuer. Schließlich lief der Motor ruhig und regelmäßig. Nun lachten sie triumphierend und fuhren den leeren Boulevard hinunter, wobei Em sich an ihn lehnte und ihn küßte. Und so komisch es ihm vorkam: Ish stellte fest, daß er nie im Leben so glücklich gewesen war.

Der Wagen war nicht so gut wie der alte. Darum benutzten sie ihn nur zu einer Rundfahrt durch das Einkaufsviertel, nachdem sie im Branchenverzeichnis des Telefonbuches nachgesehen hatten, wo Batteriehändler zu finden waren. Schließlich erzwangen sie sich den Eintritt in das richtige Geschäft und fanden Dutzende von Batterien, aber sämtlich ohne Schwefelsäure. Es fanden sich jedoch auch Vorräte von Schwefelsäure, und sie füllten die Schwefelsäure in eine Batterie von geeigneter Größe. Sie nahmen sie mit und bauten sie in ihren alten Wagen ein. Gleich beim ersten Versuch klappte alles prächtig.

Schließlich brummte der Motor, und als Ish mit dem Fuß das Gaspedal betätigte, dachte er, daß er an diesem Tage auf zwei Probleme gestoßen war und sie gelöst hatte. Erstens war ihm klargeworden, daß er viel tun konnte, damit sein Wagen lange lief. Aber noch sehr viel bedeutsamer war: Er hatte der Möglichkeit ins Auge geschaut, daß eine Zeit kommen würde, in der es überhaupt keine Autos mehr gab, und daß er auch dann noch glücklich und ohne Furcht leben könnte. Tatsächlich war am Tag darauf die Batterie des schweren Wagens wieder verbraucht. Entweder war sie schadhaft, oder Ish hatte beim Einbauen einen Fehler gemacht. Diesmal packte ihn keinerlei Entsetzen. Während der nächsten paar Tage kümmerte er sich nicht einmal darum. Dann machte er sich abermals an die Arbeit. Entweder hatten sie Glück, oder sie waren sorgsamer zu Werke gegangen: Jedenfalls gelang es ihnen, die Batterie wieder funktionsfähig zu machen.

Lackglatt und chromschimmernd, mit präzis arbeitenden Motoren und Meßinstrumenten, die so genau funktionierten wie Taschenuhren, waren sie der Stolz und das Symbol der Zivilisation gewesen. Jetzt standen sie in Garagen oder auf Höfen oder am Straßenrand. Welkes Laub sank auf sie nieder, wehender Staub und der Regen. Die Windschutzscheiben wurden so dick überkrustet, daß man kaum noch hindurchsehen konnte.

In ihrem Innern änderte sich nur wenig. Hier und dort fraß der Rost; aber auf den eingefetteten und geölten Oberflächen konnte er nicht viel ausrichten. Die unbenutzten Spulen, Vergaser und Zündkerzen blieben so gut wie zuvor.

In den Batterien vollzogen sich Tag und Nacht langsam chemische Prozesse und bewirkten Zerfall. Ein paar Monate, und die unbenutz-

ten Batterien waren tot. Solange Batterie und Schwefelsäure getrennt blieben, geschah nicht das mindeste, aber es würde stets eine Kleinigkeit sein, die Schwefelsäure hineinzugießen und mit einer neuen Batterie loszufahren; die Batterien waren nicht der schwächste Punkt.

Das waren weit eher die Reifen. Im Gummi vollzogen sich die Verfallsprozesse langsam. Die Reifen würden ein Jahr, fünf Jahre halten. Aber dennoch wurden auch sie schwach. Die Luft entwich, und nachdem der Wagen eine Zeitlang auf schlaffen Reifen gestanden hatte, waren sie zu nichts mehr nütze. Die aufgestapelten Reifen in den Vorratslagern würden zehn Jahre und vielleicht auch länger gut sein. Sie würden zwanzig Jahre überstehen, und vielleicht gar noch mehr. Vielleicht würden die Straßen unbefahrbar sein und der Mensch vergessen haben, wie man ein Auto steuert, und die Lust dazu verloren haben, ehe die Wagen selbst unbenutzbar wurden.

Ihr Kopf blieb in seinem Arm liegen, und er schaute in ihre schwarzen, feuchten Augen. Sie lagen auf der Couch im Wohnzimmer. Jetzt, im Zwielicht, sah ihr Gesicht noch dunkler aus als sonst.

Es handelte sich um eine Frage, die sie sich noch nicht gestellt hatten, und nun war die Zeit dafür gekommen.

„Es wäre schön“, sagte sie.

„Ich weiß nicht recht.“

„Doch.“

„Ich mag es nicht.“

„Du meinst, du magst es um meinetwillen nicht?“

„Ja. Es ist gefährlich. Außer mir ist niemand hier, und ich würde keine Hilfe sein.“

„Aber du könntest doch nachlesen – es gibt so viele Bücher.“

„Bücher!“ Er lachte ein bißchen, als er weitersprach. „Die praktische Hebamme. Techniken der Geburtshilfe! Ich glaube, damit würde ich nicht fertig, selbst wenn ich es wollte.“

„Aber du könntest dir wirklich ein paar Bücher beschaffen und sie lesen. Dabei könntest du allerlei lernen. Und im Grunde brauche ich gar nicht viel Hilfe.“ Sie machte eine kleine Pause. „Du weißt ja, daß ich es schon zweimal durchgemacht habe. Es war gar nicht so schlimm.“

„Vielleicht nicht. Aber diesmal, ohne Klinik und Ärzte und all das, ist es doch wohl etwas anderes. Und warum, warum machst du dir so viele Gedanken darüber?“

„Heißt das nicht Biologie oder so ähnlich? Vermutlich ist es ganz natürlich."

„Du meinst, das Leben muß weitergehen, und wir haben Pflichten gegenüber der Zukunft? Und all so was?"

Sie machte eine minutenlange Pause. „Ach, ich weiß es nicht", sagte sie. „Ich weiß nicht, ob das Leben weitergehen muß. Warum sollte ich mir darüber den Kopf zerbrechen? Ich bin eben selbstsüchtig. Ich brauche eben ein Baby. Ich meine, ach – ich kann mich nicht richtig ausdrücken." Dann streckte sie den Arm aus und nahm ein Streichholz aus der auf dem Tisch liegenden Schachtel. Sie rauchte oft und mehr als er, und so erwartete er, daß sie sich auch eine Zigarette nehme. Doch das tat sie nicht. Sie drehte das Streichholz zwischen Daumen und Zeigefinger und sagte nichts. Dann strich sie es an der Schachtel an.

Der Streichholzkopf flammte auf. Dann brannte das Holz ruhig mit gelber Flamme weiter. Plötzlich blies sie es aus.

Unbestimmt war ihm, als hätte sie, der es schwerfiel, Worte zu finden, vielleicht halb unbewußt versucht, etwas darzustellen, das sie nicht ausdrücken konnte. Nach und nach meinte er, er habe sie verstanden. Das Streichholz war nur dann lebendig, wenn es nicht in der Schachtel lag, sondern wenn es brannte – und ewig konnte es nicht brennen. So war es auch mit Mann und Frau. Wenn man das Leben leugnete, blieb es ungelebt.

Er gedachte seiner alten Furcht während der ersten Tage und der Zeit, da er sie überwunden und dem Tod und allen Mächten der Finsternis Trotz geboten hatte. Er fühlte ihren Körper weich in seinen Armen. „Gut", sagte er. „Vermutlich hast du recht."

Dein sei der Ruhm, weil die Liebe zum Leben vor deinem Antlitz heller war als die Furcht vor dem Tode dunkel. Deinen Töchtern sollen Volksstämme entspringen und deinen Enkeln Nationen!

Es werden wieder Lachen und Gesang erschallen. Mädchen werden über Wiesen schreiten und junge Männer über Bäche springen. Ihrer Kinder Kinder werden zahlreich sein wie die Pinienzapfen am Bergeshang. Sie sollen dich segnen, denn in Zeiten der Dunkelheit war dein Blick dem Lichte zugewandt.

Eines Morgens schaute Em hinaus und sagte: „Sieh, ein paar Ratten!"

Er schaute ebenfalls hinaus. Tatsächlich, da liefen zwei Ratten unten an der Hecke den Weg entlang und suchten nach Nahrung. Em zeigte Prinzeß die Ratten durchs Fenster, und dann machte sie die Tür auf. Aber da Prinzeß zu den Hunden gehörte, die dem Jäger das Wild durch Lautgeben zutreiben, lief sie bellend hinaus, und die Ratten verschwanden, als sie heran war.

Nachmittags sahen sie zu verschiedenen Zeiten mehrere Ratten, und zwar hier und dort, nahe dem Hause, auf der Straße oder in Gärten.

Am nächsten Morgen hatte die Woge sie überflutet. Überall waren Ratten.

Ish dachte daran, wie es vor einiger Zeit mit den Ameisen gewesen war, und er spürte, wie ihn ein kalter Schauer überrann. Das einzige, was zu tun blieb, war, Nachforschungen anzustellen, um irgendwie die Rattenplage erträglicher zu machen.

Was sich, ganz allgemein betrachtet, ereignet hatte, war klar. Ish erinnerte sich, in einer Art Statistik gelesen zu haben, daß die Zahl der Ratten in einer Stadt ungefähr derjenigen der Bevölkerung entspreche. „Also", erklärte er Em, „nimm als Basis eine Million Ratten, und die Hälfte davon sind Weibchen. Manche der Geschäfte und Kaufhäuser sind gegen Ratten geschützt; aber dennoch hat es für sie während dieser ganzen Zeit sozusagen unbegrenzte Ernährungsmöglichkeiten gegeben."

„Wie viele Ratten gibt es also jetzt?"

„Im Kopf kann ich das nicht ausrechnen. Ich will es später versuchen."

Abends machte er sich darüber her wie über eine Mathematikaufgabe. Mit Hilfe des Lexikons seines Vaters brachte er heraus, daß die Ratten schätzungsweise allmonatlich werfen, und zwar ungefähr zehn Junge. Das bedeutete, daß innerhalb eines Monats ungehinderter Vermehrung dieses ganz bestimmte Gebiet von zehn Millionen Ratten bevölkert wurde. Die jungen Weibchen konnten sich wiederum vermehren, noch ehe sie zwei Monate alt waren. Natürlich mußten zufällige Verluste berücksichtigt werden; aber Ish hatte keine Möglichkeit, sich auszurechnen, wie viele Ratten das Alter der Reife erreichten. Doch unter den gegenwärtigen Verhältnissen, soviel stand fest, mußten sie sich unglaublich vermehren.

Selbst wenn die Zahl der Ratten sich jeden Monat nur verdoppelte, so mußte ihre Zahl inzwischen auf fast fünfzig Millionen angewachsen sein. Wenn sie sich jeden Monat um das Dreifache vermehrte, eine Schätzung, die immer noch bescheiden blieb, so gab es in der Stadt jetzt vielleicht eine Milliarde Ratten.

Bei längerem Nachdenken darüber sah er nicht ein, warum die Zahl der Ratten bei der ihnen unbegrenzt zur Verfügung stehenden Nahrung sich nicht jeden Monat vervierfachen sollte. In den alten Zeiten war der Mensch der einzige ernsthaft in Betracht kommende natürliche Feind der Ratten gewesen, und selbst er hatte unaufhörlich Krieg gegen sie führen müssen, um ihrer Zahl Herr zu bleiben. Jetzt, da der Mensch dahin war, bildeten ihre einzigen Feinde die wenigen Hunde, die der Instinkt zur Rattenjagd trieb, und die etwas zahlreicheren Katzen. Hier jedoch mußte ein weiterer Umstand die Lage zugunsten der Ratten beeinflußt haben. Wie er beobachtet hatte, konnten sich die Hunde einzig mit Unterstützung der Katzen gegen die Ratten behaupten. Wahrscheinlich hatten die Hunde genausoviel Katzen wie Ratten getötet und sich so des wichtigsten Helfers beraubt.

Ob es sich um eine Milliarde oder bloß um fünfzig Millionen Ratten handelte, machte nur einen sehr geringen Unterschied. Fest stand einzig, daß es zu viele Ratten gab, und Ish und Em fühlten sich von ihnen belagert. Sorgfältig bewachten sie alle Türen. Nichtsdestoweniger erschien auf unbekannte Weise eine Ratte in der Küche, und es gab eine tolle Hetzjagd, als Ish ihr mit dem Besen zu Leibe ging. In die Enge getrieben, biß sie heftig in den Besenstiel und hinterließ die Spuren ihrer Zähne in dem harten Holz, ehe Ish sie auf dem Fußboden totschlagen konnte.

Nach ein paar Tagen nahmen sie eine Veränderung wahr, und zwar im Aussehen und Verhalten der Ratten. Augenscheinlich waren die Nahrungsmittelbestände unter dem Zugriff der immerfort pyramidenhaft steigenden Zahl der Ratten knapp geworden. Die Ratten sahen jetzt magerer aus und rannten auf der Nahrungssuche fieberhaft hin und her. Sie begannen in der Erde zu wühlen. Zunächst fraßen sie die Tulpenzwiebeln, die sie sehr gern zu mögen schienen. Dann machten sie sich an weniger wohlschmeckende Zwiebeln und Wurzeln. Sie liefen an den Zweigen der Bäume entlang und fraßen wohl Insekten, die sie ergatterten, oder die noch daran verbliebenen Samen und Früchte. Schließlich fingen sie sogar an, die Rinde junger Bäume abzunagen wie Kaninchen.

Ish fuhr jetzt mit seinem Wagen so dicht wie nur möglich an das Haus heran und sprang in hohen Stiefeln hinein und hinaus. Aber die

Ratten versuchten nie, ihn anzugreifen. Prinzeß mußte zumeist daheim bleiben, obwohl die Ratten sie ebenfalls unbehelligt gelassen hatten.

Ish setzte seine Erkundungsfahrten fort. Als er eines Tages langsam an einem Mauerwinkel vorbeifuhr, lenkte ein kleines weißes Etwas seine Aufmerksamkeit auf sich. Er hielt an, schaute aufmerksam hin und sah, daß es der Schädel eines kleinen Hundes war. Die langen, noch weiß schimmernden Zähne ließen darauf schließen, daß es wahrscheinlich ein Terrier gewesen war. In der Nähe gewahrte Ish auch die Schädel mehrerer Ratten; also war der Terrier kämpfend zugrunde gegangen. Er versuchte, sich das Geschehen auszumalen: die wimmelnden grauen Leiber, die sich an dem Hunde, der die an ihm hängenden Ratten nicht angreifen konnte, festbissen. Ish war ganz benommen, als er weiterfuhr.

Voller Hoffnung dachte er daran, daß die Ameisen beinahe über Nacht verschwunden waren, und er erwartete, daß etwas Ähnliches auch mit den Ratten geschehen würde. Aber dafür gab es keinerlei Anzeichen.

„Übernehmen die Ratten jetzt die ganze Welt?" fragte Em.

„Natürlich kann ich dir keine sichere Auskunft geben", antwortete Ish, „aber ich kann es nicht recht glauben. Sie haben einen guten Start gehabt, weil ihnen die in der Stadt aufgehäuften Nahrungsmittel zur Verfügung standen. Aber wenn sie aus der Stadt weichen, müssen sie auf eigene Faust für ihre Ernährung sorgen, und Füchse und Schlangen und Eulen werden sich ebenfalls vermehren, weil der Mensch dahin ist und weil sie große Mengen von Ratten fressen können."

„Daran habe ich nie gedacht!" sagte sie. „Du meinst, Ratten leben gern in Häusern, weil der Mensch sie, ohne zu wollen, mit Nahrung versieht und ihre Feinde tötet?"

„Sie leben mehr als Parasiten beim Menschen, vermute ich." Und um etwas zu sagen, das ihr Interesse wachhielt, fuhr er schnell fort: „Und da von Parasiten die Rede ist, so haben natürlich auch Ratten welche. Genau wie die Ameisen! Wenn etwas zu zahlreich wird, so geht es meiner Meinung nach durch eine Seuche zugrunde ..." (Bei dem Wort „Seuche" war plötzlich eine schreckliche Erkenntnis über ihn gekommen.) Er räusperte sich, um sein Stocken zu vertuschen, und fuhr dann rasch fort, ohne sich auf Einzelheiten einzulassen: „Ja, wahrscheinlich gehen sie durch eine Pest zugrunde."

Zu seiner Erleichterung schien Em nichts gemerkt zu haben.

„Alles, was wir dann tun können", sagte sie, „ist vermutlich, dazusitzen und die Parasiten der Ratten hochleben zu lassen."

Ish sagte ihr nicht, was ihn verstört hatte. Es war die Erinnerung, daß nicht eine Seuche im allgemeinen Sinne, sondern die Beulenpest unter den Ratten nur zu häufig epidemisch auftrat. Sie wurde, wie er wußte, durch Flöhe verbreitet, und diese erkrankten Flöhe hüpften bereitwillig von toten Ratten auf lebendige Menschen.

Er begann, das Haus sowie seine und Ems Kleidung mit Desinfektionsmitteln zu bespritzen. Da wurde sie natürlich argwöhnisch, und er mußte es ihr sagen.

Sie regte sich nicht groß darüber auf. Ihr Mut war sogar stärker als die Furcht vor der Pest, und vielleicht war sie bis zu einem gewissen Grade Fatalistin.

Im Verlauf der Tage beobachtete er genau die einzelnen Ratten, um zu sehen, ob sie krank waren. Doch im Gegenteil: Sie sahen kräftiger und lebendiger denn je aus.

Dann rief Em ihm eines Morgens vom Fenster zu: „Sieh nur, jetzt beißen sie sich!" Schnell, doch ohne allzu großes Interesse, trat er zu ihr. Wahrscheinlich, so dachte er, handelte es sich um ein bei den Ratten übliches Liebesspiel. Doch das war es nicht.

Er sah, wie eine große Ratte unmißverständlich eine kleinere angriff. Die kleine wehrte sich, sprang verzweifelt beiseite und schien fast durch ein Loch zu entkommen, das zu eng für die größere war. Da tauchte plötzlich eine dritte Ratte auf und sprang ebenfalls auf die kleine los. Ein kleiner Blutstrahl spritzte aus der zerbissenen Kehle hervor, und dann schleppte die größere Ratte die tote weg, und diejenige, die zuerst angegriffen hatte, lief dicht hinterher.

In hohen Stiefeln, dicken Handschuhen und mit einem Stock bewaffnet, unternahm Ish einen Erkundungsgang durch das nächstgelegene Geschäftsviertel, um für seinen Haushalt neue Lebensmittel zu holen. Zu seiner Verwunderung fanden sich in den Läden nur sehr wenige Ratten, und als er sich näher umsah, stellte er fest, daß alles, was eine Ratte erreichen und fressen konnte, spurlos verschwunden war. In den Läden lagen große Haufen zerfetzten Papiers, angenagte Kartons und Rattenexkremente. Sogar die Etiketten an Büchsen und Flaschen hatten sie angenagt, so daß es bisweilen schwierig war zu erkennen, was darin war. Jetzt war er sicher, daß der Hunger und nicht eine Seuche den Horden den Garaus bereiten würde. Er überbrachte Em die Nachricht.

Tag für Tag nahm die Zahl der Ratten ab, und eines Morgens schienen sie gänzlich verschwunden zu sein.

Beide, Ish und Em, brauchten einige Zeit, um sich von dem Schrekken zu erholen, den die Ratten ihnen eingejagt hatten. Prinzeß durfte wieder frei umherlaufen; das Leben wurde wieder normal, und sie vergaßen das unaufhörliche Gewimmel grauer Tierkörper.

WIEDER lag ihr Kopf in seinem Arm, und er schaute ihr tief in die dunklen Augen. Sie sagte: „Es wäre gut, wenn du dich jetzt an die Bücher machen würdest. Ich glaube, es ist geschehen."

Und plötzlich, noch ehe er hätte antworten können, fühlte er, daß sie zitterte; sie schluchzte. Dergleichen hatte er bei ihr nicht erwartet. Was sollte werden, wenn sie einen Zusammenbruch erlitt?

„O Liebling!" rief er. „Vielleicht können wir noch etwas dagegen tun? Es gibt doch Mittel und Wege. Du brauchst es nicht auf dich zu nehmen!"

„Ach, darum geht es ja gar nicht! Darum nicht!" rief sie und zitterte noch immer. „Ich habe gelogen. Nicht durch das, was ich gesagt habe, sondern durch das, was ich nicht gesagt habe! Aber es ist ja alles gleich. Du bist so gut zu mir. Du hast meine Hände angesehen und gesagt, sie wären hübsch. Aber nie hast du auf die blauen Halbmonde meiner Fingernägel geachtet."

Er erschrak tief, und er wußte, daß sie fühlte, wie er erschrak. Jetzt gingen ihm die Augen auf: die bräunliche Hautfarbe, die dunklen Augen, die vollen Lippen, die weißen Zähne, die warme Stimme, der anschmiegsame Charakter.

Dann sprach sie wieder; es war kaum mehr als ein Flüstern. „Anfangs hatte es natürlich keine Rolle gespielt. Damals kümmerte kein Mann sich um so etwas. Aber die Rassegenossen meiner Mutter haben nie viel Glück in der Welt gehabt. Vielleicht dürfen sie nicht daran beteiligt sein, wenn alles jetzt wieder von vorn anfängt. Aber was mich am meisten quält, das ist, daß ich vermutlich falsch an dir gehandelt habe."

Da plötzlich hörte er nichts mehr, denn ihm enthüllte sich die ungeheure Komödie alles Geschehens, und er lachte, und alles, was er tun konnte, war, daß er lachte und immer schallender lachte, und dann sah er, daß auch sie wieder zu sich gekommen war und gleichfalls lachte und ihn nur noch fester umschlungen hielt.

„O Liebling", sagte er, „alles ist zerstört, und New York liegt öde, und in Washington ist keine Regierung mehr. Die Senatoren und Richter und Gouverneure sind alle tot und verwest und die Juden- und Negerhasser mit ihnen. Wir beide sind nichts als zwei arme Menschen, die sich aus den Überbleibseln der Zivilisation das Lebensnotwendige herauspicken und nicht wissen, ob sie nicht auch ausgetilgt werden von den Ameisen oder den Ratten oder von sonst etwas. Vielleicht können heute in tausend Jahren sich die Menschen den Luxus leisten, sich über dergleichen Dinge die Köpfe zu zerbrechen oder einander in die Haare zu geraten. Aber das bezweifle ich. Und einstweilen gibt es nur uns zwei oder jetzt vielleicht uns drei."

Er küßte sie, während sie noch immer leise vor sich hin weinte. Und er wußte, daß er dieses eine Mal klarer und tiefer als sie gesehen hatte und stärker als sie gewesen war.

8

AM FOLGENDEN Tage fuhr er zum Universitätsviertel und hielt vor dem Bibliotheksgebäude. Seit dem Großen Unheil war er nie dort gewesen, während er sich oft aus der Städtischen Bücherei Lesestoff geholt hatte. Das große Gebäude stand unzerstört da. In den wenigen Monaten waren die Büsche und Bäume, die vor und neben ihm standen, nur unmerklich größer geworden. Die Regenrinnen schienen gut zu funktionieren, und auf den weißen Granitmauern zeigten sich keine Wasserflecke. Man hatte nur einen allgemeinen Eindruck von Schmutz und Verkommenheit und Nichtbenutztsein.

Es widerstrebte ihm, sich den Eingang zu erzwingen, indem er ein Fenster einschlug, durch das dann Tiere oder auch der Regen eindringen konnten. Aber schließlich fand er keinen andern Weg. Er bediente sich des Hammers möglichst behutsam; er griff hindurch und machte das Fenster auf. Schließlich, so sagte er sich, konnte er ja ein paar Bretter holen und das Fenster wieder zunageln, damit es gegen Ratten und Wetterunbill abgedichtet war.

Während seiner Universitätsjahre war er Hunderte von Malen in der Bibliothek gewesen. Aber unter den jetzigen Umständen empfand er eine seltsame Beklemmung. Hier war in langen Bücherreihen die Weisheit erhalten geblieben, mit deren Hilfe die Zivilisation aufgebaut worden war und neu aufgebaut werden konnte. Jetzt, da er wußte, daß er demnächst Vater werden würde, hatte er in eine neue

Haltung hineingefunden, in die Sorge für die Zukunft. Das Kind sollte nicht als Parasit aufwachsen und nach Art der Straßenräuber leben. Und dazu bestand auch keinerlei Notwendigkeit. Denn hier war alles. Alles Wissen!

Er war hergekommen, um sich ein paar Bücher über Geburtshilfe zu holen; aber als er einen Blick in den großen Leseraum geworfen hatte und zwischen den Bücherreihen hindurchwanderte, regte ihn das dermaßen auf, daß er das Gebäude, von Phantasievorstellungen bedrängt, verließ. Heute brauchte er sich nicht um Geburtshilfe zu kümmern. Bis es soweit war, hatte er noch sehr viel Zeit.

In einer Art Traumzustand fuhr er heim. Bücher! Der Großteil des Wissens war in Büchern enthalten, und dennoch erkannte er bald, daß damit nicht alles getan war. Zunächst bedurfte es der Menschen, die lesen, die Nutzen aus den Büchern ziehen konnten. Er mußte auch noch andre Dinge retten. Saatgut zum Beispiel. Er mußte dafür sorgen, daß die wichtigsten Kulturpflanzen nicht von der Erde verschwanden.

Plötzlich erkannte er, daß die Zivilisation nicht nur vom Menschen abhing, sondern auch von jenen andern Dingen, die mit ihm als Gefolgsleute, Freunde und Gefährten marschiert waren. Wenn der heilige Franziskus die Sonne als Bruder begrüßt hatte – konnten wir dann nicht ebenfalls sagen: „O Bruder Weizen! O Schwester Gerste!" Er lächelte vor sich hin. Ja, man konnte fortfahren: „O Großvater Rad! O Vetter Kompaß! O Freund binomischer Lehrsatz!" Alle Errungenschaften der Wissenschaft und der Philosophie, so konnte man meinen, standen Schulter an Schulter mit dem Menschen, obwohl das, wenn er es in Worte umsetzte, vielleicht ein wenig lächerlich klang.

Er beeilte sich, noch immer glühend vor knabenhafter Begeisterung, das alles Em zu erzählen. Doch Em war nicht so begeistert, wie er gehofft hatte. „Zivilisation!" sagte sie. „Ach, du meinst, daß die Flugzeuge immer höher und höher steigen und immer schneller fliegen. So was meinst du."

„Oh, allerdings. Aber auch die Kunst, weißt du. Musik, Literatur, Kultur."

„Ja, und Gespenstergeschichten und die komischen Jazzbands, von denen mir die Ohren weh taten."

Er war niedergeschlagen, obwohl er wußte, daß sie ihn ein bißchen neckte.

„Eine andere Frage", sagte sie, „die ebenfalls zur Zivilisation gehört. Nämlich die Zeit. Wir wissen nicht einmal, in welchem Monat wir uns befinden. Wir müssen doch wissen, wann er Geburtstag hat, damit wir ihn feiern können, so in zwei Jahren etwa."

Vielleicht, so empfand er, war das der Unterschied! Das war der Unterschied zwischen Frau und Mann. Sie fühlte nur, was in unmittelbarem Zusammenhang mit ihr stand, und war weit mehr daran interessiert, ihres Kindes Geburtstag festlegen zu können, als an der Zukunft der Zivilisation. Er fühlte sich ihr abermals überlegen.

„Aber wie dem auch sei: Eins habe ich heute nicht getan", sagte er. „Ich habe keinen einzigen Blick in die Geburtshilfebücher geworfen. Es tut mir leid – aber damit ist es ja nicht so eilig, nicht wahr?"

„O nein. Vielleicht brauchen wir sie auch gar nicht. Erinnerst du dich nicht, daß sogar in den Alten Zeiten immerfort Babys in Taxen und Krankenwagen geboren wurden? Wenn sie zur Welt wollen, kann niemand sie daran hindern."

Nachdem er später alles durchdacht hatte, mußte er sich gestehen, daß sie etwas Bedeutsames angeregt hatte. Je mehr er darüber nachdachte, von desto grundsätzlicherer Wichtigkeit wurde ihm ihr Gedanke, die Zeit zu bestimmen und festzulegen. Schließlich war Zeit Geschichte, und Geschichte war Tradition, und Tradition war Zivilisation. Wenn man die Kontinuität der Zeit einbüßte, verlor man etwas, das nie wieder eingeholt werden konnte. Wahrscheinlich war sie schon verlorengegangen, sofern nicht einer der andern Überlebenden in dieser Beziehung achtsamer gewesen war als er. Man brauchte sich beispielsweise nur die Siebentagewoche anzusehen. Auch wenn man nicht religiös war, mußte man zugeben, daß die Siebentagewoche mit ihrem einen Ruhetag eine schöne alte Menschheitsüberlieferung war. Sie war während der letzten fünf Jahrtausende in Kraft gewesen, sicherlich von den Zeiten der Babylonier an und vielleicht gar, niemand wußte es, bereits seit noch längerer Zeit. Ob es ihm wohl gelingen würde herauszubekommen, welcher Tag Sonntag war?

Was die Bestimmung des Jahrestages betraf, so mußte sie nicht allzu schwierig sein. Er verstand sich zur Genüge auf die Elemente der Astronomie, um das zuwege zu bringen; und wenn er den Zeitpunkt der Sonnenwende korrekt festlegen konnte, dann konnte er auch den Kalender des letzten Jahres rekonstruieren und den Wochentag herausbekommen.

Die gegenwärtige Zeit war dazu angetan, sich eifrig mit diesen

Problemen zu befassen. Obwohl er es nicht ganz genau wußte, konnte er aus der Witterung und auf Grund seiner allgemeinen Kenntnisse hinsichtlich der seit der Katastrophe vergangenen Zeit schließen, daß man sich in der Dezembermitte befinden müsse. Wenn die Sonnenwende in etwa einer Woche stattfand, so konnte er das unschwer feststellen, indem er den Sonnenuntergang beobachtete.

Am nächsten Tag stöberte er das Besteck eines Landvermessers auf, und obwohl er nicht allzuviel über dessen Gebrauch wußte, montierte er es auf das Stativ und richtete es gegen Westen. Er schwärzte die Linsen mit Ruß, damit er die Sonne beobachten konnte, ohne daß ihn die Augen schmerzten. Bei seiner ersten Beobachtung stellte er fest, daß die Sonne hinter den Hügeln von San Francisco unterging, südlich der Golden-Gate-Brücke. Er erinnerte sich, daß dies beinahe der südlichste Punkt ihres Untergangs war. Er ließ das Gerät eingestellt und notierte den Winkel des Sonnenuntergangs.

Am nächsten Abend ging sie noch ein bißchen weiter südlich unter. Und dann geschah etwas, was die ganze Systematik über den Haufen warf. Es kam ein heftiger Sturm über den Ozean herüber, und eine ganze Woche lang konnte Ish nicht beobachten, wo die Sonne unterging. Als er sie wieder sehen konnte, ging sie schon wieder weiter nördlich unter.

„Jedenfalls aber", sagte er, „müssen wir der Sonnenwende noch ganz nahe sein. Wenn wir einen Tag zu der Zeit hinzufügen, da wir die Sonne zum letztenmal gesehen haben, müssen wir unmittelbar an die Sonnenwende herankommen, und wenn wir dem zehn Tage hinzufügen, haben wir Neujahr."

„Ist das nicht ziemlich dumm?" fragte sie.

„Warum?"

„Ja, ich meine, fängt das Jahr denn nicht wirklich an, wenn die Sonne sich wieder nach Norden wendet? Meinst du nicht, daß die Leute es früher so haben festlegen wollen, und dann ist irgendwie etwas dazwischengekommen, und man hat die zehn Tage hinzugefügt?"

„Ja, ich glaube auch, daß es so gewesen ist."

„Na, und warum läßt du unser Neujahr dann nicht einfach mit – wie nennst du es? – mit der Sonnenwende zusammenfallen? Das wäre doch viel einfacher."

„Allerdings. Aber du kannst doch nicht den ganzen Kalender durcheinanderbringen. Der ist schon seit sehr langer Zeit festgelegt. Den kannst du nicht einfach umstoßen."

„Das hat doch aber einer namens Julian auch schon getan, und es hat deswegen großes Geschrei gegeben. Und dennoch haben sie damals einen anderen Kalender gemacht."

„Sie haben ihn geändert. Ja, da hast du recht – und vermutlich können wir das ebenfalls tun, wenn wir es wollen. Sicherlich gibt einem das ein gewisses Machtgefühl!"

Dann stellten sie in der Ausgelassenheit ihrer schweifenden Phantasie fest, daß sie ein System ausarbeiten könnten, das sie von Monaten und dergleichen Dingen unabhängig machte; denn von ihrer Anhöhe aus konnten sie den ganzen Sonnenbogen verfolgen. Sie brauchten nur das Datum zu markieren, an dem die Sonne in der Mitte der Golden-Gate-Brücke unterging, oder die Zeit, da sie den ersten großen Bergbuckel im Norden erreicht hatte, oder die Zeit, da sie bei den Gipfeln der langen Gebirgskette angelangt war.

„Oh!" rief sie plötzlich. „Übrigens muß jetzt ungefähr Weihnachten sein. Das hatte ich völlig vergessen. Glaubst du, daß du unten in den Läden einen Schlips für dich auftreiben kannst?"

Er sah sie mit einem kleinen Lächeln an. „Ich glaube, wir hätten allen Grund, an diesem Weihnachtsfest recht bekümmert zu sein; und dennoch: Irgendwie kann ich das nicht."

„Nächstes Jahr", sagte sie, „wird es lustiger. Dann bekommt er seinen ersten Weihnachtsbaum."

„Ja, und eine Kinderklapper soll er auch haben, nicht wahr? Ich will auch sehen, daß ich eine elektrische Eisenbahn auftreibe und sie in Gang bekomme. Ach, vermutlich bekommt der arme Junge niemals eine elektrische Eisenbahn. Aber es könnte sein, daß in fünfundzwanzig Jahren, wenn wir Enkelkinder haben, die Elektrizitätswerke wieder arbeiten."

„Fünfundzwanzig Jahre! Bis dahin bin ich eine ganz alte Frau geworden. Es ist jetzt ebenso sonderbar, in die Zukunft zu denken wie in die Vergangenheit. Eine Zeitlang habe ich immer nur zurückgedacht. Aber in die Zukunft zu denken, das ist doch etwas ganz anderes, auch wenn man an die Jahre denkt! Wir sollten die Jahre festlegen und festhalten. Schneiden die Leute auf einsamen Inseln nicht Kerben in die Bäume? Paß nur auf, eines Tages will ich wissen, welches Jahr wir schreiben; dann kann er sich einen Paß ausstellen lassen oder Eintragungen in seine Geschäftsbücher machen. Aber vielleicht willst du dergleichen Dinge in unserer neuen Zivilisation gar nicht haben. Welches Jahr haben wir übrigens jetzt?"

Wiederum dachte er, wie weiblich es sei, daß sie etwas so unendlich Bedeutsames wie das richtige Datum und die Zeitrechnung sogleich in Beziehung zu ihrem noch nicht einmal geborenen Kinde setzte. Aber auch diesmal, wie so oft, leitete sie ein richtiger Instinkt – ein großes Bedauern, daß die historische Überlieferung an irgendeinem Punkte unterbrochen werden sollte! Sicherlich konnten im Laufe der Zeit Archäologen die Kontinuität durch Spezialforschungen wiederherstellen; aber es würde sehr viel Arbeit und Mühe sparen, wenn jemand einfach die Tradition aufrechterhielte.

„Du hast recht", sagte er, „und im Grunde ist es natürlich ganz einfach. Wir wissen, welches Jahr wir jetzt schreiben, und wenn wir festgelegt haben, wann Neujahr ist, brauchen wir die neue Jahreszahl nur in einen geeigneten Felsblock einzumeißeln, und das müssen wir dann jedes Jahr tun. Das Einmeißeln ist dann beinahe eine Aufgabe, ein Beruf, und dann wissen wir immer, ob unsere Zeitrechnung richtig ist oder nicht."

„Ist das nicht ebenfalls ziemlich dumm?" fragte sie. „Ich meine: mit einer Jahreszahl anzufangen, die aus vier Ziffern besteht? Was mich betrifft ...", sie hielt einen Augenblick inne und schaute mit jener ruhigen Miene umher, die bisweilen so großen Eindruck auf ihn machte, „was mich betrifft, so könnte das vergangene Jahr ebensogut das Jahr eins heißen."

An jenem Abend regnete es nicht. Die Wolken hingen noch immer tief, aber die Luft war klar. Man hätte die Lichter von San Francisco sehen können, wenn dort noch welche gebrannt hätten. Er stand vor der Haustür, sah nach dem dunklen Westen hin und atmete tief die kühle, feuchte Luft. Er befand sich nach wie vor in tief erregter Gemütsverfassung.

Nun haben wir mit der Vergangenheit abgeschlossen, dachte er. Diese letzten paar Monate, das Jahresende – sie mögen der Vergangenheit angehören. Dies ist der Augenblick Null, wir stehen zwischen zwei Zeitaltern. Jetzt beginnt das neue Leben. Jetzt beginnen wir das Jahr eins. Das Jahr eins!

Nun lag nicht mehr einzig das Drama einer menschenlosen Welt in einer ständigen, nur wenig veränderten Wiederholung vor ihm. Auch die Verbesserung seiner persönlichen Lage war künftig nicht mehr das vorherrschende Problem. Nun würde in den vor ihm sich dehnenden Jahren das Drama einer neuen Gesellschaft beginnen, die aus sich selbst erstand und sich weiterentwickelte. Und nun würde er nicht der einzige Zuschauer sein; zumindest war er nicht nur das. Er konnte lesen. Schon jetzt besaß er mancherlei Grundkenntnisse. Er wollte sie ausbauen, in technischer, psychologischer und politischer Hinsicht, sofern sich die Notwendigkeit dafür ergab.

Es mußte noch andere geben, die er auffinden und mit denen er sich zusammentun konnte – gute Menschen, die ihm beim Aufbau der neuen Welt helfen konnten. Er wollte eine Fahrt unternehmen und nochmals nach Menschen Ausschau halten. Er wollte sich umtun und versuchen, allen aus dem Wege zu gehen, die allzusehr unter dem Schock gelitten hatten, deren Seele, Geist und Körper nicht dem entsprachen, was man für den Aufbau der neuen Gesellschaft verlangen mußte.

Irgendwo in seinem Innern lauerte noch immer die eine tiefe Furcht, Em würde die Geburt nicht überstehen, so daß alle Hoffnung auf die Zukunft hinschwände. Und dennoch hegte er im Allertiefsten diese Furcht nicht. Ihr Mut brannte mit zu heller Flamme. Sie war das Leben selbst. Er konnte sie nicht mit dem Tode in Verbindung bringen. Sie war das Licht der Zukunft; sie und alle, die von ihr ausgehen würden.

Er selbst hätte höchstens den Mut zum Weiterleben aufgebracht in dem steten Gefühl, daß der Tod Jahr für Jahr näher an ihn heranschlich, wie einstmals die Dunkelheit aus den Zimmerwinkeln herangekrochen war, als das Licht erlosch. Ihre stärkere Seele hatte den Tod zurückgeschlagen, und schon erstand in ihr neues Leben. Aus ihren Tiefen schwang der Mut auf ihn über.

Es war seltsam und zweifellos sogar unlogisch, daß der Gedanke an das künftige Kind alles in so durchaus anderem Licht erscheinen ließ. Doch er erkannte diesen Unterschied an. Er schaute vorwärts, voller Vertrauen auf die Zeit, da die Sonne wieder am südlichen Ende ihres langen Bogens untergehen und sie beide – sie drei – hingehen und in einen Felsblock die Gedächtniszahl des endenden Jahres eins einmeißeln würden. Es war nicht zu Ende. Alles würde weitergehen.

Ein Satz fiel ihm ein. O Leben ohne Ende! dachte er. Als er dort stand, über die leere, verödete Stadt nach Westen hin ins Dunkel schaute und tief die kühle, feuchte Luft atmete, durchklangen diese Worte seine Seele wie Gesang: O Leben ohne Ende! Leben ohne Ende!

Eilende Jahre

NICHT weit von dem Haus in der San-Lupo-Promenade erstreckte sich ein Gebiet, das ehemals ein kleiner öffentlicher Park gewesen war. Hohe Felsen stiegen malerisch auf, und an einer Stelle lehnten die Häupter von zwei dieser Felsen aneinander und bildeten eine schmale, hohe Höhle. Daneben fiel eine sanft geneigte Felsfläche, so groß wie der Fußboden eines kleinen Zimmers, zugleich mit dem Hügelhang ab; sie war indessen nicht allzu steil, und man konnte bequem auf ihr sitzen. In den älteren Zeiten, die denen vorangegangen waren, die wir fortan die Alten Zeiten nennen wollen, hatte ein Stamm einer primitiven Völkerschaft dort in der Gegend gehaust, und auf der sanft geneigten Felsfläche konnte man noch die kleinen Löcher sehen, die jene Menschen mit Steinstößeln gehöhlt hatten, als sie Körner zerstampften.

Eines Tages, als der Ablauf der Jahreszeiten sich vollendet hatte und die Sonne zum zweitenmal genau im Süden der Golden-Gate-Brücke sank, stiegen Ish und Em den Hügel empor zu den Felsen. Der Nachmittag war sonnig und für einen Tag mitten im Winter recht warm. Em trug das Baby, das in ein weiches Tuch gewickelt war. (Sie war schon wieder guter Hoffnung; aber sie schritt noch leichtfüßig einher.) Ish trug seinen Hammer und einen Meißel. Prinzeß war mit ihnen gekommen, lief jedoch, wie stets, der Spur eines Kaninchens nach.

Als sie zu dem Felsen kamen, setzte Em sich in die Sonne und stillte das Baby, und Ish arbeitete mit Hammer und Meißel: Er schlug in die geneigte Felsfläche die erste Jahreszahl ein. Der Felsgrund war hart; doch mit dem schweren Hammer und dem scharfen Meißel brachte er schnell eine senkrechte Linie zustande. Aber es trieb ihn, sein Werk ein bißchen zu verschönern. So meißelte Ish denn einen sauberen Querstrich unter die senkrechte Linie und oben daran einen kleinen Haken, so daß das Ganze einer korrekten 1 ähnelte, wie er sich ihrer aus den Zeiten erinnerte, da noch gedruckt wurde.

Als er fertig war, setzte er sich neben Em in die Sonne. Das Baby hatte getrunken und war glücklich und zufrieden. Sie spielte mit ihm.

„Ja“, sagte Ish. „Das war nun also das Jahr eins!“

„Stimmt“, sagte Em. „Aber ich glaube, für mich ist es immer das Babyjahr. Namen kann man besser behalten als Zahlen.“

Und so kam es dazu, daß sie es sich angewöhnten, fast jedes Jahr statt mit einer Zahl mit einem Namen zu bezeichnen, der sich auf irgend etwas bezog, das während dieser Zeit geschehen war.

IM FRÜHLING legte Ish seinen ersten Garten an. Er hatte sich nie viel aus Gartenarbeit gemacht, und wahrscheinlich konnte das als Erklärung dafür dienen, daß er trotz löblicher Entschlüsse und zweier mit halbem Herzen unternommener Versuche während des ersten Jahres nichts geerntet hatte. Dennoch empfand er eine tiefe Befriedigung, es wieder mit urtümlichen Dingen zu tun zu haben, als er mit dem Spaten die dunkle, feuchte Erde umgrub.

Diese Befriedigung war das Bedeutsamste, was der Garten ihm eintrug. Das Saatgut jedoch war mehrere Jahre alt, und vieles ging nicht auf. Alle möglichen Arten von Schnecken krochen nur zu bald herbei; aber er vertrieb sie, indem er eine Büchse „Schneckentod" ausstreute, und fühlte sich als Triumphator. Als dann gerade der Salat im besten Wachsen war, sprang ein Rehbock über den Zaun und richtete Verwüstungen an. Ish erhöhte den Zaun. Dann wühlten sich Kaninchen unter ihm durch, was abermals zu Verwüstungen und gesteigerter Arbeit führte. Eines Abends hörte er krachende Geräusche, stürzte hinaus und konnte gerade noch eine räuberische Kuh vertreiben, die durch den Zaun zu dringen versuchte. Abermals Arbeit!

Im Juni kamen dann die Insekten. Er streute und spritzte Gift, bis er zu fürchten anfing, er könnte es nicht wagen, den Salat zu essen, wenn auch sämtliche Schmarotzer vertilgt waren.

Als letzte entdeckten die Krähen den Garten. Ish hielt Wache und schoß ein paar ab. Aber sie schienen selber auch Wachtposten aufgestellt zu haben und kamen wieder herbeigeflattert, sobald er den Rücken gekehrt hatte, und den ganzen Tag konnte er beim besten Willen nicht Posten stehen. Seine Vogelscheuchen und sich bewegende Blinkspiegel hielten sie einen Tag fern; danach aber hatten sie keine Angst mehr davor.

Schließlich spannte er Fliegendraht über ein paar Gemüsereihen, die der Rettung wert schienen, und erntete ein bißchen Salat und ein paar jämmerliche Tomaten und Zwiebeln. Aber gewissenhaft ließ er ein paar der Pflanzen Samen treiben, die er für die Zukunft aufbewahrte.

Er war so mutlos und enttäuscht, wie nur ein Hobbygärtner es sein konnte. Augenscheinlich war es etwas anderes, Gemüse zu züchten, wenn Tausende das gleiche taten, als wenn man es als einziger tat und aus großem Umkreis jedes auf frisches Grün erpichte Tier, jeder Vogel, jedes Weichtier, jedes Insekt herangaloppiert, geflogen, gekrochen oder gehüpft kam und wohl gar noch Signale an seinesgleichen aussandte: „Kommt! Hier gibt's was zu fressen!"

Gegen Ende des Sommers wurde das zweite Baby geboren. Sie nannten es Mary, gerade wie sie sich schließlich entschieden hatten, das erstgeborene John zu nennen, damit die alten Namen nicht von der Erde verschwänden.

Als das neue Baby erst ein paar Wochen alt war, geschah etwas Denkwürdiges ...

Obwohl Ish und Em sich während der ersten Jahre beständig im Hause oder ganz in seiner Nähe aufhielten, bekamen sie dann und wann Besuch von Umherziehenden, die den Rauch in der San-Lupo-Promenade gesehen und darauf zugehalten hatten. Diese Menschen schienen ausnahmslos noch unter dem Schock zu leiden. Sie waren Schafe ohne Herde. Inzwischen, schloß Ish daraus, mußten diejenigen, die sich anzupassen gewußt hatten, seßhaft geworden sein. So waren Ish und Em denn nur froh, wenn diese ruhelosen, unseligen Leute sich zum Weiterziehen entschlossen.

Eine Ausnahme bildete Ezra. Ish erinnerte sich deutlich, wie Ezra an einem heißen Septembertage die Straße entlanggetrottet kam, hochroten Gesichts, der halbkahle Schädel fast noch röter, mit eingefallenen Wangen; als er Ish erblickt hatte, war er stehengeblieben, hatte gelächelt und dabei seine schlechten Zähne gezeigt.

„Ja, ja, mein Junge!" hatte er gesagt, und obwohl das amerikanische Worte waren, stand dahinter ein Anklang des im nördlichen England gesprochenen Akzents.

Er blieb, bis die ersten Regengüsse vorüber waren. Er war stets liebenswürdig, auch wenn er Zahnschmerzen hatte. Er hatte die große, unerklärliche Gabe, daß die Menschen sich in seiner Gesellschaft behaglich fühlten. Die Babys lächelten stets, wenn Ezra sich über sie beugte.

Ish und Em hätten ihn gern gebeten, für immer bei ihnen zu bleiben; aber sie fürchteten die Dreiecks-Situation, auch wenn der Dritte so leicht zu behandeln und so einsichtig wie Ezra war. So schickten sie ihn eines Tages, als Ruhelosigkeit ihn quälte, davon; sie sagten ihm freundlich scherzend, er solle sich auch ein nettes Mädchen suchen und dann wieder zu ihnen kommen. Als er fort war, waren sie traurig.

Um die Zeit seines Abschieds stand die Sonne schon wieder weit im Süden. Als sie hingingen und in den flachen Felsen die Zahl Zwei einmeißelten, trugen sie also Ezra noch in lebendiger Erinnerung, obwohl er fort war und sie nicht damit rechneten, ihn wiederzusehen. Er wäre, so meinten sie, ein guter Helfer gewesen und ein sympathischer Kamerad. Um seines Andenkens willen nannten sie das abgelaufene Jahr „das Ezra-Jahr".

DAS Jahr drei war „das Jahr der Brände". Gerade zur Mittsommerzeit trieben unvermittelt Rauchschwaden über Land und Stadt und blieben drei Monate lang. Manchmal wachten die Kinder hustend und nach Luft ringend auf, und es tränten ihnen die Augen.

Ish konnte sich denken, was geschehen war. Die westlichen Forste waren nicht mehr große Wälder mit dicken Bäumen, zwischen denen das Feuer, ohne großen Schaden anzurichten, hindurchbrennen konnte. Zudem hatten in diesem überaus trockenen Sommer im nördlichen Kalifornien, und sicherlich auch in Oregon und Washington, durch Blitzschlag entzündete Brände gewütet, ohne bekämpft zu werden; die zundertrockenen Stapel gefällten Holzes hatten lichterloh gebrannt und schließlich auch die hohen, alten Bäume. Eine furchtbare Woche hindurch sahen Ish und Em die Brände hell die Nacht durchflackern, an der ganzen Nordseite der Bucht entlang, vom Fuße der Höhenzüge bis zu den Gipfeln; sie waren erst erloschen, als es nichts Brennbares mehr gab. Die breiten Arme der Meeresbucht hielten das Feuer glücklicherweise auf die Nordseite beschränkt, und an der Südseite gingen keine Gewitter nieder, die weitere Waldbrände hätten entfachen können. Als alles vorüber war, glaubte Ish, daß es in Kalifornien nur noch sehr wenige nicht vom Feuer betroffene Wälder gebe und daß es Jahrhunderte dauern würde, bis sie wieder grünten.

Auch begann Ish in diesem Jahr ernsthaft zu lesen – ein weiteres Zeichen, daß er sich endgültig den Gegebenheiten anpaßte. Er holte sich Bücher aus der Stadtbibliothek und ließ die Million Bände der Universitätsbibliothek unberührt als große Reserve, wenn die Zeit reif war. Obwohl er oft meinte, er sollte sich in der Medizin, der Landwirtschaft und der Technik und vielen anderen Gebieten Kenntnisse und Fertigkeiten aneignen, erkannte er, daß er sich vorerst über die Geschichte der Menschheit unterrichten mußte. Er durchstöberte unzählige Werke über Anthropologie und Geschichte und ging dann zur Philosophie, insbesondere zur Geschichtsphilosophie über. Er las auch Romane, Gedichte und Dramen, die ja auch ein Teil der Geschichte der Menschheit waren.

Manchmal, wenn er abends las und Em strickte und die Kinder oben schliefen und Prinzeß faul am Kaminfeuer lag – dann schaute Ish auf und dachte daran, daß seine Eltern viele Abende auf genau die gleiche Weise verbracht hatten. Doch dann erblickte er die Petroleumlampe und wandte den Blick den toten Glühbirnen in den Dekkenfassungen zu.

DAS Jahr vier war „das Jahr der Ankunft" ... Eines Frühlingstages gegen Mittag sprang Prinzeß mit wildem Gebell auf und rannte auf die Straße, und dann hörten sie ein Hupsignal. Ezras Abschied lag mehr als ein Jahr zurück, und sie dachten kaum noch an ihn. Nun aber war er wieder da, in einem ziemlich schäbigen Wagen, der überquoll von Menschen und Hausgerät.

Außer Ezra entstiegen dem Wagen eine ungefähr fünfunddreißigjährige Frau, eine jüngere Frau, ein erschreckt dreinschauendes, halbwüchsiges Mädchen und ein kleiner Junge. Ezra stellte die ältere Frau als Molly, die jüngere als Jean vor, und nach jedem Namen sagte er in aller Gemütsruhe und ohne die mindeste Verlegenheit: „Meine Frau."

Ish erschrak nur in gelindem Maße über diese Vielweiberei. Er hatte bereits eine Fülle von Erfahrungen hinter sich und reagierte sofort mit dem Gedanken, daß die Vielweiberei in vielen großen Kulturepochen der Vergangenheit üblich gewesen sei und es in Zukunft getrost wieder werden könne. Sicherlich war es praktisch, wenn zwei Frauen da waren und nur ein Mann, zumal wenn der Mann beschaffen war wie Ezra.

Der kleine Junge hieß Ralph und war Mollys Sohn. Er war erst ein paar Wochen vor dem Großen Unheil zur Welt gekommen und hatte wohl die Stumpfheit geerbt oder sie mit der Muttermilch eingesogen. Es war dies der einzige Fall, soweit sie wußten, daß zwei Mitglieder der gleichen Familie gerettet waren.

Das halbwüchsige Mädchen nannten sie Evie; aber ihren richtigen Namen wußte niemand. Als Ezra sie fand, hatte sie in Schmutz und Einsamkeit gelebt, Konservendosen geöffnet, um die notwendige Nahrung zu ergattern, und nach Würmern und Schnecken gesucht. Zur Zeit des Großen Unheils mußte sie fünf oder sechs Jahre alt gewesen sein. Ob sie von jeher schwachsinnig gewesen oder es erst durch den Schock von Tod und Verlassenheit geworden war, wußte niemand. Sie verkroch sich und wimmerte, und selbst Ezra konnte ihr nur dann und wann ein Lächeln abgewinnen. Sie wußte ein paar Wörter, und nachdem alle ihr längere Zeit freundlich begegnet waren, kam sie allmählich dahin, mehr zu sprechen; doch normal wurde sie nie.

Später, im gleichen Jahr, fuhren Ish und Ezra in Ishs altem Wagen für ein paar Tage fort. Die Reise war alles andere als angenehm; sie hatten Reifenschäden und Motordefekte, und die Straßen waren schlecht. Dennoch führten sie durch, was sie sich vorgenommen hatten.

Sie suchten George und Maurine auf, denen Ezra bei einem seiner Wanderzüge begegnet war. George war ein dicker, watschelnder Kerl, grau an den Schläfen, gutartig, etwas ungeschickt in seiner Ausdrucksweise, aber höchst geschickt in seinem Handwerk: Er war Zimmermann. (Schade! dachte Ish. Ein Techniker oder ein Landwirt wäre besser für uns gewesen!) Maurine war sein weibliches Gegenstück, nur war sie etwa zehn Jahre jünger, so um die Vierzig wahrscheinlich. Sie war versessen auf Hausarbeit wie George auf Zimmermannsarbeit. Was ihre geistigen Eigenschaften betraf, so war George schwer von Begriff, Maurine aber schlechthin dumm.

Ish und Ezra besprachen sich über George und Maurine und waren sich einig, daß es gute, zuverlässige Leute seien, die in der Nähe zu haben sicher angenehm war; die beiden waren eher eine Quelle der Kraft als der Schwäche. (Es ist beinahe so, dachte Ish mit verzogenem Gesicht, als ob man überlegte, ob man jemand Bruderschaft anbieten soll oder nicht; und da die Auswahl nicht groß war, durfte man nicht wählerisch sein.) Überdies saßen George und Maurine nun einmal mit Ezra und ihm in dem schweren Wagen.

Ish und Maurine bekamen heraus, daß ihnen eine Erfahrung gemeinsam war. Sie war als kleines Mädchen in Süd-Dakota von einer Klapperschlange gebissen worden.

Gegen Jahresende gebar Em ihren zweiten Sohn, den sie Roger nannten. So war denn die Menschenschar, die in der San-Lupo-Promenade lebte, auf sieben Erwachsene und vier Kinder angewachsen, und außerdem war noch Evie da. Um jene Zeit fingen sie an, zunächst nur im Scherz, sich als „Stamm“ zu bezeichnen.

IM JAHRE fünf geschah nichts allzu Aufregendes. Molly und Jean bekamen Babys, und Ezra war so stolz darauf, wie ein zweifacher Vater es nur sein kann. Schließlich nannten sie das Jahr „das Jahr der Bullen". Das geschah, weil sie in jenem Jahr eine Rinderplage heimsuchte, ähnlich der Ameisen- und Rattenplage, deren sie sich von den ersten Monaten her erinnerten. Die Rindviehbestände waren allmählich immer größer geworden. Nur sehr selten bekam man ein Pferd zu sehen, und niemals ein Schaf. Aber es war eine für Rinder günstige und geeignete Gegend; die Bestände erreichten in diesem Jahr ihre größte Zahl und wurden eine Gefahr. Natürlich konnte man sich mit Leichtigkeit alles Rindfleisch verschaffen, dessen man bedurfte, obwohl es zäh war. Doch man geriet immerfort in Schwierigkeiten mit übelgelaunten Bullen, wenn man nur einen kleinen Spaziergang unternahm. Natürlich konnte man die Bullen niederschießen; aber wenn man einen Bullen in der Nähe des Hauses umlegte, so bedeutete das, daß man sich der Plackerei des Eingrabens des Kadavers oder des Hinwegschaffens unterziehen mußte; andernfalls hätte man unter dem Gestank gelitten. Sie erwarben alle eine geradezu artistische Geschicklichkeit im Beiseitespringen, wenn ein Bulle sie angriff, so daß sich daraus eine sportliche Betätigung entwickelte, die sie „Bullen-Schlupf" nannten.

DAS Jahr sechs war ereignisreich. In seinem Verlauf bekamen alle vier Frauen Kinder, selbst Maurine, die ausgesehen hatte, als sei sie dazu zu alt. Es bestand, nachdem Em den Anfang gemacht hatte, ein förmlicher Drang danach, viele Kinder zu haben. Jeder der Erwachsenen hatte eine Zeitlang allein gelebt und das durchgemacht und ausgekostet, was sie jetzt als „die Große Einsamkeit" bezeichneten, und auch eine sonderbare Angst, die damit verbunden war. Selbst jetzt war ihre kleine Schar nichts als eine winzige Kerze inmitten der Finsternis ringsum. Jedes neugeborene Baby schien die spärliche Flamme zu verstärken und die Finsternis der Vernichtung ein wenig zurückzudrängen. Am Ende dieses Jahres betrug die Zahl der Kinder zehn und überstieg somit diejenige der Erwachsenen – und dann war selbstverständlich noch Evie da, die keiner der beiden Gruppen zugezählt werden konnte.

Aber auch aus anderen Gründen war es ein ereignisreiches Jahr. Es war ein Jahr der Dürre und des Grasmangels, und das allzu zahlreiche Vieh magerte ab und wanderte auf der Nahrungssuche überall umher.

Wahnsinnig vor Hunger, durchbrach es eines Nachts den starken Zaun um die kleine Gemüsepflanzung. Die Männer sprangen hastig auf und schossen aus kurzer Entfernung in die wimmelnde Herde hinein; doch bevor sie zurückgetrieben werden konnte, war der Garten völlig zerstört – ganz sinnlos war er zertrampelt worden; denn bei dem furchtbaren Durcheinander war kein einziges Tier zum Fressen gekommen.

Als Krönung dieses Unglücks kamen die Heuschrecken. Unvermutet brachen sie herein und fraßen alles, was das Vieh nicht hatte errreichen können. Sie fraßen die Blätter von den Bäumen und das Fleisch von den reifen Pfirsichen, so daß die nackten Kerne von den entblätterten Zweigen hingen. Dann krepierten die Heuschrecken, und es stank überall nach ihnen.

Nach einer Weile lag auch das Vieh zu Hunderten tot in den trokkenen Bachbetten und den schlammigen Wasserlöchern, und der Gestank der Kadaver erfüllte die Luft. Fortan war das Land kahl, dürr und öde, und es sah aus, als würde es sich nie wieder erholen.

Die Menschen erschraken tief. Ish versuchte ihnen auseinanderzusetzen, das alles sei ein Teil des Ringens um ein neues Gleichgewicht, nachdem die menschliche Kontrolle aufgehört hatte. Es konnte beispielsweise gar nicht anders sein, als daß die Heuschreckenplage auftrat, nachdem nun die Umstände dazu günstig waren, weil die Brutplätze nicht durch den Ackerbau beeinträchtigt wurden. Aber bei dem Gestank in der Luft und angesichts der wie erstorben wirkenden Erde waren seine Ausführungen nicht eben überzeugend. Jean machte sich offen darüber lustig, indem sie sagte, die Geschehnisse der letzten paar Tage gäben ihr wenig Hoffnung auf die Wiederherstellung von Ordnung und Gleichgewicht. Molly verfiel in trübe Stimmung und weinte manchmal laut. Trotz seiner vernünftigen Erklärungen war selbst Ish verzagt, wenn er an die Zukunft dachte. Von den Erwachsenen brachten einzig Ezra und Em die Seelenstärke auf, alles so zu nehmen, wie es kam.

Auf die älteren Kinder schien das, was geschah, kaum Einfluß zu haben. Auch beim tollsten Gestank tranken sie gierig ihre Kondensmilch. John hielt vertrauensvoll des Vaters Hand fest und blickte mit dem einfältigen Interesse eines Sechsjährigen auf eine Kuh, die die Straße entlanggestrauchelt war und nun sterbend in der Sonne lag. Er nahm das alles augenscheinlich als zu seiner Welt gehörig hin.

Aber die Säuglinge, ausgenommen derjenige von Em, sogen durch die Muttermilch eine Art Empfindlichkeit gegen das Unheil ringsum ein. Sie weinten kläglich und gereizt. Doch gerade dadurch verstörten sie ihre Mütter, und alles wurde noch schlimmer. Der Oktober war ein Schreckensmonat.

Dann kam das Wunder! Zwei Wochen nach dem ersten Regen schauten sie hinaus, und die Hügel waren mattgrün von sprossendem Gras. Plötzlich überkam sie alle ein Glücksgefühl, und Molly und Maurine weinten vor Freude. Selbst Ish fühlte sich erleichtert; denn während der letzten Wochen hatte die Verzweiflung der andern sein Vertrauen in die der Erholung fähigen Kräfte der Erde erschüttert, und er hatte bezweifelt, daß irgendwelcher Samen übrigbleiben würde.

Als zur Zeit der Wintersonnenwende die Menschen sich alle abermals bei dem sanft geneigten Felshang versammelten, um die Jahreszahl einzumeißeln und das Jahr zu benennen, schwankten sie, welcher Name ihm gegeben werden sollte. Als gutes Omen hätte man es als „das Jahr der vier Babys" bezeichnen können. Doch ebensogut war es „das Jahr des Viehsterbens" oder „das Jahr der Heuschrecken" gewesen. Schließlich gewannen die bösen Geschehnisse des Jahres in ihrer Erinnerung die Oberhand. So nannten sie es denn einfach „das schlimme Jahr".

DAS Jahr sieben war ebenfalls sonderbar. Plötzlich tauchten überall Pumas auf. Kaum konnte man zwischen den Häusern spazierengehen, ohne ein Gewehr oder einen Hund bei sich zu haben, der warnen konnte, und für gewöhnlich hielt sich der Hund dicht neben einem. Die Pumas wagten niemals den Angriff auf einen Menschen, aber sie stürzten sich auf die Hunde, und man war nie ganz sicher, ob nicht plötzlich einer von einem Baum herabspringen würde. Die Kinder durften das Haus nicht verlassen. Ish war sich einigermaßen klar darüber, was geschehen war. Während der Jahre der starken Vermehrung des Viehbestandes mußten die Pumas sich ebenfalls schnell vermehrt haben, und da das Vieh während der Dürre umgekommen war, mangelte es den Pumas an Nahrung, und sie unternahmen Raubzüge.

Zu allem Überfluß ereignete sich ein Unfall; denn Ish schoß fehl: Anstatt den Puma zu töten, streifte er ihn nur an der Schulter, und das Tier sprang ihn an und verletzte ihn gefährlich, ehe Ezra zum Schuß kam. Danach hinkte Ish ein bißchen und wurde sehr schnell müde, wenn er lange in der gleichen Stellung sitzen mußte wie etwa beim Autofahren. (Freilich waren die Straßen mittlerweile in einen elend schlechten Zustand geraten; die Autos funktionierten kaum noch; und überdies: Wohin hätte man fahren sollen? Infolgedessen wurden die Wagen nur noch sehr selten benutzt.) Natürlich bekam das Jahr den Namen „das Jahr der Pumas".

DAS achte Jahr verlief verhältnismäßig ruhig. Sie nannten es „das Jahr unseres Kirchgangs". (Der Name machte Ish Spaß, des stillschweigend einbegriffenen Nebensinns wegen, daß die Sache damit ein für allemal abgetan war.)

Das war folgendermaßen zugegangen: Da sie sieben Durchschnittsamerikaner waren, gehörten sie unterschiedlichen religiösen Sekten an oder überhaupt keiner; aber keiner von ihnen, auch wenn er Mitglied einer Kirche war, hatte je ein ausgesprochen religiöses Gefühl gehabt. Ish war als Kind zur Sonntagsschule gegangen; doch als Maurine ihn fragte, welcher Kirche er angehöre, blieb ihm nichts anderes übrig, als zu antworten, daß er Skeptiker sei. Maurine kannte das Wort nicht, zog einen falschen Schluß daraus und sagte hinfort stets, Ish sei ein Mitglied der Skeptiker-Kirche gewesen.

Maurine selbst war Katholikin und ebenso Molly. Nach wie vor konnten sie sich bekreuzigen und ein Ave Maria sprechen; aber in allem, was darüber hinausging, waren sie in einer üblen Lage, da sie keinen Beichtvater hatten und keine Messe besuchen konnten. Wie Ish nun feststellte, hatte die katholische Kirche nahezu alle Möglichkeiten in Betracht gezogen, nur nicht die eine, auf welche Weise sie neu geschaffen werden konnte, wenn die Nachfolge Petri unterbrochen war und es nur noch zwei Frauen gab, die der Kirche angehörten.

Von den andern war George Methodist gewesen, und zwar Gemeindehelfer. Aber er war zu ungeschickt im mündlichen Ausdruck, als daß er hätte predigen können, und besaß zu wenig Führereigenschaften, um eine Gemeinde zu organisieren. Ezra verhielt sich tolerant gegenüber jedermanns Glauben, ließ sich jedoch auf keinen festlegen und besaß wahrscheinlich überhaupt keine religiösen Überzeugungen. Jean war Mitglied einer laut betenden modernen Sekte namens „Christi Eigentum" gewesen. Doch sie hatte es erlebt, daß die Gemeinde in der Zeit des Großen Unheils vergebens gebetet hatte, und nun war sie antireligiös geworden. Em, die niemals Neigung verspürte, zurück in die Vergangenheit zu schauen, schwieg sich aus. Soweit Ish es beurteilen konnte, hatte sie nie gebetet. Dann und wann, sicherlich aber ohne an religiöse Dinge zu denken, sang sie mit ihrem vollen, etwas kehligen, tiefen Alt Choräle oder andere fromme Lieder.

George und Maurine hatten die Unterschiede zwischen Methodisten und Katholiken hintangestellt; sie waren es, die Gottesdienste anregten, „um des Seelenheils der Kinder willen". Sie trugen ihre Bitte Ish vor, der so etwas wie ein Führer war, zumal in geistigen Dingen. Die wohlmeinende Maurine sagte ihm sogar, daß sie sich „dem Ritus der Skeptiker beim Gottesdienst" nicht widersetzen würde.

Ish fühlte sich versucht, darauf einzugehen. Mit Leichtigkeit konnte er ein paar harmlose religiöse Bruchstücke zusammenfügen und den Menschen Trost spenden und sie zum Vertrauen aufrufen, was ihnen beides wohl oft bitter gefehlt hatte; er konnte in der Gemeinschaft den Boden zu bereiten suchen, auf dem Wahrhaftigkeit und Einigkeit gedeihen konnten. George, Maurine und Molly würden das begrüßen; Jean würde keine Bedenken haben, wieder zur Religion zurückzukehren; Ezra würde keine Schwierigkeiten machen. Doch Ish haßte die Unaufrichtigkeit und wollte nicht in dieser Weise Religion und Moral zu neuem Leben verhelfen; und er wußte, daß Em alles durchschauen würde. Schließlich wurde jeden Sonntag ein Gottesdienst abgehalten. George wußte noch, wann Sonntag war, oder er glaubte es wenigstens zu wisen. Sie sangen Choräle, lasen aus der Bibel vor und standen barhäuptig in stummem Gebet, jeder für sich.

Doch Ish betete niemals während dieser Minuten des Schweigens, und er glaubte auch nicht, daß Em oder Ezra es tat. Überdies verharrte Jean in ihrer Verstocktheit und nahm niemals an den Gottesdiensten teil. Ish hatte die Empfindung, daß er Jean hätte bekehren können, wenn er mehr Eifer oder mehr Heuchelei aufgebracht hätte. Nun aber war es so, daß die Gottesdienste mehr Uneinigkeit als Gemeinschaft des Empfindens zuwege brachten und mehr trügerischen Schein als wahre Religiosität.

Eines Tages nahm Ish die Gelegenheit wahr und machte ihnen ein Ende. Er tat es, wie er meinte, ziemlich unumwunden, indem er seine Ansprache mit dem Gedanken schloß, sie wollten die Gottesdienste nicht völlig aufgeben, sondern lediglich die Minuten des stummen Gebets bis ins Unendliche ausdehnen: „Dann kann jeder von uns in seinem Herzen damit fortfahren, solange ihm der Sinn danach steht."

Molly weinte ein bißchen; sie hatte die Gottesdienste so schön gefunden. Und so endete der Versuch mit der Kirche schließlich doch in eitel Harmonie.

ZU BEGINN des Jahres neun waren sie sieben Erwachsene, dazu kamen Evie und dreizehn Kinder, von den neugeborenen Babys bis hinauf zu Mollys Ralph, der neun, und zu Ishs und Ems John, der acht Jahre alt war.

Sie alle hatten das wohltuende Gefühl des Vertrauens und der Sicherheit, was das Wachstum der Gemeinschaft betraf oder des „Stammes“, wie sie jetzt immer häufiger sagten. Die Geburt jedes Babys war eine Zeit der Freude, und die Schatten schienen abermals ein wenig vor dem stets größer werdenden Lichtkreis zurückgewichen zu sein.

Bald nach dem Beginn dieses Jahres kam eines Morgens ein anständig aussehender, älterer Mann zu Georges Haus. Es war einer jener Umherziehenden, wie sie nach wie vor, wenngleich immer seltener, vorbeikamen.

Er wurde gastfreundlich aufgenommen; doch es war wie bei den andern: Was für ihn getan wurde, machte nur geringen Eindruck auf ihn. Er blieb nur eine Nacht da und zog dann weiter, ohne sich auch nur zu verabschieden; er ging den ziellosen Weg der vom Schock Verstörten.

Kaum war er fort, schien es, als gerieten die Menschen in einen gereizten Zustand. Alle Babys fingen an zu weinen. Dann hatten alle Halsentzündung; die Nasen liefen ihnen, und sie litten unter Kopfschmerzen und geschwollenen Augen. Plötzlich zeigten sich im ganzen „Stamm“ die Anzeichen einer Epidemie.

Das war um so auffälliger, als während der ganzen vorhergegangenen Jahre der Gesundheitszustand unglaublich gut gewesen war. Ezra und ein paar der andern hatten unter schlechten Zähnen gelitten; George, der älteste, hatte über mancherlei Schmerzen geklagt, die er mit dem althergebrachten Ausdruck als „Rheumatismus“ bezeichnete; dann und wann hatte eine Schramme zur Entzündung geführt. Aber selbst die üblichen Erkältungen schienen gänzlich verschwunden zu sein. Nur zwei Krankheiten wirkten sich nach wie vor aus. Die eine befiel früher oder später sämtliche Kinder; sie war in ihren Symptomen den Masern ähnlich; sicherlich waren es auch die Masern, und sie nannten sie so, obwohl es keinen Arzt gab, der es ihnen bestätigen konnte. Die andere Krankheit begann mit heftigen Halsschmerzen, die indessen nach dem Einnehmen von Sulfa-Tabletten so schnell vergingen, daß niemand den eigentlichen Verlauf der Krankheit kannte. Solange es in den Apotheken hinlängliche Mengen von

Sulfa-Tabletten gab, die trotz ihres Alters wirksam blieben, sah Ish nicht ein, weshalb er auf experimentellem Wege herausbekommen sollte, wohin jene Halsentzündungen sich entwickelten, wenn nichts dagegen unternommen wurde.

Daß nur so wenige Krankheiten übriggeblieben waren, erschien Menschen wie George und Maurine als ein Wunder, und sie neigten, was das betraf, zu abergläubischen Vorstellungen. Sie meinten, Gott habe in einem furchtbaren Zornausbruch durch eine Seuche das Menschengeschlecht nahezu gänzlich ausgelöscht, und nun sei er zufrieden und lasse die kleinen Krankheiten als eine Art Ausgleich wirken, gerade wie er nach der Sintflut am Himmel den Regenbogen als ein Zeichen gespannt habe, daß nie wieder eine solche Flut sich ereignen solle.

Ish indessen war sich klar darüber, wie das zuging. Da ein so großer Teil der Menschen gestorben war, war die Kette der meisten Infektionen abgerissen, und man konnte sagen, viele individuelle Krankheiten seien „ausgestorben", als die besonderen Bakterienarten erloschen waren. Natürlich würde es nach wie vor Krankheiten geben, die einzig der Entartung des menschlichen Körpers entsprangen, wie Herzkrankheiten und Krebs und Georges „Rheumatismus" und sicherlich auch Infektionen, die ihren Ursprung von Tieren nahmen, wie etwa das Fleckfieber. Auch konnte es hier und dort Überlebende geben, die irgendeine Krankheit in ihrer chronischen Form bewahrten und sie auf andere übertrugen, gerade wie einige von ihnen wohl für das Fortdauern der „Masern" verantwortlich zu machen waren.

Der alte Mann hatte, wie alle sich zu spät erinnerten, sich häufig die Nase geputzt. Zweifellos hatte er sich in einem infektionsfähigen Stadium befunden und sie samt und sonders mit dem angesteckt, was man „eine gewöhnliche Erkältung" zu nennen pflegte, obwohl eine solche inzwischen so ungewöhnlich geworden war, daß sie als erloschen galt.

Auf jeden Fall lag etwas beinahe Komisches in der Art, wie dermaßen viele bis dahin so überaus gesunde Menschen nun plötzlich zu Niesern und Hustern und Räusperern und Naseputzern geworden waren.

Glücklicherweise nahm die Erkältung ihren Verlauf ohne alle Komplikationen, und nach ein paar Wochen waren alle wieder wohlauf. Den ganzen Rest des Jahres hindurch lebte Ish in steter Furcht vor einem neuen Ausbruch. Es bestand, wie er wußte, sehr wohl die Möglichkeit, daß die Infektion in einem von ihnen latent blieb und sich wieder auswirken würde, wenn die kurze Zeit der Immunität der anderen vorüber war. Doch zweifellos half der lange, trockene Sommer allen, die letzten Spuren der Infektion zu überwinden. Das war ein großes Glück! Ish war in den Alten Zeiten höchst empfänglich für dergleichen gewesen. Manchmal hatte er gesagt, und beileibe nicht lediglich im Scherz, der Verlust der „gewöhnlichen Erkältung“ wiege den gleichzeitig erfolgten Verlust der Zivilisation auf.

Im Herbst nun aber war es mit dem großen Glück aus. Keiner wußte genau, wie es geschah: Aber drei der Kinder erkrankten an heftigem Durchfall und starben. Das wahrscheinlichste war, daß sie beim Spielen in eins der unbewohnten Nachbarhäuser gegangen waren und Gift gefunden hatten – vielleicht Ameisengift. Neugierig hatten sie davon gekostet, hatten gemerkt, daß es süß schmeckte, und es gegessen.

Eines der Kinder war Ishs Sohn gewesen. Von jeher hatte er voller Angst einem solchen Geschehnis entgegengesehen, nicht um seinet-, sondern um Ems willen. Doch obwohl sie um das Kind trauerte, erkannte er, daß er ihre Stärke unterschätzt hatte. Sie war dem Leben so innig verbunden, daß sie paradoxerweise den Tod ebenfalls als einen Teil des Lebens hinnehmen konnte. Sowohl Molly als auch Jean, die beiden andern eines Kindes beraubten Mütter, wanden sich in hysterischem Schmerz und waren viel tiefer verstört.

In jenem Jahr wurden zwei Kinder geboren; aber dennoch war die Zahl des „Stammes“ am Ende des Jahres kleiner als an seinem Beginn. Sie nannten es „das Jahr des Sterbens“.

DAS Jahr zehn wies keine besonderen Ereignisse auf, und keiner wußte recht, wonach man es benennen sollte. Doch als sie auf der flachen Felsplatte saßen und Ish den Hammer schwang und die Jahreszahl einzumeißeln begann, taten zum erstenmal einige der Kinder ihre Meinung kund und sagten, es müsse „das Jahr des Fischens“ genannt werden. Das geschah, weil sie während jenes Jahres in der Meeresbucht ganze Schwärme schöner, gestreifter Seebarsche entdeckt hatten, die zu fischen und zu fangen ihr Hauptvergnügen gebildet hatte. Abgesehen von der prächtigen Abwechslung in den Mahlzeiten, war das Fischen für alle ein wahrer Quell des Vergnügens gewesen. Im allgemeinen freilich war Ish überrascht, wie gering für sie alle die Notwendigkeit war, sich Vergnügen zu verschaffen. Bei der Art ihrer Lebensführung gab es hinlänglich viel zu tun, wenn man für Nahrungsmittel und eine gewisse Behaglichkeit sorgte; schon darin lag sehr viel Befriedigung, so daß einem kaum der Sinn nach Vergnügungen im eigentlichen Sinne stand.

IM JAHRE elf gebaren Molly und Jean Kinder; aber Mollys Baby starb bei der Geburt. Das war eine große Enttäuschung; denn es war das erste, das sie bei der Geburt verlor, und im Lauf der Jahre hatten die Frauen große Geschicklichkeit darin erlangt, einander gegenseitig zu helfen. Sie waren der Ansicht, daß Mollys hohes Alter wahrscheinlich die Ursache dieses Todes sei.

Als es darum ging, das Jahr zu benennen, erhob sich ein Disput zwischen den Alten und den Jungen. Die Alten meinten, es sollte genannt werden: „Das Jahr, da Prinzeß starb" ... Sie hatte, ein alter Hund schon, eine Zeitlang gekränkelt. Niemand wußte genau, wie alt sie eigentlich war; denn als Ish sie auflas, hätte sie ebensogut ein Jahr wie drei oder vier sein können. Sie war stets die gleiche geblieben – stets die Prinzeß, stets der besten Behandlung gewärtig, stets unzuverlässig, stets bereit, auf der Spur eines imaginären Kaninchens zu verschwinden, wenn sie gerade gebraucht wurde. Doch bei allem, was sich gegen sie sagen ließ, hatte sie stets Charakter bewiesen, und die älteren Leute konnten sich der Zeit erinnern, da sie auf der San-Lupo-Promenade etwas sehr Bedeutsames dargestellt hatte und fast eine weitere Persönlichkeit gewesen war.

Doch jetzt tobten Dutzende von Hunden herum. Sie mußten nahezu sämtlich Kinder und Enkelkinder oder Urenkelkinder von Prinzeß sein, die dann und wann auf einen oder zwei Tage verschwunden war, sich sicherlich mit einem alten Freund unter den wilden Hunden getroffen oder sich einen neuen gesucht hatte. Als Ergebnis dieser mannigfachen Mischungen und Kreuzungen und Inzuchten wichen die gegenwärtigen Hunde erstaunlich voneinander in Gestalt, Farbe und Temperament ab.

Für die Kinder aber war Prinzeß ein alter und nicht sehr interesssanter Hund von ungewissem Nutzen gewesen. Sie sagten, das Jahr solle „das Jahr des Holzschnitzens" genannt werden, und nach kurzem Zögern unterstützte Ish diesen Vorschlag, obwohl Prinzeß gerade ihm mehr als allen andern bedeutet hatte. Sie hatte ihn während der ersten schlimmen Tage aus seiner Ichverstrickung und von der Furcht

befreit, und ihr Fortstürmen unter wildem Gebell hatte ihn in das Haus geführt, wo Em wohnte, während er sonst vielleicht gezaudert hätte und wieder davongefahren wäre. Andererseits aber, so meinte er, war Prinzeß überholt und abgetan, nur noch ein Bindeglied zur Vergangenheit hin, dessen nur Leute gedenken sollten, die jetzt älter und älter wurden. Bald würden die jüngeren Kinder sich ihrer überhaupt nicht mehr erinnern. Nach einer Weile würde sie völlig vergessen sein. (Dann durchglitt ihn der eisige Gedanke: Genauso werde ich alt und älter und bin schließlich nur noch ein Bindeglied zur Vergangenheit hin, ein alter Trottel, den keiner beachtet; und dann sterbe ich und bin bald vergessen. Obwohl das genauso ist, wie es sein muß!)

Dann aber, während die andern noch hin und her stritten, gedachte er des Holzschnitzens. Es war über sie gekommen wie eine Art Leidenschaft oder Manie, wie das Fliegenlassen von Seifenblasen in den Alten Zeiten. Plötzlich fingen sämtliche Kinder an, die Holzplätze und Sägewerke nach schönen Stücken und Brettern aus weichem Lindenholz zu durchstöbern und dort hinein die Gestalten von Kühen, Hunden oder Menschen zu schnitzen. Anfangs arbeiteten sie unbeholfen, aber bald wurden einige recht geschickt. Obwohl, wie bei allen Leidenschaften, der Eifer schnell nachließ, fuhren die Kinder an Regentagen damit fort.

Ish hatte genug Anthropologie studiert, um zu wissen, daß jedes gesunde Volk künstlerische Regungen hat, und er war bekümmert, daß der „Stamm" sich nicht, was die Kunst betraf, weiterentwickelt hatte, sondern nach wie vor im Schatten der Vergangenheit lebte, auf dem Grammophon alte Schallplatten anhörte und sich alte Bilderbücher anschaute. Darum hatte er sich über die Holzschnitzleidenschaft gefreut.

Als bei dem Hin und Her gerade eine Pause eintrat, ergriff er das Wort und unterstützte die Kinder. So geschah es denn, daß man es „das Jahr des Holzschnitzens" nannte, und für Ish hatte das Jahr elf einen symbolischen Wert, da es mit der Vergangenheit gebrochen und sich der Zukunft zugewandt hatte.

IM JAHRE zwölf verlor Jean ein Kind bei der Geburt, aber Em schuf den Ausgleich, indem sie ihr erstes Zwillingspaar gebar, das sie Joseph und Josephine nannten oder für gewöhnlich Joey und Josey. So war jenes Jahr „das Jahr der Zwillinge".

DAS Jahr dreizehn sah die Geburt zweier Kinder, die beide am Leben blieben. Es war ein ruhiges und angenehmes Jahr ohne besondere Geschehnisse. Mangels einer besseren Bezeichnung nannten sie es einfach „das gute Jahr".

DAS Jahr vierzehn verlief fast genauso, und so nannten sie es „das zweite gute Jahr".

DAS Jahr fünfzehn war ebenso vortrefflich, und sie erwogen schon, es „das dritte gute Jahr" zu nennen; aber es bestand ein Unterschied. Ish und die älteren Leute empfanden wieder jene erste Einsamkeit und das Hereinbrechen der Dunkelheit. Sich nicht vermehren hieß im Grunde sich vermindern, und dies war seit dem Neubeginn das erste Jahr, in dem kein Kind geboren worden war. Alle Frauen, Em, Molly, Jean und Maurine, wurden nun allmählich alt, und die jungen Mädchen waren noch nicht alt genug zum Heiraten, ausgenommen Evie, die Schwachsinnige, die keinesfalls Kinder haben durfte. So mochten sie es nicht als „das dritte gute Jahr" bezeichnen, weil es nicht ganz und gar gut gewesen war. Allein die Kinder erinnerten sich, daß man das Jahr als bemerkenswert bezeichnen konnte, weil Ish sein altes Akkordeon hervorgeholt hatte und sie zu dessen Gewinsel gemeinsam Lieder gesungen hatten, alte Lieder wie „Mein Herz ist im Hochland" oder „Wenn ich den Wandrer frage"; und so wurde denn das Jahr auf den Vorschlag der Kinder hin „das Jahr der Lieder" genannt.

DAS Jahr sechzehn indessen war bemerkenswert, weil darin die erste Hochzeit stattfand. Es heirateten nämlich Mary, Ishs und Ems älteste Tochter, und Ralph, Mollys kurz vor dem Großen Unheil geborener Sohn. Sie waren jünger, als es in den Alten Zeiten für ersprießlich oder gar schicklich für Hochzeitsleute gehalten worden wäre; aber auch in dieser Beziehung hatten die Normen und Regeln sich geändert. Als Ish und Em sich darüber aussprachen, waren sie nicht einmal sicher, ob Mary Ralph besonders gern hätte oder Ralph Mary. Doch sie waren alle immer überzeugt gewesen, die beiden würden einander heiraten, weil sonst niemand da war, den Ralph und Mary hätten nehmen können, genau wie es früher mit Prinzen und Prinzessinnen der Fall gewesen war. Vielleicht, so meinte Ish, war die romantische Liebe zwangsläufig ebenfalls ein Opfer des Großen Unheils geworden.

Maurine, Molly und Jean waren für eine „richtige Hochzeit“, wie sie es nannten. Sie stöberten eine Schallplatte mit dem Lohengrin-Brautmarsch auf und verfertigten ein weißes Brautkleid mit Schleier und allem, was sonst noch dazu gehört. Für Ish jedoch war das lediglich eine gräßliche Parodie auf Gewesenes; Em stimmte ihm auf ihre ruhige Weise bei. Da Mary ihre Tochter war, übernahmen sie die Leitung der Hochzeit. Schließlich gab es überhaupt keine Feierlichkeit, abgesehen davon, daß Ralph und Mary vor Ezra hintraten, der ihnen sagte, jetzt seien sie verheiratet und damit erwüchse ihnen eine neue Verantwortung für die Gemeinschaft, der aufs beste nachzukommen sie versuchen müßten. Bevor das Jahr zu Ende ging, gebar Mary ein Kind, und aus diesem Grunde wurde das Jahr „das Jahr des Enkels“ genannt.

DAS Jahr siebzehn wurde hauptsächlich auf den Vorschlag der Kinder hin „das Jahr des Hauseinsturzes“ genannt. Der Grund dafür war, daß eins der nahe gelegenen Häuser plötzlich geschwankt hatte und dann unter gewaltigem Krachen in sich zusammengebrochen war; die Kinder, die bei dem ersten Krach hinausgelaufen waren, kamen gerade noch rechtzeitig, es zu sehen. Die angestellten Nachforschungen ergaben eine sehr einfache Ursache: Termiten hatten die Gelegenheit ausgenutzt, siebzehn Jahre in dem Hause ungestört tätig zu sein: Sie hatten das gesamte Holzwerk gefressen. Doch das Geschehnis hatte auf die Kinder großen Eindruck gemacht, und so mußte es dazu herhalten, dem Jahr den Namen zu geben, obwohl es im Grunde kein sehr bedeutendes Ereignis war.

IM JAHRE achtzehn bekam Jean noch ein Kind. Es war das letzte, das eine der älteren Generation Angehörende gebar; doch um jene Zeit fanden innerhalb der zweiten Generation zwei weitere Heiraten statt, und es wurden zwei weitere Enkelkinder geboren.

Das Jahr erhielt den Namen „das Jahr des Schulunterrichts“. Bereits als die ersten Kinder alt genug dazu gewesen waren, hatte Ish auf eine mehr oder weniger planlose Weise versucht, ihnen eine Art Unterricht zu erteilen, so daß sie wenigstens lesen und schreiben und ein bißchen rechnen konnten und ein paar Kenntnisse in der Geographie hatten. Doch es war immer recht schwierig gewesen, die Kinder zusammenzubekommen, und sie hatten allem Anschein nach stets so viel zu tun, sei es im Spiel oder im Ernst, daß bei dem Schulunterricht nicht allzuviel herausgekommen war, obwohl die meisten der älteren Kinder leidlich lesen konnten. Wenigstens hatten sie einmal lesen können; doch Ish bezweifelte, daß einige unter ihnen – beispielsweise Mary, die jetzt Mutter zweier Kinder war – jetzt noch zu anderem imstande waren, als mühsam einsilbige Wörter zu buchstabieren. (Obwohl sie seine älteste Tochter war und er sie sehr liebhatte, gestand er sich, daß Mary nicht intelligent – um nicht zu sagen dumm – war.)

In diesem Jahre achtzehn nun aber unternahm Ish den ernsthaften Versuch, alle Kinder im geeigneten Alter zusammenzutrommeln, damit sie nicht gänzlich ohne alle Kenntnisse aufwüchsen. Eine Zeitlang ging alles gut; dann aber schlief es nach und nach wieder ein, und man vermochte nicht zu sagen, ob er etwas erreicht hatte oder nicht. Er selbst hatte das Gefühl, es sei alles vergeblich gewesen.

DAS Jahr neunzehn war „das Jahr des Elches", abermals wegen eines kleinen Zwischenfalls, der auf die Kinder Eindruck gemacht hatte. Eines Morgens hatten einige Evie erblickt, die inzwischen zur Frau herangewachsen war, wie sie nach etwas hinsah, mit dem Finger darauf zeigte und mit ihrer seltsamen Stimme durchdringende Schreie ausstieß; Wörter konnte sie kaum bilden. Als sie Ausschau hielten, bemerkten sie, daß Evie auf eine neue Art von Tier zeigte. Es stellte sich heraus, daß es ein Elch war, der erste, den sie in all den Jahren zu Gesicht bekamen. Augenscheinlich hatten die Rudel sich jetzt so stark vermehrt, daß sie vom Norden her wieder in diese Gegend gekommen waren, in der sie vor der Ankunft des weißen Mannes gelebt hatten.

ÜBER die Bezeichnung des Jahres zwanzig war man sich sogleich einig. Es war „das Jahr des Erdbebens". Eines Morgens früh gab es einen heftigen Erdstoß, und dann erscholl das Krachen niederstürzender Schornsteine. Die Häuser, in denen sie wohnten, hielten dem Stoß stand, weil George sie vortrefflich ausgebessert hatte. Die Häuser aber, die von Termiten zernagt, vom Wasser unterspült oder durch Schwamm und Fäulnis beschädigt waren, brachen krachend zusammen. Danach gab es kaum noch eine Straße, auf der nicht hier und dort Haufen von Ziegelsteinen oder andere Trümmer lagen, und infolge des Erdbebens begann der Verfall rasche Fortschritte zu machen.

ISH hatte gemeint, sie würden das Jahr einundzwanzig als „das Jahr des kommenden Zeitalters" bezeichnen. Sie waren jetzt sechsunddreißig: acht, die der älteren Generation angehörten, einundzwanzig, die der zweiten, und sieben, die der dritten Generation angehörten.

Schließlich jedoch erhielt das Jahr, wie so viele vorausgegangene, seinen Namen durch einen kleinen Zwischenfall. Joey war einer der Zwillinge, also eins der jüngsten von Ish und Em geborenen Kinder. Er war ein aufgeweckter Junge, obwohl klein für sein Alter und nicht so sehr dem Spiel und dem Sport zugetan wie manche andere, die jünger als er waren. Er wurde von seinen Eltern ein bißchen verwöhnt, weil er zusammen mit seiner Zwillingsschwester der Jüngste war. Im großen ganzen indessen hatte ihm keiner besondere Aufmerksamkeit gewidmet, wie es ja auch bei einer so großen Schar von Kindern nicht anders zu erwarten war, und jetzt war er neun Jahre alt. Gegen Ende dieses Jahres aber entdeckten sie zu ihrer größten Verblüffung, daß Joey lesen konnte – nicht langsam und stockend wie die andern Kinder, sondern geläufig, klar und nicht ohne Freude daran. Ish spürte, wie ihm angesichts seines jüngsten Sohnes das Herz warm wurde. Er war der einzige, in dem die Flamme des Geistes fortbrannte.

Auch den andern Kindern machte das großen Eindruck, und so riefen sie bei der Feierlichkeit alle, daß das Jahr heißen solle: „das Jahr, da Joey las."

ZWEITER TEIL

DAS JAHR 22

1

NACHDEM die Feier am Felsen vorüber war und die Ziffer Einundzwanzig scharf umrissen und frisch auf der sanft geneigten Steinfläche stand, gingen die Menschen heim zu ihren Häusern. Die meisten der Kinder liefen mit fröhlichem Geschrei voraus; sie schwelgten schon in dem Gedanken an das Freudenfeuer, mit dem, wie es bereits Überlieferung geworden war, das Neujahrsfest seinen Abschluß fand.

Ish ging an Ems Seite; doch sie sprachen wenig. Wie stets am Tage der Einmeißelung der Jahreszahl hing er tieferen Gedanken als gewöhnlich nach und überlegte, was wohl im Laufe des kommenden Jahres geschehen werde. Er hörte die Kinder rufen: „Geh zu dem alten, eingestürzten Haus; da liegt haufenweise trockenes Holz ... Hoffentlich kann ich einen Kanister Benzin auftreiben ... Ich weiß, wo Klosettpapier ist; das brennt so schön."

Wie es Brauch war, versammelten sich die älteren Leute in Ishs und Ems Haus und setzten sich zu einer kleinen Plauderei zusammen. Da es ein Festtag war, entkorkte Ish ein paar Flaschen Portwein, und sie tranken einander zu, selbst George, der für gewöhnlich nicht trank. Wieder, wie schon am Felsen, waren alle sich einig, daß das Jahr einundzwanzig ein gutes Jahr gewesen sei, und die Aussichten für das kommende dünkten sie gleichfalls nicht schlecht.

Doch inmitten der allgemeinen Selbstbegutachtung überkam Ish wiederum ein Gefühl des Unbefriedigtseins.

Warum, so dachte er, muß gerade ich immer der einzige sein, der an Tagen wie diesem vorausdenken muß? Warum bin gerade ich es, dem zu denken obliegt oder der wenigstens den Versuch dazu machen muß: fünf Jahre oder zehn Jahre oder zwanzig Jahre in die Zukunft? Wenn ich denke, lebe ich nicht! Die Menschen, die nach mir kommen, müssen ja ohnehin ihre Probleme selbst lösen.

Doch im Weiterdenken erkannte er, daß das letzte gar nicht stimmte. Die Menschen jeder Generation, meinte er, trugen sehr viel dazu bei, für die Menschen der nächsten Generation Probleme entweder zu schaffen oder zu lösen.

Jedenfalls mußte er sich fragen, was wohl aus dem „Stamm" in den vor ihm liegenden Jahren werden würde. Die Gedanken daran machten ihn nicht froh. Nach dem Großen Unheil hatte er gemeint, daß die Menschen, sofern welche mit dem Leben davongekommen waren, sehr bald imstande sein würden, etwas zuwege zu bringen und allmählich den alten Lebensstandard wiederherzustellen. Er hatte sogar von einer Zeit geträumt, da das elektrische Licht wieder brennen würde. Doch es war nichts dergleichen geschehen, und die Gemeinschaft war noch immer von dem abhängig, was die Vergangenheit übriggelassen hatte.

Nun ließ er, wie er es schon so oft getan hatte, seine Blicke über die hinschweifen, die bei ihm waren. Sie bildeten sozusagen das Fundament, auf dem eine neue Zivilisation aufgebaut werden mußte. Da war beispielsweise Ezra. Ish spürte, wie ihm das Herz aus Freude über seine Freundschaft warm wurde, als er das hagere, freundlich lächelnde Faltengesicht anschaute, obwohl dieses Lächeln schlechte Zähne enthüllte. Ezra besaß vielleicht eine geniale Begabung; aber es war die geniale Begabung, mit den Mitmenschen auf eine leichte, freundliche Weise umzugehen, nicht jedoch der schöpferische Drang, der die Menschheit zu neuen Höhen führt. Nein, Ezra war nicht der Richtige.

Und neben Ezra saß George, der gute, alte George – schwerfällig und noch immer kräftig und mächtig, obwohl sein Haar inzwischen ganz grau geworden war. Auf seine Art war George ebenfalls ein guter Kerl. Er war ein erstklassiger Zimmermann und hatte klempnern und malen gelernt; alle Reparaturen an den Häusern führte er aus. Er war ein überaus nützlicher Mensch und von Haus aus geschickt in jeder nur möglichen Handarbeit. Doch Ish wußte nur zu gut, daß George im Grunde dumm war; wahrscheinlich hatte er in seinem ganzen Leben kein einziges Buch gelesen. Nein, auch George war wohl nicht der Richtige.

Dann kam Evie, die Schwachsinnige. Molly hielt sie in guter Hut, und Evie in ihrer blonden Schlankheit sah hübsch aus, wenn man sich über die Leere ihres Gesichts hinwegsetzen konnte. Sie saß da und schaute begierig nach rechts und links auf denjenigen, der gerade sprach. Das machte sogar den trügerischen Eindruck der Aufgewecktheit; aber Ish wußte, daß sie von allem, was gesprochen wurde, wenig oder vielleicht nichts verstand. Sie war kein Grundstein der Zukunft. Nein, Evie war ganz bestimmt nicht die Richtige.

Dann kam Molly, Ezras ältere Frau. Molly war durchaus nicht dumm, aber ihre Schulbildung war mäßig, und sie konnte schwerlich als gebildet bezeichnet werden. Überdies hatte sie, wie die anderen Frauen, ihre Kräfte beim Gebären, Nähren und Aufziehen von Kindern erschöpft; fünf ihrer Kinder waren jetzt noch am Leben. Das war ein hinlänglicher Beitrag, was man auch sagen mochte. Nein, auch Molly war nicht die Richtige.

Neben Molly saß Em. Als Ish zu Em hinüberschaute, wallte eine solche Fülle von Gefühlen in ihm auf, daß er wußte, jedes Urteil, das er sich zu bilden versuchte, würde wertlos sein. Sie ganz allein hatte sich als erste entschlossen, ein Kind in die Welt zu setzen. Während des „Schreckensjahres" hatte sie Mut und Vertrauen bewahrt. An sie wandten sich alle in Stunden der Wirrnis. Es wohnte ihr eine starke Kraft inne, zu bestätigen und niemals abzulehnen. Ohne sie wäre wahrscheinlich aus ihnen allen nichts geworden. Dabei lag ihre Kraft tief in den Ursprüngen alles Tuns beschlossen; obwohl sie in anderen Mut und Vertrauen entfachen konnte, äußerte sie bei besonderen Gelegenheiten nur selten einen Gedanken. Ish wußte, daß er sich stets an sie wenden würde und daß sie größer war als er; aber er wußte auch, daß sie keine Hilfe war, wenn es galt, Pläne für die Zukunft zu schmieden. Nein, und wenn es auch an Verrat zu grenzen schien: nicht einmal Em war die Richtige!

Zu Ems Füßen fläzten sich Ralph, John und Roger auf dem Fußboden herum, die alle drei noch als „die Jungs" bezeichnet wurden, obwohl sie schon verheiratet waren und Kinder hatten. Ralph, Mollys Sohn, war mit Ishs Tochter Mary verheiratet; John und Roger waren Ishs Söhne. Doch als er jetzt zu ihnen hinblickte, fühlte Ish sich ihnen sehr fern, obwohl er an seiner Familie hing. Obgleich er nur zwanzig und einige Jahre älter war als sie, schienen ihn Jahrhunderte von ihnen zu trennen. Sie hatten die Alten Zeiten nicht gekannt, und so konnten sie auch nicht wissen, wie alles in der Zukunft hätte sein können. Nein, wahrscheinlich waren auch die Jungs nicht die Richtigen.

Ishs Blicke hatten den Kreis durchwandert, und nun sah er auf Jean, Ezras jüngere Frau. Sie hatte zehn Kinder geboren, von denen noch sieben am Leben waren. Sie verfügte durchaus über Eigensinn, wie ihre Weigerung, an den Gottesdiensten teilzunehmen, bewiesen hatte. Doch es gingen von ihr keine neuen Gedanken aus. Nein, Jean war nicht die Richtige.

Was nun Maurine betraf, Georges Frau, so hatte sie es nicht einmal für der Mühe wert gehalten, zu der Versammlung zu kommen, sondern sie war vom Felsen weg geradewegs in ihr eigenes Haus gegangen, wo sie aller Wahrscheinlichkeit nach jetzt beim Fegen oder Staubwischen oder einer anderen ihrer geliebten Hausarbeiten war. Maurine kam noch weniger als alle anderen in Frage.

Noch drei andre Erwachsene fehlten. Das waren Mary, Martha und die junge Jeanie, die mit den drei Jungs verheiratet waren. Mary war Ish stets als das schwerfälligste aller seiner Kinder erschienen, und jetzt, da sie schnell hintereinander Kinder bekam, wurde sie von Jahr zu Jahr träger. Martha und Jeanie waren ebenfalls Mütter, und die Mutterpflichten beanspruchten sie vollauf. Nein, nicht diese drei.

Anwesende und Fehlende – das ergab zusammen zwölf Erwachsene! Es fiel ihm immer noch schwer, sich einzugestehen, daß kein eben großes Reservoir zur Verfügung stand, woraus die künftige Menschheit sich entwickeln sollte.

Ein halbes Dutzend Kinder saß zwischen den Erwachsenen oder tummelte sich außerhalb des Kreises. Anstatt bei der Errichtung des Holzstoßes für das Freudenfeuer zu helfen, hielten diese wenigen sich zu den Erwachsenen – ein bißchen gelangweilt, aber augenscheinlich doch der Meinung, daß eine dermaßen große Versammlung der Älteren bedeutsam war und belauscht werden mußte. Ish wandte seine Aufmerksamkeit ihnen zu und hing Zukunftsgedanken nach. Manchmal horchten sie auf das, was die älteren Leute sagten; manchmal versetzten sie einander nur Püffe oder balgten sich. Ja, auf ihnen, so unbeschwert sie zu sein schienen, ruhte die Hoffnung. Die älteren Leute konnten sich wahrscheinlich mit allem abfinden, wie es gegenwärtig war, solange sie lebten; aber die Kinder mußten umlernen und zu neuen Formen kommen. Ob eins von ihnen den Funken zur Flamme entfachen konnte?

Und nun, als Ish begann, sein Augenmerk auf die Kinder zu richten, bemerkte er, daß eins von ihnen sich nicht mit den andern herumbalgte, sondern dasaß, aufmerksam dem lauschte, was die Älteren sagten, während es seine großen Augen hin und her wandern ließ; es schimmerte darin ein lichter Schein von Intelligenz und Anteilnahme. Das war Joey.

Kaum hatten Ishs Blicke sich auf Joey gerichtet, als Joeys behend schweifende Augen wahrnahmen, daß sein Vater auf ihn aufmerksam geworden war. Er rückte voll Entzücken auf dem Stuhl hin und her, und sein Gesicht wurde verklärt durch das allumfassende Lächeln eines Neunjährigen. Ish gab der Regung des Augenblicks nach und nickte seinem jüngsten Sohn leise zu. Joeys Grinsen konnte kaum noch breiter werden, als es bereits war; aber er brachte es dennoch fertig. Ish sah, daß auch der Junge ihm zuzwinkerte. Da schaute Ish, um den Jungen nicht verlegen zu machen, weg.

George, Ezra und die Jungs redeten gerade langsam und stockend hin und her. Ish hatte es während der ganzen Zeit gehört, aber es hatte ihn nicht genug interessiert, um sich einzumischen oder auch nur ernsthaft zuzuhören.

„Eins von den Dingern wiegt übrigens mindestens seine vierhundert Pfund, meine ich", sagte George gerade.

„Ja, das kann sein", antwortete John. „Aber auf jeden Fall ist es eine gehörige Last, wenn man es hier heraufwuchtet."

„Ach was, halb so schlimm", sagte Ralph, der stämmig war und gern seine Kraft zeigte.

Und so, meinte Ish, würde das Gerede weitergehen, wie er es schon wer weiß wie oft gehört hatte: darüber, ob es möglich sei, einen Gaskühlschrank aufzutreiben, ihn aufzustellen, ihn mit den noch gefüllten Preßgasflaschen zu betreiben und auf diese Weise wieder Eis zu bekommen. Am Ende jedoch würde nicht das mindeste geschehen, nicht, weil das Vorhaben unmöglich gewesen wäre oder ungewöhnlich schwierig, sondern einzig, weil sie alle vollauf zufrieden mit dem gegenwärtigen Zustand waren und in einer Gegend lebten, wo die Sommer verhältnismäßig kühl blieben, so daß kein allzu großer Antrieb bestand, sich Eis zu verschaffen. Irgendwie machte diese alte Rederei Ish mißgestimmt.

Er wandte den Blick wieder Joey zu. Joey war für sein Alter ziemlich klein. Es machte Ish Freude, das Gesicht des kleinen Jungen zu beobachten und wie schnell seine Augen von einem Sprecher zum andern glitten und sich nichts entgehen ließen. Ish konnte förmlich sehen, wie Joey oft das Wesentliche einer Aussage begriff, noch ehe der Sprecher mit seinem Satz zu Ende gekommen war, zumal wenn der Betreffende so langsam sprach wie George. Es mußte, so meinte Ish, ein aufregender Tag für Joey sein. Ein Jahr war schon nach ihm benannt worden, „das Jahr, da Joey las". Keinem anderen Kinde war eine solche Ehre zuteil geworden. Vielleicht bekam dem Kleinen diese Auszeichnung nicht einmal gut. Doch der Gedanke war spontan von den andern Kindern ausgesprochen worden, als ein Tribut an den lauteren Geist.

Das langweilige Hinundhergerede dauerte noch immer an. Jetzt sagte George: „Nein, das ist nicht weiter schwierig, die Rohre anzuschließen."

„Aber George", erwiderte Ezra, „hat sich denn der Gasdruck in diesen Flaschen mit komprimiertem Gas gehalten? Ich möchte meinen, daß vielleicht im Laufe der Zeit ..."

Ezra unterbrach sich, da sich plötzlich ein Krawall zwischen zweien der Kinder erhob. Weston, Ezras zwölfjähriger Junge, war in eine Prügelei mit seiner Halbschwester Betty verwickelt. „Hör auf, Weston!" fuhr Ezra ihn an. „Hör auf, oder du bekommst den Hintern voll!"

Dieser Drohung wohnte nichts Überzeugendes inne, und soweit Ish sich erinnern konnte, hatte der gutherzige Ezra niemals ein Kind bestraft. Doch auf den väterlichen Befehl hin wurde die Prügelei abgebrochen, nicht ohne den üblichen Protest von seiten Westons: „Och, Betty hat doch angefangen."

„Ja, aber wozu brauchst du eigentlich Eis, George?" Diesmal sprach Ralph. Es war eine selbstverständlich niemals ausbleibende Frage in dem Gerede. Die Jungs, die ja überhaupt nicht wußten, was es bedeutet, wenn man Eis hat, fühlten sich nicht eben gedrängt zu arbeiten, damit es Eis gab.

Ish dachte daran, daß schon bei früheren Gelegenheiten diese Frage sehr häufig an George gerichtet worden war. Er hätte längst die Antwort auf der Zunge haben müssen; aber Georges Denken ging recht schleppend vonstatten, und er war kein Mensch, der es eilig hat. Hilflos bewegte er die Zunge im Munde und formte die Worte, ehe er sie aussprach, und in dieser Pause sah Ish wiederum zu Joey hin. Des kleinen Jungen Blicke glitten rasch von dem zaudernden George zu Ezra und zu John, als wollte er sehen, ob wohl die anderen in dieser Pause etwas sagen würden; dann suchten Joeys Augen wieder die seines Vaters. Mit einem Male waren Kameradschaft und Verstehen in diesem Blick. Joey schien sagen zu wollen, daß sein Vater oder er schnell eine Antwort gefunden und nicht gezögert hätten wie George.

Da überkam es Ish wie eine Erleuchtung. Er hörte nicht die Worte, die schließlich Georges Mund langsam hervorzustottern begann.

Joey! dachte Ish – und der Name schien sein Bewußtsein zu durchhallen. Joey! Der ist der Richtige!

„Du weißt nicht", schrieb der Prediger, „wie die Knochen wachsen im Leibe einer, die ein Kind trägt." Und obwohl Jahrhunderte hingegangen sind, seit Koheleth auf alle Dinge schaute und sie als wankelmütig wie der Wind erkannte, wissen wir noch immer wenig über das, was bei der Entstehung eines Menschen geschieht – und am wenigsten von alledem wissen wir, warum gewöhnlich nur Menschen entstehen, die da sehen, was vor Augen ist, und warum so selten unter ihnen allen ein Erwählter geboren wird, ein Gesegneter, der nicht sieht, was da ist, sondern sieht, was nicht da ist, und eben dadurch, daß er sieht, was nicht ist, in seiner Phantasie erschafft, was sein könnte. Und dennoch wären alle Menschen ohne die Besten nur wie Bestien.

Wenn alljährlich Millionen von Kindern geboren werden, dann waltet dann und wann der unendlich seltene glückliche Zufall, und es entsteht Größe und Fähigkeit zur Voraussicht. Was aber geschieht, wenn die Menschen in sich gebrochen sind und verstreut leben und es nur wenige Kinder gibt?

Fast ohne zu wissen, was geschehen war, merkte Ish, daß er stand. Er sprach. Er hielt eine richtige Rede. „Paßt auf", sagte er, „wir müssen in dieser Sache jetzt etwas unternehmen. Wir haben lange genug gewartet."

Er stand lediglich in seinem Wohnzimmer, und er sprach lediglich zu den paar Menschen, die da waren. Er wußte, daß es nur wenige waren; und dennoch hatte er die Empfindung, als spreche er nicht in einem kleinen Zimmer zu wenigen Menschen, sondern als stünde er in einer großen Arena und spreche zu einer ganzen Nation oder zu allen Menschen auf der Welt.

„Dies muß jetzt aufhören!" sagte er. „Wir dürfen nicht einfach weiterleben, wie es gerade kommt, und die Magazine ausräubern, die die Alten Zeiten uns hinterlassen haben, ohne daß wir etwas schaffen oder von uns aus etwas zuwege bringen. Alle diese Dinge hören eines Tages auf, wenn nicht zu unseren Lebzeiten, so zu denen unserer Kinder und Enkelkinder. Was aber soll dann werden? Was fangen sie an, wenn sie nicht wissen, wie sie etwas produzieren sollen? Nahrung können sie sich vermutlich schaffen, denn es wird stets Vieh und Kaninchen geben. Wie aber wird es um die schwierigeren Dinge bestellt sein, an denen wir uns erfreuen? Wie werden sie auch nur ein Feuer anstecken können, wenn alle Streichhölzer aufgebraucht oder verdorben sind?"

Er hielt inne und blickte abermals in die Runde. Sie schienen alle wohlgefällig zuzuhören und mit ihm übereinzustimmen. Joeys Gesicht war entrückt vor Begeisterung.

„Der Kühlschrank, über den ihr alle da hin und her geredet habt!" fuhr Ish fort. „Das ist ein Beispiel! Wir reden darüber, aber es geschieht niemals auch nur das mindeste. Wir sind wie in jenem Märchen wie der alte König in dem alten Märchen, der verzaubert dasitzt, und ringsum regt und bewegt sich alles – er aber kann keine einzige Bewegung tun, um den Zauber zu brechen. Ich hatte gemeint, wir litten unter dem Schock vom Großen Unheil her. Vielleicht war dem auch so während der ersten Tage. Wenn die Menschen sehen, wie ihre ganze Welt ringsum in Scherben geht, dann kann man von ihnen nicht erwarten, daß sie gleich wieder von vorn anfangen. Doch das ist jetzt einundzwanzig Jahre her, und viele unter uns sind erst danach geboren. Es gibt eine Menge Dinge, die wir tun müßten. Wir müßten uns mehr Haustiere halten, nicht nur Hunde. Wir müßten uns jetzt einen großen Teil unserer Nahrungsmittel selbst züchten, statt immer nur die alten Läden zu plündern. Wir müßten die Kinder lesen und schreiben lehren. Wir können nicht in alle Zukunft dieses Räuberdasein weiterführen, wir müssen vorwärtskommen!"

Er hielt inne und suchte nach Worten, um ihnen nachdrücklich die Wahrheit zu Gemüte zu führen, daß wir, wenn wir nicht vorwärtsschreiten, mit Notwendigkeit uns rückwärts entwickeln; doch plötzlich zollten ihm alle lauten Beifall, als sei er mit seiner Rede fertig. Ihm war, als sei er von einer jähen Flut der Beredsamkeit hinweggeschwemmt worden; dann aber wurde ihm klar, als er um sich schaute, daß der Beifall zum überwiegenden Teile gutmütiger Ironie entstammte.

„Das war mal wieder eine feine Rede, Papa!" bemerkte Roger. Ish warf ihm einen zornigen Blick zu; nachdem er jetzt einundzwanzig Jahre lang der Führer des „Stammes" gewesen war, behagte es ihm wenig, als ein alter Sabbeler mit ein paar komischen Ideen abgetan zu werden. Doch dann lachte Ezra gutherzig auf, alle stimmten in das Gelächter ein, und die Spannung schwand dahin.

„Ja, was soll nun also werden?" fragte Ish. „Vielleicht habe ich die gleiche Rede früher schon mal gehalten; aber wenn das auch der Fall sein sollte: Recht habe ich dennoch!"

Erwartungsvoll schwieg er. Da sprang John, Ishs ältester Sohn, der sich bis jetzt auf dem Fußboden herumgefläzt hatte, auf die Füße. John war größer und sehr viel kräftiger als sein Vater; er war selber schon Vater.

„Leider muß ich jetzt gehen, Papa", sagte er.

„Was ist los?" fragte Ish und schnappte nach Luft.

„Ach, nichts Besonderes; aber ich habe heute nachmittag was zu erledigen."

„Hat das nicht Zeit?"

John war schon auf dem Wege zur Tür.

„Es hätte schon Zeit", sagte er, als er die Hand auf die Klinke legte. „Aber ich halte es für richtiger, daß ich jetzt weggehe."

Es entstand eine Stille; man hörte nur die Geräusche des Öffnens und Schließens der Tür, als John hinausging. Ish spürte, wie der Zorn in ihm aufstieg und wie sein Gesicht sich rötete.

„Sprich weiter, Ish." Ish vernahm die Stimme, und trotz seines Zornes merkte er, daß es Ezras Stimme war. „Wir möchten gern hören, was wir deiner Meinung nach tun müßten; von dir kommen immer die Gedanken." Ja, es war Ezras Stimme, und wie stets war

Ezra rasch bei der Hand, etwas zu sagen, das die Schwierigkeiten behob und den Menschen darüber hinweghalf. Er hatte sogar etwas für Ish Schmeichelhaftes gesagt.

Beim Klang dieser Stimme entspannte sich Ish. Warum sollte er wütend auf John sein, nur weil dieser unabhängig gehandelt hatte? Es war weit besser, wenn er sich darüber freute. John war jetzt ein erwachsener Mensch und nicht mehr ein kleiner Junge und bloß ein Sohn. Die Zornröte wich aus Ishs Gesicht; doch noch immer verspürte er eine tiefe Verwirrung und den Drang, noch mehr zu sagen. Wenn der Zwischenfall auch zu nichts sonst nütze war, so bot er ihm doch wenigstens Stoff.

„Auch über das, was wir gerade eben mit John erlebt haben, möchte ich mich äußern. Wir haben alle diese Jahre hingebracht, ohne auch nur das mindeste zur Erzeugung unserer Nahrung oder dazu zu tun, daß die Zivilisation wieder in Gang gebracht wird, wenigstens was das Materielle betrifft. Das ist die eine Seite der Sache, eine wichtige zwar, aber nur eine. Die Zivilisation bestand nicht nur aus Erfindungen und wie sie gemacht und genutzt wurden. Sie bestand auch aus allen möglichen Arten der sozialen Organisation, aus allen möglichen Regeln und Gesetzen und dem Ausgleich der Lebenshaltung zwischen einzelnen und Menschengruppen. Von jener Organisation ist die Familie das einzige, was uns übriggeblieben ist! Vermutlich ist das etwas ganz Natürliches. Aber die Familie reicht nicht aus, wenn die Zahl der Menschen wächst. Wenn ein kleines Kind etwas tut, was wir nicht mögen, so greifen Vater und Mutter ein und führen es auf den rechten Weg zurück. Aber wenn das betreffende Kind herangewachsen ist, dann geht das nicht mehr. Wir haben keine Gesetze; wir sind keine Demokratie oder Monarchie; wir haben keine Diktatur oder irgendein anderes System. Wenn einer von uns, wie zum Beispiel John, aus einer anscheinend wichtigen Versammlung weggeht, so kann niemand ihn daran hindern. Auch wenn wir abstimmen und beschließen, etwas zu tun – selbst dann bleibt jeder Zwang ausgeschaltet; ja, es würde sich vielleicht eine Andeutung von öffentlicher Meinung ergeben; aber das wäre auch alles."

Er war zu einem lahmen Ende seiner Ausführungen gelangt anstatt zu einem kräftigen Schluß. Er hatte hauptsächlich von der Wirkung gesprochen, die Johns Fortgehen auf ihn gemacht hatte. Er war kein geschulter Redner, und es fehlte ihm an Übung.

Doch als er umherschaute, nahm er wahr, daß seine Rede wohl

einen guten Eindruck gemacht hatte. Ezra ergriff als erster das Wort.

„Ja, freilich!" sagte er. „Erinnert ihr euch denn gar nicht mehr der wundervollen Zeiten, die wir früher einmal gehabt haben? Mein Gott, was würde ich darum geben, wenn ich jetzt an Georges großem Radioapparat sitzen und an ihm herumdrehen und Charlie McCarthy wieder hören könnte! Wißt ihr noch, wie der Kerl zu reden verstand und sich über den anderen Kerl, von dem ich nicht mehr weiß, wie er hieß, lustig machte, und dabei war er zugleich selber jener andre?"

Ezra zog das große Pennystück aus Viktorianischer Zeit hervor, das ihm während all der Jahre als Glücksheller gedient hatte. Er ließ es von einer Hand in die andre hüpfen, in der angeregten Stimmung, in die ihn der Gedanke versetzt hatte, Charlie McCarthy wieder zu hören.

„Ja, und weiter", fuhr er fort. „Wißt ihr noch, wie wir einfach ins Kino gehen konnten? Man brauchte nur sein Geld hinzulegen, und dann konnte man hineingehen! Und man hörte die Begleitmusik in dem Film, und man sah Bob Hope oder Dotty Lamour. Ja, die waren damals fabelhaft! Meint ihr nicht, daß, wenn wir uns alle zusammentäten und tüchtig arbeiteten, wir ein paar von diesen Filmen aufstöbern und sie vorführen und den Kindern zeigen könnten? Ich höre sie jetzt schon lachen! Vielleicht fänden wir gar einen Charlie-Chaplin-Film!"

Ezra nahm eine Zigarette und ein Streichholz, und als er das Streichholz anstrich, gab es ein helles Flämmchen. Streichhölzer schienen unverwüstlich zu sein, wenn man sie trocken aufbewahrte. Doch niemand verstand sich jetzt darauf, Streichhölzer anzufertigen, und bei jedem Aufflammen gab es ein Streichholz weniger auf der Welt. Ish schüttelte innerlich den Kopf über Ezra, für den die Zivilisation hauptsächlich in der Wiederkehr des Kinos bestand und der dabei gleichzeitig ein Streichholz ansteckte.

Als nächster sprach George. „Wenn mir bloß jemand hilft, nur einer oder zwei von den Jungs, so könnte ich den Gaskühlschrank aufstellen, und in zwei oder drei Tagen könnte er laufen."

George hörte zu sprechen auf, und Ish vermutete, er sei fertig; denn George war nie für lange Reden gewesen. Überraschenderweise sprach er weiter: „Ja, und dann hast du, glaub ich, noch von Gesetzen gesprochen. Da weiß ich nicht so recht ... Ich war ganz froh, daß wir irgendwo leben, wo es keine Gesetze gibt. Jetzt kann man beinahe alles tun, was man will. Man kann fahren, wohin man will, und man kann parken, wo man will. Sogar neben einem Feuerhydranten, und keiner gibt einem einen Strafzettel – natürlich kann man nur neben einem Feuerhydranten parken, wenn man einen Wagen hat, der läuft."

Das war beinahe etwas wie ein Scherz, wie Ish ihn George nie zuvor hatte machen hören, und George quittierte seinen humoristischen Einfall mit einem geruhsamen Schmunzeln. Das Niveau des Humors, dachte Ish, war innerhalb des „Stammes" nie allzu hoch gewesen.

Ish war drauf und dran, etwas zu sagen, als Ezra wieder zu sprechen anfing.

„Zur Sache! Ich schlage einen Trinkspruch vor", sagte er. „Es lebe Ordnung und Gesetz!" Die älteren Leute lachten ein bißchen, als sie diese Redensart wieder hörten; den jüngeren sagte sie nichts.

Sie tranken, und dann glitt alles wieder in ein gewöhnliches geselliges Beisammensein hinein.

Aber schließlich, dachte Ish, war es ja auch ein geselliges Beisammensein, und vielleicht war es ganz gut, wenn nicht gar zu viel Sachliches und sozusagen Geschäftliches hineingemischt wurde. Vielleicht würde die Saat, die er mit seiner leidenschaftlichen kleinen Rede gesät hatte, in der Zukunft aufgehen. Doch er empfand Zweifel. Es gab ein Sprichwort, daß niemand sein schadhaftes Dach abdichte, ehe es nicht regne. Die Menschen waren die gleichen geblieben oder gar schlechter geworden. Sie warteten in aller Ruhe, bis irgend etwas geschah, das sie zum Handeln zwang; jenes „irgend etwas" war sicher unangenehm, wahrscheinlich sogar ernst.

Doch er trank mit den andern zur Bekräftigung von Ezras Trinkspruch und hörte mit halbem Ohr zu, was gesprochen wurde. Seine Gedanken gingen ihre eigenen Wege. Dies war ein guter Tag gewesen; ja, an diesem Tage hatte er die Zahl Einundzwanzig in die sanft geneigte Felsfläche gemeißelt, und das Jahr zweiundzwanzig hatte begonnen; überdies war er sich an diesem Tage, zum Teil des Namens wegen, den das Jahr erhalten hatte, der Fähigkeiten und Möglichkeiten seines jüngsten Sohnes deutlicher bewußt geworden.

Er sah dorthin, wo Joey saß, und bekam als Antwort einen schnellen, hellen Blick, aus dem die Bewunderung strahlte, die der kleine Junge für seinen Vater hegte. Vielleicht also gab es wenigstens einen, der ihn völlig verstand.

In dem gesamten, ungeheuer ausgedehnten und komplizierten System von Dämmen und Tunnel, Aquädukten und Reservoirs, durch die das Wasser vom Gebirge in die Städte geleitet wurde, war eine ganz bestimmte Verbindungsmuffe der Stahlrohre eines Hauptaquäduktes auf eine verhängnisvolle Weise schadhaft.

Zunächst entstand keine große Störung. Doch das kleine Wasserrinnsal, das aus der schadhaften Stelle hervorsickerte, wurde allmählich größer. Selbst im trockenen Sommer zeigte sich eine kleine Grünstelle unter dem tropfenden Rohr; Vögel und andere Kleintiere kamen dorthin und tranken. Und von außen fraß der Rost, und von innen wirkte das Nagen und Schaben des Wassers langsam den Rostflecken entgegen, und Nietstift auf Nietstift lockerten sich in der Stahlhaut.

Fünf Jahre, zehn Jahre – jetzt quoll ein Dutzend feiner Sprühstrahlen aus dem Rohr. Aus der entstandenen Lache trank jetzt das Vieh.

Nach fünf weiteren Jahren rann darunter ein Bächlein hinweg, das einzige, das in jenem trockenen Hügelland auch im Sommer floß. Nun bedeckte sich das Rohr mit dicken Rostschichten und wurde in sich selbst immer schwächer.

Unterhalb der Rohrleitung war der Boden seit langem aufgeweicht und schlammig gewesen, und die Hufe der Tiere hatten bei der Bildung einer kleinen Rinne geholfen. Die Erosion tat das Ihrige, und so bildete sich ein Schlammbach in dem aufgeweichten Boden, auf dem der Betonunterbau ruhte, der die Rohrleitung mit dem schweren Wasserinhalt trug. Als der Unterbau nachgab, lastete das ganze Wassergewicht auf der schon schwach gewordenen Rohrleitung. In dem rostzerfressenen Stahl tat sich ein langer Riß auf; ein breiter Wasserstrom brauste heraus und rauschte nieder in die Schlammrinne.

Gerade als Ish an jenem Abend zu Bett gegangen war, knallte draußen ein Gewehrschuß, so daß er sich im Bett aufrichtete und lauschte. Ein zweiter Schuß knallte, und dann durchhallte Gewehrfeuer die Nacht.

Er fühlte, wie sein Bett leise bebte, als Em neben ihm zu lachen anfing. Er beruhigte sich.

„Jemand hat einen Scherz gemacht!“ sagte er.

„Diesmal hast du dich aber schön anführen lassen!“

„Ich habe heute zuviel an die Zukunft gedacht, glaube ich. Ja, vermutlich bin ich heute ein bißchen nervös.“

Das Gewehrfeuer dauerte an; es war eine gute Nachahmung eines

Guerillagefechts; doch Ish legte sich wieder hin und versuchte, ruhig zu werden. Er wußte jetzt, was geschehen war. Nachdem alle vom Freudenfeuer gegangen waren, hatte einer der Jungs sich zurückgeschlichen und ein paar Schachteln Patronen in die heiße Asche geworfen. Als die Umhüllung verbrannt und die Dinger heiß genug geworden waren, da waren sie losgegangen. Wie sehr vielen Scherzen wohnte auch diesem eine gewisse Gefahr inne; doch um diese Jahreszeit war das Gras grün, und so konnte schwerlich ein Brand entstehen. Im Grunde, so überlegte Ish, galt dieser Scherz wohl vor allem ihm, und alle anderen hatten darum gewußt.

Nun, wenn dem so war, so war es ihnen geglückt, ihn hinters Licht zu führen. Er fühlte sich verstört, aber aus ernsthafteren Gründen, wie er meinte, als weil er zum Narren gehalten worden war.

„Ja", sagte er zu Em, „da haben sie wieder mal ein paar Schachteln voll Patronen nutzlos verknallt, und es ist niemand auf der Welt, der weiß, wie Patronen hergestellt werden! Und wir leben hier in einer Gegend, die von Pumas und wilden Stieren bedroht ist, und Patronen sind das einzige Mittel, sie in ihren Grenzen zu halten; und was unsre Ernährung betrifft, so verstehen wir Rinder, Kaninchen und Wachteln nur zu töten, indem wir sie schießen."

„Ärgere dich nicht, Liebster", hörte er Em sagen. „Es ist Zeit zum Schlafen."

Er rückte neben sie und lehnte den Kopf an ihre Brust; wie stets schienen von ihr Kraft und Vertrauen auszugehen. „Ich ärgere mich gar nicht so sehr, glaube ich", sagte er. „Vielleicht freue ich mich im Grunde sogar darüber, wenn ich einigermaßen trübe Gedanken für die Zukunft hege; denn wir leben recht gefährlich."

Wiederum lag er eine Weile still und sagte nichts; dann fuhr er fort, laut zu denken. „Erinnerst du dich, daß ich schon seit längerer Zeit immerfort sage, wir müßten schöpferisch leben und nicht wie die Straßenräuber? Das bekommt uns nicht. Nicht wahr, etwas Ähnliches habe ich schon um die Zeit gesagt, da John geboren wurde?"

„Ja, ich weiß es noch. Du hast es häufig gesagt, und dennoch erscheint es einem auf die eine oder andere Weise leichter, damit fortzufahren, Konservendosen aufzumachen, solange noch haufenweise Konservendosen in den Läden und Warenhäusern liegen."

„Aber damit ist es eines Tages zu Ende. Und was soll dann werden?"

„Ja, meiner Meinung nach müssen die Menschen, die dann leben, das Problem auf ihre Art lösen ... Ach, Liebster, ich habe mir immer gewünscht, du möchtest dir darüber nicht den Kopf zerbrechen. Die Sache sähe ganz anders aus, wenn du viele Menschen um dich hättest, die wie du wären, die sich Gedanken über alles machen. Aber es stehen dir ja nur ganz gewöhnliche Menschen zur Verfügung, wie Ezra und George und ich. Und wir denken nun mal nicht wie du. Darwin – hieß er nicht so? – hat gesagt, wir stammen alle von Affen oder so was Ähnlichem ab, und ich glaube, Affen und dergleichen haben sich nie Gedanken um die Zukunft gemacht. Wenn wir von Bienen oder Ameisen abstammten, hätten wir vielleicht vorausgeplant, oder wir hätten vielleicht sogar wie die Eichhörnchen Nüsse für den Winter gespeichert."

„Ja, das könnte sein. Aber in den Alten Zeiten haben die Menschen sich Gedanken über die Zukunft gemacht. Das kannst du aus der Art und Weise ersehen, wie sie die Zivilisation aufgebaut haben."

Sie wechselte plötzlich das Thema. „Diese Räubereien, über die du dich so ärgerst! Sind sie wirklich schlimmer als das, was die Menschen von jeher getan haben? Wenn du jetzt ein bißchen Kupfer brauchst, gehst du in einen von den Eisenwarenläden, findest ein Stückchen Kupferdraht, nimmst es und hämmerst es dir zurecht. In den Alten Zeiten gingen sie hin und holten sich das Kupfer irgendwo aus einem Berge heraus. Ob es nun schon Kupfer oder noch nicht ganz Kupfer war, auf jeden Fall haben sie es weggenommen; denn vorher hatte es ruhig da gelegen. Und was die Nahrungsmittel betrifft, so gewannen sie sie, indem sie sich alles zunutze machten, was im Boden war und sich in Weizen verwandeln ließ. Genauso nehmen wir, was wir brauchen, dorther, wo es aufgestapelt liegt. Ich sehe wirklich nicht ein, daß der Unterschied so groß ist!"

Ihre Einwände brachten ihn für kurze Zeit zum Schweigen. Dann raffte er sich wieder auf. „Nein", sagte er. „Das stimmt nicht ganz. Zumindest waren sie schöpferischer als wir. Sie waren eine sich entwickelnde Gemeinschaft. Sie produzierten, was sie brauchten, während sie sich weiterentwickelten."

„Da bin ich mir nicht so ganz sicher", sagte sie. „Ich erinnere mich, schon früher in den Zeitungen gelesen zu haben, wir seien drauf und dran, die Vorräte an Kupfer und Erdöl zu erschöpfen oder den Boden so sehr auszubeuten, daß wir in Zukunft nichts mehr zum Leben hätten."

Aus langer Erfahrung wußte er, daß sie jetzt endlich schlafen wollte. Er ließ ihr das letzte Wort und sagte nichts mehr. Er selbst jedoch lag wach, und seine Gedanken eilten dahin.

Er versuchte sich vorzustellen, wie Joey wohl aussähe, wenn er älter wäre; und er malte sich aus, wie er eines Tages richtig mit Joey spräche. Er dachte sich aus, was er sagen würde.

„Du und ich, Joey", so würde er sagen, „wir sind uns ähnlich; wir durchschauen alles. Natürlich sind Ezra und George und die andern gute Leute. Sie sind gute, solide Durchschnittsmenschen, und die Welt könnte nicht bestehen, wenn es nicht viele ihresgleichen gäbe; aber sie haben den Funken nicht. Wir müssen den Funken spenden!"

Von Joey, der an der Spitze stand, glitten seine Gedanken rasch über die andern hin, bis hinab zu Evie, die ganz unten stand. War es nötig gewesen, Evie diese ganzen Jahre hindurch zu behalten? Er sann darüber nach. Es hatte ein Wort gegeben, das so etwas deckte. Hieß es nicht Euthanasie? Der „Gnadentod" war es manchmal genannt worden. Doch wer innerhalb einer Schar wie dieser war dazu geeignet, die Verantwortung auf sich zu nehmen, daß jemand wie Evie beseitigt wurde, obwohl sie zweifellos nicht eben ein Glücksquell für sich selbst und für die andern war? Um so etwas zu vollbringen, dachte er, hätten sie eine weit größere und härtere Macht besitzen müssen als die eines Vaters über seine Kinder, eine weit größere Macht als die einer Freundesgruppe, die doch nur andeutungsweise eine öffentliche Meinung darstellte. Irgendwann würde schon etwas geschehen, natürlich nicht mit Evie. Aber es würde unter allen Umständen irgendwann etwas geschehen, und dann galt es zu organisieren und härtere Maßnahmen zu ergreifen.

Seine Phantasie regte sich so mächtig, daß er eine hastige Bewegung machte, als treffe er bereits Gegenmaßnahmen gegen das, was vielleicht geschehen würde.

Entweder hatte auch Em noch nicht geschlafen, oder die plötzliche Bewegung hatte sie geweckt.

„Was ist denn, Liebster?" fragte sie. „Du wälzt dich im Bett herum wie ein kleiner Hund, der träumt, er sei auf der Löwenjagd."

„Irgendwann geschieht etwas!" sagte er; er sprach, als kenne sie bereits den Lauf seiner Gedanken.

„Ja, ich weiß", sagte sie – und augenscheinlich wußte sie tatsächlich um seine Gedanken. „Und dann müssen wir etwas tun. ‚Organisieren.' Ich glaube, so heißt es. Wir müssen etwas tun gegen das, was geschehen ist."

„Du weißt, was ich denke?"

„Ach, vorhin hast du es ja schon gesagt. Du hast es schon sehr oft gesagt. Gerade um die Neujahrszeit sagst du es immer. George redet dann immer von dem Kühlschrank, und du sagst, es werde irgend etwas geschehen. Aber bislang ist nun mal nichts geschehen."

„Ja. Aber irgendwann kommt es. Das kann gar nicht anders sein. Eines Tages habe ich recht."

„Schon gut, Liebster. Zerbrich dir nur weiter den Kopf, und ärgere dich. Wahrscheinlich gehörst du zu der Art von Menschen, die sich nicht wohl fühlen, wenn sie sich nicht über irgend etwas ärgern können – aber das, worüber du dich im besonderen ärgerst, das wird dir, glaube ich, keinen Schaden tun."

Sie sagte nichts mehr, aber sie schob sich an ihn heran, nahm ihn in ihre Arme und umschlang ihn fest. Wie stets gingen von ihrer körperlichen Nähe Trost und Beschwichtigung aus, und er schlief ein.

Aus der geborstenen Rohrleitung des Aquädukts strömte mehrere Wochen lang das Wasser wie ein kleiner Fluß. Es floß kein Wasser mehr in die Reservoire. Gleichzeitig rann das aufgespeicherte Wasser aus Tausenden von Leckstellen, die sich im Laufe der Jahre gebildet hatten; es rann aus den vielen Leitungshähnen, die zur Zeit des Großen Unheils offengeblieben waren; es rann aus den Bruchstellen des Röhrensystems seit der Zeit des Erdbebens. Das Wasser entströmte den Reservoiren, deren Wasserspiegel ständig sank.

2

GANZ wie Ish es erwartet hatte, unternahmen sie nicht das mindeste. Wochen vergingen. Man hörte kein Keuchen und Schimpfen von Männern, die den Kühlschrank den Hügel hinaufschleppten, kein Klappern und Knirschen von Spaten, die Gartenland bereiteten. Ish ärgerte sich dann und wann, aber im allgemeinen ging das Leben seinen Gang, und selbst er tat nichts. Gemäß seinen alten Studentengewohnheiten beobachtete er, auch wenn er nichts tat, und stellte Überlegungen darüber an, was wohl geschehen werde.

War es tatsächlich so, wie er sich manchmal einbildete, daß alle Einzelmenschen noch immer unter einer Art Schock als Folge der plötzlichen Zerstörung ihrer alten Gesellschaft litten? Seine anthropologischen Studien lieferten ihm Beispiele dafür: die Kopfjäger und die Indianer, die den Willen zur Selbstbehauptung und sogar den Willen zum Leben eingebüßt hatten, nachdem ihre überlieferte Form der Lebensführung gewaltsam zerstört worden war. Wenn sie nicht länger auf Kopfjagd gehen oder hinausreiten konnten, um Pferde zu stehlen oder Skalpe zu erbeuten, stand ihnen der Wunsch nach nichts anderem mehr. Da man in einem milden Klima lebte und sich ohne alle Mühe Nahrungsmittel verschaffen konnte, fehlte da nicht einfach der Anreiz zum Wandel? Er konnte mit allen möglichen Beispielen dafür aufwarten: den Südseeinsulanern oder den Tropenvölkern. Oder war das etwas anderes?

Heftige Regengüsse in der Woche nach dem Neujahrsfest hatten das Fallen des Wasserspiegels im Reservoir verlangsamt. Dann setzte etwas früher als üblich die winterliche Trockenzeit ein.

Wie das Blut eines Ungeheuers aus hunderttausend Wunden, so strömte das lebenspendende Wasser aus hunderttausend offenen Leitungshähnen und lecken Verbindungsmuffen und gebrochenen Röhren.

Und jetzt, da der stillstehende Pegel anzeigte, daß die Tiefe unlängst noch sechs Meter betragen hatte, bedeckte nur noch eine dünne Wasserschicht den Boden des Reservoirs.

Als Ish an jenem Morgen erwachte, stellte er fest, daß es ein sonniger Tag war und daß er gut geschlafen hatte und sich erholt und ausgeruht fühlte. Em war schon aufgestanden, und er vernahm vom unteren Stockwerk her die vertrauten Geräusche, die ankündigten, daß das Frühstück bald fertig sei. Er lag noch ein paar Minuten still, völlig mit sich selbst im Einklang, und gelangte langsamer als sonst zum vollen Bewußtsein. Er empfand es als einen glücklichen Zustand, daß er, wenn er wollte, noch ein Weilchen im Bett bleiben konnte, nicht nur am Sonntagmorgen, sondern jeden Tag. In dem Leben, das sie jetzt führten, brauchte man nicht mißtrauisch nach der Uhr zu schauen, und es bestand weder für ihn noch für sonst jemand die Notwendigkeit, den 7-Uhr-53-Zug zu erreichen. Er erfreute sich größerer Freiheit, als irgend jemand in den Alten Zeiten es sich hätte erträumen können. Bei dem ihm eigenen Temperament lebte er jetzt vielleicht sogar glücklicher, als er damals hätte leben können.

Als er sich dazu bereit fühlte, stand er auf und rasierte sich. Es floß kein heißes Wasser, aber das machte ihm nichts aus.

Er zog sich an, ein neues Sporthemd und Jeans. Er fuhr mit den Füßen in seine bequemen Hausschuhe, ging die Treppe hinab und steuerte auf die Küche zu.

Als er an die Tür kam, hörte er Em sagen, und zwar in schärferem Ton, als sie für gewöhnlich sprach: „Josey, Kind, warum drehst du denn den Wasserhahn nicht weiter auf?"

„Aber Mutter, ich habe ihn so weit aufgedreht, wie ich kann."

Ish trat in die Küche und sah, wie Josey den Teekessel unter den Leitungshahn hielt und wie nur ein dünnes Wassergetröpfel daraus hervorkam.

„Morgen!" sagte er. „Ich glaube, George muß mal kommen und den Hahn anders einstellen. Josey, warum gehst du nicht in den Garten und holst dir Wasser von einem der Leitungshähne draußen?"

Josey trottete willfährig davon, und als sie draußen war, nahm Ish die Gelegenheit wahr, küßte Em und erzählte ihr, was er an diesem Tag tun wolle. Nach einer kleinen Weile kam Josey mit einem Kessel voll Wasser zurück.

„Das Wasser draußen ist einen Augenblick ganz gut gelaufen, und dann hat es angefangen, auch nur zu tröpfeln", sagte sie und stellte den Kessel auf den Kocher.

„Wie dumm!" sagte Em. „Wir brauchen noch Wasser zum Geschirrabwaschen."

Ish erkannte aus dem Stimmklang, was das bedeutete. Jetzt war es so weit, daß die Männer wieder einmal gezwungen waren, helfend einzugreifen.

Das Frühstück war im Eßzimmer aufgetragen worden, und der Tisch sah genauso aus wie in den Alten Zeiten. Ish saß am einen Ende und Em am andern. Es waren jetzt nur noch vier Kinder im Hause. Robert, der sechzehn Jahre alt und nach den Maßstäben des „Stammes" also beinahe erwachsen war, saß an der einen Tischseite. Neben ihm saß der zwölfjährige Walt, der für sein Alter sehr groß und tüchtig war. Und auf der anderen Seite, dicht neben der Küchentür, saßen Joey und Josey, denen es oblag, bei der Bereitung des Frühstücks zu helfen und den Tisch zu decken und später beim Geschirrabwaschen mit Hand anzulegen.

Es gab Grapefruitsaft, natürlich aus Dosen. Ish hegte seit langem ernstliche Zweifel, ob im Laufe der Zeit noch etwas an Vitaminen in dem konservierten Saft übriggeblieben sei. Selbst der Geschmack war schal geworden. Aber sie tranken den Saft nach wie vor, weil er dem

Magen guttat. Es gab keine Eier, weil es seit dem Großen Unheil keine Hühner mehr gab. Es gab keinen Speck, weil konservierter Speck jetzt schwer zu finden war und weil es in der Nachbarschaft, soweit sie hatten feststellen können, keine Schweine gab. Aber es gab schöne, gebratene, gebräunte Rinderrippen, die den Speck vortrefflich ersetzten, selbst für Ishs Geschmack. Ish und Em waren es gewohnt gewesen, Röstbrot oder Körnerspeisen zu essen, und da die Ratten und die Kornwürmer alles Mehl und alle Kartons mit Getreideflocken zerstört hatten, aßen sie Maismehl aus Dosen, aus dem sie sich einen Brei kochten, der als Bestandteil ihres Frühstücks herhalten mußte. Sie aßen ihn mit Kondensmilch, und sie süßten ihn mit weißem Kochsirup, weil neuerdings kein Zucker aufzutreiben war. Die Erwachsenen tranken auch Kaffee. Ish tat Milch und Kornsirup in den seinen; Em trank ihren lieber schwarz und ungesüßt. Der in luftleere Dosen verpackte Kaffee hatte wie der Grapefruitsaft viel von seinem Aroma eingebüßt.

Nachdem Ish gegessen hatte, ließ er sich im Wohnzimmer in einem bequemen Sessel nieder, nahm eine Zigarette aus dem Behälter und zündete sie an. Aber die Zigarette schmeckte ihm nicht so recht. Man konnte keine in luftleeren Blechdosen verpackten mehr auftreiben, und die gewöhnlichen waren in ihren Packungen fast völlig trocken geworden, so gut die Packungen auch sein mochten. Des weiteren aber konnte er seiner Zigarette nicht froh werden, weil ihm sein Gewissen zu schaffen machte. Von der Küche her konnte er undeutlich Em und die Zwillinge hören, und er merkte, daß sie noch immer Mühe hatten, Wasser zu bekommen.

Ich muß doch mal zu George hinübergehen, dachte er, damit er das Rohr reinigt oder nachsieht, was damit los ist. Er stand auf und ging hinaus.

Auf dem Wege zu George blieb er bei Jeans Haus stehen, um Ezra herauszuholen. Nicht daß Ezra hier hätte helfen können oder daß er Ezra für seine Besprechung mit George gebraucht hätte; sondern einfach, weil er gern mit Ezra zusammen war. Er klopfte, und Jean kam an die Tür.

„Ez ist nicht hier“, sagte sie. „Diese Woche ist er drüben bei Molly.“

Ish wandte sich zum Gehen; aber da fiel ihm etwas ein, und er machte wieder kehrt. „Ach Jean“, sagte er. „Sag mal, fließt bei euch heute morgen das Wasser richtig?“

„Nein", sagte Jean. „Es tröpfelt nur so ein ganz klein bißchen." Sie schloß die Tür, und Ish schritt die Vortreppe hinunter und wandte sich Mollys Haus zu. Es überrieselte ihn plötzlich kalt bei einer bösen Ahnung.

Er traf Ezra bei Molly und stellte fest, daß wenigstens dort keine Schwierigkeiten mit dem Wasser bestanden. Das konnte aber darauf beruhen, daß ihr Haus ein paar Meter tiefer als das Jeans lag, so daß das Wasser noch nicht aus den Röhren gelaufen war.

Sie gingen zu Georges Haus hinüber, das sauber und schmuck hinter dem frisch weißgestrichenen Lattenzaun stand. Maurine führte sie ins Wohnzimmer und sagte ihnen, sie möchten Platz nehmen und warten, während sie George holte, der sich wie gewöhnlich draußen betätigte. Ish setzte sich in einen der großen, plüschbezogenen, überreich mit Stoff drapierten Sessel. Dann schaute er sich, wie er es immer tat, in dem Wohnzimmer um und war verblüfft und amüsiert. Georges und Maurines Wohnzimmer sah genauso aus wie das Wohnzimmer eines wohlhabenden Zimmermanns in den Zeiten vor dem Großen Unheil. Sie hatten Hängelampen mit rosa Schirmen und Troddeln und Quasten. An der Wand standen eine sehr kostspielige elektrische Uhr und eine prachtvolle Stereoanlage. Auch ein Fernsehgerät war da. Auf beiden Tischen lagen sorgfältig ausgebreitete Deckchen, um allem ein nettes Aussehen zu geben, und auf dem einen Tisch fanden sich mehrere Stapel volkstümlicher Zeitschriften.

Sie hörten George durch den rückwärtigen Eingang hereinkommen, und dann stand seine ungefüge Gestalt in der Tür. Er hielt ein Rohrknie in der einen Hand und trug, wie stets, seinen Arbeitsanzug, der ziemlich schmutzig und mit Ölfarbflecken bedeckt war. Er hätte jeden Tag neue Arbeitskleidung anziehen können, aber offensichtlich fühlte er sich in der alten, gewohnten sehr viel wohler.

„Tag, George", sagte Ezra, der immer das erste Wort haben mußte.

„Morgen, George", sagte Ish.

George schien einen Augenblick auf seiner Zunge herumzukauen, als überlegte er sich, was in dieser Situation getan werden müsse. Dann sagte er: „Morgen, Ish ... Morgen, Ezra."

„Sag mal, George", sagte Ish, „es läuft heute morgen bei Jean und bei uns das Wasser nicht. Wie ist es hier damit?"

Es entstand eine Pause.

„Hier läuft es auch nicht", erklärte George.

„Na ja", sagte Ish. „Und was tust du nun?"

George zögerte; dann antwortete er: „Ja, wenn es drüben auch nicht läuft, dann brauche ich weiter nicht nachzusehen, ob meine Leitung verstopft ist! Ich war gerade dabei. Ich glaube, es ist ein Bruch oder eine Verstopfung in der Hauptleitung, die zu all diesen Häusern führt."

„Vermutlich hast du recht, George", sagte Ish. „Aber was tun wir jetzt?"

George: „Ich tue gar nichts."

Wie Em dachte George wohl, daß dies außerhalb seines Zuständigkeitsbereichs liege. Hätte es sich um einen tropfenden Wasserhahn oder ein verstopftes Klosett gehandelt, so würde er sich mit Freuden an die Arbeit gemacht haben. Aber er war kein Techniker und alles andere als ein Ingenieur.

So mußte, wie stets, Ish die Führung übernehmen. „Woher kommt unser Wasser eigentlich?" fragte er aus diesem Impuls heraus.

Die beiden andern schwiegen. Es war seltsam. Sie hatten hier einundzwanzig Jahre lang Wasser benutzt, das zu fließen fortfuhr, und niemals hatten sie darüber nachgedacht, woher das Wasser eigentlich kam. Es war eine Gabe der Vergangenheit gewesen, wie die Luft, wie die Dosen mit Bohnen und die Flaschen mit Tomatenketchup, die man sich verschaffen konnte, indem man mir nichts, dir nichts in einen Laden hineinging und sie sich aus den Regalen nahm. Zwar hatte Ish bisweilen ein wenig darüber nachgedacht und sich gefragt, wie lange das Wasser wohl noch fließen würde, und er hatte sogar erwogen, was sie tun sollten, um sich eine andere Quelle zu erschließen. Doch es war nie soweit gekommen, etwas zu unternehmen. Wasser, das schon eine ganze Reihe von Jahren gelaufen war, würde wohl auch noch eine Reihe von Jahren laufen, und so bestand keinerlei dringende Veranlassung, etwas zu unternehmen. In all diesen Jahren hatte es bis auf den heutigen keinen einzigen Tag gegeben, daß ein unmittelbarer Grund vorgelegen hätte, sich zu sagen: Heute muß irgend etwas für die Wasserversorgung geschehen.

So blickte Ish jetzt von George zu Ezra und bekam keine Antwort auf seine Frage. Er bemerkte, daß er sie selbst beantworten mußte.

„Irgendwie muß unser Wasser aus der alten städtischen Wasserversorgung kommen", sagte er. „Oder vielmehr: gekommen sein. Das alte Röhrensystem besteht noch. Ich glaube, das Beste, was wir tun können, ist, hinauf zum Reservoir zu gehen und nachzusehen, ob noch Wasser darin ist."

„In Ordnung", sagte Ezra, bereitwillig wie stets, „aber wir sollten vielleicht mal sehen, wie die Jungs darüber denken."

„Nein", sagte Ish. „Die haben keine Ahnung. Wenn es sich um Jagd oder Fischfang handelte, könnten wir die Jungs fragen. Aber hiervon verstehen sie nicht das mindeste."

Sie gingen hinaus, riefen die Hunde, schirrten sie an und spannten sie vor die Wagen. Das Reservoir lag nur etwa anderthalb Kilometer entfernt, aber seit der Puma Ish angefallen hatte, war er ein schlechter Fußgänger. Die Hunde zusammenzutreiben und alles fertigzumachen kostete immer einige Zeit. In solchen Minuten bedauerte Ish, daß die Pferdezucht zu einer vergessenen Kunst geworden war. In der näheren Umgebung gab es zwar keine wilden Pferde; aber er war überzeugt davon, daß man weiter östlich in den freien Ebenen des San-Joaquin-Tales so viele Pferde finden könnte, wie man nur wollte. Das ärgerlichste war nur, daß die drei Männer Stadtmenschen gewesen waren und einzig mit Autos umgehen konnten; keiner von den dreien kannte sich in Pferdezucht und Pferdedressur aus, und so hatten sie nie den Versuch unternommen, Pferde zu halten. Im Grunde waren die Hunde auch in vieler Hinsicht bequemer, weil sie wenig Pflege beanspruchten und mit Abfällen von den vielen Rindern gefüttert werden konnten, die ringsum ohne Schwierigkeit getötet wurden. Wenn man dagegen Pferde hielt, so mußte man auf gute Weideplätze bedacht sein und sie vor Wölfen schützen. Im großen ganzen also waren, nachdem Autos nur noch mühsam in Betrieb zu halten waren, die Hundegespanne die einfachste Lösung des Transportproblems, und George hatte nur zu gern die kleinen Wagen gefertigt und fortlaufend repariert.

Sie verließen die Hundefuhrwerke am Fuße der letzten Anhöhe und stiegen den alten Pfad hinauf, wobei sie sich den Weg durch dichtes Brombeergestrüpp bahnten. Sie traten an den Rand des Reservoirs und schauten in das leere Bassin. An ein paar tieferen Stellen stand noch ein bißchen Wasser, aber das Abflußrohr ragte in die leere Luft. Sie standen längere Zeit da und schauten, und schließlich sagte Ezra: „Da haben wir den Salat!"

Sie besprachen ein wenig die Möglichkeiten, aber ohne allzuviel Interesse oder Überzeugung. Die regnerische Jahreszeit hatten sie schon zur Hälfte hinter sich, und so bestand nur geringe Aussicht, daß der Regen das Reservoir wieder füllen würde. Sie stiegen den Pfad wieder hinab, setzten sich in die Hundefuhrwerke und fuhren heim.

Alle kamen in Ishs Haus zusammen und vernahmen den Bericht. Als sie ihn angehört hatten, schauten die älteren Leute so trübselig drein, daß die Kinder davon angesteckt wurden; und ein kleiner Junge, der noch gar nicht verstehen konnte, um was es sich handelte, fing an zu weinen. Im Wirrwarr der Unterhaltung wurde bald klar, daß keiner befürchtete, nun zu verdursten; aber die Frauen waren tief betroffen, daß die Toiletten jetzt nicht mehr funktionieren würden. Sie sagten es nicht geradeheraus; aber sie schienen zu glauben, daß sie nie wieder funktionieren würden. Ihnen allen war, als habe das Leben einen Schritt rückwärts getan.

Die älteren Männer beschäftigte mehr das Problem des Trinkwassers. Als alte Stadtmenschen überlegten sie zunächst Mittel und Wege, Lager von Mineralwasser in Läden und Warenhäusern aufzustöbern. Doch schon bald wurde ihnen klar, daß selbst in der bevorstehenden trockenen Jahreszeit kein wirklicher Wassermangel bestehen konnte. Trotz des langen, regenlosen Sommers war die Gegend keine Wüste, und die kleinen Bäche in den Abflußgräben, denen man bislang nur wenig Aufmerksamkeit geschenkt hatte, mußten das Trinkwasser für all das Vieh und die anderen Tiere liefern, die den Bezirk durchstreiften.

Gerade in diesem Punkte wurde der Unterschied zwischen der älteren und der jüngeren Generation offenbar. Obwohl Ish Geograph gewesen war, konnte er nicht ohne weiteres sagen, ob sich in der Nähe eine Quelle oder ein Bach mit gutem Wasser befand, obwohl er durchaus noch in der Lage war, viele Punkte der Stadt durch Straßennamen und Kreuzungen zu bezeichnen. Die Jüngeren indessen konnten ihm schnell sagen, wo zu dieser Jahreszeit ein Wasserlauf floß oder wo sich Tümpel oder Quellen befanden. Sie konnten diese Stellen nicht durch Nennung der Straßen bezeichnen, aber sie konnten ganz allgemein sagen, wo sie lagen, und sie konnten ohne weiteres hinfinden. So wurden Ishs Kenntnisse durch seinen Sohn Walt erweitert, der ihm auseinandersetzte, daß zu dieser Jahreszeit Wasser in einem kleinen Abzugskanal floß, den Ish kaum je bemerkt hatte, weil er unter der San-Lupo-Promenade durchführte.

Binnen kurzem hatte die anfängliche Betroffenheit sich in ein allgemeines Interesse verwandelt. Einige der Jüngeren wurden mit den Hundegespannen und großen Kanistern losgeschickt, um von der nächsten Quelle Wasser zu holen. Die Älteren fingen tüchtig an, Löcher zu graben und Latrinen zu bauen.

Die Begeisterung hielt mehrere Stunden an, und das Ergebnis war eine bemerkenswerte Menge geleisteter Arbeit. An die stundenlange Handhabung von Pickel und Schaufel war niemand gewöhnt, und gegen Mittag klagten alle über Blasen und Müdigkeit. Als sie zum Mittagessen auseinandergegangen waren, wußte Ish, daß kein einziger zurück zur Arbeit kommen würde. Es war erstaunlich, wieviel Wichtiges für gerade diesen Nachmittag geplant gewesen war: fischen, einen Bullen abstechen, der gefährlich zu werden drohte, Wachteln für das Abendessen schießen. Überdies hatten die begeisterten Jungs inzwischen einen Wasservorrat herangebracht, der für den augenblicklichen Bedarf zum Trinken und Kochen ausreichte. Einen kleinen Wasservorrat oder überhaupt kein Wasser zu haben, das war, psychologisch betrachtet, ein Riesenunterschied. Ein Zwanzigliterkanister in der Küche zerstreute alle Furcht vor Überanstrengung.

Nach dem Mittagessen entspannte Ish sich wieder durch eine Zigarette.

Der kleine Joey kam herein, stand einen Augenblick nervös auf dem linken Fuß da, das rechte Knie eingeknickt, und machte dann kehrt.

„Was ist denn los, Joey?" fragte Ish.

„Gehen wir nicht hinaus und arbeiten noch ein bißchen?"

„Nein, Joey. Heute nachmittag nicht."

Joey balancierte weiter, blickte im Raum umher und sah dann wieder seinen Vater an.

„Geh nur, Joey", sagte Ish freundlich. „Alles steht tadellos! Wir haben zur gewohnten Zeit Unterrichtsstunde."

Joey trottete davon, doch Ish war gerührt und vielleicht gar ein bißchen beschämt durch die stumme Zuneigung, die sein jüngster Sohn ihm entgegenbrachte. Joey konnte kaum die wahren Ursachen begreifen; aber sein behender Geist hatte ihn spüren lassen, daß sein Vater unglücklich war, obwohl es keinerlei Streit zwischen ihm und den anderen gegeben hatte. Ja, Joey war der Richtige!

Seit am Neujahrstage dieser Gedanke zum erstenmal in Ish aufgestiegen war, hatte er die Unterrichtsstunden energisch durchgeführt, und Joey hatte den Stoff ohne die mindeste Schwierigkeit bewältigt. Es bestand sogar die Gefahr, daß er sich zu einem gelehrten Pedanten entwickelte. Er zeigte unter den andern Kindern wenig Eignung zur Führerschaft, und dann waren Ish Zweifel gekommen.

Dieses kleine Geschehnis jetzt eben zum Beispiel! Man konnte daraus auf Intelligenz und Gedanken an die Zukunft schließen, aber auch auf einen Hang, sich der Gesellschaft der Gleichaltrigen zu entziehen, die bei den sportlichen Spielen besser als er waren, und Geborgenheit und Sicherheit in der Nähe des Vaters zu suchen, dessen Sympathie er spürte. Ish hoffte, die andern Kinder würden nicht merken, in welchem Maße Joey sein Liebling geworden war. Es ziemte sich nicht für einen Vater, Lieblingskinder zu haben; aber es war nun eben unverhofft an jenem Neujahrstage dazu gekommen.

Ach, dachte er, warum sich darüber den Kopf zerbrechen? Und plötzlich war ihm, als setze er das alles Em auseinander. Damals am Neujahrstage, da war ich plötzlich überzeugt davon, daß Joey der Erkorene sei. Jetzt hat sich das natürlich wieder verwischt. Vielleicht ist es nur die Empfindung eines Vaters für seinen kleinen Sohn. Später zanken wir uns vielleicht, wie ich es jetzt mit Walt tue. Ja, hoffentlich wird es so. Die anderen Jungs waren nie wie Joey – er ist aufgeschlossen, meine ich, und blitzschnell beim Unterricht. Ich weiß nicht recht. Ich wollte, ich wüßte es. Ich will versuchen, es herauszubekommen.

Als er sich dann eine weitere Zigarette ansteckte, wurde er zornig. Er selbst war nicht so aufgeschlossen gewesen! Er hatte sich viele Gelegenheiten entgehen lassen. Während dieser ganzen Jahre hatte er immerfort gesagt: „Irgend etwas muß geschehen!" Es war nichts geschehen, und sie hatten über ihn gelächelt wie über einen düsteren und nicht weiter wichtig zu nehmenden Propheten. Aber heute morgen war es nun tatsächlich geschehen! Allgemeines Entsetzen hatte geherrscht! Er erinnerte sich der verstörten Gesichter, als er und Ezra und George die Nachricht gebracht hatten. Da wäre es Zeit gewesen, eine Rede mit dem Inhalt: Ich habe es ja gleich gesagt! zu halten. Er hätte es ihnen eintrichtern sollen. Er hätte die Zukunft in den schwärzesten Farben malen sollen. Vielleicht hätte er dann etwas erreicht.

Vielleicht war er selbst im ersten Augenblick etwas verstört gewesen; denn nun hatten sie alle das Geschehnis so leicht wie möglich genommen, nach der leichtesten Abhilfe gesucht und so die Schneide dessen abgestumpft, was ihnen als ein Verhängnis hätte erscheinen müssen. Der „Stamm" hatte getan, als gäbe es überhaupt keine Schwierigkeiten. Vier oder fünf Stunden danach hatten sie augenscheinlich bereits wieder in das alte Leben unter der Devise: Es wird schon alles gutgehen! zurückgefunden.

Aber dennoch mußten noch die Nachwirkungen des Schocks und das Gefühl der Unsicherheit fortleben. Ein paar waren fischen gegangen und ein paar auf Wachteljagd, und Ish hatte schon zwei Schüsse gehört. Doch sie alle mußten die Empfindung haben, daß sie Unverantwortliches taten oder sich sogar schuldig machten, indem sie die wichtigere Arbeit im Stich ließen. Am Abend würden sie müde heimkommen und dann entgegengesetzt reagieren. Dann wollte er sie alle zu einer Versammlung zusammenrufen. Wenn das Eisen auch nicht glühend rot würde, so konnte es wenigstens ein bißchen angewärmt werden.

Widersinnigerweise drückte er seine zweite nach dem Essen angesteckte Zigarette aus und lehnte sich in dem großen Sessel zurück, um es sich behaglich zu machen und, nicht von trüben Gedanken heimgesucht, auszuruhen.

Ja, dies ist behaglich, dachte er. Dies ist ...

In diesen Tagen werden sie aufs Meer hinausschauen und plötzlich aufschreien: „Ein Schiff, ein Schiff! ... Ja, sicher, ein Schiff ... Siehst du nicht die Rauchfahne? ... Ja, es nimmt Kurs auf unseren Hafen!" Dann werden sie alle fröhlich sein und heiter sagen: „Warum nur waren wir verzweifelt? Es war doch zu erwarten, daß die Zivilisation nicht überall vernichtet war! Natürlich, ich habe es ja immer gesagt. In Australien, in Südafrika, an einer der einsamen Stätten – oder auf einer der Inseln." Doch es wird kein Schiff da sein, nur ein leichtes Wölkchen am Horizont.

Oder einer wird aus dem Nachmittagsschlummer erwachen und hastig nach oben schauen. „Natürlich! Ich wußte ja, daß es so kommen mußte! Das war ein Flugzeugmotor. Kein Irrtum ist möglich." Doch dann sind es nur die Heuschrecken im Gebüsch gewesen, und kein Flugzeug wird kommen.

Ja, das ist behaglich, dachte der in dem großen Sessel ausgestreckte Ish. Und dann fuhr er plötzlich auf. Auf der Straße hatte es zweimal laut geknallt, und er wußte sofort, daß es nur die Fehlzündungen eines schweren Lastwagens sein konnten! So schnell, daß es überhaupt keine Zeit beansprucht zu haben schien, stand er auf dem Bürgersteig vor dem Hause, und es hielt tatsächlich mitten auf der Straße ein Lastwagen. Es war ein schöner, großer, hellrot gestrichener und blau abgesetzter Lastwagen, und in großen weißen Lettern stand auf der Seite: „Regierung der Vereinigten Staaten." Ein Mann stieg aus dem Lastwagen, und obwohl er ihn gefahren hatte, trug er Cutaway und Zylinder. Der Mann sagte nichts, aber Ish wußte natürlich, daß es der Gouverneur von Kalifornien war. Ish durchflutete ein unaussprechliches Glücksgefühl. Denn nun gab es wieder Sicherheit und eine eingesetzte Autorität und die Kraft der vielen anstatt nur die Kraft weniger inmitten der sie umgebenden Finsternis; nun war er, Ish, nicht länger ein schwaches, verstoßenes Kind, das einsam durch eine weite, feindselige Welt wanderte ...

In der Bestürzung durch ein Glück, das zu groß war, als daß es hätte ertragen werden können, erwachte Ish. Das Innere seiner Hände war feucht, und sein Herz pochte heftig. Als er in dem vertrauten Raum umherblickte, schwand das Glücksgefühl hin wie ein sterbendes Licht, und an seine Stelle trat ein unaussprechliches Schmerzgefühl.

Nach einer Weile verblaßte der Schmerz gleichfalls, als Ish wieder ganz bei Bewußtsein war. Jenes heftige, geträumte Glücksgefühl, das so überwältigend gewesen war, daß er davon aufwachte: Jetzt wußte er, daß es von einem oft geträumten Traum ausgegangen war – „Wunschtraum" nannte man so etwas. Wie viele Male im Verlauf dieser einundzwanzig Jahre hatte er ihn in dieser oder jener Form geträumt. Freilich nicht während der beiden ersten Jahre; es schien, als sei sein Gefühl der Einsamkeit und der Unsicherheit mit den Jahren gewachsen, immer schneller, ohne daß die Geburt neuer Kinder dem hätte entgegenwirken können.

Inzwischen waren seine Gedanken zur wirklichen Welt zurückgekehrt. Er richtete sich im Sessel auf. Aus der Stellung der Sonne schloß er, daß er eine Stunde geschlafen hatte. Wieder hörte er das ferne Knallen der Schüsse der Wachteljäger. Er lächelte schwach, als er das Knallen mit den Fehlzündungen des Lastwagens in Verbindung brachte. Jedenfalls aber wollte er sich jetzt daranmachen, die andern zu der Versammlung einzuberufen, die er für den Abend geplant hatte.

Die Wasserversorgung blieb während dieses Tages kärglich; aber es litt wenigstens niemand Durst. Am Abend versammelten sich die Älteren, unter ihnen Robert und Richard, die erst sechzehn waren, auf Ishs Einladung hin in seinem Hause.

Es führte niemand den Vorsitz. Manchmal forderte man Ish auf, etwas anzuordnen; aber diese Achtungsbezeigung, so meinte er, rührte wohl daher, daß er eine ohnehin anerkannte natürliche Führerstellung seiner Intelligenz wegen genoß, oder vielleicht einzig daher, daß er der Gastgeber war. Kein Schriftführer hielt fest, was gesprochen wurde. Es wurden keine Anträge gestellt, und es wurde auch nicht abgestimmt. Wie stets war es mehr ein geselliges als ein parlamentarisches Beieinandersein. Ish hörte den Gesprächen über das Für und Wider zu.

„Mir fällt gerade ein: Wer weiß denn im voraus, ob in dem Brunnen überhaupt Wasser sein wird?"

„Ist es denn überhaupt ein Brunnen, wenn kein Wasser drin ist?"

„Ja, dann wird es vielleicht nur ein Loch in der Erde?"

„Vielleicht wäre es besser, wenn wir ein Rohr zu einem Bach oder einer Quelle legten und es an unsere alten Leitungen anschlössen?"

„Wie denkst du darüber, George? Das klingt doch ganz vernünftig?"

„... Ja, natürlich ... Ich glaube, ja ... Jaja ... Ich könnte ja ein paar Rohre zusammenlöten."

„Aber es gibt dann wohl Streitigkeiten, wenn alle auf einmal Wasser haben wollen."

„Müßten einen Damm bauen, ein Erddamm wäre ganz das Richtige, dann bekäme das Wasser ein bißchen Druck."

„Meinst du, das brächten wir zustande?"

„... 'türlich ... Kostet bloß ein bißchen Arbeit."

Als die Unterhaltung beinahe gemütlich weiterging, überkam Ish nach und nach Unmut. Ihm war, als bedeute dieser Tag einen Rückschritt, eine versäumte, unwiederbringliche Gelegenheit. Er merkte, daß er aufgestanden war, und nun hielt er gar den zehn Leuten, die vor ihm saßen, eine richtige Rede.

„Dies hätte nicht geschehen dürfen", sagte er. „Dies hätten wir nicht über uns kommen lassen dürfen. Jederzeit während des letzten halben Jahres hätten wir feststellen können, daß das Wasser in dem Reservoir abnahm; aber nie sind wir hingegangen, um nachzuschauen. Und nun sitzen wir da, nachdem das Unglück über uns hereingebrochen ist, und fühlen uns beiseite gedrängt und sind vielleicht nie wieder imstande, die Sache ins reine zu bringen. Wir haben zu viele Fehler begangen. Wir hätten den Kindern Lesen und Schreiben beibringen sollen. Wir hätten eine Expedition hinausschicken sollen, um zu erfahren, was anderswo geschieht. Es ist von Übel, wenn man nicht einmal weiß, was jenseits der Berge los ist. Wir hätten uns mehr Haustiere halten sollen, wenigstens ein paar Hühner. Wir hätten Ackerbau treiben müssen ..."

Als er dann in voller Fahrt war, klatschte jemand in die Hände, und er hielt wohlgefällig inne, um den Beifall entgegenzunehmen. Aber sie lachten alle nur gutmütig, und abermals merkte er, daß der Beifall ironisch gemeint war.

Durch das Geräusch des Händeklatschens hindurch hörte er einen der Jungs sagen: „Der gute alte Papa! Nun hat er wieder seinen alten Kohl aufgewärmt!"

Und ein anderer fiel ein: „Nun fehlt bloß noch George mit seinem Kühlschrank!"

Ish stimmte in das Gelächter ein. Diesmal war er nicht zornig, sondern betroffen darüber, daß er, ohne es zu wissen, sich selbst wiederholt und, was schlimmer war, abermals die Gelegenheit verpaßt hatte. Dann ergriff Ezra das Wort, der gute Ezra, der immer schnell bei der Hand war, die Verlegenheit irgend jemandes auszulöschen.

„Ja, es ist zwar die alte Rede, aber es war etwas Neues darin. Wie wäre es, wenn wir tatsächlich eine Expedition ausschickten?"

Zu Ishs Überraschung entspann sich eine lebhafte Diskussion, in deren Verlauf ihn abermals die Eigenschaften der Menschen betroffen machten, wenn sie zu einer Gruppe vereinigt waren. Ohne sich viel dabei zu denken, hatte er einen neuen Gedanken in Umlauf gesetzt; er war unwillkürlich den Geschehnissen des Tages entsprungen, der Überraschung darüber, daß sie sich nicht einmal die Mühe gemacht hatten, das Reservoir zu inspizieren. Er selbst betrachtete den Gedanken als den am wenigsten wichtigen seiner Anregungen; aber dieser Gedanke war der einzige, der die Gruppenphantasie anfachte. Plötzlich war er der Lieblingsgedanke aller, und Ish tat wie alle und trat lebhaft für ihn ein. Er empfand es als besser, wenn irgend etwas unternommen wurde – etwas, das den allgemeinen Stumpfsinn unterbrach.

Bald spürte er, wie ihn selbst die Begeisterung packte. Schon nach fünf Minuten redeten sie alle von einer Expedition über den ganzen Kontinent.

„Für einen Fußmarsch ist das zu weit."

„Ebenso für Hundegespanne."

„Pferde würden es schaffen, wenn wir welche hätten."

„Drüben in dem großen Tal sind sicher welche."

„Dauert viel zu lange, sie zu fangen und zu dressieren."

Im Zuhören durchkreuzte ein weiterer Gedanke Ishs Gehirn. Sein alter Traum, der, den er an diesem Nachmittag wieder geträumt hatte! Wußten sie denn ganz bestimmt, daß es keine Regierung der Vereinigten Staaten mehr gab? Und selbst wenn es eine Zeitlang keine gegeben hatte: Sie konnte sich doch inzwischen wieder gebildet haben. Natürlich war sie dann klein und schwach und wohl noch nicht imstande gewesen, die Verbindung mit der Westküste wieder aufzunehmen. Darum mußten sie aus eigener Kraft die Verbindung herstellen.

Ein anderer merkwürdiger Zug war, daß beinahe alle fortzugehen wünschten! Es war der beste Beweis, daß die Menschen, die Männer zumindest, mit Wanderfüßen geboren werden und stets bereit sind, irgendwohin zu ziehen und Neues zu sehen. Es erhob sich die Frage der Auswahl. Ish schied aus, kaum daß er dagegen protestierte, weil er, seit der Puma ihn angefallen hatte, in seiner Bewegungsfähigkeit behindert war. George war zu alt. Ezra wurde trotz seiner beredt vorgebrachten Einwände abgelehnt, weil er von allen der schlechteste Schütze war und wirklich ganz und gar nicht dazu geeignet, draußen für sich selbst aufzukommen. Was die „Jungs" betraf, so stimmten alle, ausgenommen sie selber, darin überein, daß sie ihre Frauen und Kinder nicht verlassen durften. Schließlich entschied man sich für Robert und Richard, die zwar noch reichlich jung waren, aber sehr wohl imstande, für sich einzustehen. Ihre Mütter, Em und Molly, schauten zweifelnd drein; doch die Begeisterung der Versammlung schwemmte ihre Einwände weg. Robert und Richard waren hingerissen.

Die heikelsten Fragen waren natürlich die des einzuschlagenden Weges und die der Beförderungsmittel. Während der letzten paar Jahre hatte niemand ein Auto benutzt, und mehrere ehemals sehr schöne Wagen standen verloren und verwahrlost längs der San-Lupo-Promenade auf hoffnungslos schlappen Reifen; die Kinder benutzten sie für ihre Spiele. Die Mühe, ein Auto in Betrieb zu halten, überstieg die Freude daran, und die Straßen nach allen Richtungen waren dermaßen blockiert durch umgefallene Bäume und die Ziegel der Schornsteine, die beim Erdbeben zusammengestürzt waren, daß wenig dabei herausgekommen wäre, hätte man versucht, Autofahrten durch die Stadt zu unternehmen, selbst wenn sich ein betriebsfähiges

Auto gefunden hätte. Den Ausschlag gab, daß keiner der Jüngeren wußte, wieviel Spaß es macht, unter günstigen Bedingungen ein Auto zu steuern, und so hatten sie kein Interesse daran. Und schließlich: Wohin sollte man fahren, wenn man einen Wagen hatte? Es gab keine Freunde am andern Ende der Stadt, die man hätte besuchen können, und keine Kinos. Um Dosen und Flaschen aus den Läden nach Hause zu befördern, reichten die Hundegespanne vollauf, und sie wurden auch bei den Fischfangfahrten zur Küste benutzt.

Doch die Älteren waren sich einig, daß es nach wie vor möglich sein müsse, ein Auto wieder betriebsfertig zu machen und auch größere Entfernungen mit ihm zu bewältigen, trotz der schadhaften Reifen, wenn man die Geschwindigkeit auf etwa dreißig Stundenkilometer herabminderte. Und im Vergleich zu einem Hundefuhrwerk fuhr man dann rasend schnell! Schnell genug, um New York in etwa einem Monat mit Leichtigkeit zu erreichen, vorausgesetzt, daß die Straßen passierbar waren.

Das war der andere schwierige Punkt – die Straßenverhältnisse! Ish war plötzlich in seinem Element, indem er seine alten geographischen Kenntnisse ausspielte. In östlicher Richtung, über die Sierra Nevada hinaus, würde alles durch umgefallene Bäume und Erdrutsche blokkiert sein, und um die nach Norden führenden Straßen war es wohl ebenso bestellt. Die beste Möglichkeit bestand wohl, wenn man durch das offenere Land im Süden fuhr, also die Straße, die Ish vor langer, langer Zeit auf seiner Fahrt nach New York benutzt hatte. Die Straßen durch die Wüste würden wahrscheinlich noch im gleichen Zustand wie früher sein. Vielleicht standen die Brücken über den Coloradostrom noch, vielleicht auch nicht. Das einzige Mittel, das herauszubekommen, war, loszufahren und sich zu überzeugen.

Je mehr seine Erregung wuchs, desto deutlicher erstanden vor Ishs innerem Auge die alten Autokarten, und so arbeitete er denn die Fahrstrecke nach Osten aus. Die Gebirge jenseits des Colorado waren wohl nicht allzu schwierig zu bewältigen, und dann kamen vorerst keine größeren Flüsse, bis man bei Albuquerque an den Rio Grande gelangte. Wenn dann die Überquerung der Sandiaberge gelang, lag Flachland vor einem, und je weiter man nach Osten kam, desto mehr Straßen standen einem zur Verfügung. Benzin konnte man nach wie vor an den Tankstellen finden; das würde kein allzu großes Problem sein. Wenn man einmal im Flachland war, so konnte man auch an den Missouri oder den Mississippi gelangen und sogar über diese breitesten aller Ströme hinweg; die hohen Stahlbrücken mußten noch in gutem Zustand sein.

„Welch ein Abenteuer!" rief er laut. „Was gäbe ich darum, wenn ich mitfahren könnte. Ihr müßt überall nach Menschen Ausschau halten – nicht nur nach einem oder zweien, sondern nach Gemeinschaften. Ihr müßt Obacht geben, wie es um andere Gruppen bestellt ist und wie sie ihre Probleme lösen und von neuem anfangen."

Inzwischen waren die Kerzen fast niedergebrannt. Die Uhr zeigte auf zehn, obwohl das nur eine Schätzung war. (Ish kontrollierte die Zeit einmal innerhalb eines gewissen Zeitabschnittes, indem er mittags den Schatten beobachtete, und die große Uhr in seinem Wohnzimmer galt für die Gemeinschaft als Normaluhr.) Zweifellos aber war es eine späte Stunde für Menschen, die über kein elektrisches Licht verfügten und die sich allmählich daran gewöhnt hatten, sich fast ausschließlich des Sonnenlichts zu bedienen.

Die anderen waren aufgestanden und verabschiedeten sich. Als sie gegangen waren, schickten Ish und Em Robert zu Bett und machten sich daran, das Wohnzimmer aufzuräumen.

Als sie damit fertig waren, setzten sie sich auf die Couch, und Ish rauchte eine letzte Zigarette. Seine Gedanken gingen zur Diskussion dieses Abends zurück. Obwohl alles eine andere Wendung genommen, als er es ursprünglich geplant hatte, hatte er doch die Empfindung, daß etwas Wichtiges erreicht worden sei.

3

ALS er am nächsten Morgen erwachte, war Em schon aufgestanden. Er lag still, entspannt und glücklich da. Dann schien sein Geist sich plötzlich etwas anderem zuzuwenden und Halt zu finden – und sogleich fing er an zu denken und Pläne zu schmieden. Nach einer Minute überkam ihn eine leichte Verärgerung. Du denkst zu viel! sagte er zu sich selbst. Warum erlaubte sein Gehirn ihm nicht, wie es bei anderen Menschen der Fall war, zu ruhen und glücklich zu sein, ohne daß er sich Gedanken über die Zukunft machte, entweder über die nächsten vierundzwanzig Stunden oder über die nächsten vierundzwanzig Jahre? Warum konnte er nicht einmal sechzig Sekunden lang still daliegen? Nein, dann überfiel ihn etwas, und wenngleich sein Körper still lag, begann sein Geist zu arbeiten und kam in Gang wie eine leerlaufende Maschine. Eine Maschine, ein Motor? Nun, freilich, heute mußte er sich mit Motoren befassen!

Der Morgen war hell und sonnig. Obwohl die Luft kühl war, trat er auf den kleinen Balkon hinaus, blieb dort stehen und schaute nach Westen. Im Laufe der vielen Jahre waren die Bäume überall größer geworden; doch noch immer konnte er den Berggipfel und ein gutes Stück der Meeresbucht mit den beiden Brücken sehen.

Die Brücken, ja, die Brücken! Ihm bedeuteten sie nach wie vor die imposantesten Überbleibsel der großen Vergangenheit. Die Kinder indessen hielten die Brücken für etwas, das sich kaum von Hügeln oder Bäumen unterschied; sie waren einfach etwas, das da war. Für Ish jedoch zeugten die Brücken täglich von der Macht und dem Ruhm dessen, was Zivilisation gewesen war.

Die Golden-Gate-Brücke hatte er schon viele, viele Jahre lang nicht besucht. Solch ein Ausflug hätte einen sehr langen Fußmarsch bedeutet oder sogar eine lange Fahrt im Hundewagen; man hätte über Nacht fortbleiben müssen. Aber er wußte noch ganz genau, wie die Brücke aussah, und selbst von dort aus, wo er stand, konnte er sie deutlich sehen.

Er mußte daran denken, wie sie ehedem gewesen war: sechs Fahrbahnen, auf denen sich Personenautos, Lastwagen, Autobusse geschwind fortbewegten, und darunter die elektrischen Schnellbahnen. Jetzt war, wie er wußte, nur ein einziger Wagen auf der Brücke – der kleine, leere Zweisitzer, der säuberlich am Bordstein stand. Der vergilbte Zulassungsschein hatte, wie er bei seinem letzten Besuch dort gesehen hatte, noch an der Steuersäule gesteckt: John S. Robertson (oder, er konnte sich nicht ganz genau erinnern, vielleicht auch James T.), wohnhaft Nummer soundso auf einer der numerierten Straßen in Oakland. Nun waren die Reifen platt, und der einst hellgrüne Anstrich war zu einem stumpfen Moosgrau verwittert.

An der Oberfläche hatten sie sich verändert. Die Pfeiler, die ihre Spitzen in den Sommerwolken verbargen, die meilenlangen, sich senkenden und steigenden Tragkabel, die massiven Stahlträger – sie warfen nicht länger mit ihrem lichten Silbergrau den Schein der Morgensonne zurück. Über ihnen lag jetzt weich eine Rosthaut, die rotbraune Farbe der Vernachlässigung. Nur auf den Pfeilerspitzen und längs der Kabel, an günstigen Aufsitzplätzen war die ruhige Einförmigkeit unterbrochen durch das tote Weiß der Vogelexkremente.

Ja, während all der Jahre hatten die Seevögel sich hier niedergelassen, die Möwen, die Pelikane und Kormorane.

An der östlichen Auffahrt, wo bei Sturm Salzwasser gegen die seit langem nicht neugestrichenen Stahlträger gespritzt war, hatte der Rost etwas tiefer gefressen. Hätte es noch einen Ingenieur gegeben, so würde er den Kopf geschüttelt und die Auswechslung einiger Bauglieder befohlen haben, ehe er die Brücke wieder für den Verkehr freigab.

Aber das war auch alles. In dem dauerhaften Gefüge der Brücke verteidigte sich die seit langem tote Zivilisation noch gegen Angriffe von Luft und Meer.

Ish riß sich aus der tranceähnlichen Versunkenheit und ging hinein, um sich zu rasieren. Die Berührung mit der Stahlklinge war zugleich beschwichtigend und anregend. Glücklich in der Erwartung zweckvollen Tuns, gedachte er all dessen, was an diesem Tage vollbracht werden sollte. Er mußte sich davon überzeugen, daß an den Abortanlagen und am Brunnen weitergearbeitet wurde. Er wollte weitere Pläne für die Expedition ins Landesinnere entwerfen. Er mußte nachschauen, was sich tun lassen könnte, um wieder ein Auto in Gang zu bringen. Vielleicht, so dachte er in aufwallendem Glücksgefühl, war dies der Tag, da sie wieder auf die rechte Straße gelangten, nicht nur im wörtlichen Sinne mittels eines Autos, sondern auch bildlich – auf die Straße, die zur Wiedergeburt der Zivilisation führte.

Er schraubte den Rasierapparat auseinander und warf die Klinge in den Abfallkasten, in dem bereits eine größere Zahl von Klingen lag. Er dachte nie daran, eine Klinge mehr als einmal zu benutzen, weil ihm so viele Tausende zur Verfügung standen, daß keine Veranlassung zur Sparsamkeit bestand. Und dennoch war das Problem, was man mit den alten Rasierklingen anfangen sollte, merkwürdigerweise noch immer akut. Er erinnerte sich der Scherze, die vor langer Zeit darüber gemacht worden waren. Spaßig, wie ein kleines Ding das gleiche blieb, nachdem so viele große Dinge unwiderruflich anders geworden waren!

Nach dem Frühstück ging Ish hinüber, um sich mit Em zu besprechen. Sie setzten sich auf die Stufen der Vordertreppe. Innerhalb kurzer Zeit kamen weitere Menschen heran, und es bildete sich eine kleine Gruppe, wie es stets geschah, wenn zwei ein interessantes Gespräch zu führen schienen. Es wurde hin und her geredet; es wurden naheliegende Witze eingestreut, und die Jüngeren machten derbere Scherze. Im allgemeinen schienen alle sich einig zu sein, daß man wieder an die Arbeit gehen müsse; aber es zeigte niemand sonderliche Eile, damit anzufangen. Die Verzögerung machte Ish wütend.

Schließlich jedoch setzten sich Ezra und die drei jüngeren Männer, begleitet von einem bunten Schwarm kleiner Jungen und Mädchen, in Bewegung, um mit der Arbeit anzufangen. Kaum waren sie aufgebrochen, als eine Art Begeisterung sie überfiel. Alle, selbst Ezra, begannen plötzlich zu laufen, um zu sehen, wer als erster ankommen und mit dem Graben anfangen würde. Ish sah Evie zwischen den übrigen laufen, obwohl sie schwerlich wußte, was sie vorhatten, und ihr blondes Haar wehte wild. Wer als erster anfing, konnte er nicht sagen, aber im Handumdrehen flog die ausgehobene Erde nach allen Richtungen. Er wußte nicht, ob er lachen oder sich ärgern sollte. Sie alle schienen eine ernste Arbeit in eine Art Spiel zu verwandeln, als seien sie absolut unfähig, zwischen Arbeit und Spiel zu unterscheiden. Das war vielleicht sehr schön, aber es kam nicht viel dabei heraus, meinte er, wenn man Arbeit nicht als harte Mühe ansah. Wie die Dinge lagen, würde die spielerische Begeisterung in einer halben Stunde verraucht sein; die Erdschollen würden langsamer fliegen; und dann würden erst die Kinder und bald darauf auch die Älteren sich wahrscheinlich trollen und etwas anderes anfangen.

Wenn sie vereint sich an den Hirsch heranpirschten oder bei der Entenjagd fröstelnd im Schlamm hockten oder ihr Leben bei Klettereien auf der Gemsenjagd aufs Spiel setzten oder unter Geschrei auf den Bären in seinem Lager eindrangen, dann war das keine Arbeit gewesen, obwohl sie dabei oftmals schwer geatmet und müde Glieder gehabt hatten. Wenn die Frauen Kinder gebaren und nährten oder die Wälder nach Beeren und Pilzen durchstreiften oder das Feuer am Eingang der Felsschlucht unterhielten, so war das ebensowenig Arbeit gewesen.

Wenn sie sangen und tanzten und einander liebten, so war das kein Spiel. Durch Gesang und Tanz wurden vielleicht die Geister der Wälder und des Wassers versöhnt. Und was die Ausübung des Liebesaktes betraf, so wurde dadurch und durch die Gunst der Götter der Stamm erhalten.

So durchdrangen Arbeit und Spiel einander während der ersten Jahre stets, und nicht einmal die Wortbezeichnungen dafür standen widereinander. Aber die Jahrhunderte glitten im Fluge dahin, und weitere Jahrhunderte folgten, und viele Dinge erhielten ein anderes Gesicht. Der Mensch erfand die Zivilisation und war über die Maßen stolz darauf. Aber in keiner Beziehung veränderte die Zivilisation das Leben stärker als durch die Verschärfung des Unterschiedes zwischen Arbeit und Spiel, und zumindest diese Scheidung wurde nach und nach noch bedeutsamer als die alte zwischen Schlafen und Wachen. Der Schlaf bekam den Sinn einer Art Erholung und Entspannung, und „Schlafen am Arbeitsplatz" galt als eine verruchte Sünde. Die Menschen stellten Streikposten auf, warfen mit Ziegelsteinen und vollführten Sprengstoffattentate, um der Arbeit eine Stunde abzuziehen und sie der Freizeit hinzuzufügen, und andere Menschen kämpften genauso erbittert, um sie daran zu hindern. Und die Arbeit wurde immerfort drückender und verhaßter, und das Spiel wurde immer künstlicher und fieberhafter.

Einzig Ish und George standen noch an der Vordertreppe. Ish wußte, daß George drauf und dran war, etwas zu sagen. Wie spaßig, dachte Ish. Im allgemeinen machen die Menschen eine Pause, wenn sie etwas gesagt hatten. George machte eine Pause, bevor er etwas sagte.

„Ja", sagte George und machte abermals eine Pause, „ja ..., ich glaube, es ist besser, wenn ich gehe und ein paar Bretter besorge, dann kann ich die Wände abstützen, wenn das Loch tiefer wird."

„Fein!" sagte Ish. Wenigstens George, wußte Ish, würde darauf bedacht sein, die Arbeit zu Ende zu führen. Ihm saß die Gewohnheit, zu arbeiten, von den Alten Zeiten her so tief in den Knochen, daß er vielleicht überhaupt nicht imstande war, richtig zu spielen.

George trollte sich, um nach seinen Brettern zu suchen, und Ish ging zu Robert und Richard, die dabei waren, die Hunde zusammenzutreiben und anzuschirren.

Er traf die beiden Jungs vor seinem Haus. Drei Hundegespanne waren fertig. Aus dem einen Wägelchen ragte ein Gewehrlauf.

Ish wurde einen Augenblick nachdenklich. Mußte noch etwas mitgenommen werden? Er hatte die Empfindung, daß etwas fehlte. „Ach, Robert", sagte er, „geh bitte hinein, und hole meinen Hammer."

„Och, wozu brauchst du den denn?"

„Ja, zu nichts Besonderem, glaube ich. Vielleicht brauchen wir ihn, um eine Tür aufzubrechen!"

„Dazu kannst du doch einen Ziegelstein nehmen", sagte Robert, doch er ging.

Ish nahm die kurze Verzögerung wahr, um das Gewehr nachzusehen, ob das Magazin auch gefüllt war. Das war pure Gewohnheit; aber Ish war der einzige, der sie beibehalten hatte.

Robert kam wieder und überreichte ohne weiteren Kommentar seinem Vater den Hammer. Als Ish den Stiel ergriff, empfand er ein winziges Sicherheitsgefühl. Das vertraute Gewicht des schweren Hammerkopfes dünkte ihn tröstlich. Es war derselbe Hammer, den er vor langer, langer Zeit aufgelesen, kurz bevor die Klapperschlange ihn gebissen hatte. Der Stiel war verwittert und hatte Risse bekommen. Ish hatte oft erwogen, sich aus einer Eisenwarenhandlung einen neuen Stiel zu holen und daran den Hammerkopf zu befestigen. Aber dann hätte er sich ebensogut einen völlig neuen Hammer holen können. Doch er hatte gegenwärtig nur sehr selten Gelegenheit, sich eines Hammers zu bedienen. Um der Tradition willen nahm er ihn an jedem Neujahrstage mit, um die Jahreszahl in den Felsen zu meißeln; aber das hatte nichts mit der praktischen Verwendungsmöglichkeit zu tun, und selbst für jenen Zweck wäre ein leichterer besser geeignet gewesen.

So legte er denn den Hammer zu seinen Füßen in den Wagen und war zufrieden.

„Fertig?" fragte er Robert und Richard, und genau in diesem Augenblick fiel ihm etwas auf.

Halb versteckt hinter den Büschen stand ein kleiner Junge und schaute zu den Wagen herüber. Ish erkannte die schmächtige Gestalt.

„Oh, Joey!" rief er in einem plötzlichen Impuls. „Willst du mitkommen?"

Joey trat aus dem Gebüsch heraus; aber er zögerte. „Ich muß beim Brunnengraben helfen", sagte er.

„Ach, das ist nicht so wichtig. Sie werden schon ohne dich fertig werden."

Es bedurfte weiter keiner Nötigung. Joey lief zu Ishs Wagen, kletterte hinein und hockte zu des Vaters Füßen nieder, wo er gerade noch Platz fand. Den Hammer hielt er im Schoß.

Dann stürmten die Hunde unter lautem Gebell los. Die beiden anderen Gespanne schlossen sich an; die aufgeregten Jungs schrien, und ihre Hunde bellten ebenfalls.

Bald nachdem die Hunde losgestürmt waren, hörten sie mit dem

Gebell und der Kraftvergeudung auf und fielen in eine langsamere Gangart. Ish sammelte seine Gedanken und überdachte sein Vorhaben.

Bei einer ehemaligen Reparaturwerkstatt ließ er anhalten. Die Tür stand offen. Das kleine Geschäftszimmer hatte Glaswände; aber das Sonnenlicht drang nur in gebrochenem Gelb hinein. Einundzwanzig Jahre alter Fliegenschmutz und Staub bedeckten in dicken Lagen die Scheiben.

Er sah das alte Fernsprechverzeichnis am Haken neben dem seit langem toten Telefon hängen. Als er das Buch ergriff und es aufschlug, brachen Fetzchen gelben Papiers von den Seiten ab und flatterten zu Boden. Er fand die Adresse der ehemaligen Vertretung für Jeeps. Ja, bei dem gegenwärtigen Zustand der Straßen würde ein Jeep das beste sein.

Als sie eine halbe Stunde später an der betreffenden Straßenecke anlangten, blickte Ish durch das schmutzige Schaufenster, und sein Herz tat einen bubenhaften Freudensprung, als tatsächlich ein Jeep dort stand.

Die Jungs spannten die Hunde aus, und die gut dressierten Tiere legten sich nieder.

Richard drückte auf die Klinke; die Tür war verschlossen.

„Hier", sagte Ish. „Nimm den Hammer, und zerschlag das Schloß."

„Ach, da liegt ein Ziegelstein!" sagte Richard und lief die Straße hinab zu den Trümmern eines beim Erdbeben zusammengestürzten Schornsteins. Robert lief mit ihm.

Ish ärgerte sich. Was war in die Jungs gefahren? Ein Ziegelstein war bei weitem nicht so geeignet zum Einschlagen einer Tür wie ein Hammer. Er mußte das wissen; er hatte in seinem Leben viele Türen eingeschlagen.

Er ging die drei Schritte über den Bürgersteig, schwang den Hammer im Rhythmus seines letzten Schrittes, und die Tür sprang nach innen auf. Er wollte es ihnen schon zeigen! So hatte es denn doch seinen Sinn gehabt, daß er den Hammer mitgenommen hatte!

Der Jeep, der dort im Ausstellungsraum stand, hatte vier platte Reifen und war mit dickem Staub bedeckt; aber unter dem Staub war der rote Lack noch wie neu. Vom Kilometerzähler war abzulesen, daß der Jeep ganze fünfzehn Kilometer gefahren war. Ish schüttelte den Kopf. „Nein", sagte er. „Der ist mir zu neu. Einer, der schon eingefahren ist, wird uns bessere Dienste leisten."

In der Werkstatt hinter dem Ausstellungsraum standen mehrere andere. Alle ihre Reifen waren platt. Die Motorhaube des einen Fahrzeugs stand offen, und rundherum lagen zahlreiche Zubehörteile. Der Jeep mußte zur Reparatur dort gewesen sein. Ish beachtete ihn nicht weiter.

Die Wahl zwischen den andern schien nicht schwer zu sein. Der Kilometerzähler des einen stand auf zehntausend, und Ish beschloß, es mit ihm zu versuchen.

Die Jungs blickten ihn erwartungsvoll an, und Ish hatte das Gefühl, als müsse er ein Examen ablegen. „Vergeßt nicht", sagte er, als wolle er allem vorbeugen, „daß ich nicht weiß, ob ich das Ding in Gang bringen kann oder nicht. Ich weiß nicht, ob überhaupt jemand dazu imstande ist – nach zwanzig Jahren und mehr! Zunächst müssen wir versuchen, ob wir ihn überhaupt von der Stelle bringen."

Ish sah nach, ob die Bremse los war und die Gangschaltung auf Leerlauf stand. „Gut und schön", sagte er. „Die Reifen sind platt, und das Fett in den Lagern ist hart geworden, und vor allen Dingen weiß ich nicht, ob das Getriebe nach dem langen Stehen noch in Ordnung ist. Aber kommt und stellt euch hinten hin: Wir wollen schieben. Also los, hau ruck!"

Der Wagen rollte plötzlich vorwärts! Die Jungen schrien vor Freude und Aufregung, und die Hunde stimmten bellend ein. Man hätte meinen können, es sei alles schon geschafft; dabei war einzig der Beweis erbracht worden, daß die Räder sich noch drehten.

Natürlich war die Batterie leer; aber das hatte Ish von vornherein bedacht. Zunächst aber zeigte er den Jungs, wie sie alles Öl ablassen und durch neues Öl aus den verschlossenen Behältern ersetzen mußten, wobei er das leichteste Öl verwandte, das er finden konnte.

Während sie sich dieser Arbeit unterzogen, fuhr er mit einem Hundewagen davon. Nach einer halben Stunde kam er mit einer Batterie wieder. Er baute sie ein.

„Ja, Jungs", sagte er, „jetzt kommt das Wichtigste ... Jetzt werden wir sehen, was die Batterie leistet." Die Jungs grinsten; sie hatten nie von solchen Dingen sprechen hören.

Er betätigte den Anlasser. Es erscholl ein langgezogenes Grunzen. Dann fing der Motor langsam zu arbeiten an.

Nach der ersten Umdrehung arbeitete er leichter und schneller; immer leichter und schneller. Soweit war alles gut!

Der Tank war leer.

Sie fanden Benzin in einem Faß und füllten den Tank. Ish schraubte neue Zündkerzen ein. Er goß etwas Benzin in den Vergaser und war nicht wenig stolz darauf, daß er sich auf so etwas verstand. Er stieg ein und drehte den Zündschlüssel.

Der Motor grunzte, sprang an, lief schneller, und dann plötzlich war er lebendig.

Die Jungs schrien hurra! Ish saß als Triumphator da und spielte mit dem Gaspedal. Er empfand ein Gefühl des Stolzes über das, was die alte Zivilisation hervorgebracht hatte.

Doch der Motor setzte plötzlich aus, als das Benzin im Vergaser verbraucht war. Sie gossen abermals etwas hinein, und er lief wieder; das wurde wiederholt, und schließlich begann die alte Pumpe ihre Tätigkeit, führte Kraftstoff vom Tank zu, und der Motor lief ununterbrochen. Jetzt aber erhob sich das Problem der Bereifung – vielleicht das schwierigste von allen.

In dem Ausstellungsraum stand, wie üblich, ein Stapel Reifen sorglich aufgeschichtet. Aber die Reifen hatten so lange dagelegen, daß sie unter ihrem eigenen Gewicht zusammengesackt waren; der Gummi war an den Druckstellen schadhaft geworden. Vielleicht konnten diese Reifen noch ein paar Kilometer durchhalten; aber für größere Strecken waren sie ungeeignet. Nach sorgfältigem Suchen fand er schließlich ein paar Reifen, die abseits gelegen hatten und in besserem Zustand zu sein schienen.

Sie fanden einen Wagenheber und hoben das erste Rad vom Boden. Es war eine Quälerei, das Rad loszubekommen; denn die Muttern waren auf den Gewinden festgerostet.

Es dauerte eine ganze Zeit, bis sie den ersten Reifen auf der Felge hatten.

Gerade als sie eine Ruhepause einlegten, abgerackert, aber triumphierend, hörte Ish, wie Joey ihm von der Werkstatt her etwas zurief.

„Was ist denn, Joey?" antwortete er, einigermaßen gereizt.

„Komm mal her, Papa!"

„Ach, Joey, ich bin müde", sagte er, ging aber doch hin, und die beiden anderen Jungs schlenderten hinter ihm her.

Joey zeigte auf das Ersatzrad des einen Jeeps. „Sieh mal, Papa", sagte er, „warum nehmen wir nicht einfach das hier?"

Ish blieb nichts anderes übrig, als laut herauszulachen.

„Ja, Jungs", sagte er zu Richard und Robert, „diesmal sind wir die Dummen gewesen!"

Der Reifen des Ersatzrades hatte die ganzen Jahre hindurch ohne Druck frei gehangen, und überdies war er schon montiert. Sie hätten sich viel Arbeit sparen können. Sie hätten nichts weiter zu tun brauchen, als dieses und die übrigen Reserveräder zu nehmen, sie aufzupumpen und dann an ihrem Jeep zu befestigen. Sie hatten sich umsonst abgeschuftet, weil sie ihre Köpfe nicht richtig gebraucht hatten.

Als Ish sich seiner eigenen Dummheit bewußt wurde, erlebte er zugleich eine Freude. Joey war der einzige, der richtig die Augen aufgemacht hatte!

Doch jetzt war es Zeit zur Mittagspause.

Sie hatten ihre Löffel und die unentbehrlichen Büchsenöffner mitgenommen. Nun gingen sie in die nächstgelegene Lebensmittelhandlung. Gleich allen andern bot sie den Anblick der Verwüstung. Ratten und Mäuse hatten alle Kartons zernagt, und der Fußboden war dick mit Schnitzeln von Pappe und Papier bedeckt.

Aber den Gläsern und den Blechdosen hatten die Nager nichts anhaben können, und so waren sie unzerstört geblieben. Sie suchten sich aus, wonach ihnen der Sinn stand. Dann gingen sie auf die Straße und setzten sich in die Sonne.

Sie machten sich nicht die Mühe, ein Feuer anzustecken, sondern verzehrten aus den Dosen ein kaltes Mittagsmahl, jeder nach seinem Geschmack: eingemachte Bohnen, Sardinen, Lachs, Leberpastete, Corned beef, Oliven, Erdnüsse und Spargel. Als Getränk gab es Tomatensaft. Als Nachtisch aßen sie eingemachte Pfirsiche und Ananas.

Als sie fertig waren, wischten sie Löffel und Büchsenöffner ab und steckten sie wieder in die Taschen. Die halbleeren Dosen ließen sie einfach liegen.

Es freute Ish, feststellen zu können, daß die Jungs schleunigst wieder an die Arbeit gehen wollten. Er selbst fühlte sich etwas erschöpft, und in seinem Kopf begann ein neuer Gedanke Gestalt anzunehmen. „Sagt mal, Jungs!“ rief er. „Traut ihr es euch zu, die Räder auch ohne meine Hilfe an den Wagen zu montieren?“

„Natürlich“, sagte Richard.

„Ich meine nämlich, daß Joey zu klein ist, um euch helfen zu können, und ich bin müde. Die Stadtbibliothek liegt nur vier Häuserblöcke von hier entfernt, Joey kann mit mir kommen. Hast du Lust dazu, Joey?“

Hingerissen von diesem Gedanken, war Joey bereits aufgesprungen.

Auf dem Wege zur Bibliothek rannte Joey übereifrig ein paar Schritte voraus. Es war dumm, dachte Ish, daß ich den Jungen bislang niemals mit dorthin genommen habe. Joeys Interesse am Lesen und an geistigen Dingen hatte sich sehr rasch entwickelt.

Entsprechend seinem Entschluß, die Universitätsbibliothek als Reserve unangetastet zu lassen, hatte Ish sich jahrelang der Stadtbibliothek für seine Zwecke bedient; schon vor langer Zeit hatte er das Schloß des Haupteingangs gewaltsam geöffnet. Nun stieß er die schwere Tür auf und ging stolz mit seinem jüngsten Sohn hindurch.

Sie blieben im großen Lesesaal stehen, und dann wanderten sie zwischen den Büchergestellen einher. Joey sagte nichts, aber Ish konnte sehen, wie der Junge mit den Augen die Titel verschlang, als sie an den Reihen entlanggingen. Beim Hinausgehen blieben sie in der großen Eingangshalle stehen und schauten zurück. Dann mußte Ish das Schweigen brechen. „Nun, was hältst du davon?"

„Sind das alle Bücher, die es auf der ganzen Welt gibt?"

„O nein! Nur ein kleiner Teil davon."

„Kann ich sie lesen?"

„Ja, du kannst lesen, welche du willst. Aber du mußt sie immer wieder hinbringen und auf den richtigen Platz zurückstellen, damit sie nicht verlorengehen und durcheinandergeraten."

„Was steht denn in den Büchern drin?"

„Oh, beinahe alles. Wenn du sie alle läsest, wüßtest du eine ganze Menge."

„Ich will sie alle lesen!"

„Ach was, Joey! Du kannst sie unmöglich alle lesen, und das brauchst du auch gar nicht. Es sind langweilige darunter und dumme und alberne und sogar schlechte. Aber ich will dir beim Heraussuchen der guten helfen. Und jetzt wollen wir lieber gehen."

Er war froh, daß er Joey hier wegbekam. Die Aufregung, unvermittelt so viele Bücher zu sehen, schien für den zarten kleinen Jungen zuviel zu sein.

Auf dem Rückweg zur Garage lief Joey nicht voraus. Diesmal hielt er sich dicht neben seinem Vater; er dachte nach. Schließlich sagte er: „Papa, wie hießen doch die Dinger, die an unseren Zimmerdekken sind – die so aussehen wie durchsichtige weiße Bälle? Du hast gesagt, früher hätte man damit Licht gemacht."

„Ach, die heißen Glühbirnen, und man nannte das elektrisches Licht."

„Wenn ich die Bücher lese, kann ich dann machen, daß sie wieder leuchten?"

Ein jäher Freudenrausch überkam Ish, zugleich aber auch Furcht. Dies durfte nicht zu schnell gehen!

„Ja, Joey, das weiß ich nicht so recht", sagte er und versuchte, unbefangen zu sprechen. „Vielleicht bringst du es fertig, vielleicht auch nicht. So etwas kostet viel Zeit, und viele Menschen müssen dabei mitarbeiten. Du mußt hübsch langsam vorgehen."

Stumm gingen sie weiter. Ish war stolz darauf, daß so viele seiner eigenen Regungen auf Joey übergegangen waren. Joey entwickelte sich beinahe zu schnell. Der Geist sollte der Entwicklung des Körpers und des Charakters nicht davonlaufen. Joey bedurfte körperlicher Kräftigung und eines ausgeglichenen Gefühlslebens. Aber er würde es weit bringen!

Als sie schließlich wieder bei der Garage angelangt waren, sahen sie, daß die Jungs die vier Räder montiert hatten und dabei waren, die Reifen aufzupumpen.

Ish stieg in den Wagen und ließ den Motor anspringen. Er ging behutsam vor. Der Motor lief, die Reifen blieben prall, wenigstens vorerst. „Los!" sagte er. „Vorwärts!"

Der Motor brummte zu seiner Zufriedenheit. Ish kuppelte aus und legte den Gang ein. Er ließ die Kupplung los, der Wagen schob sich schwerfällig vorwärts.

Es überkam ihn ein Gefühl, das mächtiger war als Freude, das ihn beinahe außer sich brachte. Es war kein Traum! Wenn an einem einzigen Tage ein Mann und drei Jungs einen Jeep wieder betriebsfähig machen konnten, was konnte dann wohl eine ganze Gemeinschaft in einigen Jahren zuwege bringen?

Die Jungs spannten die Hunde von einem der kleinen Wagen los und ließen sie frei nach Hause laufen. Den Wagen hängten sie hinter einen der andern. Dann übernahm Richard das eine Gespann, Robert das zweite. Ish, Joey neben sich, fuhr tapfer mit dem Jeep los.

Die Trümmer eingestürzter Bauwerke lagen in großen Haufen auf der Straße. Der Wind hatte Blätter und Staub auf die Steine geweht. Ish drehte das Lenkrad nach rechts und links und suchte sich einen Weg durch die trümmerversperrten Straßen. Er war schon fast zu Hause, als er über einen Ziegelstein holperte und zugleich einen

Knall hörte. So schloß der Tag mit der rumpelnden Heimfahrt auf einem platten Reifen; aber Ish fuhr langsam, und so gelang es ihm, kurz vor den Hundegespannen anzukommen. Trotz des Mißgeschicks zu guter Letzt wußte er, daß er etwas Gutes zuwege gebracht hatte.

Er brachte den Jeep vor seinem Hause zum Stehen und lehnte sich erleichtert und triumphierend zurück. Dann drückte er auf die Hupe.

Er glaubte, auf das ungewohnte Geräusch hin würden nun von allen Seiten Kinder oder auch ältere Leute herbeieilen; doch es kam niemand. Nur die Hunde fingen überall zu bellen an. Dann stimmten die Ziehhunde ein, die jetzt die Anhöhe heraufkamen, und die Jungs traten zu Ish. Er empfand ein Gefühl der Angst. Schon einmal, vor langen Jahren, war er in eine menschenleere Stadt gekommen und hatte die Hupe ertönen lassen, und nun lag der Gedanke nahe, daß irgend etwas geschehen sei – nun da die ganze Menschheit aus nur ungefähr dreißig mehr oder weniger wehrlosen Menschen bestand. Doch diese Beklemmung dauerte nur einen Augenblick.

Denn er sah Mary, ihr Baby auf dem Arm, aus dem Hause auf die Straße treten und ihm zuwinken. „Sie sind alle zum Bullen-Schlupf gegangen!" rief sie.

Sofort waren die Jungs begeistert und wollten an dem Spiel teilnehmen. Sie schirrten die Hunde los und waren auf und davon, ohne Ish auch nur gefragt zu haben. Selbst Joey lief mit den beiden andern davon. Ish kam sich einsam und vernachlässigt vor. Nur Mary kam heran und beschaute den Jeep. Sie machte große Augen, war aber genauso ungesprächig wie das Baby.

Ish stieg aus und reckte sich. „Ja", sagte er, und in seiner Stimme schwang ein wenig Stolz mit, „was hältst du davon, Mary?" Mary war seine Tochter; aber sie war ihren Eltern sehr wenig ähnlich, und über ihre Stumpfheit hatte er sich oft geärgert.

„Gut!" sagte sie, unerschütterlich wie eine Indianerin.

Ish fühlte, daß hier nicht viel zu machen sei. „Wo findet der Bullen-Schlupf statt?" fragte er.

„Unten bei der großen Eiche."

In diesem Augenblick hörte er lautes Geschrei und wußte, daß jemand einen guten Trick beim Entschlüpfen vor dem Bullen angewendet hatte. „Ja, dann will ich nur ebenfalls hingehen und mir unseren Nationalsport ansehen", sagte er, obwohl er wußte, daß seine Ironie verschwendet war.

„Ja", sagte Mary und ging mit ihrem Baby wieder ins Haus.

Ish schlug den Weg hügelabwärts ein. Nationalsport! dachte er voller Bitterkeit; freilich wußte er, daß jene Bitterkeit zum guten Teil daher rührte, daß ihm die Triumphheimkehr verdorben worden war. Wieder hörte er Geschrei, woraus er schloß, daß wiederum jemand um ein paar Zentimeter den Bullenhörnern entschlüpft war.

Bullen-Schlupf war ein gefährliches Spiel, wenngleich noch niemand getötet oder auch nur ernstlich verletzt worden war. Ish mochte die ganze Sache nicht, doch er wußte auch keinen Grund, weshalb er das Spiel hätte verbieten können. Auf irgendeine Weise mußten die Jungs ihre überschüssigen Kräfte loswerden, und vielleicht bedurften sie sogar der Gefahr. Vielleicht war das Leben jetzt zu ruhig und zu sicher geworden. Vielleicht – er mußte an Mary denken – erzeugte ein allzu sicheres, der Abenteuer bares Leben dumme und stumpfe Menschen. Jetzt brauchten die Kinder, wenn sie über die Straße liefen, nicht mehr vor Automobilen gewarnt zu werden, und es gab Dutzende von Kleinigkeiten, die in den Alten Zeiten an der Tagesordnung gewesen waren, wie etwa Erkältungen, von Atombomben gar nicht zu reden, über die kein Mensch sich mehr den Kopf zu zerbrechen brauchte. Natürlich gab es Schrammen, Schnittwunden und Beulen, wie sie bei Leuten, die hauptsächlich im Freien leben, eben vorkommen, wenn sie mit Werkzeugen wie Spaten, Hacken und Messern umgehen. Auch hatte sich Molly einmal böse die Hand verbrannt, und einmal wäre ein Dreijähriges beinahe ertrunken, als es beim Angeln von der Ufermauer ins Wasser fiel.

Nun kam er auf den kleinen freien Platz am Fuße der Anhöhe, in der Nähe der flachen Felsplatte, in die die Jahreszahlen eingemeißelt wurden. Früher war hier ein Park gewesen. Der Bulle bewegte sich auf dem Grasplatz. Es war keine Rasenfläche, wie man sie in einem Park hätte erwarten können. Das Gras stand um diese Jahreszeit kniehoch, und es hätte noch höher gestanden, wenn Vieh und Elche es nicht abgeweidet hätten.

Harry, Mollys Fünfzehnjähriger, griff den Bullen an, und Ishs Walt ging ihm von hinten zu Leibe, als „Stürmer" – der Ausdruck stammte noch aus den Alten Zeiten. Obwohl Ish kein Fachmann war, sah er auf den ersten Blick, daß dieser Bulle kaum allzu gefährlich war. Im Moment war im Spiel eine Pause eingetreten; denn der schon ermüdete Bulle stand da und wußte nicht mehr, was er tun sollte, während Harry ihn zum Angriff reizte.

Auf der Lichtung zwischen den Bäumen hügelaufwärts saßen die

Zuschauer – nahezu alle Mitglieder der Gemeinschaft, einschließlich Jeanie und ihres Babys. Zwischen den Bäumen bestand für sie keine Gefahr, in die Reichweite des Bullen zu gelangen, falls es ihm einfallen sollte, die freie Fläche zu verlassen. Es waren mehrere Hunde da, die im Notfall losgelassen werden konnten, und John hielt im Dasitzen ein Gewehr auf den Knien.

Plötzlich kam Leben in den Bullen, und er stürmte mit einer Wucht hügelaufwärts, daß er zwanzig Jungs hätte hinwegfegen können. Aber Harry entschlüpfte ihm glatt und gewandt, und der Bulle blieb stehen, verwirrt und seiner selbst nicht sicher.

Da sprang ein kleines Mädchen (es war Jeans Betty) aus der Gruppe und rief laut, jetzt wolle sie es versuchen. Sie war ein wildes, stürmisches Kind; ihr Rock flog ihr um die Schenkel; ihre langen, sonnengebräunten Beine liefen hurtig im Sonnenschein dahin. Harry machte der Halbschwester Platz. Der Bulle war jetzt ermüdet, ein Mädchen konnte es gut mit ihm aufnehmen. Mit Walts Unterstützung wagte Betty ein paar Angriffe, bei denen das Entschlüpfen keinerlei Schwierigkeiten bot. Und dann rief plötzlich ein kleiner Junge: „Jetzt will ich auch mal!"

Es war Joey. Ish runzelte die Brauen, doch er wußte, daß er es nicht zu verbieten brauchte. Joey war erst neun, und es widersprach durchaus den Spielregeln, daß solch ein kleiner Junge am Bullen-Schlupf teilnahm, nicht einmal als Stürmer. Die älteren Jungs verhalfen dieser Regel schnell zur Geltung. Sie waren freundlich, aber unerbittlich.

„Ach, Joey", sagte Robert von der Höhe seiner sechzehn Jahre herab, „du bist noch nicht groß genug dazu. Warte lieber noch ein paar Jahre."

„So?" sagte Joey. „Und dabei kann ich es schon ebenso gut wie Walt."

Die Art, wie er das sagte, legte Ish den Gedanken nahe, daß Joey es wohl schon auf eigene Faust versucht hatte, indem er sich einen nicht allzu gefährlich aussehenden Bullen suchte und mit ihm eine Weile spielte, vielleicht mit Hilfe Joseys, seiner anhänglichen Zwillingsschwester. Ish überrieselte es kalt, als er an die Möglichkeit einer Gefahr dachte, die Joey, seinem Joey, drohte.

Nach einigen ohne rechte Überzeugungskraft vorgebrachten Entgegnungen mußte Joey sich fügen.

Inzwischen war der auf guten Weiden fett gewordene Bulle gänzlich erschöpft und erledigt. Er stand da und schnob ein bißchen in das

Gras, während die wilde Betty ihn umhüpfte und ihn sogar an den Hörnern faßte und sich über ihn hinwegschwang. Doch das Spiel war aus, und die Zuschauer wandten sich zum Gehen. Die älteren Jungs riefen Betty und Walt. Plötzlich stand der offenbar sehr erleichterte Bulle ganz allein auf dem Grasplatz.

Als sie wieder bei den Häusern waren, ging Ish zum Brunnen, um nachzusehen, wieviel Arbeit heute geleistet worden war. Er stellte fest, daß sie nur etwa dreißig Zentimeter tiefer gekommen waren. Schaufeln, Spaten und Pickel lagen überall umher. Die unbekümmerte Art dieser Menschen und die besondere Anziehungskraft des Bullen-Schlupfs hatten es verhindert, daß tüchtig gearbeitet wurde. Beinahe grimmig schaute Ish auf die flache Vertiefung.

4

DIE Jungs sollten am vierten Tage losfahren. Das war ein Unterschied zwischen den Alten Zeiten und den jetzigen! Damals war alles so kompliziert gewesen, daß jedes wichtige Unternehmen langer Vorbereitungen bedurfte; jetzt entschloß man sich zu etwas, und dann tat man es. Überdies war die Jahreszeit günstig, und Ish fürchtete, daß bei längerem Aufschub die Begeisterung für die Expedition verflog.

Während der noch verbleibenden Tage hielt er die Jungs ständig auf Trab. Er unterwies sie im Fahren. Er nahm sie nochmals mit in die Garage und nahm Ersatzteile mit sowie eine Pumpe und ein Abschleppseil. So gut er es konnte, zeigte er ihnen, wie man diese und jene Teile auswechselte, und gab ihnen praktische Tips.

„Vielleicht", sagte er, „wäre es für euch bei einer Panne leichter, wenn ihr einfach in die nächste Werkstatt ginget und einen anderen Wagen in Gang brächtet, gerade wie wir es hier getan haben. Das ist wohl nicht so schwierig, wie an diesem hier herumzubasteln."

Die größte Freude indessen bereitete Ish die Ausarbeitung der Reiseroute. In der Reparaturwerkstatt fand er Autokarten, die gelb und ausgeblichen waren. Er studierte sie eifrig und brachte seine alten Kenntnisse ins Spiel.

„Ihr fahrt erst mal südwärts nach Los Angeles", beschloß er endlich. „Das war in den Alten Zeiten eine dichtbevölkerte Stadt. Dort leben wahrscheinlich noch ein paar Menschen, und vielleicht besteht dort gar eine Gemeinschaft."

Er ließ den Blick auf der Karte nach Süden gleiten, nach Los Angeles, wobei er den altvertrauten roten Linien der Straßen folgte. „Versucht es zunächst mit Straße Nr. neunundneunzig", sagte er. „Wahrscheinlich kommt ihr durch. Wenn sie im Gebirge blockiert sein sollte, fahrt ihr zurück bis Bakersfield, nehmt die Straße Nr. vierhundertsechsundsechzig und versucht, über den Tehachapipaß zu kommen ..."

Er hielt inne; er fühlte, wie ihm etwas die Kehle zusammenschnürte und wie ihm die Augen feucht wurden. Sehnsucht überkam ihn. Es mußte an den Namen liegen! Burbank, Hollywood, Pasadena – das waren einstmals lebendige Städte gewesen. Er hatte sie gekannt. Nun jagten in den verwilderten Parks Kojoten nach Kaninchen. Und dennoch standen alle diese Namen nach wie vor schwarz und klar auf den Karten.

Er schluckte und zwinkerte; denn er sah, daß die beiden Jungs etwas gemerkt hatten.

„In Ordnung!" sagte er munter. „Von Los Angeles aus nehmt ihr die Sechsundsechzig, die nach Osten führt. Da bin ich damals auch gefahren. Durch die Wüste hindurch müßte eigentlich alles glatt gehen. Aber verseht euch mit Wasser."

Er zeigte ihnen auf der Karte, wie sie sich Umgehungswege aussuchen konnten, falls ihre Straße blockiert war. Ish glaubte indessen, mit dem Jeep würden sie im allgemeinen durchkommen und höchstens einen umgefallenen Baum durchzusägen oder sich mit Pickel und Schaufel Bahn durch einen Erdrutsch zu schaffen haben. Schließlich würden selbst im Laufe von einundzwanzig Jahren die großen Fernstraßen nicht völlig unbenutzbar geworden sein.

„Ihr könntet einige Schwierigkeiten in Arizona haben", sagte er. „Wenn ihr ins Gebirge kommt. Aber dann ..."

„Was ist das: Arry–? Was ist das: Arry-Zona?"

Robert fragte, und die Frage war nicht unberechtigt. Ish war verlegen um die Antwort. Wie konnte man in wenigen Worten auseinandersetzen, was ein „Bundesstaat" gewesen war? Noch viel weniger konnte man erklären, was Arizona heute war.

„Ach", sagte er schließlich, „Arizona – das war einfach der Name für das Gebiet jenseits des Flusses." Dann kam ihm die Erleuchtung: „Seht mal, hier auf der Karte ist es das Land innerhalb der gelben Linie."

„Ja", sagte Robert. „Vermutlich hatten sie einen Zaun rings herum."

„Das glaube ich nicht so recht."

„Stimmt. Da, wo der Fluß ist, brauchten sie ja keinen Zaun." (Laß es gut sein, dachte Ish. Er meint, Arizona sei eine Art alten, eingezäunten Gutshofes, nur viel größer.)

Aber er sprach fortan nicht mehr von Bundesstaaten und erwähnte nur noch Städte. Was eine Stadt war, das wußten die Jungs – eine Anzahl trümmerbedeckter Straßen und verwitterter, verfallender Gebäude. Natürlich: Da sie selbst in einer Stadt lebten, konnten sie sich leicht eine andere Stadt und eine andere Gemeinschaft, der ihrigen ähnlich, vorstellen.

Er geleitete sie also auf der Karte durch Denver, Omaha und Chicago, wobei er gern gesehen hätte, was in den großen Städten inzwischen geschehen war. Bis sie dort waren, würde es Frühling sein. Er riet ihnen, die Fahrt nach Washington und New York zu versuchen und die geeignetste Straße zu wählen.

Die Wahl des Rückwegs überließ er ihnen; bis dahin kannten sie die Reisebedingungen besser als er. Doch er regte an, sie möchten weit nach Süden ausholen, da der kalten Winter wegen die Menschen sicherlich auf die Golfküste zu abgewandert waren.

Sie unternahmen täglich Übungsfahrten mit dem Jeep, und da sie häufig Reifenpannen hatten, kamen sie durch Aussonderung schließlich zu Reifenmaterial, das strapazierfähig genug schien.

Am vierten Tage fuhren sie dann ab; auf den Rücksitzen des Jeeps führten sie eine Reservebatterie, Ersatzreifen und andere Ausrüstungsgegenstände mit. Die Jungs waren beinahe von Sinnen vor Aufregung über das, was vor ihnen lag; die Mütter waren bei dem Gedanken an eine so lange Trennung den Tränen nahe; Ish selbst war nervös vor Verlangen mitzufahren.

NACH der Abfahrt der Jungs schienen sie wieder in eine jener ruhigen und glücklichen Perioden zu gelangen, die sie dazu gebracht hatten, eine gewisse Zeit „das gute Jahr" zu nennen. Einen Tag wie den andern, Woche für Woche nahm alles den gewohnten Verlauf. Die Regenzeit begann spät – heftige Schauer, nach denen es sich rasch aufklärte, bei schönem blauem Himmel, so daß die fernen Pfeiler der Golden-Gate-Brücke klar abgezeichnet und noch immer majestätisch vor dem Westhimmel standen.

Morgens brachte es Ish für gewöhnlich fertig, genügend Männer zusammenzutrommeln, die am Brunnen weiterarbeiteten. Ihr erster

Versuch endete bei einer Felsschicht anstatt bei Grundwasser; denn der Hang trug nur eine verhältnismäßig dünne Erdschicht. Aber sie gruben einen zweiten Brunnenschacht und stießen tatsächlich auf gutes Wasser. Der Brunnen wurde mit Brettern ausgekleidet und zugedeckt, und es wurde eine Handpumpe aufgestellt. Inzwischen hatten sich alle an die Latrinen draußen gewöhnt.

Der Fischfang war jetzt ertragreich. Alle wollten fischen gehen, und alles übrige trat in den Hintergrund.

Abends kamen sie häufig zusammen und sangen Lieder, wobei Ish sie auf dem Akkordeon begleitete. Ein paarmal regte er an, man solle mehrstimmig singen. Doch kein einziger zeigte wahres Interesse an diesem etwas schwierigen Unterfangen.

Ish kam zu der Überzeugung, daß sie eine wenig musikalische Gruppe seien. Vor Jahren hatte er Schallplatten mit Symphonien heimgebracht und versucht, sie auf dem Grammophon zu spielen. Natürlich war die Wiedergabe nicht sehr gut; aber man konnte doch wenigstens die Themen verfolgen. Aber nie zeigten die Kinder auch nur eine Spur von Interesse. Bei einigen melodiösen Stellen hörten sie auf zu spielen oder ließen ihre Holzschnitzereien ruhen, blickten auf und schienen ein paar Augenblicke voller Freude zuzuhören. Doch sobald die Musik etwas komplizierter wurde, wandten die Kinder sich wieder ihrer Beschäftigung zu. Nun, was konnte man denn auch von ein paar Durchschnittsmenschen und deren Nachwuchs erwarten? In den Alten Zeiten hätte vielleicht ein einziger Amerikaner unter hundert eine wahre, echte Verehrung für Beethoven empfunden, und diese wenigen gehörten wohl zu den empfindsamen Menschen, die gleich den hochgezüchteten Hunden am wenigsten Eignung besaßen, den Schock nach dem Großen Unheil zu überstehen.

Um des Experimentes willen versuchte er es auch mit Jazzplatten. Bei dem lauten Klang der Saxophone hörten die Kinder ebenfalls mit ihren Beschäftigungen auf; aber auch diesmal war ihr Interesse nicht von Dauer. Auch der Jazz mit seinen verwickelten Rhythmen war eine komplizierte Angelegenheit; er sprach weniger zu schlichten Menschen als zu hochentwickelten und zumindest in dieser Beziehung erfahrenen. Man hätte den Kindern ebensogut zumuten können, Gefallen an Picasso und Joyce zu finden.

Überhaupt, und darin lag für ihn etwas Ermutigendes, bezeigte die jüngere Generation nur sehr wenig Interesse daran, dem Grammophon zuzuhören; sie sangen lieber selbst. Er betrachtete das als ein gutes Zeichen: Sie wollten lieber teilnehmen als zuhören, lieber Mitwirkende als Zuhörer sein.

Natürlich dachten sie keineswegs an den nächsten Schritt, nämlich von sich aus Weisen und Worte zu erfinden. Ish versuchte gelegentlich, Verse mit Anspielungen auf ihr Leben zu schmieden; aber entweder besaß er nicht die rechte Begabung dafür, oder aber er stieß mit seinen Bemühungen auf unbewußten Widerstand, da sie aus dem Rahmen des Üblichen fielen.

So sangen sie denn einstimmig, unterstützt von den festigenden Klängen und stoßenden Bässen des Akkordeons. Die schlichteren Melodien gefielen ihnen am besten, wie Ish beobachtete. Auf die Worte und ihren Inhalt kam es ihnen nicht groß an. Sie sangen: „Bring mich zurück nach Virginia", obwohl sie keine Ahnung hatten, was Virginia war oder wer darum bat, wieder dorthin gebracht zu werden. Sie sangen: „Halleluja, ich bin ein Bettler!", ohne sich darum zu kümmern, was ein Bettler war. Sie sangen mit klagenden Stimmen von Barbara Allen, obwohl keiner von ihnen etwas von unerwiderter Liebe wußte.

Oft in diesen Wochen gedachte Ish der beiden Jungs im Jeep. Wenn seine Hände an den Knöpfen und Tasten des Akkordeons herumfingerten, mußte er an Robert und Richard denken und erschrak dabei ein wenig. Vielleicht durchfuhren die beiden gerade das Gebirge.

Er spielte mechanisch weiter und sann nach. Ob dort jetzt Damwild und Antilopen ästen? Oder trieb sich Vieh dort herum? Oder waren die Büffel wiedergekehrt?

Häufiger indessen suchten ihn die Gedanken an die Jungs während der Nacht heim, wenn ein Alptraum ihn auffahren ließ und er nervös alle Möglichkeiten erwog.

Wie hatte er nur zulassen können, daß sie den Versuch wagten! Er dachte an alle Gefahren durch Wasserfluten und Unwetter. Und der Wagen! Man konnte Jungs dieses Alters keinen Wagen anvertrauen, und wenngleich keinerlei Gefahren durch Verkehr bestanden, so konnten sie auf der Straße zu schnell fahren. Und da gab es viele schlechte Stellen.

Sie würden Begegnungen mit Pumas, Bären und bösartigen Bullen haben.

Eisige Schauer jedoch durchrannen Ish in solchen Nachtstunden bei dem Gedanken an Menschen! Was für Leuten die Jungs wohl begegneten? Auf was für Menschengruppen würden sie stoßen? Auf

Gruppen, die durch merkwürdige Umstände verderbt und entartet waren, ohne daß das Staatsgesetz sie hemmte? Es konnten Gruppen sein, die grundsätzlich jedem Fremden mit Todfeindschaft begegneten. Vielleicht hatten sich primitive religiöse Bräuche weiterentwikkelt – Menschenopfer, Menschenfresserei!

Ihre eigene Gruppe hier am Hügelhang mochte vielleicht ungelenk, langweilig und unschöpferisch sein; aber sie hatte doch wenigstens Menschenwürde und Schicklichkeit bewahrt. Wer und was bürgte dafür, daß bei anderen Gruppen das gleiche der Fall war?

Doch im Morgenlicht verloren all diese Schreckgespenster ihre Kraft. Dann malte er sich aus, wie die beiden Jungs sich freuten, wie neue Schauplätze ihnen Anregungen boten, vielleicht gar neue Menschen. Selbst wenn sie mit dem Wagen eine ernsthafte Panne erlitten und keinen anderen in Gang zu bringen vermochten, konnten sie ja doch auf der gleichen Straße zurückwandern, die sie gefahren waren. Nahrungsmangel würde nirgendwo herrschen. Etwa fünfundzwanzig Kilometer den Tag, mindestens hundertfünfzig die Woche – auch wenn sie über tausend Kilometer zurückzulegen hatten, müßten sie vor Herbstbeginn wieder daheim sein. Wenn sie aber einen Wagen hatten, mußten sie schon sehr viel früher wiederkommen. Beim Gedanken an die Heimkehr der beiden konnte er kaum seine Erregung meistern. Was würden sie an Neuigkeiten mit nach Hause bringen?

So glitten die Wochen hin, und die Regenzeit ging vorüber. Das Gras auf den Hügeln büßte sein frisches Grün ein; dann trug es Samen und wurde braun. Morgens schwebten die niedrig dahinziehenden Sommerwolken so dicht über den Brückenpfeilern, daß diese manchmal bis zu ihnen hinaufzureichen schienen.

5

Je mehr Zeit verging, desto weniger beschäftigten Ishs Gedanken sich mit den Jungs. Daß ihr Abschied schon so lange zurücklag, schien zu beweisen, daß sie bei ihrer Reise weit vorangekommen waren. Es war schwerlich an der Zeit, jetzt schon auf ihre Rückkehr von einer Reise durch den ganzen Kontinent zu warten. Ish beschäftigten andere Gedanken und andere Sorgen.

Er hatte den Schulunterricht wieder eingeführt; er hatte sich wieder auf das besonnen, was er für seine wesentlichste Aufgabe hielt: nämlich die Jungs Lesen und Schreiben zu lehren, ihnen ein bißchen Rechnen beizubringen und auf diese Weise im „Stamm" einige der Grundfertigkeiten der Zivilisation zu bewahren. Aber die undankbaren Jungs rekelten sich auf ihren Stühlen; sie schauten immerfort zu den Fenstern hinaus, und Ish wußte nur zu gut, daß sie weit lieber im Freien gewesen, am Hügel entlanggelaufen wären, Bullen-Schlupf gespielt und gefischt hätten. Er versuchte sie auf mannigfache Weise zu ködern; er bediente sich der Technik, die, wie er sich erinnerte, in den Alten Zeiten „progressive Pädagogik" genannt worden war.

Das Holzschnitzen! Zu Ishs Verwunderung war das Holzschnitzen zum hauptsächlichen Mittel künstlerischen Ausdrucks geworden. Sicherlich war das ein Erbteil vom alten George her. Vielleicht hatte George, beschränkt, wie er war, seine Liebe zu Holzarbeiten auf die Kinder übertragen. Ish selbst hatte kein Interesse daran und keine Begabung dafür.

Im Grunde war die Ursache ja auch gleichgültig. Konnte er, Ish, als Lehrer sich dieser Lieblingsbeschäftigung bedienen, um ein geistiges Interesse zu wecken?

So fing er denn an, sie Geometrie zu lehren, indem er ihnen zeigte, wie man mit Zirkel und Lineal Zeichnungen auf der Holzoberfläche entwerfen kann.

Die Sache fand Anklang, und bald redeten sie alle begeistert von Kreisen und Winkeln und Sechsecken; jeder hatte eine geometrische Zeichnung entworfen und schnitzte eifrig an ihr herum. Ish selbst bekam Interesse. Er spürte das Aufregende dieser Arbeit, als der weiche Holzblock, der fast ein Vierteljahrhundert alt war, sich unter seinem Messer abschälte.

Doch noch ehe die ersten geometrischen Zeichnungen fertig waren, verloren die Kinder das Interesse. Mit dem Messer an einer Stahlschiene entlangzufahren und dann eine gerade Linie zu bekommen, das war leicht und uninteressant. Dem Umriß eines Kreises zu folgen, das war ziemlich schwierig, doch es war mechanisch und langweilig. Und wenn die Zeichnungen dann fertig waren, so sahen sie, wie selbst Ish zugeben mußte, wie schlechte Nachahmungen von Maschinenarbeit aus den Alten Zeiten aus.

Die Kinder kehrten zu ihrem freien Gestalten zurück, und manche vervollkommneten sich dabei. Das machte ihnen mehr Spaß, und was dabei herauskam, wirkte ansprechender.

Der beste unter den Schnitzern war Walt, obwohl er, bis auf ein oftmals unterbrochenes Gestammel, niemals lesen lernte. Doch wenn es sich darum handelte, einen Fries von Kühen in ein weiches Brett zu schnitzen, so brachte Walt es mit sicherer Hand fertig. Dabei brauchte er nicht Berechnungen im Kopf anzustellen oder geometrische Kunststücke zu vollführen. Wenn seine Reihe von drei Kühen den Raum nicht ganz ausfüllte, brauchte er nur noch ein Kalb hinzuzuschnitzen. Und dennoch sah das Ganze, wenn er damit fertig war, so aus, als sei es von Anfang an so geplant gewesen. Er verstand im Flachrelief zu schnitzen, im Dreiviertelrelief und manchmal sogar vollplastisch. Die Kinder bewunderten ihn und sein Werk ausgiebig.

Ish meinte, sein abgefeimt ersonnener Plan, eine Lieblingsbeschäftigung zur Erweckung geistiger Interessen auszunützen, sei fehlgeschlagen, und es blieb ihm nichts, als sich wieder dem kleinen Joey zuzuwenden. Joey besaß kein Talent zur Holzschnitzerei; aber als einziges von allen Kindern hatte er sich an den ewigen Wahrheiten von Linie und Winkel begeistert, die sogar das Große Unheil überdauert hatten. Einmal überraschte Ish ihn, als er verschiedenartige Dreiecke aus Papier schnitt, deren Winkel er dann abermals abschnitt und zusammenlegte, wobei sich eine Gerade ergab.

„Kommt immer eine Gerade dabei heraus?" fragte Ish.

„Ja, immer. Du hast ja gesagt, es wäre so."

„Warum tust du es dann?"

Joey konnte nicht erklären, warum er es tat; aber Ish hatte genügend Anteil an den Vorgängen in seines Sohnes Geist, um überzeugt zu sein, daß Joey auf seine Art der gültigen unwandelbaren Wahrheit eine Huldigung erwies.

So war denn Ish auf den kleinen Joey angewiesen, im Geistigen und bisweilen auch ganz einfach auf seine Gegenwart. Denn wenn die anderen Kinder unter lautem Geschrei aus dem Klassenzimmer rannten, blieb Joey oft auf seinem Platz sitzen, nahm ein ziemlich dickes Buch zur Hand und sah aus, als komme er sich dabei überlegen vor.

Was das Körperliche betraf, so waren die anderen Jungs muskulöse junge Riesen, während Joey bei allen Spielen und Abenteuern im Freien im Hintertreffen blieb. Sein Kopf wirkte im Verhältnis zum übrigen Körper groß, obwohl Ish meinte, dies rühre lediglich daher, daß man glaubte, jener Kopf berge eine Fülle von Wissen. Im Verhältnis zum Kopf wiederum waren Joeys Augen groß und dabei ungewöhnlich hell und lebhaft. Als einziges von allen Kindern ermüdete er leicht und hatte einen empfindlichen Magen. Ish fragte sich, ob diese Anfälligkeit körperlicher Natur sei oder ihre Ursache in seelischen Störungen habe, aber da keine Möglichkeit bestand, Joey zum Arzt oder zu einem Nervenspezialisten zu schicken, konnte er in dieser Beziehung nie Klarheit erhalten. Jedenfalls hatte Joey stets ein zu geringes Körpergewicht und kam häufig völlig erschöpft vom Spiel mit den andern Jungs heim.

„Das ist nicht gut!" sagte Ish zu Em.

„Nein", bestätigte Em. „Aber du siehst ja, daß er sich für Bücher und Geometrie interessiert. Das ist einfach die andere Seite davon, daß er nicht so stark wie die anderen ist."

„Ja, vermutlich. Irgendwo muß er schon seine Befriedigung finden. Aber ich wollte, er wäre kräftiger."

„Dabei willst du ihn im Grunde gar nicht anders haben, als er ist, nicht wahr?"

Und während sie auf ein anderes Thema überlenkte, dachte Ish, daß sie wieder einmal recht hatte.

Nein, dachte er, wir haben strahlende, kräftige junge Eskimos zur Genüge. Dennoch wünschte ich, er wäre kräftiger. Aber wenn er auch ein bißchen weichlich ist und voller Marotten und Pedanterie steckt: Einen wie ihn müssen wir haben, damit das Geistige erhalten bleibt.

Und so wandte er vor allen anderen Kindern sein Herz Joey zu. Er erblickte in Joey die Zukunftshoffnung, sprach oft mit ihm und lehrte ihn vielerlei Dinge.

So schleppte der Schulunterricht sich durch die Wochen hin, in denen sie auf Richards und Roberts Rückkehr warteten. Selbst Ish konnte sich keines optimistischeren Wortes als „hinschleppen" bedienen. Es waren insgesamt elf Kinder, die er in jenem Sommer unterrichtete oder zu unterrichten versuchte.

Der Unterricht wurde im Wohnzimmer abgehalten, und die elf Kinder kamen aus allen Häusern dorthin. Die Stunden dauerten nur von neun bis zwölf, und es lag eine lange Pause dazwischen. Ish meinte, er müsse die Zügel locker halten.

Er gab ihnen Rechenunterricht, als sein Versuch mit der verzuckerten Geometrie-Pille fehlgeschlagen war. Er versuchte, praktische Beispiele zu bilden, und er merkte, daß das überraschend schwierig war. „Wenn A einen dreißig Meter langen Zaun baut ..." stand in dem alten Rechenbuch zu lesen. Nun aber baute jetzt kein Mensch mehr

Zäune, und Ish mußte damit anfangen, den Kindern zu erklären, warum die Menschen früher einmal Zäune gebaut hatten, was sehr viel schwieriger war, als man glauben möchte.

Dann versuchte er tapfer, ihnen einige der Wunder der reinen Zahl zu vergegenwärtigen. Ihm selbst gereichte das zum Vorteil, und je mehr er versuchte, es den Kindern klarzumachen, desto mehr gelangte er zu der Erkenntnis, daß die Mathematik die Grundlage der Zivilisation gewesen war. Gleichzeitig erkannte er in immer stärkerem Maße, obwohl er es nicht ausdrücken konnte, das Wunderbare, das in den Beziehungen einer Zahl zu andern beschlossen lag. Wie kommt es, so dachte er etwa, daß zwei plus zwei immer und ewig vier ergibt und nicht gelegentlich einmal fünf? Das wenigstens ist nicht anders geworden! Obwohl jetzt wilde Bullen auf dem Union Square ihre Kämpfe ausfechten! Auch vollführte er Spiele mit Zahlendreiecken und zeigte, wie sie sich aufbauen. Aber Joey ausgenommen, zeigten die Kinder keinen Sinn für solcherlei Wunder.

Auch mit der Geographie versuchte er es. Hier war er Fachmann und besaß sicherlich Eignung zum Unterricht. Es machte den Knaben Spaß, Karten der Umgebung zu zeichnen. Aber weder die Knaben noch die Mädchen bekundeten Interesse an der Geographie der Erde als einem Ganzen. Wer hätte ihnen das zum Vorwurf machen können? Vielleicht würde Roberts und Richards Rückkehr ihr Interesse anfachen. Einstweilen aber war der Horizont der Kinder auf ein paar Kilometer im Umkreis beschränkt. Was bedeutete ihnen die Gestalt Europas mit den vielen Halbinseln? Was bedeuteten ihnen die Inseln im Meer?

Etwas erfolgreicher war er im Geschichtsunterricht, obwohl, was er lehrte, mehr Anthropologie als Geschichte war. Er erzählte ihnen von der Entwicklung des Menschen, jenes ringenden Geschöpfs, das nach und nach bald dieses, bald jenes gelernt hatte; das gelernt hatte, hier sich selbst weiterzuentwickeln und dort sich zurückzuhalten, und das durch unendliche Irrtümer und Verirrungen und Tollheiten und Grausamkeiten hindurch zu einer so großartigen Vollendung gelangt war, ehe das Ende über es hereinbrach.

Doch die meiste Zeit verbrachte er damit, ihnen Lesen und Schreiben beizubringen, weil er meinte, Lesen sei der Schlüssel zu allem und Schreiben des Lesens Partner. Aber nur Joey lernte, mit natürlicher Betonung zu lesen, und wurde spielend Bester. Er wußte, was die Wörter bedeuteten, und verstand selbst den Sinn von Büchern.

Zi-vi-li-sa-ti-on! Immerfort spricht Onkel Ish davon. Am Bach sind jetzt haufenweise Wachteln. Zwei und sechs? Ich weiß es! Aber warum soll ich es ihm sagen? Zwei und neun? Das ist schwer. Da reichen meine Finger nicht aus. Das ist so viel wie „eine ganze Menge". Onkel George ist viel lustiger als Onkel Ish. Er kann einem zeigen, wie man richtig schnitzen muß. Mein Papa ist noch lustiger. Er sagt immer so komische Sachen. Aber Onkel Ish hat den Hammer. Da steht er auf dem Kaminsims. Joey könnte Geschichten über den Hammer erzählen, glaube ich. Aber das weiß man nicht so recht. Jetzt möchte ich Betty gern mal kneifen, aber das mag Onkel Ish nicht. Onkel Ish weiß mehr als alle andern. Manchmal habe ich direkt Angst. Wenn ich ihm sagen könnte, wieviel sieben und neun ist, dann hätten wir vielleicht Zi-vi-li-sa-ti-on, und ich könnte die Bilder sehen, die sich bewegen wie Menschen. Papa hat sie oft gesehen. Das wäre lustig. Acht und acht. Joey weiß es. Aber Joey findet nie Wachtelnester. Jetzt können wir bald gehen.

Trotz unaufhörlicher entmutigender Enttäuschungen fuhr Ish mit seinen Versuchen fort und ergriff sogleich jede Gelegenheit, die die Kinder ihm von sich aus darzubieten schienen.

Eines Nachmittags hatten die älteren Jungs einen ausgedehnteren Erkundungsgang als gewöhnlich unternommen und brachten ein paar Walnüsse mit zur Schule. Sie hatten solche Nüsse bislang nie gesehen und waren neugierig. Ish beschloß gleich, ein paar Nüsse aufzuknakken, um auf diese Weise etwas Biologie treiben zu können. Er wollte die Neugier der Kinder ausnützen und einen Weg einschlagen, den sie selbst ihm gewiesen hatten.

Er schickte Walt hinaus, damit er zwei Steine holte, um die harten Schalen aufzuknacken. Walt kam mit zwei halben Ziegeln wieder – Ziegel und Steine: Das war in seinem Wortschatz das gleiche.

Ish ging darüber hinweg, erkannte aber, daß beim Nüsseknacken mit einem Ziegelstein eher ein zerquetschter Finger als eine geknackte Nuß herauskommen würde. Er hielt Umschau nach etwas Besserem und erblickte seinen Hammer, der wie gewöhnlich auf dem Kaminsims stand.

„Bring mir mal den Hammer, Chris!" sagte er und wies auf den nächstsitzenden kleinen Jungen.

Gewöhnlich war Chris nur zu froh, wenn er aufspringen und sich betätigen konnte. Jetzt indessen geschah etwas Seltsames. Chris schaute hierhin und dorthin, von Walt zu Weston, die neben ihm saßen. Er sah verlegen oder ängstlich aus.

„Bring mir den Hammer, Chris!" wiederholte Ish in der Annahme, Chris habe geträumt und nur seinen Namen gehört, nicht aber die vorhergehenden Worte.

„Ich – ich will das nicht!" sagte Chris zögernd.

Chris war acht Jahre alt und neigte durchaus nicht zum Heulen, und dennoch merkte Ish, daß dem Jungen aus irgendeinem Grunde beinahe die Tränen kamen. Er ließ Chris in Ruhe. „Bringt mir den Hammer, einer von euch andern", sagte er. Weston sah Walt an, und Barbara und Betty, die Schwestern, sahen einander ebenfalls an. Jene vier waren die ältesten. Alle vier schauten nach vorn und rückwärts, machten aber keine Miene aufzustehen. Die Kleinen mucksten sich natürlich nicht. Aber Ish konnte sehen, wie alle Kinder einander hastige Blicke zuwarfen.

Obwohl Ish recht betroffen war, wollte er der Sache nicht auf den Grund gehen, und er schickte sich gerade an, selbst den Hammer zu holen, als etwas noch Seltsameres geschah.

Joey stand auf. Er ging zum Kamin hinüber. Die Augen aller Kinder folgten ihm. Ish merkte, daß im Zimmer Totenstille herrschte. Joey stand vor dem Kamin. Er streckte die Hand aus und ergriff den Hammer. Eins der kleineren Mädchen stieß einen sonderbaren, leisen Schrei aus. In dem beschwichtigenden Getuschel, das folgte, trat Joey den Rückweg an und gab Ish den Hammer. Dann ging er wieder auf seinen Platz.

Alle waren still und blickten auf Joey. Joey setzte sich, und Ish brach das Schweigen, indem er eine Nuß mit dem Hammer zerschlug. Bei dem Geräusch wich der Bann, worauf auch immer er beruht haben mochte.

Erst als es Mittag geworden war und Ish seine Schüler entlassen hatte, fand er Zeit, über das Geschehnis nachzudenken, und er kam, wobei er stutzig wurde, zu dem Schluß, daß es sich um einen Fall unverfälschten Aberglaubens handelte. Der Hammer – alle Kinder brachten ihn in Zusammenhang mit etwas Sonderbarem und Mythischem, das der Vergangenheit angehörte. Im allgemeinen rührte niemand außer Ish den Hammer an. Selbst Robert, wie Ish sich jetzt erinnerte, hatte ihn nur zögernd in die Hand genommen, damals, als sie mit den Hundegespannen fortgefahren waren. Für die Kinder war es ein Machtinstrument, das anzurühren für jedermann gefährlich war. Ish wurde klar, in welchem Maß eine Vorstellung, die anfangs halb Ernst, halb Spiel war, im Verlauf weniger Jahre zu vollem Ernst wurde. Und was Joey betraf, so stellte Ish abends fest, daß Joey der einzige war, der sich von der Masse abhob. Vielleicht hatte Joey sich nicht einmal bewußt klargemacht, Ishs Hammer sei wie jeder beliebige Hammer. Vielleicht stand Joeys Aberglaube lediglich auf höherer Ebene. Es würde nicht eben schwierig sein, so meinte Ish, dieses Aberglaubens Herr zu werden.

Doch noch am gleichen Nachmittag stiegen in ihm Zweifel auf. Plötzlich erinnerte er sich weiterer beunruhigender Zeichen von Aberglauben. Ezra trug seinen Glücksheller bei sich, das alte Pennystück aus Victorianischer Zeit, und sicherlich hielten die Kinder die Münze für etwas Ähnliches wie den Hammer. Molly klopfte aus tiefster Überzeugung mit dem Knöchel auf Holz; Ish ärgerte sich ein bißchen, als ihm beim Nachdenken darüber einfiel, daß auch die Kinder auf Holz klopften. Ob sie wohl je lernten, daß dem keinerlei Bedeutung innewohnte?

Zögernd bekannte er sich zu dem Schluß, daß von außerordentlicher Wichtigkeit sei, was die Kinder glaubten. In den Alten Zeiten war solch ein Aberglaube, dem die Kinder einer Familie oder einer kleinen Gruppe von Familien anhingen, etwas Flüchtiges und Vorübergehendes; denn wenn sie heranwuchsen, kamen die Kinder in Berührung mit anderem Glauben oder Aberglauben und konnten den ihrigen berichtigen und abstimmen. Überdies hatte damals ein großes, ein übermächtiges Maß an Überlieferung gewaltet – die Überlieferung des Christentums oder der westlichen Zivilisation oder des indoeuropäischen Brauchtums oder der anglo-amerikanischen Kultur. Man mochte es benennen, wie man wollte: Es war so mächtig gewesen, daß man es getrost als allgewaltig bezeichnen konnte, und es hatte das Gute und das Böse im Menschen absorbiert.

Diese kleine Gemeinschaft hier hatte aber sehr viel von der Überlieferung eingebüßt. Daher mußte die Gruppe in einem nie dagewesenen Grade bildsam sein. Das bot eine Möglichkeit und zugleich eine Verantwortung – und eine Gefahr. Es würde zur Gefahr werden – und es durchschauerte Ish bei dem Gedanken –, wenn irgendeine böse Kraft, etwa die Demagogie, sich auswirken konnte.

Mit stärkerer Gewißheit als zuvor wußte er, daß er jetzt Gelegenheit hatte, zum Stifter einer Religion für ein ganzes Volk zu werden. Was er den Kindern in der Schule erzählte, das glaubten sie wahrscheinlich. Er konnte es ihrem Gedächtnis fest einpflanzen durch bloße Beharrlichkeit, Eindringlichkeit und Wiederholung. Er konnte ihnen erzählen, Gott der Herr habe die Welt in sechs Tagen geschaffen und sie gut befunden. Sie würden es glauben. Er konnte ihnen eine indianische Legende erzählen, des Inhalts, die Welt sei das Werk des alten Herrn Kojote. Sie würden es glauben.

Er steckte sich eine Zigarette an und machte es sich in seinem Sessel bequem ... Ja, dieses Vakuum! Er grübelte darüber nach. Bevor es positiv gefüllt werden konnte, praktizierten vielleicht seine Abkömmlinge in dritter oder vierter Generation primitive Beschwörungsriten, zitterten entsetzt vor Zauberei und übten rituelle Menschenfresserei. Vielleicht glaubten sie an das Voodoo, an Schamanismus, an das Tabu ...!

Er stutzte und fühlte sich beinahe schuldig. Ja, es herrschten schon Glaubenssätze im „Stamm", die der Intensität eines Tabus nahekamen, und ihn allein traf die Schuld an ihrer Entstehung.

Da war zum Beispiel der Fall Evie. Er und Em und Ezra hatten ihn vor langer Zeit durchgesprochen. Sie wollten nicht, daß Evie Kinder bekam, schwachsinnige Kinder, die eine Last und eine Plage gewesen wären. So hatten sie aus Evie, wenigstens für die Jungs, eine Art „Unberührbare" gemacht. Evie mit ihrem blonden Haar und ihren erschrockenen blauen Augen war vielleicht unter allen die Hübscheste. Doch Ish war überzeugt, daß keiner der Jungs sie auch nur ernsthaft in Betracht gezogen habe. Wahrscheinlich hatten sie nicht gerade die Vorstellung, es werde irgend etwas geschehen, wenn sie es täten; aber so etwas zu tun lag außerhalb der Möglichkeiten ihrer Phantasie. Das Verbot war stärker und strenger als ein Gesetz. Es war ein Tabu.

Ferner war da noch alles, was mit dem Komplex „Treue" zusammenhing. In steter Furcht vor dem Ausbruch von Streitigkeiten, die aus der Eifersucht entstehen konnten, hatten die älteren Männer die eheliche Treue nicht gepredigt, sondern als selbstverständlich vorausgesetzt. Die jungen Menschen waren so früh wie möglich verheiratet worden. Über Ezras Bigamie, die man immer vor Augen hatte, wurde nicht geredet. Obwohl Ish keinerlei Zweifel an der Nützlichkeit dieses Brauchs für ihre besondere Lage hegte, schien die Tatsache, daß er als heilig und nicht nur als vernünftig betrachtet wurde, gleichfalls einem Tabu nahezukommen. Die erste Verletzung dieses Tabus, und sicherlich würde sie eines Tages erfolgen, würde wahrscheinlich einen entsetzlichen Schock verursachen.

Ein drittes Beispiel für ein Tabu, obwohl vielleicht von untergeordneter Bedeutung, war die Verwandlung der Universitätsbibliothek in ein sakrosanktes Gebäude. Einmal, als die älteren Jungs noch in den Flegeljahren waren, hatte Ish mit ihnen einen ausgedehnten Spaziergang unternommen, der bis zum Platz vor der Bibliothek geführt hatte. Während er ein Schläfchen hielt, hatten zwei der Jungs das Brett gelockert, das Ish vor langer Zeit vor ein zertrümmertes Fenster genagelt hatte; sie waren hineingeklettert und hatten angefangen, die Bücher aus den Fächern auf den Fußboden zu werfen. Vom Schrekken ob der Schändung des großen Schatzhauses gepackt, war Ish ihnen gefolgt. Später hatte er sich deswegen geschämt, doch in jenem Augenblick hatte die Wut seine Vernunft überrannt, und er hatte die Jungs mörderisch verprügelt. Der unsinnige Grad seiner Wut und der Schreck hatten wohl noch stärkeren Eindruck auf die beiden gemacht als die Prügel. Zweifellos hatten sie die Erinnerung daran an die jüngeren Kinder weitergegeben. Zu Ishs Freude war die Bibliothek fortan unangetastet geblieben. Aber auch das konnte als ein Beispiel für ein Tabu bezeichnet werden, und jetzt machte er sich Gedanken darüber.

Es gab natürlich noch ein viertes; doch dieses brachte ihn an seinen Ausgangspunkt zurück. Er stand auf und trat vor den Kamin.

Dort stand der Hammer auf seinem stumpfen, rostfleckigen Eisenkopf. Seit einer kleinen Unendlichkeit führte er den Hammer bei sich. Unmittelbar vor dem Schlangenbiß hatte er ihn gefunden, und so konnte er als sein ältester Freund bezeichnet werden. Er war länger bei ihm als Em oder Ezra.

Nachdenklich schaute er ihn an; das einfachste wäre, so dachte er in ungestümer Aufwallung, sich des Hammers zu entledigen. Er konnte ihn in die Meeresbucht werfen.

Nein, überlegte er; damit wäre bloß das Symptom beseitigt, nicht das Übel. Auch wenn der Hammer fort wäre, würde der Hang der Kinder zum Aberglauben bleiben und sich lediglich an etwas anderes heften, vielleicht gar eine noch finsterere Form annehmen.

Es fiel ihm ein, daß er den Hammer vernichten könnte als symbolische Lehre für die Kinder, daß dem Werkzeug an sich keinerlei Macht innewohne. Doch er mußte daran denken, daß er ja gar nicht die Macht hätte, ihn zu zerstören. Den Stiel konnte er ohne weiteres verbrennen; aber der eiserne Kopf war mit den ihm zur Verfügung stehenden Mitteln wohl nicht zu vernichten. Selbst wenn er einen

Ballon mit Säure fände und das Eisen darin auflöste, so würde das die Kinder nur noch mehr verwirren und sie glauben machen, dem Hammer müsse tatsächlich eine tiefe, geheimnisvolle Macht innegewohnt haben.

So schaute er den Hammer mit neu erwachtem Interesse an, als sei er etwas, das plötzlich von sich aus Leben und Macht gewonnen habe. Ja, der Hammer besaß Eigenschaften, die ihn als ein gutes Symbol erscheinen ließen: Beständigkeit und Kraft.

Es hatte einen alten Frankenkönig gegeben, der die Sarazenen zurückgetrieben hatte: Martell, so war er genannt worden, Karl mit dem Hammer! Ish mit dem Hammer!

So sagte Ish aus mancherlei Gründen, als die Kinder sich am nächsten Morgen zur Schule versammelten, nichts über Aberglauben. Es sei besser, so meinte er, damit noch zu warten, noch ein paar Tage oder eine Woche zu beobachten. Vor allem wollte er mehr über Joey herausbekommen.

Auf Grund seiner Beobachtungen, die sich über mehrere Wochen erstreckten, kam Ish mit einigem Zögern zu der Erkenntnis, daß Joey viele der Eigenschaften eines rechten Sorgenkindes hatte. Im Sommer hatte er seinen zehnten Geburtstag gefeiert.

Seine Frühreife war manchmal peinlich; er war, nach der alten Redensart, „zu groß für seine Hosen". Dem Alter nach stand er halbwegs zwischen Walt und Weston, die zwölf waren, und dem achtjährigen Chris. Doch seine Frühreife rückte Joey natürlich in die Nähe der beiden älteren Jungen, und zwischen ihm und dem jüngeren gab es keinerlei Gemeinschaft. Das mußte für Joey schwer sein, meinte Ish, weil er sich stets über die Maßen anstrengte, es den beiden um zwei Jahre älteren und natürlich stärkeren Jungen in den körperlichen Leistungen gleichzutun. Josey, seine Zwillingsschwester, vernachlässigte er ebenfalls; denn er war in dem Alter, in dem Jungs sich nicht für Mädchen interessieren, und überdies war Josey nicht so intelligent wie er.

In vielen Dingen sah Ish Joeys experimentierenden Geist am Werk, so auch in bezug auf die Sprache. Ihm bedeutete die Sprache nicht nur etwas Praktisches, ein unbewußt gehandhabtes Werkzeug zum Ausdrücken von Wünschen und Gefühlen. Die Sprache war für ihn zugleich ein wundervolles Spielzeug. Er besaß beispielsweise viel Sinn für Wortspiele und Reime, ohne daß die anderen Kinder viel Interesse an dergleichen gezeigt hätten. Auch Rätsel mochte er.

Eines Tages hörte Ish, wie er den andern Kindern ein Rätsel aufgab. „Ich habe es selbst gemacht!" sagte Joey voller Stolz. „Worin stimmen ein Mensch, ein Bulle, ein Fisch und eine Schlange überein?"

Die anderen Kinder interessierte das nicht.

„Sie essen alle irgendwas", meinte Betty gelangweilt.

„So einfach ist die Sache nicht", sagte Joey. „Jedes Wesen ißt was. Auch Vögel."

Es erfolgten noch ein paar Antworten; und dann sagten sie, sie wollten weggehen und etwas anderes treiben. Joey sah sich in der Gefahr, seine Zuhörerschaft zu verlieren; um dem vorzubeugen, mußte er rasch des Rätsels Lösung geben.

„Ja, sie stimmen darin überein, daß sie alle nicht fliegen können!"

Im ersten Augenblick machte das Rätsel auf Ish keinen allzu großen Eindruck; doch als er später darüber nachdachte, wurde ihm bewußt, daß es in seiner Art erstaunlich und sonderbar für einen Zehnjährigen war, daß er die Idee der Gleichheit im Negativen entwickelt hatte. Und es drängte sich Ish eine alte Definition auf: „Genie ist die Fähigkeit zu sehen, was nicht ist."

Es schien, als sei es für Joey ein Sommer der Versuche, und eines Tages beim Heimkommen taumelte er absonderlich, und sein Atem roch bedenklich nach Alkohol. Es stellte sich heraus, daß er mit Walt und Weston einen der Schnapsläden im nächstgelegenen Geschäftsbezirk besucht hatte. Über dieses Problem hatte Ish oftmals nachgedacht. Einmal war er sogar zu einem der Läden gegangen und hatte angefangen, die Flaschen zu öffnen und auszugießen. Nach einer Stunde Arbeit hatte er indessen gemerkt, daß er damit viel zu langsam vorankam; sein Vorhaben dünkte ihm unmöglich, und die Kinder blieben der Gefahr ausgesetzt, einen unbegrenzten Alkoholvorrat zur Verfügung zu haben. Dabei war, wenn er es sich recht überlegte, die Situation der Kinder nicht gar so verschieden von der, in der er selbst sich befunden hatte. Früher hatte sein Vater stets ein paar Flaschen Whisky, Cognac und Sherry im Hause gehabt, und nichts hätte Ish daran hindern können, diese Getränke heimlich zu probieren. Er hatte es nicht getan, und es schien auch, als besäßen die unbeschränkten Alkoholvorräte für seine Kinder und Enkel wenig Anziehungskraft. Überhaupt waren Trunksucht und Trunkenheit für die Gemeinschaft keine Probleme. Vielleicht bedurften sie bei ihrem schlichten Leben solcher Anregungen nicht; vielleicht aber reichte auch die bloße Tatsache, daß Alkohol jedem frei zur Verfügung stand wie die Atemluft, um die Verlockungen zu beseitigen, die in früheren Zeiten von Alkohol ausgegangen waren.

Was nun Joey betraf, so stellte Ish zu seiner Freude fest, daß der kleine Kerl vernünftig genug gewesen war, nur eine geringe Menge zu sich zu nehmen – zu wenig, als daß ihm wirklich übel geworden wäre oder daß sein Bewußtsein sich getrübt hätte. Er hatte sich wohl nur vor den Älteren aufspielen wollen; die waren in weit schlimmerem Zustand als er heimgekommen.

Immerhin war Joey richtiggehend betrunken und erhob keinerlei Einwand, als er unverzüglich ins Bett gesteckt wurde. Ish nahm die Gelegenheit wahr, sich zu ihm an die Bettkante zu setzen und ihm eine kleine Predigt über allzuweit vorgetriebene, allzu bedenkenlose Versuche zu halten, zumal wenn es darum ging, sich vor andern aufzuspielen. Er schaute nieder auf das schmale, großäugige Gesicht in den Kissen. Die Augen schauten klug drein, trotz der Bezechtheit, und er wußte, daß Joey ihn verstand. Es war auch Sympathie in den Augen, als sagten sie wieder zu Ish: Wir verstehen einander. Wir beide kennen uns aus. Wir sind nicht wie die anderen.

In jäh aufwallender tiefer Zuneigung für seinen jüngsten Sohn beugte Ish sich nieder und nahm eine der kleinen Hände in die seine. Er sah, wie ein Ausdruck der Zuneigung in die großen Augen stieg, und plötzlich wußte Ish, daß jenseits aller jungenhaften Großtuerei Joey im Grunde ein zartes, scheues, empfindsames Kind war, gerade wie er selbst es früher gewesen war. Joeys Angebertum war nur der Ausdruck der auf einen Abweg geratenen Ängstlichkeit.

„Joey, Junge“, sagte er leidenschaftlich, „warum überanstrengst du dich immerfort? Weston und Walt – die sind doch zwei Jahre älter als du! Warum machst du dir die Sache nicht ein bißchen leichter? In zehn Jahren – in zwanzig Jahren – bist du ja doch über alles hinaus, was sie unternehmen können!“

Er sah, wie der Junge leise und glücklich lächelte. Doch Ish wußte, daß dieses Glück einzig der neu entdeckten Verbundenheit mit dem Vater entsprang, nicht aber der Wirkung seiner Worte.

Ish spürte, wie die Liebe zu seinem Sohn stärker denn je in ihm aufwallte. Dieser eine, dieser eine, dachte er, der ist der Gesegnete! Dieser eine wird alles fortsetzen!

Er sah die Augen matt werden, sah die Lider sich senken, und so sagte er nichts mehr, sondern saß ruhig am Bett und hielt die Hand in der seinen. Und vielleicht weil der Schlaf dem Tode so sehr ähnelte, stieg eine grausige Angst in ihm auf. Man müßte dem Glück ein Pfand darbringen! dachte er. Wenn jemand sehr liebt, ist er wehrlos. Er selbst hatte Glück gehabt. Er hatte Em sehr geliebt, und jetzt liebte er Joey ebenso. Mit Em war alles gut und glücklich gewesen, und es war unmöglich, Em in Verbindung mit Gedanken an den Tod zu bringen, sie war die Stärkere. Mit Joey war das anders. Als er des Kindes Hand hielt, konnte er das schwache Pochen des Pulses im Handgelenk spüren; er schien ganz dicht unter der Haut zu pochen. Schon eine leichte Schramme würde gefährlich sein. Welche Chancen boten sich einem kleinen Jungen, der körperlich alles andere als stark war und der von einem allzu mächtigen Geiste vorwärtsgetrieben wurde?

Ja, dieser eine wäre wohl imstande, die gesamte Zukunft zu formen. Er mußte noch zunehmen an Leib und Geist; er mußte mit den Jahren Weisheit gewinnen; er mußte leben.

Zwischen Planen und Vollenden waltet immer der Zufall. Der Herzschlag wird unregelmäßig, ein Messer blitzt, ein Pferd strauchelt, eine Krebsgeschwulst wächst, winzige Feinde dringen ein …

Dann sitzen sie beim Feuer am Höhleneingang und sagen: „Was sollen wir tun? Jetzt ist er nicht mehr bei uns, uns zu führen!" Oder es läutet die große Glocke, sie versammeln sich auf dem Hofe und sagen: „Das hätte nicht geschehen dürfen! Wer gibt uns jetzt guten Rat?" Oder sie treffen einander an den Straßenecken und sagen traurig: „Warum mußte es diesen Verlauf nehmen? Nun ist niemand da, der an seine Stelle treten könnte!"

Durch die ganze Weltgeschichte tönt eine Klage: „Wenn der junge König nicht erkrankt wäre … Wenn der Prinz am Leben geblieben wäre … Wenn der General sich nicht so rücksichtslos dem Feuer ausgesetzt hätte … Wenn der Präsident sich nicht überarbeitet hätte …"

Zwischen Planen und Vollenden stehen Not und Gefahr des Menschenlebens.

Abermals wurden die Nebel dünner, und dann kamen die ersten heißen Tage. Nun habe ich es noch einmal gesehen, dachte Ish, das große Schauspiel des Jahres! Nun ist die Zeit der Dürre und des Todes. Bald kommt die Regenzeit, und dann ergrünen die Hügel. Eines Morgens halte ich Ausschau nach Westen, hier von meiner Haustür aus, und sehe die Sonne weit im Süden untergehen. Dann versammeln wir uns, und ich meißele die Jahreszahl in den Felsen ein. Ich frage mich, wie wir dieses Jahr benennen werden!

Jetzt aber war es an der Zeit, der Rückkehr Richards und Roberts von ihrer Forschungsreise mit dem Jeep entgegenzusehen. Noch immer haderte Ish mit sich selbst und hatte ein Schuldgefühl, daß er den Jungs die Reise erlaubt hatte; doch nun waren sie schon so lange unterwegs, daß er sich einigermaßen an den Gedanken gewöhnt hatte, daß er ihn nicht mehr so sehr quälte wie früher. Und überdies grübelte er über anderes nach und empfand ein anderes Schuldgefühl, das jenes in den Hintergrund drängte.

Die Kinder! Ihr Aberglauben und ihre religiösen Vorstellungen! Er hatte gemeint, es ließe sich unschwer dagegen angehen: Er hatte gesagt, am nächsten Tag wolle er etwas unternehmen. Doch den ganzen Sommer hindurch war er müßig gewesen.

War es wirklich so, daß ihn gar nicht verlangte, etwas zu tun? Wünschte er, daß die Kinder tatsächlich meinten, Joey sei im Besitz einer besonderen Macht? Wünschte er in seinen Tiefen, daß die Kinder ihn, Ish, für einen Gott hielten?

Seit dem Zwischenfall mit dem Hammer hatte er neugierig die Haltung und Einstellung der Kinder ihm gegenüber beobachtet. Sie war wechselnd und unbestimmt. Bisweilen nahm er bei ihnen Furcht und Schrecken wahr, wie am Tage des Zwischenfalls mit dem Hammer. Er konnte seltsame Dinge tun. Er wußte um die Bedeutung schwieriger Wörter. Er kannte sich in den seltsamen Verbindungen der Zahlen aus. Auf Grund einer befremdlichen Macht wußte er, was die Welt war und wie sie war, auch jenseits des Horizonts.

Die Kinder, so begann er jetzt zu meinen, waren nicht nur Kinder, sondern auf eine Art unkompliziert und unerfahren, wie Kinder der Alten Zeit es nur selten gewesen waren. Keins von ihnen hatte mehr als ein paar Dutzend Menschen zu Gesicht bekommen. Obwohl sie, wie er glaubte, glücklich dahinlebten, waren sie glücklich durch nur wenige simple, sie befriedigende Erfahrungen und Erlebnisse, die sich immerfort wiederholten. Sie hatten niemals den beständigen Schock des Wechsels, der steten Veränderung erlitten, der den Kindern der Alten Zeiten so viel zu schaffen gemacht hatte, im Guten wie im Bösen – der sie einerseits nervös, andererseits behend und wendig gemacht hatte.

Dermaßen unkomplizierte Kinder konnten leicht dahin gelangen, daß sie eine gewisse Furcht vor ihm empfanden und meinten, er sei mit Kräften begabt, die sich von den ihrigen unterschieden und die vielleicht nicht völlig irdisch waren. Bisweilen hatte er diese Empfindung und erhielt selbst untrügliche Beweise für ihre Berechtigung.

Zu anderen Zeiten dagegen, und im Grunde zumeist, war er lediglich ihr Vater oder Großvater, oder Onkel Ish – jemand, den sie von jeher gekannt und mit dem sie als kleine Kinder auf dem Fußboden herumgetobt hatten. Vor solch einem Menschen hatten sie nicht mehr Respekt, als Kinder ihn eben haben. Schließlich bekundeten die älteren ja schon die für Heranwachsende typischen Gefühle, daß der alternde Mann Fehler über Fehler mache und völlig vergreist und abgestumpft sei. Vielleicht hatten sie Angst vor ihm; aber Streiche spielten sie ihm dennoch.

Einmal, noch nicht eine Woche nach dem Zwischenfall mit dem Hammer, hatten sie ihm einen Reißnagel auf den Stuhl gelegt, obwohl das einer der ältesten aller Streiche war, die man einem Lehrer spielte. Und einmal, als sie den Unterrichtsraum unter großem Gekicher verlassen hatten, merkte Ish, daß irgendeiner ihm einen anderen, nicht minder alten Streich gespielt hatte: Es war ihm ein Stoffstreifen auf den Rücken gesteckt worden, so daß er hinten niederbaumelte wie ein weißer Schwanz.

Solcherlei Streiche nahm Ish wohlgelaunt hin; er versuchte nicht einmal herauszubekommen, welches der Kinder es getan hatte, und Strafen gab es nicht. In mancher Beziehung machten die Streiche ihm Spaß; denn sie zeigten ihm, daß die Kinder ihn für ihresgleichen nahmen. Doch ein bißchen Kummer bereiteten die Streiche ihm dennoch. Er war nicht unempfänglich für das Schmeichelhafte, das in dem Glauben lag, daß er ein Volksheld oder Halbgott sei. Behandelte man so einen Halbgott, daß man ihm Reißnägel auf den Stuhl legte oder ihm hinten einen Schwanz anheftete? Aber als er länger darüber nachdachte, kam er zu der Überzeugung, daß es im Grunde auch früher schon so gewesen sei.

Obwohl er halb und halb Scheu davor empfand, konnte Ish schließlich nicht mehr dem Verlangen widerstehen, die Kinder auf die Probe zu stellen. Vielleicht war der Zwischenfall mit dem Hammer im Grunde ohne tiefere Bedeutung gewesen. Ish war neugierig.

Sorgsam wählte er den rechten Augenblick – den späten Morgen, kurz vor Unterrichtsschluß. Er hielt sich selbst eine Möglichkeit zum Rückzug offen, falls die Sache zu bedenklich werden sollte. Da er der Lehrer war, bestand keinerlei Schwierigkeit, die Kinder zu dem

Punkte zu leiten, wo er gleichsam beiläufig seine Frage stellen konnte.

„Wie kam es eurer Meinung nach, daß alles, was ihr um euch seht...", er vollführte eine ausladende Geste mit den Händen, „wie kam es, daß die Welt überhaupt geschaffen werden konnte?"

Die Antwort kam rasch. Der Sprecher war Weston, obgleich jedes der Kinder hätte antworten können: „Ja, die Amerikaner haben das alles geschaffen!"

Ish hielt den Atem an. Jetzt, in diesem Augenblick erkannte er, in welchem Maße die Idee erstarkt war. Wenn ein Kind fragte, wer die Häuser oder die Straßen oder die Dosen und Büchsen und Flaschen mit Lebensmitteln gemacht habe, so sagten die älteren selbstverständlich: „Die Amerikaner!"

Ish ließ eine weitere Frage folgen. „Und die Amerikaner – wer waren die?"

„Oh, die Amerikaner, das waren die, die früher gelebt haben."

Diesmal erschien es Ish ein wenig schwieriger, sogleich den Anschluß zu finden. In dem Ausdruck „die, die früher gelebt haben" spürte er nicht nur einen Hinweis auf die Alten Zeiten, sondern eine Andeutung dessen, was beinahe schon Aberglauben war. „Die, die früher gelebt haben" – das hatte vormals als eine Bezeichnung für Feen- und Elfenwesen gegolten, für Wesen aus einer jenseitigen Welt. Diese Bedeutung schien der Ausdruck jetzt wiedergewonnen zu haben. Hier war etwas, dem er entgegentreten mußte.

„Ich war ..." Er begann ganz schlicht. Er hielt inne; er verbesserte sich, da er nicht einsah, weshalb er sich der Vergangenheitsform bedienen sollte. „Ich bin ein Amerikaner."

Als er diese einfachen Worte sprach, überkam ihn ein seltsames Gefühl des Stolzes, als flatterten Fahnen, als spielten Musikkapellen. In den Alten Zeiten hatte es schon einiges bedeutet, Amerikaner zu sein. Man war sich bis zur letzten Faser bewußt gewesen, daß man einer großen Nation angehörte. Das hatte nicht nur mit Stolz erfüllt, sondern zugleich mit einem tiefen Gefühl des Vertrauens und der Lebenssicherheit, der Kameradschaft von Millionen. Jetzt aber hatte er gezögert, sich der Gegenwartsform zu bedienen.

Während seines kurzen, zögernden Schweigens hatten die Kinder ihn angeschaut, und er hatte unvermittelt die Empfindung gehabt, es habe seiner Erklärung an Überzeugungskraft gefehlt. Er hatte lediglich zu erklären versucht, daß an jenen Wesen, „die früher gelebt hatten" und die Amerikaner gewesen waren, nichts Übernatürliches gewesen sei. Er hatte lediglich zu sagen versucht: Schaut mich an, ich bin Ish, der Vater von einigen unter euch und von einem der Großvater. Ich habe mit euch auf dem Fußboden herumgetobt. Ihr habt mir das Haar zerzaust. Ja, ich bin nur Ish. Und wenn ich nun sage: Ich bin ein Amerikaner, so meine ich damit, daß an den Amerikanern nichts Übernatürliches ist. Auch sie waren nur Menschen.

Das, so hatte er gemeint, würden sie aus seinen Worten heraushören; aber es war etwas anderes geschehen. Als er gesagt hatte: „Ich bin ein Amerikaner", da hatten sie im Geiste genickt und sich gedacht: Ja, natürlich, du bist ein Amerikaner. Du verfügst über viele sonderbare Kenntnisse, die wir gewöhnlichen Leute nicht haben. Du lehrst uns Lesen und Schreiben. Du erzählst uns Geschichten über die Welt, die um uns ist. Du redest über Zahlen. Du trägst den Hammer. Ja, es ist klar, daß Menschen wie du die ganze Welt geschaffen haben, und du bist ganz einfach einer, der von den Alten Zeiten her übriggeblieben ist. Du bist einer von denen, die früher gelebt haben. Ja, natürlich, du, du bist ein Amerikaner!

Als er betroffen ob dieses neuen Gedankens umherschaute, herrschte tiefes Schweigen, und er sah, daß Joey ihm zulächelte. Es war ein wissendes Lächeln, als wolle Joey sagen: Uns beiden ist etwas gemeinsam. Ich bin wie einer von denen, die früher gelebt haben; auch ich bin einer von denen, die übriggeblieben sind. Ich kann lesen; ich verstehe und durchschaue vielerlei Dinge.

Ish war froh, daß er seine Frage kurz vor der Mittagsstunde gestellt hatte. Er konnte sich jetzt nicht mehr sammeln, weder zu einer Frage noch zu einer Antwort.

„Schulschluß!" sagte er. Und er dachte: Schluß mit der Schule.

6

Es war Spätnachmittag, und Ish unterhielt sich mit Joey. Ish besaß eine kleine Münzsammlung und hielt Joey einen Vortrag über Geschichtliches und die alten Wirtschaftssysteme. Joey mochte die schimmernden, klingenden Fünfcentstücke mit der Gestalt des seltsamen buckligen Tieres gern. Wie jeder Junge auch in den Alten Zeiten zog er die Münzen den langweiligen Banknoten vor, auf denen das Bild eines bärtigen Mannes war, der beinahe wie Onkel George aussah. Ish versuchte, ihm zu erklären, was es damit auf sich hatte.

Gerade als er meinte, nun habe er den richtigen Ausgangspunkt gefunden, hörte er einen sonderbaren und dennoch von alters her vertrauten Laut. Er hob den Kof und lauschte angespannt. Da war es wieder, und diesmal näher: das „Tut-tut" einer Autohupe!

„Hallo, Em!" rief er. „Sie sind wieder da!" Er sprang auf; die Banknoten entglitten seiner Hand und fielen zu Boden.

Er und Em und die Kinder stürzten hinaus, und dort herrschte ein allgemeines Gerenne und Gebell von Hunden, und der Jeep kam die Straße herab. Er war schmutzig, von der Reise mitgenommen und eingebeult; aber er hatte durchgehalten. Ish war aufs höchste gespannt. Dann kletterten die Jungs unter lauten Rufen heraus – augenscheinlich waren sie gesund und munter. Die Erleichterung, die er plötzlich empfand, zeigte ihm, wie sehr er sich im Grunde um sie gesorgt hatte.

Da standen nun die Jungs, umgeben von einer Schar schreiender und rufender Kinder. Beinahe schüchtern hielt Ish sich zurück. Dann gewahrte er, daß sich da noch etwas bewegte. Es mußte noch jemand im Jeep sitzen. Ja, jetzt schickte der Betreffende sich zum Aussteigen an. Ish überkam ein heftiges Gefühl der Beunruhigung, der Verstimmung gegenüber dem Ankömmling.

Zunächst, als der Kopf über der niedrigen Tür erschien, sah Ish einen ziemlich kahlen Schädel und einen braunen Bart, den man als hübsch hätte bezeichnen können, wenn er nicht tabakfleckig gewesen wäre und schmutzig angemutet hätte; dort, wo er am Rande mit der Schere bearbeitet worden war, wirkte er struppig. Der Mann stieg aus und richtete sich langsam auf.

Ish musterte ihn, beinahe entsetzt. Ein stämmiger Kerl, groß, breit, schwer. Er sah aus, als sei er sehr stark, und doch hatte die Bewegung, mit der er sich aufrichtete, nicht von Kraft gezeugt. Ja, er wirkte mächtig, aber in seinem Innern schien etwas nicht in Ordnung zu sein, und er war zu dick!

Die Kinder sprangen umher, und in ihrer Mitte stand der Mann, so wie er aus dem Wagen gestiegen war. Er blickte auf und sah Ish, und ihrer beider Blicke trafen einander. Des Mannes kleine, fettverhüllte Augen waren hellblau. Er lächelte Ish zu.

Ish lächelte ebenfalls, obwohl er seine Mundwinkel durch einen bewußten Willensakt dazu zwingen mußte. Ich hätte als erster lächeln müssen, dachte er. Er hat mich dazu veranlaßt. Ich hätte ihn dazu veranlassen müssen. Er besitzt Macht, trotz seines weichlichen und ungesunden Aussehens.

Ish brach den Bann, indem er auf Robert zutrat und nach dessen Hand griff. Aber selbst dabei dachte er immerfort an den Ankömmling. Ungefähr so alt wie ich, dachte er.

Nun vollzog Robert die Vorstellung. „Das ist unser Freund Charlie!" sagte er und gab Charlie einen Klaps auf den Rücken.

„Freut mich, freut mich", brachte Ish hervor, aber selbst diesen nichtigen, altgewohnten Worten konnte er keinen natürlichen Tonfall geben. Er blickte fest in die blauen Schlitzaugen, und in der Gespanntheit seines Blickes lag wohl bewußtes Mißtrauen.

Inzwischen hatte Robert Charlie beiseite gezogen und stellte ihn den andern vor. Ish fühlte, wie sein Widerwille wuchs, statt abzunehmen. Vorsicht! dachte er.

Er hatte sich die Rückkehr als eine Wiedervereinigung ohne störende Elemente ausgemalt. Und nun war dieser Charlie da!

Sicherlich, er schien ein guter Kamerad zu sein. Aber – ja, das war es – Charlie war schmutzig. Charlie war schmutzig, und zwar von innen her. Schmutz, der allgegenwärtige Schmutz der Erde, war etwas, worüber Ish sich so wenig aufregte wie alle übrigen Menschen damals. Aber der Eindruck des Schmutzigen, der von Charlie ausging, war etwas gänzlich anderes. Vielleicht, so analysierte er rasch, lag es an den Kleidern. Charlie trug nämlich etwas, das während der letzten Jahre zu einer Seltenheit geworden war: einen Anzug. Er trug sogar eine Weste.

Unvermittelt wandten sich alle dem Haus zu, und Ish ging mit ihnen; aber nicht an der Spitze. Das Wohnzimmer war voll. Die beiden Jungs und Charlie bildeten den Mittelpunkt. Die Kinder schauten voller Bewunderung auf die Jungs, die von einer Forschungsreise zurückgekehrten Entdecker, und genauso bewundernd und staunend sahen sie Charlie an, weil sie es nicht gewohnt waren, einen Fremden zu Gesicht zu bekommen. Es war eine der größten Sensationen, die man sich hätte ausmalen können.

„Habt ihr es geschafft?" fragten alle durcheinander. „Wie weit seid ihr gekommen? Was ist in der großen Stadt los – wie hieß sie doch gleich?"

In der allgemeinen Aufregung sah Ish lange auf den fettigen Bart und das fleckige Jackett, und seine Abneigung gegen Charlie wurde noch heftiger.

Nimm dich zusammen! dachte er. Du bist ein Provinzler und empfindest Widerwillen gegen jeden anderen, der vielleicht andere Gewohnheiten und Anschauungen hegt. Du hast stets gesagt, die Gemeinschaft bedürfe der Anregung durch neue Gedanken, und wenn nun jemand aus der Fremde kommt, so starrst du ihn voller Widerwillen an und konstruierst dir Vernunftgründe, indem du dir sagst: Er ist außen schmutzig, und so muß auch in seinem Innern irgendwelcher Schmutz sein. Gib es auf – dies ist ein großer Tag! Dennoch verkehrten alle seine Erwägungen, daß es ein großer Tag sei, sich in ihr Gegenteil.

„Nein", sagte Robert. „Bis New York sind wir nicht gekommen. Aber bis zu der anderen großen Stadt – bis Chicago. Aber dann wurden die Straßen immer schlechter und schlechter; es waren Bäume darauf gewachsen, und überall lagen umgefallene Bäume, und viele Straßen waren unterspült, und die Brücken waren kaputt. Da mußten wir fortwährend andere Wege einschlagen und sehen, daß wir ..."

Jemand fuhr mit einer anderen Frage dazwischen, noch ehe Robert mit seiner Antwort zu Ende gekommen war. Ein halbes Dutzend Fragen wurden gestellt, und eine hob die andere auf. In dem Durcheinander suchte Ish Ezras Augen. Er meinte in Ezras Blick Alarmierendes zu sehen, und nun wußte er, daß auch Ezra Charlie beobachtete.

Sogleich fühlte Ish sich bestärkt und gerechtfertigt. Ezra war Menschenkenner und Menschenfreund. Wenn Ezra über Charlie so schnell beunruhigt war, dann mußte man auf der Hut sein. In dergleichen Fällen hatte Ish mehr Vertrauen zu Ezra als zu sich selbst.

Er wandte sich wieder dem zu, was gesprochen wurde. „... hatten komische Kleider an", hörte er Richards Stimme sagen. „Sie haben mit Steinen nach uns geworfen. Sie haben geschrien: ‚Unrein! Unrein!' Dann haben sie immerzu geschrien: ‚Wir sind Gottes Volk!' Sie haben uns weggejagt."

Dann sprach Em. Der volle Klang ihrer Stimme, die zugleich tief und weiblich war, durchdrang die hellen, beinahe fiependen Laute der aufgeregten kleinen Schar. „Es ist spät", sagte sie. „Zeit zum Abendessen. Die Jungs sind hungrig ..."

Die schwachsinnige Evie stieß ein letztes sinnloses Kichern aus, und dann war auch sie still.

Em sagte, alle sollten jetzt heimgehen und später wiederkommen. Ish beobachtete Charlie und sah, daß Ezra ihn ebenfalls beobachtete.

Charlies Augen blickten auf Em, vielleicht einen Augenblick zu lange. Dann glitt sein Blick zu Evies blondem Haar hinüber; es war, als schätze er das Mädchen ab. Dann standen alle auf und schickten sich zum Aufbruch an.

Richard nahm Charlie zum Essen mit in Ezras Haus.

Als das Essen auf dem Tische stand und alle sich hingesetzt hatten, gab es eine Fülle von Fragen. Ish überließ es Em, sich mit Robert zu unterhalten. Sie mußte doch ihre mütterlichen Besorgnisse beschwichtigen. Waren sie krank gewesen? Hatten sie genug zu essen gehabt? Warm geschlafen?

Die Aussprache über die eigentliche Reise sollte erst stattfinden, wenn die andern nach dem Abendessen wiedergekommen waren, und Ish hatte die Empfindung, es sei besser, wenn er aus Robert nichts über Charlie herauspumpe. Aber ganz konnte er der Versuchung nicht widerstehen, und Robert zeigte sich durchaus nicht zurückhaltend.

„Oh", sagte er. „Charlie? Ja, den haben wir vor ungefähr zehn Tagen aufgelesen, in der Nähe von Los Angeles. Da herum leben, glaube ich, nur ein paar Menschen. Sie sind beinahe so wie wir; nur wohnen sie ein bißchen weiter auseinander. Charlie lebte ganz für sich allein."

„Hattet ihr ihn gebeten, er solle mitkommen, oder hat er es von sich aus getan?"

Ish beobachtete den Sohn gespannt. Er merkte, daß diese Frage Robert überraschte.

„Ach, das weiß ich nicht mehr. Ich weiß nicht, ob ich ihn gefragt habe. Vielleicht hat Richard es getan. Er kann einen Haufen komischer Geschichten erzählen, dieser Charlie. Er ist ein feiner Kerl." Komische Geschichten, ja, und man konnte sich unschwer vorstellen, welcher Art sie waren. Sie alle waren damals ziemlich offen und frei in ihrer Ausdrucksweise; der Begriff des Unanständigen, so konnte man sagen, war hingeschwunden, zum guten Teil, weil es in ihrem Wortschatz jeweils nur ein einziges Wort für jedes Ding gab, wenigstens was die Jüngeren betraf. Das Unanständige und Schlüpfrige schien eines natürlichen Todes verblichen zu sein, vielleicht als Widerspiel zum Hinsterben der romantischen Liebe. Aber Charlie – der war wohl noch imstande, schmutzige und schlüpfrige Geschichten zu erzählen. Obschon er, wenn es um dergleichen Geschichten ging, niemals prüde gewesen war, merkte Ish, wie seine ursprüngliche Abneigung sich fast in Widerwillen verwandelte, obwohl er sich unablässig vergegenwärtigte, daß er ja im Grunde nicht das mindeste von Charlie wisse, außer der Meinung der Jungs, Charlie sei ein feiner Kerl. In Ish stieg der Wunsch auf, die Wasserversorgung möchte nie zu funktionieren aufgehört und sie zu dem Verlangen getrieben haben, etwas für die Zukunft zu tun; denn eben dadurch war dieser fremde Mann zu ihnen gekommen.

Nach dem Abendessen wurde am Hügel ein großes Freudenfeuer entfacht, um das sich alle versammelten. Die Jungs sangen und trieben dummes Zeug. Es war eine ausgelassene Feierstunde.

Alle waren gespannt; aber die Jungs rückten erst nach und nach mit ihrem Bericht heraus ... Auf der großen Staatsstraße nach Los Angeles waren sie nur durch ein paar unbedeutende Unterspülungen und Erdrutsche behindert worden; der Jeep mit seinem Vierradantrieb hatte sie ohne weiteres gemeistert. Die Schar der religiösen Fanatiker, die sich als das Volk Gottes bezeichnete, lebte in Los Angeles.

Von Los Angeles aus hatten die Jungs die nach Osten führende Straße sechsundsechzig eingeschlagen. Die große Straße quer durch die Wüste war offen und leicht zu bewältigen gewesen, abgesehen von einer sandüberwehten Stelle. Auf der Weiterfahrt hatten ihnen lediglich dann und wann Reifenpannen zu schaffen gemacht. Die Brücke über den Coloradostrom war zwar wackelig, aber noch passierbar gewesen. Die nächste Gemeinschaft, auf die sie gestoßen waren, befand sich, wie es schien, in einem der alten Indianerpueblos bei Albuquerque. Soweit er aus den Schilderungen der Jungs klug wurde, kam Ish zu der Meinung, daß die paar Dutzend Menschen jener Gemeinschaft nicht von völlig dunkler Hautfarbe waren und daß es sich zum überwiegenden Teil wohl um Indianer handelte, weil ihre Lebensform auf dem Anbau von Mais und Bohnen beruhte, wie es die Pueblo-Indianer seit vielen Hunderten von Jahren gehalten hatten. Nur ein paar der älteren Leute hätten Englisch gesprochen. Auch diese Gemeinschaft beschränkte sich auf sich selbst und blickte voller Argwohn auf die Fremden. Die Menschen dort hatten Pferde. Autos benutzten sie nicht, und sie zogen nur selten in eine Stadt.

Von dort aus waren die Jungs nordwärts nach Denver abgebogen, und dann waren sie gen Osten durch das Flachland gefahren.

„Überall Herden von Vieh!" Jetzt griff Richard den Faden des Berichts auf. „Überall Vieh, nichts als Viehherden sieht man da."

„Habt ihr auch die großen braunen Rinder mit den Buckeln über den Schultern gesehen?" fragte Ish.

„Ja, ein paar solche Rinder haben wir gesehen", antwortete Richard.

Dann waren sie weitergefahren, und die Straßen waren häufiger blockiert gewesen; denn nun waren sie in eine feuchtere Gegend mit üppigerem und schnellerem Pflanzenwuchs und schwereren Regengüssen gekommen, die im Winter von harten Frösten abgelöst wurden. Die Landstraßen waren durch die Einwirkung des Frostes in große Blöcke zerrissen, und in allen Ritzen und Sprüngen der Oberfläche wuchsen Gras und Unkraut, und selbst Gestrüpp und junge Bäume behinderten die Fahrt.

„Dann kamen wir an den breiten Fluß", erzählte Robert. „Er ist der breiteste von allen, aber die Brücke war gut."

Sie waren nach Chicago gelangt; doch das war nur eine aus öden, leeren Straßen bestehende Wüste gewesen.

Bei der Ausfahrt aus Chicago hatten die Jungs sich in der Unzahl der Straßen, der Umleitungen und Zufahrten verfahren, sie waren, da der Tag wolkig und trübe gewesen war, von ihrer Richtung abgekommen und nach Süden anstatt nach Osten gefahren.

„Daraufhin", sagte Robert, „holten wir uns aus einem Laden eins von den Dingern, die die Richtung anzeigen ..." Er suchte nach der Bezeichnung dafür und sah Ish an.

„Ja, einen Kompaß", sagte Ish.

„Vorher hatten wir keinen gebraucht; aber jetzt benutzten wir ihn und fuhren wieder ostwärts." Bald war es jedoch mühseliger geworden, nach Osten vorzudringen.

„Und dann kam ein kalter Tag mit Nordwind", bekannte Richard, „und wir bekamen Angst. Wir mußten daran denken, was du uns über den Schnee erzählt hattest, und wir glaubten, wir kämen nie wieder nach Hause."

Irgendwo, wahrscheinlich in der Nähe von Toledo, hatten sie kehrtgemacht. Nachdem sie gewendet hatten, war eine Art Panik über sie gekommen. Gleichzeitig begannen heftige Regengüsse zu fallen, und die Straßen waren oftmals überflutet. Sie fürchteten, einige der Brücken über die größeren Flüsse würden hinweggeschwemmt sein, so daß sie von ihrer Gemeinschaft abgeschnitten wären. Sie hatten es gar nicht erst versucht, Ishs Wunsch entsprechend nach Süden auszuweichen, sondern waren auf dem gleichen Weg zurückgefahren, den sie auf der Hinfahrt benutzt hatten. Deshalb hatten sie bei der Heimreise wenig kennengelernt, was sie nicht schon auf ihrer Fahrt nach Osten wahrgenommen hatten.

Ish machte ihnen keinen Vorwurf daraus. Er meinte, sie hätten entschlossen und intelligent gehandelt.

Die Kinder umtanzten unter Geschrei das Freudenfeuer.

Ish saß da, schaute zu und dachte nach. Das Hauptergebnis der Expedition war nicht die Entdeckung gewesen, daß das Land wieder in Wildnis zurücksank. Das hätte man ohnehin wissen können. Das wichtigste war, daß die Verbindung zu zwei anderen Gemeinschaften aufgenommen worden war. Freilich konnte man es nicht gerade als Verbindung bezeichnen, da die anderen Gemeinschaften sich jeder Annäherung Fremder widersetzt hatten. War das aus einem blinden Vorurteil oder aus einem tiefen Instinkt der Selbsterhaltung heraus geschehen?

Aber allein schon das Wissen, daß in Los Angeles und bei Albuquerque Menschen lebten, gedeihende Gemeinschaften – dieses Wissen linderte ein wenig das Gefühl der Einsamkeit und des Verlassenseins.

Auf einer einzigen Reise mit dem gleichen Hin- und Rückweg waren zwei kleine Menschengruppen entdeckt worden! Gemessen daran mußte es auf dem Gesamtgebiet der Vereinigten Staaten mehrere Dutzend geben.

Das Tanzen, Jauchzen und Lachen der das Feuer umtobenden Kinder war inzwischen immer zügelloser geworden. Sie spielten jetzt „Peitschenschnur", was um so aufregender war, als derjenige, der sich am Ende der schlingenden Menschenschlange befand, dem Feuer ausweichen mußte. Plötzlich spürte Ish, wie er erstarrte. Charlie spielte mit! Eingehakt zwischen Dick und Evie, brachte er die „Peitschenschnur" in Schwung. Die Kinder waren begeistert, daß ein Erwachsener, und noch dazu dieser Fremde, mit ihnen spielte.

Ish versuchte, seines Unmuts Herr zu werden. Warum denn schließlich nicht? Warum sollte nicht einer der Älteren bei dem Spiel mittun? Ich bin, so dachte er, fast so schlimm wie die Menschen in Los Angeles und Albuquerque, die von Fremden nichts wissen wollten! Und dennoch würde ich es anders beurteilen, wenn dieser Charlie ein anderer Mensch wäre.

Doch trotz aller seiner Bemühungen fühlte Ish sich außerstande, dem tief wurzelnden Widerwillen zu wehren. Er fing an, seine Hochachtung vor der Fahrt der Jungs zu überprüfen. So bedeutsam die

Entdeckung weiterer Gemeinschaften auch für die ferne Zukunft werden konnte: Augenblicklich ging es um Charlie.

Inzwischen war es spät geworden, und Mütter suchten ihre Kinder zusammen. Da das Fest aus war, gingen die meisten der Älteren mit Ish und Em nach Hause, um mehr von den beiden Jungs und von Charlie zu erfahren.

„Setz dich hierher", sagte Ezra zu Charlie und deutete auf einen großen Sessel, der vor dem Kamin stand. Es war ein Ehrenplatz, und noch dazu ein bequemer, und Ish dachte, wie bezeichnend es für Ezra sei, so schnell Sinn für menschliche Beziehungen und Verhältnisse zu zeigen. Obwohl er der Hausherr und Gastgeber war, hatte er nicht daran gedacht, und so hatte er Charlie nicht in der rechten Weise willkommen geheißen. Dann jedoch fragte er sich in blitzschneller Reaktion, ob er denn tatsächlich gewünscht habe, Charlie möge sich behaglich fühlen.

Es war ein kalter Abend, und Ezra bat, das Feuer möge angesteckt werden. Die Jungs schleppten Holz herein, und bald brannte ein lustiges Feuer im Kamin. Es wurde behaglich warm im Zimmer.

Man plauderte, und wie stets übernahm Ezra die Führung der Unterhaltung. Charlie bat um etwas Trinkbares. John brachte ihm eine Flasche Cognac und ein Glas. Er trank in regelmäßigen Abständen, langsam und hingebungsvoll wie ein Gewohnheitstrinker. Nichts deutete an, daß er angeregt oder gar betrunken wurde.

„Mich friert noch immer", sagte Ezra.

„Du bist doch nicht etwa krank?" fragte Em.

Auch Ish spürte ein Frösteln des Mißbehagens. Krankheit war etwas dermaßen Ungewöhnliches, daß allein schon die Erwähnung auffiel.

„Ich weiß nicht", sagte Ezra. „Wenn wir noch in den Alten Zeiten lebten, würde ich meinen, ich hätte mich erkältet. Natürlich kann das auch jetzt der Fall sein."

Es wurde mehr Holz ins Feuer geworfen, und nun wurde es dermaßen ungemütlich heiß im Zimmer, daß Ish seinen Pullover auszog und in Hemdsärmeln dasaß. Darauf zog auch Charlie das Jackett aus und knöpfte sich die Weste auf, aber er legte sie nicht ab. George lehnte sich behaglich auf dem Sofa zurück und nickte ein.

Ish konnte jetzt feststellen, daß Ezra die Unterhaltung hierhin und dorthin schwingen ließ, um über Charlie mehr herauszubekommen. Aber es hätte gar keiner Kunstgriffe bedurft; denn Charlie sprach sich unumwunden aus, wenn die Rede auf ihn kam.

„Ja, als sie dann tot war ...“, sagte er. „Ja, als meine Frau tot war, da hatte ich keine Lust mehr, länger dazubleiben oder da in der Gegend. Als dann eure Jungs vorbeikamen und sie mir gefielen, da habe ich einfach zugegriffen und bin mitgekommen.“

Als Charlie sprach, begann Ish zu fühlen, daß sein Interesse in der entgegengesetzten Richtung ausschwang. Die Jungs hatten Charlie außerordentlich gern, und sie waren schon eine Zeitlang mit ihm zusammengewesen. Aus Charlie sprach Kraft, und er war auch nicht ohne Witz. Vielleicht war es doch gut, wenn er in der Gemeinschaft blieb. Ish nahm jetzt die Schweißtropfen auf Charlies Stirn wahr.

„Charlie“, sagte er, „Sie sollten lieber die Weste ausziehen und es sich bequem machen.“ Charlie stutzte, sagte aber nichts.

„Es tut mir so leid“, sagte Ezra. „Aber ich weiß wirklich nicht, was mit mir los ist. Vielleicht wäre es besser, wenn ich nach Hause und ins Bett ginge.“ Doch er schickte sich keineswegs zum Fortgehen an.

Sie veranlaßten Charlie, sich mitsamt seiner Cognacflasche auf einen weiter vom Feuer entfernten Stuhl zu setzen; aber seine Weste behielt er an.

Charlie saß da, und die beiden Haushunde kamen herein und beschnüffelten ihn. Augenscheinlich interessierten sich sogar die Hunde für den Fremden; er mußte eine Fülle neuer Gerüche ausströmen. Sie witterten, daß der Fremde in den Kreis aufgenommen worden war. Anfangs verhielten sie sich neutral; doch dann streckten sie sich behaglich, als Charlie sie hinter den Ohren kraulte und ihnen den Rücken klopfte.

Schließlich erwachte George aus seinem Nickerchen, reckte seinen dicken Körper und stand auf, wobei er sagte, daß es nun für ihn Zeit sei, heim und ins Bett zu gehen. Die andern schickten sich an, ihn zu begleiten. Ish wußte, daß Ezra ihm noch ein paar Worte unter vier Augen zu sagen hatte, als er ging, und so zog er ihn in die Küche.

„Ist dir nicht wohl?“

„Mir? Wieso?“ fragte Ezra. „Nie im Leben habe ich mich besser befunden.“

Ezra lächelte, und Ish begann ein Licht aufzugehen. „Dann ist dir gar nicht kalt gewesen?“ fragte er.

„Nie im Leben ist mir weniger kalt gewesen“, sagte Ezra. „Ich habe bloß sehen wollen, ob wir Charlie dazu brächten, seine Weste auszuziehen. Ich habe nicht geglaubt, daß wir es fertigbrächten. Er mag sich nicht von ihr trennen. Ich bin übrigens sicher, daß ich recht gesehen habe. Seine eine Westentasche war ein bißchen dick. Und darin hat er so ein kleines Ding stecken, wie es früher die Damen in ihren Handtaschen trugen – so ein kleines, schmales Stück Stahlfabrikat!"

Ish überkam es wie eine Erleichterung. Nur eine simple Pistole – damit würde man schon fertig werden können. Seine Erleichterung schwand freilich hin, als Ezra fortfuhr: „Ich wollte, ich wüßte ganz genau, woran ich mit ihm bin. Manchmal glaube ich, er ist gefährlich und niederträchtig und gemein und schmutzig – bis zum tiefsten Seelengrunde. Manchmal glaube ich, er wird mein bester Freund. Im übrigen meine ich, er ist einer, der ganz genau weiß, was er haben will, und der es im allgemeinen auch bekommt."

Als sie wieder ins Wohnzimmer kamen, ging George gerade fort.

„Dies ist seit langer Zeit das Beste, was uns widerfahren ist", sagte er zu Charlie. „Wir brauchen noch einen starken Mann. Wir hoffen, daß du bei uns bleibst."

Die andern stimmten dem lebhaft zu, als alle, auch Charlie und Ezra, zur Tür hinausgingen.

Ish blieb mit seinen Gedanken allein. Er hatte versucht, seinerseits in den Chor einzustimmen; aber plötzlich war seine Zunge steif gewesen und sein Mund trocken. Alles, was er jetzt denken konnte, war: Gefährlich und niederträchtig und gemein und schmutzig – bis zum tiefsten Seelengrunde.

7

NACHDEM sie gegangen waren, fiel Ish etwas ein, das er während all dieser Jahre nicht getan hatte. Nachdem er sich entschlossen hatte, es zu tun, war er nicht sicher, ob es überhaupt noch möglich war. Doch als er in die Küche ging, sah er, daß sich tatsächlich ein Riegel an der Hintertür befand. Er konnte sich erinnern, daß seine Mutter ihn hatte anbringen lassen, weil sie kein Zutrauen zu den gewöhnlichen Schlössern hatte. Er schob diesen Riegel vor. Dann ging er zur Haustür und sah, daß daran ein noch brauchbares Sicherheitsschloß war.

In all diesen Jahren hatte keinerlei Notwendigkeit zum Verriegeln einer Tür bestanden. Man brauchte vor keinem Mitglied der Gemeinschaft Angst zu haben; kein Fremder, sofern einer gekommen wäre, hätte eine Möglichkeit gehabt, unbehelligt an den Hunden vorbeizukommen. Doch nun war jemand da, dem man vielleicht nicht trauen durfte, und dieser Jemand hatte sich mit den Hunden angefreundet. Hatte er die Hunde etwa aus Berechnung gestreichelt?

Als Ish zu Bett gegangen war und seine Befürchtungen Em anvertraute, fand er wenig Gehör. Manchmal, dachte er, ließ sie allzusehr den Dingen ihren Lauf.

„Was ist denn so auffällig daran, daß er eine Pistole bei sich hat?" fragte sie. „Du trägst doch auch häufig eine mit dir herum!"

„Aber nicht heimlich! Und ich habe auch keine Angst, meine Weste auszuziehen und mich von meiner Waffe zu trennen."

„Ja, aber du mußt ihm zugestehen, daß er nervös war und sich noch nicht als zu uns gehörig betrachtete. Du magst seine Augen nicht; vielleicht mag er deine auch nicht. Er befindet sich unter Fremden – und sie sind in der Überzahl!"

Ish spürte, wie ihn ein Widerwille, der an Wut grenzte, gegen Charlie, den Eindringling, überkam. „Ja!" sagte er. „Aber wir sind hier auf unserem Grund und Boden; dies ist unsere Wohnstätte; er platzt hier herein; also muß er sich uns anpassen und nicht wir uns ihm."

„Vermutlich hast du recht, Liebling. Aber laß uns heute nicht länger darüber reden. Ich möchte gern schlafen."

Wenn Ish je Em um etwas beneidet hatte, so war es ihre Fähigkeit, auf der Stelle einzuschlafen, wenn sie sagte, jetzt wolle sie schlafen. Je angestrengter er indessen dachte, jetzt wolle er schlafen, desto kräftiger setzte sein Denken ein, und er konnte es nicht ausschalten, so gern er es auch getan hätte. Jetzt spürte er wieder, wie es einsetzte. Denn plötzlich kam ihm ein neuer Gedanke, der ihn tief betroffen machte. Das Ärgerliche war, so meinte er, daß er glauben mußte, er sei in eine persönliche Auseinandersetzung mit Charlie verstrickt. Wenn der „Stamm" eine feste Organisation bildete, wenn eine symbolische Einheit bestünde, durch die sie alle zu einer festen Front zusammengeschlossen würden, so besäße die Ankunft eines Fremden, so stark er als Individuum auch sein mochte, nur untergeordnete Bedeutung. Nun war es wohl zu spät. Der Fremde war bereits da, und er mußte ihm Mann gegen Mann entgegentreten.

Und Charlie würde kein zu unterschätzender Gegner sein. Er hatte sich bereits die Ergebenheit und Freundschaft Roberts und Richards gesichert, und das gleiche galt wohl für einige der anderen unter den Jüngeren. Auf George hatte er augenscheinlich Eindruck gemacht.

Ish vermochte sich nicht darüber klarzuwerden, warum jedermann für Charlie Sympathie empfand; doch das änderte nichts an der Tatsache, daß dem so war. Er dachte an die unleugbar hübschen blauen Augen; aber sie waren von einer Kälte, wie dunkle Augen sie niemals aufbrachten.

Schließlich aber sagte er sich: Dies ist nichts als mitternächtliche Geistesverwirrung; es sind lediglich wilde Phantasien, wie sie einen in der Dunkelheit überkommen, wenn man nicht schlafen kann. Und dann brachte er es dennoch fertig, die Gedanken zu verscheuchen und einzuschlafen.

Am Morgen nahm sich alles besser aus. Leidlich wohlgelaunt aß er sein Frühstück. Es freute ihn, Robert am Frühstückstisch wiederzusehen und weitere Einzelheiten über die Reise zu erfahren.

Doch gerade als er anfing, sich recht behaglich zu fühlen, brach alles in ihm zusammen, als Robert sagte: „Ja, nun will ich mal hinübergehen und mich um Charlie kümmern."

Ish verspürte den Wunsch, jetzt mit einem väterlichen Ratschlag herauszuplatzen, etwa: Ich würde mich an deiner Stelle nicht so viel mit diesem Menschen abgeben. Doch er sah, daß Ems Augen nein sagten, und er selbst wußte nur zu gut, daß solch ein Rat Charlie als einen zu meidenden und eben deshalb desto anziehenderen Menschen erscheinen lassen würde. Wieder fragte er sich, worauf eigentlich die starke Anziehungskraft beruhte, die Charlie auf die beiden Jungs ausübte.

Robert ging, und als die morgendliche Hausarbeit beendet war, verdrückten die andern Kinder sich ebenfalls.

„Worauf beruht diese Anziehungskraft?" fragte Ish Em.

„Ach, ärgere dich nicht", antwortete sie. „Es ist bloß die Anziehungskraft des Fremden, des Neuen. Ist das nicht ganz natürlich?"

„Es stehen uns Schwierigkeiten bevor!"

„Vielleicht", sagte Em, und Ish mußte plötzlich daran denken, daß es das erstemal war, daß sie diese Möglichkeit zugestand; dann aber änderte sie die Richtung seiner Gedanken durch eine weitere Bemerkung: „Aber sieh dich vor, daß nicht du es bist, der die Schwierigkeiten auslöst."

„Wie meinst du das?" fuhr er zornig auf, obwohl es nur selten geschah, daß er Em mit harten Worten bedachte. „Meinst du etwa, dies sei ein Kampf um die Herrschaft?"

„Ich meine, es ist besser, du gehst hinüber und siehst nach, was los ist", sagte sie und überging einfach seine letzte Frage.

Dieser Rat schien unter allen Umständen gut zu sein; denn auch er war neugierig. Doch als er die Tür aufmachte, hatte er ein Gefühl der Unsicherheit. Er zog die Tür hinter sich zu, blieb auf der Treppe stehen und überlegte. Seine Hände fühlten sich merkwürdig leer an; irgend etwas fehlte. Er merkte, daß er waffenlos war, und erwog, ins Haus zurückzugehen und eine Pistole einzustecken. Doch er zögerte noch, weil ihm einfiel, daß es herausfordernd wirken könne, wenn er mit einer Pistole erschiene – überdies würde es ein Eingeständnis seiner Schwäche und inneren Unsicherheit sein. Aber daß er sich tatsächlich unsicher fühlte – das konnte er nicht leugnen.

Er ging wieder ins Haus und sah den Hammer auf dem Kaminsims stehen. Das also ist es! dachte er gereizt. Du bist genauso blöd wie die Kinder. Du läßt die Vorstellungen der Kinder in dir nachwirken! Trotzdem ergriff er den Hammer und nahm ihn mit.

Von dort her, wo das Freudenfeuer gebrannt hatte, hörte er Gelächter und ging hin.

Er sah sie, wie er es erwartet hatte, um die Asche des Freudenfeuers versammelt. Fast alle Jüngeren waren da, aber auch Ezra. Sie standen und saßen um Charlie herum, der ihnen etwas erzählte, wobei er lachte und Witze machte. Alles war genauso, wie Ish es erwartet hatte; und erst als er näher kam, überkam ihn ein Kältegefühl, das seinen ganzen Körper durchflutete. Seine rechte Hand griff noch fester zu und umklammerte den Hammerstiel wie ein Schraubstock.

In der Mitte der Gruppe, unmittelbar neben Charlie, saß Evie, die Schwachsinnige, und auf ihrem Gesicht war ein Ausdruck, den Ish nie zuvor gesehen hatte.

Ish war ungefähr zehn Schritte von Charlie entfernt, als er es bemerkte. Er blieb stehen. Ein paar der Kinder hatten ihn erblickt, aber sie lauschten der Geschichte, und so schenkte ihm keiner Beachtung. Er stand da, als sei er gar nicht anwesend. Er wartete. Die Zeit dünkte ihn lang. Aber er spürte, wie sein Herz pochte.

Er spürte, wie das Kältegefühl wich. Nun war er bereit zu handeln. Er war beinahe glücklich. Das Problem hatte plötzlich Form gewonnen, und selbst das übelste Problem in unumstößlicher Form war besser als ein in den Winkeln lauernder Nebel. Gegen ein Trugbild des Bösen konnte man nicht ankämpfen.

Während der langen Zeitspanne einiger weiterer Herzschläge stand er da. Er sah genau hin. Evie saß in der Mitte der Gruppe, während sie für gewöhnlich am äußeren Rande zu finden war. Gewöhnlich schenkte sie dem, was vor sich ging, nur flüchtige Beachtung. Jetzt blickte sie zu Charlie auf und schien seine Worte aufzusaugen, obwohl sie sicherlich nicht allzuviel von dem, was er sagte, verstand. Hier ging es um anderes und um mehr als um das Verlangen, seine Worte zu verstehen. Sie saßen dicht nebeneinander.

Plötzlich nahm er an Evie etwas wahr, das ihm nie zuvor so deutlich zum Bewußtsein gekommen war. Evie war, wie er jetzt merkte, eine voll entwickelte Frau, auffällig blond und auf eine besondere Weise schön. Natürlich mußte man von der Seltsamkeit ihrer Augen und der Leere ihres Gesichts absehen. Und dazu war er, Ish, niemals völlig imstande. Doch für einen Mann wie Charlie kam es auf dergleichen nicht an. Ja, Ezra hatte recht: Charlie wußte, was er wollte, und was er wollte, das wollte er schnell. Warum hätte er auch zaudern sollen?

Ish umklammerte den Hammerstiel. Das war tröstlich; aber es war ihm wohl bewußt, daß der Hammer keine Pistole war.

Auf irgend etwas hin, das Charlie gesagt hatte, brach lautes Gelächter aus. Als er wieder zu Evie hinschaute, sah Ish, daß sie ebenfalls lachte; es war ein hohes, unbeherrschtes Gekicher; als sie lachte, streckte Charlie die Hand aus und zwickte sie. Sie schrie auf wie ein kleines Mädchen, hoch und schrill. Als Ish dann näher trat, wurde seine Anwesenheit bemerkt, und alle Augen wandten sich ihm zu. Ish merkte sofort, daß sie auf ihn und einen Rat von ihm gewartet hatten, was nun getan werden sollte. Er ging ruhig auf Charlie zu; seine rechte Hand umklammerte nach wie vor den Hammerstiel, aber er war darauf bedacht, die linke nicht zur Faust zu ballen, trotz seines aufwallenden Zornes.

Als Ish näher kam, streckte Charlie lässig den rechten Arm aus, umschlang Evie und zog sie eng an sich. Sie schien überrascht, gab aber willig nach. Charlie sah Ish an, und Ish wußte, daß die Entscheidung bevorstand.

Ish nahm die Herausforderung wortlos an; er war jetzt ruhiger. Der Augenblick war nicht danach, daß man sich den Kopf durch Zorn trüben lassen durfte. „Ihr alle verschwindet jetzt für eine Weile!" sagte er laut. Es bedurfte keiner Höflichkeitsformeln und Entschuldigungen; alle wußten, daß etwas geschehen würde.

„Ich möchte hier ein paar Minuten etwas mit Charlie unter vier Augen besprechen. Ezra, du bringst Evie hinüber zu Molly; sie muß gekämmt werden."

Es erhob sich kein Widerspruch; alle gingen so bereitwillig weg, daß man meinen konnte, sie seien ein bißchen erschrocken. Doch indem er Ezra fortschickte, verlor Ish seinen besten Bundesgenossen; aber wenn er ihn dabehalten hätte, wäre das ein Eingeständnis der Schwäche vor allen anderen gewesen, vor allem vor Charlie.

Nun waren die beiden allein. Charlie war sitzen geblieben. Er tat auch gar nicht, als wolle er aufstehen, und so setzte Ish sich gleichfalls. Charlie trug seine Weste, obwohl er kein Jackett anhatte.

Ish sah nicht ein, weshalb er erst lange auf den Busch klopfen sollte. „Alles, was ich Ihnen sagen möchte, ist dieses: Finger weg von Evie!"

Auch Charlie gab sich unumwunden. „Wer sagt das?"

Ish überlegte seine Worte, ehe er sprach. „Ich sage das!" erklärte er schließlich.

Charlie gab keine Antwort. Er nahm ein paar kleine Steine vom Boden auf, rieb sie lässig in der linken Hand gegeneinander und warf sie hierhin und dorthin. Deutlicher hätte er seine Geringschätzung nicht zum Ausdruck bringen können. Schließlich tat er aber doch noch den Mund auf. „Es gibt einen Haufen alter Sprüche, die man herbeten kann, wenn einer zu einem sagt: Ich sage das! Sie kennen den Quatsch; also wollen wir darauf verzichten. Schließlich bin ich ein vernünftiger Mensch. Warum sagen Sie mir nicht rundheraus, warum ich die Finger von Evie lassen soll? Sie ist Ihr Mädchen, was?"

Ish antwortete auf der Stelle. „Die Sache ist ziemlich einfach. Wir sind hier eine Schar von netten Leuten, vermutlich keine Geistesriesen, aber es ist auch keiner ein Idiot. Wir haben kein Verlangen danach, daß ein Haufen Schwachsinniger zwischen uns herumläuft, also die Art von Kindern, die Evie haben würde."

Erst als er zu sprechen aufhörte, merkte er, daß er, indem er sich auf die Beantwortung von Charlies Frage beschränkte, einen Fehler begangen hatte. Wie jeder Intellektuelle war er nur zu froh gewesen, daß er mit dem Kommandieren aufhören und mit dem Argumentieren beginnen konnte, und damit hatte er eingestanden, daß sein Kommando unwirksam war. Jetzt merkte er, daß er wider Willen an die zweite Stelle gerückt und daß Charlie der Führer war.

„Den Teufel auch!" sagte Charlie. „Wie kommen Sie eigentlich zu der Meinung, das Mädchen sei die ganze Zeit hier herumgelaufen und hätte nicht längst von all den Jungs hier haufenweise Kinder gehabt, wenn sie überhaupt welche bekäme?"

„Die Jungs haben Evie nie angerührt", sagte Ish. „Sie sind mit ihr aufgewachsen; sie war tabu. Außerdem sind die Jungs so früh wie möglich verheiratet worden."

Schon wieder argumentierte er, und vielleicht standen seine Argumente auf schwachen Füßen.

„Das sagen Sie!" Charlies Worte klangen selbstsicher; seine Stimme war die eines beherrschten Mannes. „Eigentlich können Sie von Glück sagen, daß ich mir gerade die herausgefischt habe – die einzige, die alt genug und noch nicht verheiratet ist. Was wäre denn, wenn ich eine andere gemocht hätte und sie mich? Dann wäre ein schönes Durcheinander entstanden. Freuen Sie sich lieber, daß ich so nett war."

Ish rang nach Worten. Was konnte denn jetzt noch gesagt werden? Man konnte doch nicht mit der Polizei drohen und sagen, der Staatsanwalt würde sich der Sache annehmen. Nein, hier waren alle Worte überflüssig. Ish stand auf, machte auf den Hacken kehrt und ging davon. Er kostete alle Tiefen der Verbitterung aus, als er seinem Hause zuschritt.

Als er dann die Tür des alten Hauses durchschritt, wartete Em auf ihn. Er legte den Hammer nieder. Er nahm sie in die Arme, oder vielleicht nahm sie ihn in ihre Arme; er wußte es nicht sicher.

Aber danach fühlte er neues Selbstvertrauen in sich. Letzte Nacht waren sie über Charlie verschiedener Meinung gewesen; doch im Grunde wußte er, daß sich sein Selbstvertrauen durch ihre Nähe immer erneuern würde.

Sie setzten sich auf das Sofa, und er erzählte ihr, was geschehen war. Er wartete nicht ab, daß sie ihm sagte, was sie darüber dachte; er spürte, wie ihr Mitgefühl ihn überflutete und einhüllte.

Schließlich sagte sie: „Das hättest du nicht tun sollen! Du hättest dir die Jungs als Rückendeckung holen sollen. Er hätte dich niederschießen können. Deine Stärke ist das Denken und das Wissen; solch einem Kerl gegenüber kannst du nichts ausrichten." Dann begann sie, die Sache in die Hand zu nehmen. „Hol dir jetzt Ezra und George und die Jungs", sagte sie. „Nein, ich schicke eins von den Kindern hin. So kann es nicht weitergehen; es muß besprochen werden, was mit ihm und uns zu geschehen hat!"

George kam als erster und kurz nach ihm Ezra. Ish gewahrte, daß Ezras behende Augen von George zu Em und wieder zurück glitten. Er hat irgend etwas, dachte Ish. Aber er will es nur mir sagen. Doch Ezra machte keinen Versuch, eine Gelegenheit zu finden. Statt dessen schaute er schließlich einigermaßen verlegen auf Em.

„Molly hat Evie in einem der oberen Zimmer einschließen müssen", sagte er. Ish spürte deutlich, wie hart es Ezra als einem höflichen und gebildeten Menschen ankam, daß er vor anderen Leuten auf diese Weise von dem Leidenschaftsausbruch sprechen mußte, der das schwachsinnige Mädchen nach den Liebkosungen durch einen Mann heimgesucht hatte.

„Sind Vorkehrungen getroffen, daß sie nicht aus dem Fenster springen kann?" fragte Ish.

„Ich glaube nicht", antwortete Ezra.

„Ich könnte ein paar Latten davornageln", sagte George eifrig. „Wir könnten irgendwas quer über das Fenster nageln."

Alle lachten ein bißchen, trotz des Ernstes der Lage.

In diesem Augenblick kamen John und Roger, Ishs Söhne, herein und nach ihnen Ralph, der letzte des Trios.

Das Kommen der Jungs führte eine kleine Entspannung herbei; man setzte sich und machte es sich bequem. Sogleich war Ish sich darüber klar, daß alle erwarteten, er würde jetzt etwas sagen, und ihm war wieder, als vollziehe sich alles viel zu schnell. Er sah sich einer Aufgabe gegenüber, die fast der Organisation eines neuen Staates glich. Aber schließlich konnten sie nicht ruhig beieinandersitzen und mit der Niederschrift einer Verfassung mit alterprobten Einleitungssätzen beginnen. Nein, sie sahen sich einer besonderen, ärgerlichen Lage gegenüber, und jetzt mußte gehandelt werden.

So stellte er denn die eindeutige Frage: „Was müssen wir in bezug auf Evie und diesen Charlie tun?"

Es erhob sich ein Durcheinander von Gerede, und sogleich überrieselte es Ish kalt bei der Erwägung, daß von all diesen Menschen nur Ezra mit ihm übereinstimmte. Die Jungs und sogar George schienen zu meinen, daß Charlie eine von außen her wirkende Kraft zur Bereicherung des Daseins des „Stammes" darstellte. Wenn er Evie mochte, dann desto besser. Sie empfanden genug Respekt Ish gegenüber, daß sie darauf bestanden, Charlie müsse sich des Vorkommnisses am Morgen wegen entschuldigen. Aber Ish spürte deutlich, daß sie alle der Ansicht waren, er habe voreilig gehandelt – er hätte sich mit den anderen aussprechen müssen, ehe er Charlie entgegentrat.

Ish warf das Argument in die Debatte, sie könnten es nicht zulassen, daß Evie schwachsinnige Kinder in die Welt setzte. Doch seine

Worte machten weniger Eindruck, als er erwartet hatte. Evie hatte von jeher einen Teil des Lebens der Jungs gebildet, und der Gedanke, andere ihr ähnliche Menschen könnten um sie sein, schuf ihnen wenig Unbehagen.

Seltsamerweise brachte Georges langsamer Geist einen vernünftigen Einwand vor: „Wie können wir denn wissen", sagte er, „ob sie tatsächlich schwachsinnig ist? Vielleicht kommt es nur daher, daß sie als kleines Mädchen hat erleben müssen, daß alle um sie her starben und sie ganz allein blieb und für sich sorgen mußte. Darüber hätte jeder andere ebenfalls verrückt werden können. Vielleicht ist sie im Grunde so wenig auf den Kopf gefallen wie wir übrigen, und dann werden ihre Kinder ganz normal."

Obwohl sich Ish nicht vorstellen konnte, daß Evie jemals normale Kinder haben würde, gab er zu, daß dieser Einwand seine Berechtigung habe, und er merkte, daß er auf die anderen Eindruck gemacht hatte, Ezra ausgenommen. Sie schienen alle der Ansicht zu sein, Charlie sei ein Wohltäter der Gemeinschaft. Nun aber sah Ish, daß Ezra tatsächlich etwas vorzubringen wünschte.

Ezra stand auf. Sein Gesicht war stärker gerötet als sonst; er schaute hierhin und dorthin, besonders auf Em, wie es schien, und er war seiner selbst nicht sicher. „Ich möchte noch etwas sagen", sagte er. „Gestern nacht, als wir heimgegangen waren, habe ich mit dem Burschen, dem Charlie, noch eine Weile geredet. Er hatte tüchtig getrunken, wie ihr wißt, und so hat er ziemlich frei von der Leber weg geredet." Er hielt inne, und Ish nahm abermals seinen halb verlegenen Blick in Richtung auf Em wahr. „Er hat sich mächtig aufgespielt, wißt ihr." Und jetzt sah Ezra die Jungs an, als fiele ihm ein, daß diese armen Halbwilden vielleicht gar nicht verstehen würden, wovon hier ein gebildeter Mensch sprach. „Er hat ein bißchen über sich selbst aus der Schule geplaudert, ganz wie ich es gewollt habe."

Abermals hielt er inne, und Ish konnte sich nicht erinnern, Ezra je in einem solchen Zustand gesehen zu haben.

„Weiter, Ezra", sagte er. „Erzähl es uns. Wir sind ja unter uns."

Plötzlich schwanden Ezras Hemmungen. „Dieser Bursche, dieser Charlie!" rief er. „Der ist innerlich verdorben wie ein zehn Tage alter Fisch! Er ist krank, geschlechtskrank ist er. Den Teufel auch, er hat alle Geschlechtskrankheiten gehabt, die es überhaupt gibt!"

Ish sah, wie Georges dicker Körper bei dieser Enthüllung zusammenzuckte, als habe er einen Kinnhaken bekommen. Er sah, wie Röte

Ems bräunliches Gesicht überflutete. Den Jungs sagte die Enthüllung nicht das mindeste. Sie wußten gar nicht, wovon Ezra sprach.

Ezra wollte nicht versuchen, es ihnen zu erklären, ehe nicht Em das Zimmer verlassen hatte, und selbst dann hatte er seine liebe Not damit, weil der Begriff der Geschlechtskrankheiten für die Jungs etwas völlig Nebelhaftes war.

Als Ezra es auseinanderzusetzen versuchte, saß Ish da und spürte förmlich, wie seine Gedanken sich überschlugen.

„Schick die Jungs hinaus!" sagte er plötzlich zu Ezra. „Dies müssen wir Männer besprechen und dann eine Entscheidung treffen." Die Jungs, so war ihm eingefallen, waren in doppelter Beziehung fehl am Platze – sie kannten die Gefahren nicht, die einer Gemeinschaft durch einen Geschlechtskranken drohten, und sie kannten die Macht nicht, die jeder Gesellschaft eingeräumt war, wenn es ihrer Verteidigung galt.

Die Jungs trotteten hinaus; trotz ihres Alters, ihrer Körpergröße und ihrer Vaterschaft schienen sie wieder zu Kindern geworden zu sein. „Haltet den Mund über diese ganze Geschichte", rief Ezra ihnen nach.

Als die Jungs draußen waren, wandten die drei älteren Männer sich wieder einander zu.

„Auch Em kann wieder hereinkommen", sagte Ezra. Em kam, und nun waren sie zu viert.

Eine Minute schwiegen sie, als drohe ihnen eine unmittelbare Gefahr.

„Nun, was meint ihr?" sagte Ish aus dem Wissen heraus, daß er jetzt wieder die Führerschaft übernehmen müsse.

Als auf diese Weise das Schweigen gebrochen war, sprachen sie die Lage vorbehaltlos durch. Vor allem stimmten sie darin überein, daß der „Stamm" das Recht zum Selbstschutz besitze und es ausüben müsse. Es ging hier nicht um Gesetz oder Gericht, sondern vor allem um Selbstschutz, und dazu konnte sowohl eine Gemeinschaft als auch ein einzelner aufrufen.

Aber selbst wenn man das Recht und die Notwendigkeit zugestand: Welches sollten die Mittel sein?

Das Nächstliegende war Verbannung. Sie konnten ihn aus der Gemeinschaft ausstoßen und ihm sagen, er solle seines Weges gehen. Durchschlagen würde er sich schon können. Wenn er wiederkam, drohte ihm die Todesstrafe.

Tod – bei der bloßen Erwähnung zuckten sie unwillkürlich zusammen! Es war gar zu lange her, daß es Kriege oder Hinrichtungen gegeben hatte. Daß ihre Gemeinschaft solch eine unwiderrufliche Strafe verhängen sollte – allein schon der Gedanke machte sie seltsam betroffen.

„Was also soll geschehen?" Em schien den Befürchtungen Ausdruck zu geben. „Wenn er nun aber dennoch heimlich wiederkommt? Denn schließlich sind wir nur ein paar ältere Leute, und mit den jüngeren kann er sich leicht anfreunden. Was soll werden, wenn er mit ein paar von den Jungs Freundschaft schließt und sie ihn schützen? Und er könnte ja auch mit ein paar von den Mädchen Freundschaft schließen, nicht nur mit Evie."

„Wir müßten ihn auf der Landstraße möglichst weit wegbringen", sagte Ezra. „Wir müßten ihn in den Jeep packen und ihn hundert oder vielleicht zweihundert Kilometer von hier wegbringen." Dann aber, nach einer Pause, verbesserte er sich: „Ja, aber dann könnte er immer noch innerhalb eines Monats oder so mit Leichtigkeit wieder hier sein ... Ich mußte gerade daran denken, was ihn davon abhalten sollte, hier mit einem Gewehr herumzulungern und einen von uns zu erschießen. Ich habe keine Lust, den Rest meines Lebens fortwährend in Angst zu leben, er könne mit seinem Gewehr hinter jedem Busch auf der Lauer liegen."

„Ihr könnt keinen Menschen für das bestrafen, was er noch nicht getan hat", sagte George bockig.

„Warum nicht?" fragte Em mit scharfer Stimme. Alle wandten sich hastig ihr zu; aber sie schwieg.

„Nein ..., das könnt ihr nicht ... Natürlich könnt ihr das nicht", sagte George. „Erst muß er was ausfressen und dann das Gericht. So sagt ... das Gesetz."

„Welches Gesetz?"

Es entstand eine Pause, und dann schleppte das Gespräch sich hin, als bringe keiner den Mut auf, Em rückhaltlos zu folgen. Aus der Empfindung heraus, daß er vorsichtig sein müsse, brachte Ish einen anderen Gesichtspunkt vor.

„Natürlich wissen wir nicht, ob er tatsächlich geschlechtskrank ist. Wir haben keinen Arzt, der es feststellen könnte. Vielleicht hat er früher mal so etwas gehabt. Vielleicht hat er sich nur damit aufgespielt. Manche Menschen tun das!"

„Das ist es eben!" sagte Ezra. „Da wir keinen Arzt haben, tappen wir im dunkeln. Ja, vielleicht hat er sich nur aufgespielt. Aber wollen wir uns der Gefahr aussetzen? Meiner Meinung nach ist der Bursche krank. Er bewegt sich langsam, als mache ihm irgend etwas zu schaffen."

Jetzt ergriff Em das Wort. „Ich habe gefragt: Welches Gesetz?" sagte sie. „Vermutlich gibt es noch die Gesetze in den alten Gesetzbüchern. Sie haben nur wenig Bedeutung für uns, weil alles ganz anders geworden ist. Wie George gesagt hat: Das alte Gesetz wartete, bis jemand etwas ausgefressen hatte, und dann kam die Strafe. Aber das Geschehnis ließ sich nicht aus der Welt schaffen. Können wir jetzt die Verantwortung dafür übernehmen? Da sind all die Kinder ..."

Sie schienen nichts mehr zu sagen zu haben. Alle saßen schweigend, und jeder erwog die Möglichkeiten.

Nein, dachte Ish. Eine Philosophie hat sie nicht. Sie erwähnt die Kinder und macht daraus einen Sonderfall. Aber sie trägt vielleicht etwas Tieferes als Philosophie in sich. Sie ist Mutter; ihr Denken ist den Grundelementen allen Lebens näher.

Vielleicht war eine weniger lange Zeit vergangen, als es ihnen allen vorkam. Dann fing Ezra zu sprechen an. „Während wir hier sitzen, ist vielleicht ... Es geschieht alles in dieser Zeit sehr rasch! Es wäre besser, wenn wir etwas unternähmen." Und dann fügte er noch hinzu, und es klang, als denke er laut: „Ich habe damals viele gute Menschen sterben sehen. Ja, es sind viele gute Menschen gestorben. Ich habe mich beinahe an den Tod gewöhnt ..., nein, ganz nicht."

„Sollen wir nicht lieber abstimmen?" fragte Ish.

„Worüber?" fragte George.

Abermals entstand eine Pause.

„Ob wir ihn wegschaffen wollen", sagte Ezra, „oder ... das andere. Einsperren können wir ihn nicht, und was bliebe uns sonst zu tun übrig?"

Da faßte Em kurz entschlossen das Ergebnis zusammen. „Wir können für Verbannung stimmen, oder wir können für Tod stimmen."

Es lag viel Papier auf dem Wohnzimmertisch. Die Kinder zeichneten gern darauf. Nach einigem Suchen brachte Em vier Bleistifte zusammen. Ish riß einen Papierbogen in vier kleine Zettel, behielt einen und verteilte die übrigen an die drei andern. Bei vier Abstimmenden konnte natürlich Stimmengleichheit herauskommen.

Ish nahm seinen Zettel, schrieb ein großes V darauf und hielt dann inne.

Dies tun wir ohne Hast; dies tun wir ohne Leidenschaft; dies tun wir ohne Haß.

Dies ist keine Schlacht, in der der Mensch kämpft, angetrieben von der Furcht. Dies ist kein Streit zwischen zweien, die um Lebensraum oder um die Liebe einer Frau kämpfen.

Knüpft das Seil; wetzt die Axt, mischt das Gift; schichtet den Scheiterhaufen!

Es geht um den, der grundlos seinen Mitmenschen tötete; es geht um den, der das Kind beiseite geschafft hat; es geht um den, der unseres Gottes Bildnis bespien hat; es geht um den, der ein Teufelsbündnis geschlossen hat um der Hexerei willen; es geht um den Verderber unserer Jugend; es geht um den, der dem Feind unsere geheimen Stätten verraten hat.

Wir haben Furcht; doch wir lassen die Furcht nicht laut werden. Wir hegen mancherlei tiefe Gedanken und Zweifel; aber wir sprechen nicht darüber. Wir sagen: „Gerechtigkeit"; wir sagen: „Das Gesetz"; wir sagen: „Im Namen des Volkes"; wir sagen: „Der Staat."

Noch immer saß Ish da, und sein Bleistift zeigte auf das V auf seinem Zettel. In der tiefsten Tiefe seines Denkens war er sich bewußt, daß aller Wahrscheinlichkeit nach durch Charlies Verbannung keine Lösung herbeigeführt werden konnte. Charlie würde wiederkommen; er war ein starker und gefährlicher Mensch, er konnte großen Einfluß auf die Jüngeren ausüben. Ish wußte, daß der „Stamm" hier etwas Gefährlichem und Furchtbarem gegenüberstand, das auf die Dauer an die Wurzeln seiner Existenz griff. Bei dieser Vorstellung war er sich bewußt, daß er nur ein einziges Wort hinschreiben konnte, um der Liebe und der Verantwortlichkeit seiner Kinder und Kindeskinder willen. Er strich das V aus und schrieb das andere Wort hin. Die Buchstaben starrten ihn an, und für kurze Zeit erlebte er die Umkehrung seiner Gefühle. Tat er recht?

Er war nahe daran, das Wort wieder auszustreichen; doch er hielt abermals inne. Nein, obwohl er sich hin und her gerissen fühlte, konnte er das Wort nicht wieder ausstreichen. Wenn Charlie jemand umgebracht hätte, wäre es vielleicht leichter gewesen, die Todesstrafe auszusprechen, denn dann hätte es sich nur um die alte, übliche Denkweise gehandelt: Auge um Auge, Zahn um Zahn! Die Hinrichtung des Mörders machte den Ermordeten nicht wieder lebendig und war lediglich Vergeltung. Um wirkungsvoll zu sein, durfte die Strafe nicht Vergeltung sein, sondern sie mußte soviel wie eine Verhütung darstellen.

Wie lange hatte er sich bedacht? Es kam ihm jäh zu Bewußtsein, daß er schweigend dasaß und auf das Papier starrte, während die drei anderen auf ihn warteten. Schließlich verfügte er nur über eine Stimme; die anderen konnten ihn überstimmen, und so würde seinem Gewissen Genüge getan, und Charlie würde doch nur verbannt werden.

„Gebt mir eure Zettel", sagte er.

Sie reichten sie ihm, und er legte sie vor sich auf den Tisch.

Viermal schaute er hin, und jedesmal las er: „Tod." – „Tod." – „Tod." – „Tod."

8

SIE schaufelten die Erde wieder in das Grab unter dem Eichbaum. Sie brachen Zweige ab und schleppten schwere Steine herbei, die sie darauf wälzten, so daß, was darin lag, vor räubernden Kojoten sicher war. Danach machten sie sich auf den zwei Kilometer langen Rückweg.

Sie gingen dicht nebeneinander, als bedürfe einer des anderen Unterstützung. Ish ging in ihrer Mitte und schwang in der Rechten den Hammer. Er hatte keine Verwendung für den Hammer gehabt, aber er hatte ihn dennoch mitgenommen. Nun schien das abwärts ziehende Gewicht ihn fest auf dem Erdboden zu halten. Er hatte ihn wie einen Kommandostab in der Hand gehalten, als sie zu Charlie gegangen waren und als Ish, flankiert von den schußbereiten Jungs, gesagt hatte, was zu sagen war, während Charlie widerlich zu fluchen begann.

Nun würde alles nie wieder sein wie zuvor. Ish mochte nicht an das Geschehene denken, und wenn er es doch tat, so verspürte er körperliche Übelkeit. Ohne den zuverlässigen George wären sie vielleicht gar nicht damit zu Ende gekommen. George, der Praktiker, hatte das Seil geknotet und die Leiter angestellt.

Nein, auch in Zukunft würde er immer nur sehr ungern daran denken. Dessen war er sicher. Dies war ein Ende, und es war zugleich ein Beginn. Es war das Ende jener einundzwanzig Jahre, da sie, wie er jetzt meinte, in einem idyllischen Zustand gelebt hatten, so wie er etwa im alten Garten Eden gewaltet hatte. Sie hatten Schwierigkeiten und Ärger gehabt; sie hatten sogar den Tod kennengelernt. Aber den Rückschauenden dünkte, als sei alles sehr einfach gewesen. Dies war ein Ende; doch es war zugleich ein Beginn, und ein langer Weg lag vor ihnen. In der Vergangenheit waren sie nichts als eine kleine Menschenschar gewesen, kaum mehr als eine besonders große Familie. In Zukunft waren sie ein Staat.

Es war notwendig ... Es war notwendig, sagte er sich immerfort. Ja, er konnte die Tat durch den erhabensten aller Beweggründe motivieren – die Sicherheit und das Glück des „Stammes". Er konnte das Geschehene durch Vernunftgründe rechtfertigen. Obwohl der Tatbestand sich nicht restlos hatte beweisen lassen, war die Gefahr zu groß gewesen.

Doch nie würde er Gewißheit darüber erlangen, in welchem Maße persönliche Motive bei seinem Entschluß mitgewirkt hatten. Im Gefühl einer Schuld erinnerte er sich, wie sein Herz einen Freudensprung getan hatte, als Ezras Worte seinem eigenen Widerwillen Unterstützung verliehen. Auf jeden Fall aber war die Sache jetzt abgetan. Nein, er würde nur sagen: „Es ist ausgestanden."

Er ging mit den andern. Sie schwiegen; aber die drei Jungs fanden nach und nach ihre gute Laune wieder. Dabei lag kein Grund vor, daß sie sich weniger betroffen fühlten als die älteren Männer. Die Jungs hatten zwar nicht mit abgestimmt; aber sie hatten bei der Hinrichtung mitgewirkt. Ja, dachte Ish, wenn jemand schuldig ist, so sind wir alle schuldig, und in künftigen Zeiten kann keiner dem anderen etwas vorwerfen.

Nie war ihnen ein Weg so lang vorgekommen wie bei diesem Rückmarsch von der alten Eiche bis zu den Häusern in der San-Lupo-Promenade.

Daheim trat Ish vor den Kamin und stellte den Hammer auf den Sims, den Kopf nach unten, so daß der Stiel kerzengerade nach oben ragte. Ja, er war ein alter Freund, sein Hammer. Und Ishs Gedanken eilten zurück in die Vergangenheit.

Plötzlich hörte er von der Straße her das Geräusch einer Säge und merkte, daß George sich wieder an die Arbeit an seinem geliebten Holz gemacht hatte. Schwerlich würde George allzuviel Zeit mit dem Zurückdenken an das Geschehene verschwenden. Und Ezra und die Jungs würden das genausowenig tun. Unter ihnen allen machte einzig er, Ish, sich Gedanken.

Em kam herein. Sie war nicht mit bei der Eiche gewesen; das war keine Frauensache. Doch auch sie hatte das Wort auf den Zettel geschrieben. Aber Em, so meinte er, würde sich darüber kaum allzu viele und allzu trübe Gedanken machen. Dazu war sie von Natur aus eine viel zu geschlossene, ungebrochene Persönlichkeit.

Sie sagte: „Denk jetzt nicht mehr darüber nach. Mach dir keine trüben Gedanken."

Er nahm ihre Hand in die seine und drückte sie an seine Wange. „Ich höre nie damit auf!" sagte er schließlich. „Mir trübe Gedanken zu machen, meine ich. Vermutlich macht mir das Freude. Aber ich muß versuchen vorauszuschauen, den Nebel zu durchdringen. Wahrscheinlich habe ich in den Alten Zeiten den mir gemäßen Beruf gewählt; ich wäre ein guter Forscher und Gelehrter gewesen. Aber meiner Meinung nach ist es ein schlechter Scherz, daß ich einer der Überlebenden war. Nur Leute wie George und Ezra wären nötig gewesen; die kommen auch weiter, ohne daß sie sich Gedanken machen oder etwas unternehmen. Oder die Neue Zeit bedarf der Menschen, die handeln und Führer sein können, ohne daß sie groß Überlegungen anstellen."

Einen Augenblick schmiegte sich ihre Wange an die seine.

„Wie dem auch sei", sagte sie, „ich will dich nicht anders, als du bist."

Ja, so und nicht anders mußte eine Frau sprechen. Es war banal, aber es war tröstlich.

Eins der Kinder rief, und Em ging hinaus. Ish stand auf, trat an den Tisch und nahm aus einem der Schubfächer die kleine Pappschachtel, die die Jungs von der winzigen Gemeinschaft in der Nähe des Rio Grande mit heimgebracht hatten. Ish wußte, was darin war, aber infolge der sich überstürzenden Geschehnisse hatte er noch nicht die Zeit oder die innere Ruhe aufgebracht, es sich anzusehen.

Er öffnete die kleine Schachtel und tauchte die Finger in die kühlen, glatten Körner. Er schüttete ein paar in seinen Handteller und sah sie sich an. Sie waren rot und schwarz, schmal, an den Enden spitz – nicht die großen, flächigen gelben Körner, die zu erblicken er erwartet hatte. Diese nun aber hätte er von Rechts wegen erwarten müssen! Die großen Körner stammten von einer hochgezüchteten, wahrscheinlich sogar künstlich gekreuzten Maissorte. Die kleinen schwarzen und roten waren dem Urzustand näher, so, wie die Puebloindianer sie von jeher angebaut hatten.

Er nahm die Schachtel mit zu seinem Sessel. Er nahm die roten und die schwarzen Körner heraus und ließ sie durch die Finger wieder in die Schachtel rinnen. Er spielte mit ihnen, und während er mit ihnen spielte, überkam ihn gnädiges Vergessen, und ein neuer Friede zog in sein Herz ein. Auch dies war ein Ergebnis der Expedition gen Osten. In diesem Mais ruhten Leben und Zukunft.

WENNGLEICH George und Maurine noch die Monate und Tage wußten (oder sie wenigstens zu wissen glaubten), richteten alle übrigen sich nach dem Stand der Sonne und der Vegetation. Ish setzte seinen Stolz darein, daß er bestimmen konnte, wo man sich im Jahresablauf befand; und wenn er seine Aufzeichnungen mit Georges Kalender verglich, so war er im allgemeinen froh, wenn er sah, daß er sich nur um etwa eine Woche geirrt hatte – immer vorausgesetzt, daß er und nicht George unrecht hatte; denn Ish glaubte nicht recht an Georges Zuverlässigkeit in dieser Beziehung.

Aber wie dem auch sei: Es kam auf eine Woche oder zwei nicht an, wenn es sich darum handelte, den Mais zu säen. Jetzt war die Jahreszeit dazu schon zu weit vorgeschritten. Das kalte Wetter würde einsetzen, noch bevor die Saat richtig aufgegangen war. Sie würden es nächstes Jahr versuchen.

Indessen verwandte Ish während der nun folgenden Tage einige Zeit darauf, in der Umgebung Umschau zu halten und eine geeignete Stelle für die Anlage eines Maisfeldes ausfindig zu machen. Er nahm Joey mit, und die beiden unterhielten sich, Ish als Lehrender, über Lage, Bodenbeschaffenheit und die Möglichkeiten, das Vieh fernzuhalten. Ish dachte, daß gerade ihr Bezirk vielleicht der ungünstigste für den Maisbau in den gesamten Vereinigten Staaten sei. Eine Sorte, die sich dem heißen Klima des Rio-Grande-Tals angepaßt hatte, kam vielleicht in den kühlen, nebelverhangenen Sommern der Bucht von San Francisco nicht einmal zur Reife. Überdies war er kein Landwirt, und beim Gartenbau hatte er wenig Geschick bewiesen. Seine Kenntnisse von Pflanzen und Bodenverhältnissen waren in der Hauptsache theoretisch und ein Ergebnis seiner geographischen Studien. Kein einziger Angehöriger des „Stammes" war Landwirt gewesen, wenngleich Maurine auf einem Bauernhof aufgewachsen war. Dieser unglückliche Zufall, wie man es nennen könnte, daß sich kein einziger unter ihnen befand, der dem Boden verbunden war, hatte bereits weitgehend ihrer aller Lebensanschauung beeinflußt.

Eines Tages – mehr als eine Woche war vergangen, und die Erinnerung an Charlie und den Eichbaum war schon etwas verblaßt – kamen Ish und Joey heim, nachdem sie die beste unter allen in Frage kommenden Stellen ausfindig gemacht hatten. Em kam ihnen auf der Treppe entgegen, und sogleich wußte Ish, daß etwas geschehen war.

„Was ist los?" fragte er hastig.

„Oh, nichts Besonderes", antwortete sie. „Ich hoffe es wenigstens. Robert scheint ein bißchen krank zu sein."

Zu Tode erschrocken, blieb Ish auf der Treppe stehen und sah Em an.

„Nein, ich glaube, das ist es nicht", sagte sie. „Ich bin zwar kein Arzt, aber ich glaube nicht, daß es so etwas ist. Ich sehe nicht einmal ein, wie das möglich sein sollte. Komm und sieh ihn dir an. Er sagt, er sei schon während der ganzen letzten Tage nicht auf der Höhe gewesen."

Während all der Jahre hatte gewöhnlich Ish die Verantwortung der ärztlichen Betreuung auf sich genommen. Er hatte eine gewisse Geschicklichkeit in der Behandlung von Schnittwunden, Beulen und Verrenkungen erworben und einmal sogar einen gebrochenen Arm geschient. Aber mit ansteckenden Krankheiten besaß er nicht die mindeste Erfahrung, da es dem Anschein nach ja innerhalb des „Stammes" nur zwei zu geben schien.

„Die Sulfa-Pillen werden schon nützen", sagte Ish zuversichtlich. „Solange noch Tausende von Pillen in den Apotheken lagern, sind wir gut dran! Und wenn Sulfa nicht hilft, versuche ich es mit Penicillin."

Er ging schnell hinauf. Robert lag im Bett; er lag sehr still und hielt das Gesicht vom Licht abgekehrt.

„Ach, mir geht es ganz gut", sagte er unwirsch. „Mutter regt sich immer gleich so auf!"

Ein Beweis für das Gegenteil, meinte Ish, war die Tatsache, daß er sich ins Bett gelegt hatte. Mit sechzehn Jahren legt man sich nicht ins Bett, solange man noch stehen kann.

Ish sah sich um und erblickte Joey, der neugierig zu seinem Bruder hinsah.

„Joey, mach, daß du rauskommst!" fuhr er ihn an.

„Ich möchte aber zusehen. Ich will wissen, wie das ist, wenn man krank ist!"

„Nein, hier steckst du deine Nase nicht hinein. Wenn du größer und kräftiger bist, dann zeige ich es dir und erzähle dir etwas darüber.

Wir wollen nicht, daß du ebenfalls krank wirst. Das erste, was man über Krankheiten lernen muß, ist, daß sie sich von einem Menschen auf den andern übertragen."

Joey trollte sich widerstrebend; seine Neugier war größer als alle theoretische Furcht vor Ansteckung. Der „Stamm" besaß zu wenig Erfahrungen mit ansteckenden Krankheiten, als daß die Kinder Respekt vor ihnen gehabt hätten.

Robert klagte über Kopfschmerzen und allgemeines schlechtes Befinden, ohne daß ihm eine bestimmte Stelle weh getan hätte. Er lag ganz still im Bett, augenscheinlich sehr erschöpft. Ish maß ihm die Temperatur, die unterhalb der Fiebergrenze lag und also weder besonders gut noch besonders schlecht war. Er reichte ihm zwei Sulfatabletten und ein ganzes Glas Wasser. Robert verschluckte sich; er war es nicht gewohnt, so etwas hinunterzuschlucken.

Nachdem er Robert gesagt hatte, er solle versuchen zu schlafen, ging Ish und zog die Tür hinter sich zu.

„Was hat er denn?" fragte Em.

Er zuckte mit den Achseln. „Nichts, was durch Sulfa kuriert werden könnte, glaube ich."

„Und dennoch glaube ich es nicht. So schnell ..."

„Ja. Aber du weißt ja, daß es etwas wie ein zufälliges Zusammentreffen gibt."

„Das weiß ich. Aber du machst dir wieder trübe Gedanken darüber."

„Ich will ihm die Tabletten alle vier Stunden geben, wenigstens über Nacht, ehe ich mit den trüben Gedanken anfange."

„Es wäre schön, wenn du das tätest", schloß sie die Unterhaltung und ging weg.

Aber noch ehe Ish hinaufgegangen war, hatte er gewußt, daß ihr Skeptizismus nur zu berechtigt war. Und warum sollte ein Mann sich nicht Sorgen machen? Selbst in den Alten Zeiten, als man im Schutz der Ärzte gelebt hatte, waren die geheimnisvollen, plötzlichen Ausbrüche ansteckender Krankheiten mit Schrecken verbunden gewesen. In wieviel stärkerem Maße war das jetzt der Fall!

Es ist meine Schuld! dachte er. All diese Jahre der Gnadenfrist! Ich hätte die Medizinbücher durcharbeiten sollen. Ich hätte mich selbst als Arzt ausbilden sollen.

Seine Unruhe wuchs. Wenngleich noch nicht eine halbe Stunde vergangen war, ging Ish nach oben und sah nach Robert. Es war inzwischen Abend geworden, und Robert lag ruhig in dem halbdunklen Raum. Ish wollte ihn nicht stören und ging wieder nach unten.

Er setzte sich in den großen Sessel und rauchte. Gern hätte er den Fall mit jemandem besprochen; aber Em besaß dazu nicht die nötige Bildung, und Joey war noch zu unerfahren. So war er denn auf sich selbst angewiesen.

Der „Stamm" hatte die Masern und eine Art Halsentzündung bewahrt. Irgend jemand, vielleicht er selbst, war der Bazillenträger gewesen, oder die Keime hatten sich auf einem Tier gehalten, mit dem sie in Berührung gekommen waren. Dagegen waren die Leute in Los Angeles vielleicht frei von Masern und hatten statt dessen Mumps oder Keuchhusten bewahrt. Und bei denen am Rio Grande gab es vielleicht die Ruhr.

Und dann Charlie! Selbst wenn er nicht die Krankheiten gehabt haben sollte, mit denen er großgetan hatte, so war er vielleicht der Träger einer anderen Krankheit gewesen, die in der Gegend von Los Angeles grassierte. Der Gedanke, die Jungs auf eine Entdeckungsfahrt zu schicken, war also alles andere als gut gewesen! Plötzlich begann Ish eine unvernünftige Furcht vor jedem Fremden zu empfinden. Man mußte sie in einem Abstand von fünfzig Metern halten, das war es, und sie dann über das Visier eines guten Gewehrs hinweg beobachten!

Eine Fliege summte an seiner Nase vorbei, und die überempfindliche Art, wie er zusammenzuckte, zeugte von der Anspannung seiner Nerven. Joey rief ihn zum Abendessen.

Eine Woche später war die Epidemie in vollem Gange. Richard, Roberts Reisegefährte, war der nächste, der sich hinlegen mußte. Dann packte es Ezra und fünf der Kinder. In dem Maße, wie die Zahl der Kranken zunahm, befand sich die Gemeinschaft in den Klauen eines, wie Ish fest glaubte, typhusartigen Fiebers.

Einige der Erwachsenen waren in den Alten Zeiten geimpft worden; aber ihre Immunität mußte seit langem dahin sein. Sämtliche Kinder waren völlig ungeschützt. Selbst bei dem Hochstand der Medizin hatte in den Alten Zeiten der Typhus im wesentlichen durch Vorbeugungsmaßnahmen bekämpft werden können. Wenn die Seuche einmal ausgebrochen war, konnte man sie nur ihren langen, verhängnisvollen Lauf nehmen lassen.

Nun ist es zu spät, dachte Ish, sich den Kopf darüber zu zerbrechen! Nun ist es geschehen, dachte er bitter, daß Charlie, gleichgültig, welche Krankheiten er gehabt hat oder gehabt zu haben glaubte, die Typhusbazillen übertragen hat! Vielleicht hatte er die Krankheit vor Jahren gehabt, vielleicht erst vor kurzem; denn möglicherweise herrschte die Seuche in dem Gebiet, in dem er lebte. Sie würden es nie erfahren.

Was sie mit Sicherheit wußten, war, daß Charlie, ein höchst unsauberer Mensch, über eine Woche gemeinschaftlich mit den Jungs gegessen hatte. Hinzu kamen die nicht allzu sorgfältig gebauten Abortanlagen, und die Fliegen trugen zur Verbreitung der Infektion bei.

Sie fingen an, alles Trinkwasser zu kochen. Sie verbrannten die alten Latrinen und warfen die Senkgruben zu. Sie bespritzten die neuen so reichlich mit Desinfektionsmitteln, daß keine Fliege am Leben bleiben konnte. Doch all dies wurde wohl zu spät unternommen.

Jeden Tag mußte sich ein weiterer ins Bett legen. Robert, der jetzt die zweite Woche krank war, wälzte sich im Fieberwahn.

Sie hatten kaum Zeit, an die Angst zu denken, und dennoch lauerte sie ringsum und zog ihre Kreise täglich enger. Bislang waren keine Todesfälle vorgekommen, doch noch hatten nicht alle die Krise überstanden.

George, Maurine und Molly hatten Zuflucht zum Gebet genommen, und einige der Jüngeren hatten sich ihnen angeschlossen. Sie hatten Angst, Gott würde Charlies Tod an ihnen rächen. Ralph war drauf und dran, mit seiner noch nicht erkrankten Familie irgendwo anders hin zu fliehen. Ish brachte ihn davon ab, für den Augenblick wenigstens, indem er ihm erklärte, einer von ihnen sei vielleicht schon infiziert, und wenn eine kleine, losgelöste Gruppe erkrankte, so sei das sehr viel gefährlicher, als dieses Los mit der ganzen Gemeinschaft zu teilen.

Wir stehen unmittelbar vor einer Panik! dachte Ish – und am nächsten Morgen fühlte er selbst sich beim Erwachen niedergedrückt, fiebrig und fast völlig erschöpft. Er zwang sich zum Aufstehen, machte auf Ems Bitte Licht und wich ihren Blicken aus. Robert ging es sehr schlecht, und er beanspruchte den größten Teil von Ems Zeit. Ish betreute Joey und Josey, die beide im ersten Stadium waren. Walt hatten sie zur Hilfe in eines der anderen Häuser geschickt.

Als Ish sich am Nachmittag über Joeys Bett beugte, fühlte er sich dem Zusammenbrechen nahe. Mit der letzten Anspannung seiner Kräfte schleppte er sich zu seinem Bett und fiel in die Kissen.

Stunden später, wie ihm schien, kam er wieder zu Bewußtsein. Em schaute zu ihm nieder. Sie hatte es fertiggebracht, ihn auszuziehen und zu Bett zu bringen.

Er schaute zu ihr auf; er kam sich klein und hilflos vor. Er schaute zu ihr auf, wie wohl ein Kind aufgeschaut hätte, voller Furcht, in ihren Augen Furcht zu gewahren. Wenn sie Furcht hatte, war er verloren!

Aber er gewahrte in ihren Augen keine Furcht. Die dunklen, weit auseinanderstehenden Augen schauten ihn ruhig an. Und dann schlief er ein.

In den Tagen und Nächten des Fieberwahns kam ihm wenig von dem, was geschah, zu Bewußtsein. Große, gestaltlose Traumgespenster bewegten sich von der dunklen Außenwelt her auf ihn zu und bedrängten ihn – schrecklich, ihre Gestalt wechselnd wie Nebel und unangreifbar. Manchmal rief er, jemand solle ihm seinen Hammer bringen; mehrmals nannte er Joeys Namen und dann wieder, was das schlimmste war, denjenigen Charlies. Doch selbst in seinen Schreckensträumen rief er nach Em, und dann schien es, als erwache er, wenn sie ihm die Hand auf die Stirn legte, und er schlug die Augen auf. Immer spähte er nach dem Ausdruck der Furcht; doch er gewahrte keine Furcht.

Dann kam eine Woche, da er ruhiger dalag, doch so zu Tode erschöpft, daß bisweilen das Leben nur schwach in ihm zu flattern und im Begriff zu sein schien zu entfliehen, ohne daß er sich darum kümmerte. Nur wenn er aufschaute und Em erblickte, spürte er, wie Mut und Kraft auf ihn übergingen.

Wenn sie fortgegangen war, sagte er sich, als er wieder ein wenig denken konnte: Sie wird zusammenbrechen! Eines Tages muß sie zusammenbrechen! Sie darf kein Fieber bekommen. Auf diesem Glücksfall beruht unsere Hoffnung! Aber sie kann nicht die Bürde von uns allen tragen.

Nun gewann er eine klarere Vorstellung von dem, was geschehen war. Es waren, wie er wußte, Todesfälle vorgekommen; aber er wußte nicht, wer und wie viele gestorben waren. Er wagte nicht, danach zu fragen.

Einmal hörte er Jeanie kommen und hysterisch über den Tod eines Kindes jammern. Em sagte wenig, aber seltsamerweise schien sie Kraft auszustrahlen, und Jeanie ging voll neuen Mutes davon, um den

Kampf wiederaufzunehmen. George kam, ungewaschen und verdreckt, wie ein entkräfteter Greis – Maurine hatte einen Rückfall erlitten, und ihr Enkelkind lag im Sterben. Em sagte nichts von Gott, doch abermals schien sie Kraft auszustrahlen, und George ging erhobenen Kopfes davon.

Wie sonderbar, dachte Ish. Sie besitzt nichts von allem, worauf ich so fest gebaut hatte – keinerlei Bildung und nicht einmal eine starke Intelligenz. Sie verfügt über keinerlei Ideen. Und dennoch ist Größe in ihr und die letzte Sicherheit. Ohne sie wären wir in diesen letzten paar Wochen der Verzweiflung anheimgefallen, hätten den Halt des Lebens verloren und wären untergegangen. Und er kam sich im Vergleich zu ihr gering vor.

Eines Tages indessen sah er sie neben sich sitzen, und auf ihrem Gesicht lag eine so große Müdigkeit, wie er sie nie zuvor auf einem Gesicht erblickt hatte. Er war tief betroffen. Dann plötzlich überkam ihn ein Glücksgefühl; denn er wußte, daß sie sich niemals zu ihm gesetzt und ihre Müdigkeit zur Schau getragen haben würde, wenn nicht die Zukunft gesichert gewesen wäre. Doch es war eine Müdigkeit, wie er sie kaum je für möglich gehalten hätte. Plötzlich wußte er, daß hinter solch einer Müdigkeit ein großer Kummer lag.

Im gleichen Augenblick wurde er sich bewußt, daß er selbst sich auf dem Weg der Besserung befand, wahrscheinlich weniger müde als sie und somit imstande war, die Last mit ihr zu teilen.

Er schaute sie an und lächelte, und trotz ihrer Müdigkeit lächelte sie auch. „Sag es nur“, sagte er leise und zärtlich.

Sie zögerte, und er dachte entsetzt: Walt? – Nein, Walt war nicht krank. Er hat mir heute ein Glas Wasser gebracht. John? – Nein, ich weiß, daß ich seine Stimme gehört habe; er war sehr kräftig. Vielleicht Josey? Oder Mary? Vielleicht sind es gar mehrere?

„Sag es mir“, bat er. „Mir ist jetzt wieder ganz wohl.“ Und immer noch war Entsetzen in seinem Denken. Es konnte sich nur um das eine handeln. Er war nicht stark, aber die Schwächsten überstehen oftmals am besten eine Krankheit. Nein, nicht – er!

„Fünf – in der ganzen Straße –, fünf sind tot.“

„Wer?“ fragte er und richtete sich auf.

„Alles Kinder.“

„Und – unsere?“ fragte er in dem Wissen, daß sie ihn noch immer zu schonen suchte. Seine Angst war plötzlich übergroß.

„Ja, vor fünf Tagen“, sagte sie.

Dann sah er, wie ihre Lippen ein Wort bildeten, und noch ehe er die Laute gehört hatte, wußte er es: „Joey."

Nun ist alles ohne Sinn, dachte er und fragte nicht weiter. Der Erkorene! Die übrigen wären ihm wohl gefolgt; nur er konnte das Licht tragen. Das Kind der Verheißung! Dann schloß er die Augen und lag still.

9

DIE Wochen der Genesung schleppten sich hin. Sehr langsam kam er wieder zu Kräften. Und seine Geisteskräfte blieben noch hinter denen des Körpers zurück. Als er in einen Spiegel blickte, sah er, daß sein Haar grau zu werden anfing. Bin ich denn schon alt? fragte er sich. Nein, richtig alt bin ich noch nicht! Doch sicher wußte er nur, daß er auf irgendeine Weise nie wieder wie ehedem sein würde. Ein Teil seines schönen, jungen Mutes und Vertrauens war dahin.

Stets hatte er seinen Stolz darein gesetzt, ehrenhaft und sauber zu denken und von der Vernunft aus das ins Auge zu fassen, was ins Auge gefaßt werden mußte. Jetzt indessen merkte er, daß sein Geist abschweifte, wenn seine Gedanken gewissen Gegenständen näher rückten. Nun, er war noch schwach; schon bald würde er wieder vorankommen.

Manchmal (und das erschreckte ihn) ertappte er sich dabei, daß er die Gegenwart leugnete und Pläne machte, als sei Joey noch da. Auf solcherlei Weise entschlüpfte er in die Glückseligkeit seiner Phantasiewelt. Es fiel ihm ein, daß er von jeher dazu geneigt hatte. Zu gewissen Zeiten war das ein Vorzug gewesen, als hätte es ihn befähigt, mit Hilfe der Phantasie sein inneres Gleichgewicht wiederzufinden – damals, als er plötzlich ganz allein gewesen war. Jetzt indessen suchte er einen Ausweg, weil die Wirklichkeit zu düster war, als daß er sie ohne weiteres hätte hinnehmen können. Immerzu kam ihm eine Verszeile, die von seiner ausgedehnten Lektüre während all der Jahre her in ihm haftengeblieben war, in den Sinn, wenn er versuchte, der Wirklichkeit Trotz zu bieten: „Nie wieder glücklich vertrauend am Morgen!"

Nein, nie wieder! Joey war fort, und Charlies Schatten lag über ihnen allen, und der allnotwendige Staat hatte das Haupt erhoben und hielt den Tod in den Händen. Und alles, was er an jenem glücklichen Morgen so hoffnungsfroh zu tun versucht hatte, war fehlgeschlagen. Er fragte nach dem Warum. Dann floh er, der Verzweifelnde, wieder in die Bereiche der Phantasie.

Als er ruhiger zu denken vermochte, machte die Ironie aller Dinge immer größeren Eindruck auf ihn. Alle noch so guten Pläne konnten nicht dem Unheil vorbeugen, gegen das keinerlei Pläne vorbereitet worden waren.

Den größten Teil seiner Zeit mußte er allein verbringen. Ein paar der anderen bedurften noch der Pflege, und was noch an Kraft in Em war, mußte ihnen gewidmet werden. Er hätte gern mit Ezra geplaudert, aber auch Ezra war noch bettlägerig. Nun da Joey von ihm gegangen war, besaß er außer Em und Ezra niemand, dem er wirklich von Herzen zugetan war.

Eines Nachmittags erwachte er aus einem Schläfchen und sah Em an seinem Bett sitzen. Aus halb geöffneten Augen schaute er sie an. Sie sah noch immer müde aus, doch es war nicht mehr jene schreckliche Müdigkeit, die er zuvor an ihr wahrgenommen hatte. Noch war Kummer in ihr; aber was die Furcht betraf, so forschte er längst nicht mehr nach ihr!

Sie sah ihn an, gewahrte seine offenen Augen und lächelte sogleich. Plötzlich wußte er, daß der Augenblick gekommen war, da er dem ins Antlitz sehen mußte, was ihn bedrängte.

„Ich muß mit dir sprechen", sagte er, und seine Stimme war kaum mehr als ein Flüstern.

„Ja", sagte sie ruhig. „Ich bin bei dir. Sprich nur. Ich bin bei dir."

„Ich möchte dir einige Fragen vorlegen", fuhr er fort. „Wie ist es ...", begann er tapfer, dann hielt er inne.

Sie tat nichts, als ihm zuzulächeln, eingedenk seiner Schwäche; aber sie sagte ihm nicht, er solle warten und es ihr ein andermal sagen.

„Das ist es!" sagte er hoffnungslos. „Muß es so sein? Ich weiß, was George denkt und die andern vielleicht auch! Trotz meines Fiebers habe ich einiges gehört. Ist es ..., ist es eine Strafe?"

Dann schaute er sie an, und zum erstenmal in all diesen schrecklichen Wochen gewahrte er in ihrem Gesicht etwas, das Furcht oder möglicherweise Furcht war. Nun habe selbst ich sie enttäuscht, dachte er voller Schrecken. Doch er wußte, daß er jetzt weitersprechen mußte, sofern nicht eine Mauer von Zweifeln und Unredlichkeit sich für alle Zeiten zwischen sie und ihn schieben sollte.

So platzte er denn damit heraus: „Du weißt, was ich meine! Ist es, weil wir Charlie getötet haben? Hat irgend jemand – hat Gott – uns das vergolten? Auge um Auge, Zahn um Zahn? Haben deshalb alle – hat deshalb Joey sterben müssen? Hat er sich der Seuche bedient, die Charlie in sich trug, so daß wir alle ganz sicher wissen sollten, was seine Absicht war?"

Dann, als er stockte, sah er, wie sich ihr Gesicht vor Entsetzen verkrampfte.

„Nein, nein!" schrie sie. „Fang du nicht auch davon an! Ich habe die anderen so oft allein ertragen müssen, solange du krank warst! Ich weiß keine Gegenargumente, aber ich weiß, daß es so nicht sein kann. Ich konnte ihnen nichts entgegnen. Alles, was ich ihnen geben konnte, war mein Mut!" Sie hielt inne, als hätte der jähe Ausbruch sie völlig erschöpft. „Ja", fuhr sie fort, „ich fühlte, wie der Mut aus mir herausströmte – wie Blut! Er ist auf sie alle übergeströmt, und indem er strömte, wurde ich immer schwächer, und ich fragte mich: Habe ich auch genug Mut? Habe ich auch genug Mut? Und die ganze Zeit über hast du im Fieber von Charlie gesprochen."

Abermals schwieg sie; doch er konnte nichts sagen.

„Oh", rief sie, „verlange jetzt nicht noch mehr Mut von mir! Ich kenne mich in den Beweisgründen nicht aus. Ich bin auf keine Hochschule gegangen. Alles, was ich weiß, ist, daß wir getan haben, was wir für das beste hielten. Wenn es einen Gott gibt, der uns geschaffen hat, und wenn wir vor seinen Augen Unrecht getan haben – wie George sagt –, so haben wir wenigstens unrecht getan, weil wir so sind, wie Gott uns geschaffen hat, und ich glaube nicht, daß er uns Fallen stellt. Oh, du solltest das alles besser wissen als George! Laß uns das alles nicht wieder in die Welt zurückbringen – den zornigen Gott, den niedrigen, rachsüchtigen Gott –, den, der uns die Spielregeln nicht sagt und uns bestraft, wenn wir gegen sie verstoßen. Laß uns ihn nicht wieder zurückbringen. Fang nicht auch du davon an!"

Dann schwieg sie, und er sah, daß sie das Gesicht in den Händen barg, so daß er nicht sehen konnte, ob Furcht darin war oder nicht. Doch er wußte, daß sie schluchzte.

Und abermals kam er sich ihr gegenüber klein und sehr gering vor. Wiederum hatte sie ihn nicht im Stich gelassen. Das wichtigste indessen war, daß er in sich Ruhe, Frieden und eine neue Sicherheit verspürte. Ja, er hätte es wissen müssen. Er vor allen andern hätte nicht zweifeln dürfen.

Er streckte den Arm aus und ergriff eine ihrer Hände. „Fürchte dich nicht", hörte er sich sagen, obwohl es widersinnig war, daß gerade er ihr das sagte. „Du hast recht; du hast recht! Nie wieder darf ich dergleichen Dinge denken. Ich weiß um die Beweisgründe. Aber wenn es um den Tod geht und man sehr krank gewesen ist, dann ist man schwach. Ja, du darfst nicht vergessen, ich bin noch nicht ganz wieder ich selbst."

Da plötzlich küßte sie ihn unter heißen Tränen, und dann verließ sie das Zimmer. Wiederum erkannte er, daß sie stark war. Wiederum konnte der Mut aus ihr strömen.

Und auch er, obwohl er noch schwach und ermattet dalag, verspürte wieder Mut.

Ja, dachte er, und jetzt floh er nicht vor dem Gedanken: Joey ist von uns gegangen. Joey ist tot. Er kehrt nie wieder. Und dennoch gibt es für uns eine Zukunft. Obwohl ich jetzt graues Haar habe, ist Em, sind die andern noch da, und so darf ich sogar glücklich sein. Unsere Zukunft wird nicht wie die sein, die ich plante, nun da Joey tot ist. Aber ich werde tun, was in meinen Kräften steht.

Nochmals kam er sich klein und gering vor. Er spürte, wie alle großen Kräfte der Welt sich gegen ihn wandten, gegen den einzigen noch lebenden Menschen, der denken und Pläne für die Zukunft fassen konnte. Er hatte versucht, jenen Kräften entgegenzutreten, und sie waren über ihn hinweggerollt. Vielleicht wären ihrer gar zu viele gewesen, auch wenn Joey noch gelebt hätte. Fortan mußte er scharfsinniger planen, behutsamer zu Werke gehen, sich an geringere und praktischere Dinge machen.

Aber zunächst mußte er wieder zu Kräften kommen. Noch bevor das Jahr zu Ende ging, würde er dann etwas unternehmen können.

Sogleich spürte er, wie sein Geist sich umstellte und zu arbeiten begann. Es war doch ein guter Geist! Er merkte, daß er dem eigenen Gehirn Beifall zollte, als sei es ein vertrautes Werkzeug oder ein Motor – zwar alt, aber geschmeidig funktionierend.

Doch er war sehr schwach, und ehe er richtig zu denken angefangen hatte, war er eingeschlafen.

Vielleicht hatte es zu viele Menschen gegeben, zu viele alte Wege des Denkens, zu viele Bücher. Vielleicht waren die Wurzeln des Denkens zu tief gewachsen, und die Abfälle der Vergangenheit lagen zu schwer rings um uns, gleich Haufen von Kehricht und alten Kleidern! Warum sollte der Philosoph es nicht begrüßen, daß alles hinweggefegt worden war, daß jetzt ein neuer Beginn vollzogen würde und die Menschen das Spiel mit neuen Rollen spielten? Vielleicht war dabei mehr Gewinn als Verlust.

Während der Wochen der Epidemie hatten diejenigen, die verschont geblieben waren, den Gestorbenen nur ein hastiges Begräbnis zuteil werden lassen können. Als die Genesenden das Bett verlassen konnten, regten George, Maurine und Molly einen Trauergottesdienst an.

Ish und ebenso Em wären nur zu froh gewesen, wenn man alles in dem Zustand belassen hätte, in dem es sich befand. Ish indessen meinte, die anderen würden glücklicher sein, wenn der Gottesdienst gehalten würde.

So regte er denn an, der Gottesdienst solle stattfinden, und am folgenden Tage sollten alle normalen Tätigkeiten wiederaufgenommen werden. Obwohl er keine besonderen Gedanken über die Wiederaufnahme des Schulunterrichts geäußert hatte, merkte er, daß die andern ihn stillschweigend voraussetzten, und dem konnte er nur beistimmen.

Unter allgemeiner Billigung wurde Ezra ausersehen, den Gottesdienst zu halten. Er bestimmte dazu eine frühe Morgenstunde.

Wie in jeder Gemeinschaft, wo künstliches Licht knapp und unzulänglich war, bestand die Gewohnheit, mit der Sonne aufzustehen, und so brauchten sie kaum früher als gewöhnlich aus den Betten zu kriechen, um an die kleine Reihe von Gräbern heranzutreten. Der Himmel war klar; aber der Westhang der Hügelkette lag noch im Dunkeln. Ein paar hagere Kiefern, die in der Nähe der Gräber standen, warfen noch keinen Schatten.

Die Jahreszeit war schon zu weit vorgeschritten, als daß es noch Wiesenblumen gegeben hätte; aber auf Ezras Weisung hin hatten die Kinder grüne Tannenzweige abgebrochen und damit die Grashügel bedeckt. Obwohl es nur fünf Gräber waren, bedeutete der Verlust ein großes Unglück. Im Vergleich zu der geringen Kopfzahl des „Stamms“ galten fünf Tote mehr als hunderttausend in einer Stadt von einer Million Einwohnern.

Die Überlebenden waren sämtlich gekommen – Mütter trugen ihre Babys auf dem Arm, kleine Jungen oder Mädchen hielten die Hände ihrer Väter.

Ish stand da und spürte den schweren Hammer in seiner rechten Hand. Er war ohne ihn fortgegangen, aber Josey hatte ihn daran erinnert in der Annahme, er habe ihn bloß vergessen. Nach Auffassung der Jüngeren war der Hammer bei einer feierlichen Gelegenheit unentbehrlich. Noch vor ein paar Monaten hätte Ish nicht nachgegeben, sondern er hätte die Gelegenheit wahrgenommen und Josey einen Vortrag über den Aberglauben gehalten. Heute indessen hatte er den Hammer geholt und mitgenommen.

Inzwischen hatten sich alle in einem Halbkreis aufgestellt, die Gesichter den Gräbern zugewandt, jede Familie in einer Gruppe. Von seinem Platz in der Mitte aus schaute Ish erst nach der einen und dann nach der andern Seite. George trug einen altertümlich wirkenden dunkelgrauen Anzug; wahrscheinlich hatte er ihn früher schon immer bei Begräbnissen getragen, als er in den Alten Zeiten Gemeindehelfer gewesen war. Maurine, die neben ihm stand, trug ein schlichtes schwarzes Kleid und einen Schleier. Zumindest solange diese beiden am Leben waren, würden die alten Bräuche fortdauern. Alle andern indessen waren mit den vom Zufall zusammengewürfelten, aber bequemen Sachen bekleidet, die die Zivilisation ihnen hinterlassen hatte. Die Männer und Knaben trugen Blue jeans, Sporthemden und leichte Windjacken, der Kälte des frühen Morgens wegen. Ein paar der kleineren Mädchen waren kaum von den Jungs zu unterscheiden, abgesehen von dem längeren Haar; aber die Frauen und die meisten Mädchen betonten ihre Weiblichkeit durch Röcke, und sie huldigten der Farbe durch rote, grüne oder blaue Tücher und Bänder.

Ezra trat vor und schickte sich an zu beginnen. Das Sonnenlicht hinter den Hügeln leuchtete jetzt hellgolden; das Schweigen wurde immer tiefer. Ish hatte ein würgendes Gefühl im Hals.

Ezra begann zu sprechen. Er knüpfte nicht an die alten Trauergottesdienste an. Er erging sich nicht in abgedroschenen Phrasen. Er sprach nicht von der Hoffnung jenseits des Grabes. In dergleichen Worten hätten von allen, die hier standen, nur George und Maurine und vielleicht Molly Trost gefunden. Es fiel einem schwer, an so etwas zu denken, wenn sich über die Tradition der mächtige schwarze Schatten des Großen Unheils breitete.

Ezra, der Menschenkenner, sprach ein paar Worte über jedes der Kinder. Er erzählte von jedem einzelnen eine liebenswerte kleine Geschichte, etwas, dessen er sich erinnerte und dessen die andern sich wohl ebenfalls erinnerten.

Schließlich begann er von Joey zu sprechen, und Ish überkam eine jähe Schwäche. Doch Ezra sprach nicht von irgendwelchen bemerkenswerten Dingen, die Joey getan hatte, und er erwähnte nicht einmal, daß ein Jahr nach ihm benannt worden war. Statt dessen erzählte er, wie er es bei den andern getan, ein kleines Geschehnis, das sich beim Spielen zugetragen hatte.

Als Ezra von Joey sprach, merkte Ish, daß einige der Kinder hastige, verstohlene Seitenblicke auf ihn warfen. Sie wußten um die enge Bindung, die zwischen Joey und seinem Vater bestanden hatte. Überlegten sie sich, ob er, Ish, im letzten Augenblick vortreten werde? Er, der „Alte", der Amerikaner, der so viele seltsame Dinge wußte – würde er im letzten Augenblick vortreten, starr den Hammer ausstrekken und erklären, Joey sei nicht von ihnen gegangen, Joey lebe noch, Joey würde wiederkommen? Würde die Erde des kleinen Hügels aufbrechen?

Doch Ish gewahrte lediglich ihre hastigen, scheuen, verstohlenen Blicke. Sie sagten nichts. Und was sie auch denken mochten: Ish wußte, daß er kein Wunder tun konnte.

Als Ezra damit fertig war, von Joey zu erzählen, fuhr er in allgemeineren Wendungen fort. Warum hörte er nicht an dieser Stelle auf? Ish verspürte einigen Unwillen. Der Gottesdienst durfte sich nicht zu lange hinschleppen!

Da fand Ezra unvermittelt den Schluß, und im gleichen Augenblick nahm Ish eine Veränderung wahr. Plötzlich war die ganze Welt heller geworden. Der obere Rand der Sonne war über dem Hügelkamm erschienen!

Ish wußte nicht, ob er erfreut oder bestürzt sein sollte. Gut ausgedacht! sagte er sich. Aber ein Bühnentrick! Doch als er dann Umschau hielt, sah er, daß die andern glücklich waren. Da ließ er es gut sein, und obwohl er den Theatercoup durchschaute, empfand er Trost.

Die Wiederkehr der Sonne! Das uralte Sinnbild! Ezra war zu ehrenhaft und innerlich zu sauber, als daß er Unsterblichkeit verheißen hätte; aber er hatte den rechten Augenblick gewählt, und zu seinem Glück war der Morgen klar. Gleichgültig, ob man an eine persönliche Auferstehung oder das Fortdauern der Rasse glaubte: Das Sinnbild war erschienen.

Jetzt dehnten sich Pfade gelben Sonnenlichts zwischen den Schatten der hageren, düsteren Bäume.

Auch darin sind wir Menschen, daß wir uns Gedanken über den Tod machen. Einstmals war das nicht so, und wenn einer von uns gestorben war, so lag er, wo er eben lag, vor dem Höhleneingang, und wir liefen hinein und heraus, und wir liefen wohl beinahe noch auf allen vieren. Jetzt stehen wir aufrecht, und jetzt machen wir uns Gedanken über den Tod.

Wenn jetzt ein Gefährte daliegt, lassen wir ihn nicht einfach dort liegen, wo er gestorben ist. Und wir nehmen ihn nicht einfach bei den Armen und Beinen und schleppen ihn, den Füchsen und Ratten zum Fraß, in den Wald. Wir werfen ihn auch nicht einfach in den Fluß, auf daß die Strömung ihn von dannen trage.

Nein, wir legen ihn vielmehr dorthin, wo sich eine kleine Mulde im Boden befindet, und dann bedecken wir ihn mit Laub und Zweigen. So kehrt er zurück zur Erde, der alle Dinge entstammen.

Oder wir überantworten ihn dem hellen, heißen, reinigenden Feuer.

Dann setzen wir unser Leben fort, wie es vorher war, und bald vergessen wir wie die Tiere. Aber wir haben wenigstens dieses getan, und wenn wir es nicht mehr tun, dann sind wir keine Menschen mehr.

Nachdem die Feier an den Gräbern vorüber war, gingen sie alle durch den frühen Sonnenschein zurück zu ihren Häusern. Ish verspürte den Wunsch, allein zu sein. Allerdings wußte er, daß es unrecht sei, Em in diesem Augenblick sich selbst zu überlassen. Aber sie mußte gespürt haben, was in ihm vorging, und so gab sie ihm ihrerseits die Anregung.

„Geh nur", sagte sie. „Es ist besser für dich, wenn du jetzt einen Spaziergang machst und ein Weilchen allein bist."

Er entschloß sich, es zu tun. Wie er gefürchtet, hatte die Trauerfeier ihn tief verstört. Manche Menschen suchen, wenn sie Kummer haben, Gesellschaft; aber er gehörte zu denen, die dann besser für sich bleiben.

Er nahm keinen Essensvorrat mit, weil er keinen Hunger verspürte. Im Notfalle konnte er unterwegs in einen Laden gehen und sich eine Dose holen. Im letzten Augenblick zögerte er, und dann nahm er den Hammer vom Kaminsims.

Die bloße Tatsache, daß er ihn mitnahm, verwirrte ihn ein bißchen. Wie kam es nur, daß der Hammer in seinem Denken einen so großen Raum einnahm! Er war durchaus nicht sein ältestes Besitztum; denn überall im Hause verstreut fanden sich Dinge, die ihm gehörten und deren er sich aus seiner frühesten Kindheit erinnerte. Aber keins von ihnen allen war wie der Hammer. Vielleicht rührte das daher, daß er ihn in Zusammenhang mit der Tatsache brachte, daß er mit dem Leben davongekommen war. Und dennoch glaubte er durchaus nicht, was die Kinder von dem Hammer zu glauben schienen.

Er verließ das Haus und gab nicht acht, welche Richtung er einschlug, sofern er nur allein bleiben konnte. Der an seiner Hand baumelnde Hammer wurde ihm lästig. Er begann, Widerwillen gegen ihn zu empfinden. Hatte sich auch in seinem Geist der Aberglauben eingenistet, wie es bei den Kindern der Fall war?

Warum legte er den Hammer nicht einfach irgendwohin und nahm ihn auf dem Heimweg wieder an sich? Oder holte ihn sich morgen? Aber er legte ihn nicht hin.

Es fiel ihm ein, daß sein Widerwille gegen den Hammer nicht dem Umstand entsprach, daß er ihm im Augenblick unbequem war, sondern weit eher von der Empfindung herrührte, daß er sich an ihn gebunden glaubte. Sogleich beschloß er, sich seiner zu entledigen. Er sollte ihn nicht länger innerlich belasten. Wie er es früher schon einmal erwogen hatte, wollte er hinunter an die Meeresbucht gehen, an den alten Kai, und dann den Hammer mit einem gewaltigen Schwung weit hinaus in die Wogen werfen. Er schritt wacker aus. Dann durchflutete ihn wieder die Erinnerung an Joey, und im Weitergehen kam ihm der Hammer aus dem Sinn.

Nach einer Weile wich der Kummer von ihm, und er wurde sich bewußt, daß er auf einem Spaziergang begriffen war und den Hammer bei sich hatte. Dann merkte er, daß er ungeachtet seines Entschlusses gar nicht in Richtung der Meeresbucht ging. Er wanderte nach Süden, nicht nach Westen.

Es wäre ein weiter Weg bis zur Bucht, und ich fühle mich noch nicht kräftig, sagte er sich. Es hat keinen Zweck, so weit zu gehen, nur um den alten Hammer loszuwerden. Ich kann ihn irgendwo ins Gebüsch werfen; sicher habe ich bald vergessen, wo ich ihn hingeworfen habe.

Dann wurde er sich abermals bewußt, daß sein Geist ihn zu täuschen versuchte und daß er, auch wenn er den Hammer in ein Gebüsch warf, kaum je vergessen würde, wohin er ihn geworfen hatte: Auf diese Weise würde er ihn also nicht endgültig loswerden. Er gab sein Vorhaben auf, weil er erkannte, daß es auf eine verzwickte Weise dahin gekommen war, daß der Hammer ihm sehr viel bedeutete. Gleichzeitig fiel ihm ein, warum er südwärts wanderte und wohin sein Geist seine Schritte lenkte.

Er folgte der breiten Straße, die auf das Universitätsgelände zuführte. Seit langer Zeit war er nicht dort gewesen. Während er dahinschritt, bohrte der Schmerz noch immer in ihm.

Im Weitergehen sah er, daß die Häuser zu beiden Seiten der Straße zusammengefallen waren. Wilder Wein klomm an ihnen empor.

Überall gewahrte er den Kampf zwischen heimischen Pflanzen, die in die Gärten zurückkehrten, und den Exoten, die hier früher angepflanzt und sorglich gepflegt worden waren.

Als er zum Universitätsgelände kam, mußte er erst einen Hain italienischer Pinien durchschreiten. Hier herrschte weniger Wirrwarr als in den Gärten längs der Straße, weil die Pinien sich ausgebreitet hatten und einen Baldachin bildeten, unter dem spärliches Gras wuchs. Es wirkte noch immer wie ein Park.

Dicht bei einem der Bäume sah er eine große Klapperschlange in der Sonne liegen. Sie schien erstarrt; sie hatte sich wohl noch nicht ganz von der Nachtkälte erholt. Er hätte sie unschwer töten können. Einen Augenblick zögerte er; dann ging er weiter.

Ja – einmal war er gebissen worden, und er erinnerte sich noch des Schrecks. Aber er empfand keinerlei Feindschaft gegen die gesamte Gattung der Klapperschlangen. Möglicherweise hatte jener Biß ihm das Leben gerettet. Vielleicht war weit eher Dankbarkeit als Feindseligkeit am Platz.

Er ging weiter; er durchschritt einen fast völlig überwachsenen, steinernen Torweg; er ging über eine Holzbrücke. Er spürte, wie sie unter seinen Füßen schwankte. Sie war immer eine alte Brücke gewesen, wie er sich erinnerte; schon als Junge hatte er gemeint, sie sei sehr alt. Längs des Baches war das Gestrüpp dicht, und er mußte sich einen Weg hindurchbahnen, obwohl er unter seinen Füßen noch Asphalt spürte.

Er hörte es im Gebüsch rascheln und wurde nervös, da er ohne Waffe war. Es konnte ja ein Puma sein. Wölfe und wilde Hunde trieben sich ebenfalls gern an diesen mit Dickicht bewachsenen Bachläufen herum.

Aber als er wieder ins Freie kam, sah er nur ein Reh zwischen den Bäumen hindurch weglaufen.

Jetzt erhob sich zu seiner Linken eines der Universitätsgebäude. Er wußte nicht mehr, welche Fakultät dort untergebracht gewesen war.

Das Gesträuch, das ehedem säuberlich beschnitten wurde, war hoch und struppig aufgeschossen und verdeckte die unteren Fenster.

Er ging seinem Ziele zu. Er zwängte sich durch ein weiteres Dikkicht; dann sah er das große Bibliotheksgebäude vor sich.

Er stand und schaute. Auch dieses Gebäude war halb verdeckt vom aufgeschossenen Strauchwerk. Ein Fenster war zerbrochen, wahrscheinlich, weil ein Kiefernzweig darüber hinweggewachsen war, der bei starkem Wind schwankte. Das war geschehen, seit er vor einer ganzen Reihe von Jahren zum letztenmal hier gewesen war. Er hatte die Universitätsbibliothek als Reserve für die Zukunft aufgespart.

Er umschritt die Bibliothek, wobei er hier und dort Mühe hatte, sich einen Weg durch das Gestrüpp zu bahnen. Einmal mußte er über einen umgefallenen Kiefernstamm klettern. Soweit er sehen konnte, befand sich das Gebäude nach wie vor in gutem Zustand.

Schließlich kam er an das Fenster, das er vor vielen Jahren eingeschlagen und dann wieder mit Brettern vernagelt hatte. Mit dem Hammer löste er eins der Bretter. Er gab acht, daß er es nicht zerbrach, um es hernach wieder anbringen zu können. Es fiel ihm zu seiner Freude ein, daß nun schließlich doch noch ein vernünftiger Grund dafür bestand, daß er den Hammer mitgenommen hatte.

Nachdem er das Brett gelöst hatte, konnte er durch die Öffnung in das Gebäude hineinklettern. Er durchschritt die Halle und fand die alte Tür zu den Bücherräumen.

Er trat vor die vertrauten Büchergestelle, und trotz der seither verflossenen Jahre war ihm, als sei er heimgekehrt. Er überflog mit den Blicken die Reihen und begann nach Büchern zu suchen, die er gelesen und durchgearbeitet hatte.

Ein umfangreicher roter Leinenband zog seine Aufmerksamkeit auf sich. Er streckte die Hand aus, nahm ihn aus dem Fach und blies den Staub vom Schnitt. Indem er seinen Fund anschaute, sah er den Verfassernamen Brooks und den Titel: „Klimatische Veränderungen im Ablauf der Zeiten." Er erinnerte sich an das Buch. Als er es aufschlug, erblickte er vorn eingeklebt die Karte und stellte fest, daß der letzte Entleiher des Buchs – das Datum lag nur einen Monat vor dem Großen Unheil – jemand mit dem ungewöhnlichen Namen Isherwood Williams gewesen war. Erst nach ein paar Sekunden fiel ihm ein, daß er selbst Isherwood Williams war. Seit vielen, vielen Jahren hatte ihn niemand mit seinem vollen Namen angeredet. Jetzt fiel ihm ein, daß er dieses Buch während seines letzten Semesters gelesen hatte. Es war ein gutes und interessantes Buch, obgleich, wie er sich sonderbarerweise erinnerte, zum guten Teil überholt durch die neueren Forschungen eines Mannes namens – ja, er hatte einen deutschen Namen gehabt, vielleicht Zeimer.

Er legte den Hammer nieder, so daß er beide Hände für das Buch frei hatte. Dann ging er dorthin, wo Licht durch ein verstaubtes Fenster fiel, und durchblätterte neugierig die Seiten. Gegenwärtig war dieses Buch ohne den mindesten Wert für den menschlichen Fortschritt. Klimatische Veränderungen stellten praktisch kein Problem dar. Überdies war das Buch schon damals überholt gewesen. Er konnte es ebensogut wegwerfen oder in Stücke reißen, tat es jedoch nicht. Er ging zurück und stellte es beinahe ehrfürchtig wieder an seinen Platz.

Dann ging er weiter, und plötzlich war alles in seinem Geiste wieder Staub und Asche. Wozu waren alle diese Bücher jetzt nütze? Warum sollte man sich über eins von ihnen Gedanken machen? Jetzt war niemand mehr da, der sie hätte entleihen können. Bücher an sich waren lediglich Papier und Druckerschwärze; sie waren nichts ohne einen Geist, der sich ihrer bediente.

Sorgenerfüllt ging er weg, und gerade als er die Wendeltreppe hinabstieg, merkte er, daß ihm etwas fehlte. Er erschrak jäh und kehrte schleunigst in die Abteilung zurück, wo er das Buch aus dem Gestell genommen hatte. Mit dem Gefühl einer großen Erleichterung sah er den Hammer dort liegen, wo er ihn auf den Fußboden gelegt hatte. Er hob ihn auf und trat zum zweitenmal den Rückweg an.

Er kletterte durch das eingeschlagene Fenster hinaus und schickte sich mechanisch an, das Brett wieder an seine Stelle zu setzen. Dann hielt er inne. Abermals bemächtigte sich seiner ein Gefühl der Trostlosigkeit. Warum sollte er das Brett wieder anbringen? Es bedeutete keinen Unterschied. Es war niemand mehr da, der in Zukunft herkommen und lesen würde. Er wartete und schwang lässig den Hammer.

Schließlich befestigte er das Brett langsam und verdrossen und schlug mit dem Hammer wieder die Nägel ein. Es bestand kein Grund zu Schwung und Begeisterung. Es gab keine Hoffnung mehr. Doch dies gehörte zu seinem Leben.

Danach schlenderte er umher und setzte sich schließlich auf die Granitstufen des Eingangs der Bibliothek, um sich auszuruhen. Alles war überwuchert und halb zerfallen. Er schlug mit dem Hammer auf die Kante einer der Granitstufen. Es war purer Vandalismus. Für gewöhnlich tat er so etwas nicht. Ein Stück der Stufenkante splitterte ab. Mutwillig schlug er fester zu. Ein fingerlanges Stück löste sich und fiel ab. Der frische Granitbruch sah rauh aus.

Als er so dasaß und mit dem Hammer spielte, konnte er zum erstenmal an Joey denken, ohne daß der Schmerz ihn übermannte. Was wäre denn geworden? Vielleicht wäre Joey gar nicht imstande gewesen, wirklich etwas zu unternehmen. Er war nur ein aufgeweckter kleiner Junge gewesen. Er hätte keinen Wandel herbeiführen können. Er hätte sich gegen Drang und Druck dieser veränderten Welt nicht behaupten können. Er würde immer nur gekämpft und gekämpft haben, und schließlich hätte er wohl als ein Erfolgloser dagestanden. Er wäre unglücklich gewesen.

Joey, dachte er und setzte seine Gedanken in Worte um: „Joey war mir zu ähnlich. Auch ich kämpfe immerfort. Ich kann nicht bloß glücklich sein."

Er schaute angestrengt auf einen Granitsplitter, und gekränkt und rachelüstern zerschlug er ihn. Entspanne dich, werde milder! Abermals wurden seine Gedanken Worte: „Es ist Zeit lockerzulassen!"

Und dann plötzlich wußte er, daß er alt war. Den Jahren nach war er erst ein Vierziger; er war der jüngste in der Gruppe der Älteren, und dann öffnete sich eine breite Kluft, ehe der älteste der Jüngeren kam. Es war eine breite Kluft von Jahren und eine noch unendlich breitere Kluft, was Kultur und Überlieferung betraf. Nie zuvor hatte eine ähnliche Kluft zwischen der älteren und der jüngeren Generation bestanden oder wäre möglich gewesen.

Er saß auf den Stufen der Bibliotheksfreitreppe, zerklopfte den Granitsplitter in immer kleinere Teilchen, und dabei tat sich ihm eine, wie er meinte, etwas klarere Schau in die Zukunft auf. Alles mündete in die gleiche alte Frage ein. Wieviel ging vom Menschen aus, um die Umwelt zu beeinflussen, und wieviel ging von der Umwelt aus und drängte gegen den Menschen an? Hatte das Napoleonische Zeitalter Napoleon hervorgebracht oder Napoleon das Napoleonische Zeitalter? So hätte, auch wenn Joey am Leben geblieben wäre, der Wirrwarr der äußeren Umstände, jener Umstände, durch die John, Roger und Ralph geformt worden waren, wahrscheinlich auf Joey eingewirkt, und ein einziger kleiner Junge hätte ihnen nicht eben viel entgegensetzen können. Ja, auch wenn Joey am Leben geblieben wäre, würde alles sich wahrscheinlich so weiterentwickelt haben, wie es sich dem Anschein nach jetzt bereits zu entwickeln begann.

Ja, die Zukunft war gewiß. Der „Stamm" würde die Zivilisation nicht wiederherstellen. Er bedurfte der Zivilisation nicht. Eine Zeitlang würde es mit dem Räuberdasein noch so weitergehen – dem Öffnen von Dosen, dem Vergeuden von Patronen und Streichhölzern, von denen sich aus vergangenen Zeiten noch Vorräte fanden –, mit dieser unschöpferischen, aber glücklichen Lebensform. Schließlich, früher oder später, würden immer mehr Menschen dasein, und es würde Mangel an Nahrungsmitteln eintreten. Vielleicht würde es zu keiner schnellen Katastrophe kommen, weil sehr viel Vieh für den Bedarfsfall herumlief; und so würde das Leben seinen Fortgang nehmen.

Das alles durchdachte er, und dann überkam ihn mit jäher Gewalt eine neue Vorstellung. Selbst wenn genügend Vieh vorhanden war, selbst wenn es genug Nahrung gab: was würde geschehen, wenn die Munition für die Gewehre ausging? Wenn der Vorrat an Streichhölzern erschöpft war? Im Grunde brauchte man gar nicht zu warten, bis sämtliche Munition verschossen war. Pulver zersetzte sich im Laufe der Zeit. Drei oder vier Generationen – und alle, die dann lebten, waren nur noch armselige Primitive, die die Zivilisation eingebüßt und andererseits nicht die tausend grundlegenden Fertigkeiten erworben hatten, die die Wilden befähigten, bis zu einem gewissen Grade gesichert und leidlich angenehm zu leben! Möglicherweise, und vielleicht war es so am besten, war die Rasse nach drei oder vier Generationen überhaupt nicht mehr imstande weiterzuleben, nicht mehr fähig, den Übergang vom räuberischen, unschöpferischen Leben zu einer neuen Daseinsstufe zu finden, auf der sie ausdauern oder von der aus sie ein langsames Weiterschreiten vollziehen konnte.

Abermals schlug er heftig auf die Stufenkante. Ein weiteres Granitstück sprang ab. Düster schaute er darauf nieder. Gerade hatte er beschlossen, nicht mehr zu grübeln, und nun stand er schon wieder unmittelbar davor. Wie konnte er denn wissen, was in drei oder vier Generationen geschehen würde?

Er stand auf und machte sich auf den Heimweg. Er war jetzt ruhiger.

„Ja", dachte er, und wiederum setzte er seine Gedanken in Worte um, „ein Leopard kann seine Flecken nicht ablegen, und ich bin stets ein Grübler gewesen, obwohl ich zweiundzwanzig Jahre lang mit Em zusammengelebt habe. Ich schaue vorwärts und rückwärts. Ausruhen, lockerlassen! Ja, ich sollte ein wenig lockerer lassen. Was zu tun ich versucht habe – das ist fehlgeschlagen. Ich will es zugeben.

Dennoch bin ich gewiß, daß ich niemals aufhören werde, es wieder und wieder zu versuchen. Aber wenn ich es jetzt mit etwas Geringerem versuche, erreiche ich am Ende vielleicht etwas mehr."

10

Auf dem langen Heimweg die Anhöhe hinauf zu den Häusern hin hatten seine verschwommenen Pläne Gestalt angenommen; doch er wollte bis zum nächsten Tage warten, ehe er damit begann.

In jener Nacht indessen setzte ein Herbststurm ein, und er erwachte am Morgen in einer Welt mit tiefziehenden Wolken und stetem Regen. Er war überrascht; denn inmitten der Wirrnisse, die sich jüngst ereignet hatten, war er des Bewußtseins der verrinnenden Zeit verlustig gegangen. Als er jetzt aber darüber nachdachte, fiel ihm ein, daß die Sonne bereits weit im Süden unterging und daß man sich im November befinden müsse. Der Regen vereitelte die sofortige Durchführung seiner Pläne; aber auf diese Weise lag noch viel Zeit vor ihm, und er konnte seine Ideen ausreifen lassen.

Der letzte Tag hatte seine Einstellung so völlig geändert, daß er erschrak, als er an jenem Morgen den Lärm der sich versammelnden Kinder hörte. Natürlich! dachte er. Sie warten darauf, daß die Schule wieder anfängt.

Er ging die Treppe hinunter und gesellte sich zu ihnen. Sie waren alle da – alle bis auf Joey und zwei der Jüngeren. Er sah in ihre Gesichter, wie sie dasaßen und auf den Stühlen hin und her rutschten oder einfach auf dem Fußboden hockten, weil das bequemer war. Sie ihrerseits sahen ihn, wie er meinte, wacher und munterer als gewöhnlich an. Joey war nicht mehr da, und nun fragten sie sich wohl, welchen Einfluß das auf die Schule haben würde.

Er ließ seinen Blick über die kleine Schar schweifen und auf jedem einzelnen Gesicht ruhen. Es waren hübsche Kinder, im Grunde gar nicht stumpf, aber es fehlte ihnen an Spürsinn und natürlicher Begabung.

Er faßte seinen Entschluß, und es kostete ihn nicht einmal Mühe. „Die Schule fällt aus", sagte er.

Sekundenlang zeigte sich auf den Gesichtern ein Ausdruck der Betroffenheit, und dann sah er, wie sie sich freuten, obwohl sie sich Mühe gaben, ihre Freude nicht zu zeigen.

„Keine Schule!“ sagte er, und er spürte, daß es wider seinen Willen theatralisch klang. „Wir werden nie wieder Schule halten – nie wieder!“

Abermals gewahrte er den Ausdruck der Betroffenheit in den Gesichtern, und diesmal folgte danach kein freudiges Staunen. Sie lungerten auf ihren Sitzen herum. Ein paar standen auf und wollten fortgehen. Sie wußten alle, daß etwas geschehen war, etwas, das zu kompliziert war, als daß ihre kleinen Köpfe es begreifen konnten.

Langsam und ruhig gingen sie hinaus. Eine volle Minute, nachdem sie in das Regengetröpfel hinausgegangen waren, herrschte Stille. Dann hörte er sie plötzlich lachen und schreien, und sie waren wieder Kinder. Die Schule war ein Zwischenspiel gewesen. Wahrscheinlich würden sie kaum je daran zurückdenken und sich danach zurücksehnen. Für kurze Zeit überkam Ish ein lastendes Gefühl. Joey, Joey! dachte er. Aber er bereute nicht, was er getan hatte, und er wußte, daß sein Entschluß richtig gewesen war. Es ist aus mit der Schule! dachte er. Es ist aus mit der Schule! Und er mußte daran denken, wie er vor vielen, vielen Jahren in ebendiesem Zimmer gesessen und beobachtet hatte, wie das elektrische Licht erlosch.

Drei Regentage gaben ihm Muße, alles zu überdenken und seine Pläne reifen zu lassen. Schließlich zog ein Morgen mit blauem Himmel und kaltem Nordwind herauf. Die Sonne kam hervor, das Laub fiel. Jetzt war es Zeit.

Er durchstöberte die verlassenen, wild wuchernden Gärten. In dieser Gegend waren niemals Zitrusfrüchte gewerbsmäßig angebaut worden; aber die Zitronen gediehen gut, und hier und dort hatte jemand in seinem Garten einen Zitronenbaum gezogen. Dessen Holz, so wußte er, war geeignet. Natürlich hätte er in zahlreichen Büchern darüber nachlesen können; doch jetzt wollte er anders vorgehen. Er wollte keine Bücher über das lesen, was er vorhatte. Er konnte es auch von sich aus durchführen.

Zwei Häuserblöcke weiter in der Straße war früher ein großer, prächtiger Garten gewesen. Dort fand er einen Zitronenbaum. Er lebte noch, obwohl er von zwei hochgeschossenen Tannen beinahe erdrückt war. Überdies hatte er ein paar Jahre zuvor bedenklich unter dem Frost gelitten. Nach dem Frost waren aus der Wurzel lange Triebe aufgeschossen, und ein paar von ihnen waren bereits wieder abgestorben.

Ish drang in das Gewirr ein, suchte sich einen geeigneten Schößling aus und zog sein Taschenmesser. Der Schößling war unten ungefähr daumendick. Das abgestorbene Zitronenholz war beinahe knochenhart, aber nach einiger Zeit hatte er den Schößling mit dem Messer durchgeschnitten und aus dem Dickicht herausgezogen. Er war zwei Meter lang und auf etwa eineinhalb Metern gerade und ebenmäßig, ehe Seitenzweige einsetzten und er krumm wurde. Wenn man ihn schüttelte, blieb er steif; aber wenn Ish ihn gegen den Boden drückte, gab er nach und schnellte zurück, wenn der Druck nachließ. Er war sicher brauchbar.

Ja, dachte Ish ein wenig bitter, für das, was ich will, ist er wohl brauchbar. Er nahm den Zitronenschößling mit nach Hause, setzte sich auf die Treppe in die Sonne und schnitzte daran herum. Zunächst schnitt er das krumme Ende ab, so daß nur das gerade, ebenmäßige Stück übrigblieb.

Dann schälte er die abgestorbene Rinde ab, kürzte die beiden Enden und spitzte sie an, so daß sie sich gleichmäßig verjüngten. Er kam sehr langsam damit voran, und oftmals unterbrach er die Arbeit, um sein Messer an einem Wetzstein zu schärfen. Das weiße, zähe Holz schien die Klinge schon nach ein paar Schnitten stumpf zu machen.

Walt und Josey hatten mit den anderen Kindern gespielt; aber zur Mittagszeit kamen sie heim.

„Was tust du da?“ fragte Josey.

„Ich mache ein Spielzeug“, antwortete Ish. Er wollte nicht den Fehler begehen, sein Vorhaben in Verbindung mit einem praktischen Zweck durchzuführen, wie er es bei der Schule getan hatte. Er wollte versuchen, den Spieltrieb auszunutzen, der so tief im Menschengeschlecht zu wurzeln scheint.

Nach dem Mittagessen mußte die Sache sich durch die Kinder herumgesprochen haben. Am Nachmittag kam George.

„Warum kommst du nicht zu mir herüber?“ fragte George. „Da kannst du doch meinen Schraubstock und meinen Hobel benutzen. Dann würdest du viel schneller fertig.“

Ish dankte ihm, fuhr aber fort, mit dem Messer zu arbeiten, obwohl ihn die Hand schmerzte. Er wollte eben diese Arbeit mit den einfachsten Hilfsmitteln durchführen.

Gegen Ende des Nachmittags begannen sich auf seiner Hand dort, wo er das Messer gehalten hatte, Blasen zu bilden; er meinte, jetzt sei er mit seiner Arbeit fertig. Ein etwa einen Meter zwanzig langes Stück des Zitronenschößlings war jetzt nach beiden Enden zu gleichmäßig angespitzt. Er setzte das eine Ende auf den Boden, bog das Holzstück durch, bis es einen Halbkreis bildete, und stellte fest, daß es jäh wieder zur Geraden zurückschnellte. Er war zufrieden, schnitt dicht an jedem Ende eine Kerbe ein und steckte das Messer beglückt in die Tasche.

Am nächsten Morgen fuhr er mit seiner Arbeit fort. Es standen ihm zahlreiche starke Schnüre zur Verfügung, und er überlegte, ob er nicht eine Angelschnur aus Nylon nehmen und zur passenden Länge zusammenflechten sollte.

Nein, dachte er, ich will nur Stoffe benutzen, die sie sich immer verschaffen können.

Er fand das Fell eines unlängst geschlachteten Kalbes. Daraus schnitt er einen langen, dünnen Riemen wie eine Peitschenschnur. Das dauerte lange; aber er hatte ja Zeit. Er entfernte die Haare von dem Lederstreifen, und diesen beschnitt er, so daß er schließlich zu einer dünnen Schnur wurde. Dann flocht er drei solcher Schnüre ineinander, so daß eine stärkere Schnur entstand, und nachdem er die passende Länge festgestellt hatte, knüpfte er in jedes Ende eine kleine Schlinge.

Er hielt das Zitronenholz in der einen Hand und die geknüpfte Schnur in der andern und betrachtete beides. Jedes der beiden Teile für sich genommen bedeutete wenig. Dann bog er das Holzstück zusammen, hakte die Schlingen der Schnur in die Kerben an den Enden des Holzes, und die beiden Teile waren zu einem Ganzen geworden. Da die Schnur kürzer als das sich nach den Enden zu verjüngende Holz war, formte er jetzt einen sauberen, symmetrischen Bogen. Die Schnur stand straff zwischen den beiden Bogenspitzen.

Er schaute den Bogen an und wußte, daß die schöpferische Kraft in die Welt zurückgekehrt war. Er hätte ebensogut in ein Sportgeschäft gehen und sich einen sehr viel besseren Bogen holen können – ein großes Sportgerät zum Bogenschießen. Das hatte er nicht getan. Er hatte sich eigenhändig einen Bogen gefertigt, aus gewachsenem Holz, das er mit den einfachsten Hilfsmitteln bearbeitet hatte, und die Sehne stammte von der Haut eines unlängst geschlachteten Kalbes.

Er zupfte an der Sehne. Sie klang kaum, aber sie schwang auf eine befriedigende Weise, dumpf und zitternd. Er meinte, für diesen Tag könne er mit der Arbeit aufhören.

Am folgenden Tag schnitt er sich, um einen Pfeil zu fertigen, einen gerade gewachsenen Zweig von einem Fichtenbaum. Das weiche, frische Holz ließ sich leicht bearbeiten, und in einer halben Stunde war er mit dem Schnitzen des Pfeils fertig. Dann rief er die Kinder. Walt und Josey kamen herbei, und Weston kam gleichfalls.

„Nun wollen wir sehen, wie er schießt", sagte Ish.

Er zog die Sehne zurück und ließ sie los. Der ungefiederte Pfeil flog unsicher; aber da Ish nach oben gezielt hatte, flog der Pfeil fünfzehn Meter, ehe er, zufällig mit der Spitze nach unten, in den Boden fuhr.

Sogleich merkte er, daß die Mühe sich gelohnt hatte. So etwas hatten die drei Kinder noch nie gesehen, und so standen sie einige Augenblicke mit großen Augen da. Dann liefen sie jauchzend davon und holten den Pfeil. Ish schoß ihn um ihretwillen immer wieder ab.

Schließlich kam die unvermeidliche Frage, auf die Ish gewartet hatte.

„Darf ich auch mal, Papa?" fragte Walt.

Walts erster, unsicherer Schuß ging nur sieben Meter weit, aber die Sache machte ihm Spaß. Dann versuchte Josey es, und dann wieder Walt.

In der Zeit vor dem Abendessen schnitzte jedes Kind des „Stammes" eifrig an einem eigenen Bogen herum.

Alles ging glatter vonstatten, als Ish es zu hoffen gewagt hatte. Innerhalb einer Woche schien rings um die Häuser die Luft von ungeschickt abgeschossenen Pfeilen zu schwirren. Die Mütter fingen an, über ausgeschossene Augen zu unken, und zwei Kinder liefen heulend ins Haus, weil sie an verschiedenen Teilen ihres Körpers von Pfeilen getroffen waren. Aber da die Pfeile keine Spitzen hatten und die Bogen schwach waren, kam es zu keinerlei ernsthaften Verletzungen.

Es mußten Spielregeln aufgestellt werden. „Ihr dürft nicht dorthin schießen, wo jemand steht." – „Ihr dürft nicht in der Nähe der Häuser schießen."

Nach und nach wuchs die Geschicklichkeit. Wie sie es bei den älteren, mit Gewehren schießenden Jungs gesehen hatten, veranstalteten die Kinder ein Wettschießen nach einer Scheibe. Sie versuchten es mit Bogen von unterschiedlicher Größe und Form. Als Josey klagte, daß Walt sie stets im Schießen übertreffe, gab ihr Ish heimlich den Rat, sie solle einmal ein paar Wachtelfedern am Ende ihres Pfeils befestigen. Sie tat es, übertraf Walt, und plötzlich waren alle Pfeile am Ende mit Wachtelfedern versehen, flogen weiter und trafen genauer. Selbst die älteren Jungs bekamen Interesse, und einige fertigten sich Bogen, obwohl sie mit Gewehren schießen durften. Doch das Bogenschießen blühte zumal unter denen, die zu jung waren, um mit Gewehren umzugehen.

Ish wartete seine Zeit ab. Die frühen Regenschauer hatten den Grassamen aufsprießen lassen, und nun grünte es überall. Am Abend sank die Sonne hinter den Bergen südlich der Bucht.

Walt und Weston, die beiden Zwölfjährigen, waren jetzt tief in eine jungenhafte Verschwörung verstrickt. Sie befaßten sich ausgiebig mit Pfeil und Bogen und vervollkommneten ihn. Damit verbrachten sie tagtäglich viele Stunden.

Eines Tages, es war schon gegen Abend, hörte Ish draußen auf der Treppe das Getrappel aufgeregter Knabenfüße. Walt und Weston stürzten ins Zimmer.

„Sieh mal, Papa!" rief Walt und hielt Ish ein kläglich aussehendes, totes Kaninchen hin, das von einem Holzpfeil durchbohrt war. „Sieh mal!" rief Walt nochmals. „Ich habe hinter einem Busch gestanden und gewartet, bis es dicht an mir vorbeihoppelte, und dann habe ich geschossen."

Ish verspürte Mitleid mit dem armen Tier, obwohl er sich bewußt war, daß dies ein Sinnbild seines Triumphes war. Scheußlich, dachte er, daß selbst das Schöpferische sich des Todes bedienen muß.

„Fein!" sagte er. „Fein, Walt! Das war ein guter Schuß!"

11

NOCH immer ging Tag für Tag die Sonne am wolkenlosen Himmel weiter südlich unter. Sie befand sich jetzt unmittelbar vor der Wende. Das klare Wetter dauerte an.

Eines Tages, und zwar so unvermittelt, daß man sich beinahe versucht fühlte, den genauen Augenblick anzugeben, da es geschah, wurden die Kinder des Spiels mit Pfeil und Bogen müde und wandten sich begeistert etwas anderem zu. Ish machte sich deswegen keine Gedanken. Er wußte, daß sie nach Kinderart wieder darauf zurückkommen würden, vielleicht übers Jahr um die gleiche Zeit. Das Verfertigen von Bogen und das Schießen mit Pfeilen würden nicht in Vergessenheit geraten. Zwanzig Jahre lang, hundert Jahre lang, wenn es not tat, würde der Bogen ein Kinderspielzeug bleiben. Wenn schließlich die Munition ausgegangen war, dann war er noch immer da. Er war die beste Waffe, die der primitive Mensch je gekannt, und die am schwierigsten zu erfindende. Wenn Ish diese Waffe für die Zukunft gerettet hatte, so hatte er sehr viel gerettet. Waren die Gewehre nutzlos geworden, so brauchten seine Urenkel dem Angriff des Bären nicht mit leeren Händen zu begegnen, so brauchten sie nicht inmitten der Viehherden Hungers zu sterben. Seine Urenkel würden nichts von der Zivilisation wissen, aber sie würden wenigstens nicht auf allen vieren laufende Halbaffen sein, sondern als freie Menschen aufrecht gehen, in der Hand den Bogen. Selbst wenn sie keine Metallmesser mehr haben sollten, konnten sie sich mit Hilfe scharfer Steine Bogen anfertigen.

Inzwischen war die Sonne so nahe an den südlichsten Punkt ihrer Bahn herangerückt, daß in etwa zwei Tagen wohl ihre Wende erfolgte. Jedermann traf Vorbereitungen für den Feiertag, die Einmeißelung der Jahreszahl in die Felsplatte und die Benennung des Jahres. Es war dies unter allen Feiertagen die sie begingen, der größte, da er das Weihnachtsfest und den Neujahrstag der Alten Zeit zusammenfaßte und darüber hinaus ihr eigenes, ganz besonderes Fest war. Gleich so vielen anderen Dingen hatten auch die Feiertage beim Übergang von einer Welt in die andere merkwürdige Wandlungen erfahren. Nach wie vor feierten sie das Erntedankfest durch ein ausgiebiges Abendessen; aber der vierte Juli und alle andern vaterländischen Festtage wurden vernachlässigt. George, der an der Überlieferung hing und ein guter Patriot gewesen war, ließ stets die Arbeit ruhen und zog seinen besten Anzug an, wenn er meinte, es sei „Nationalfeiertag". Doch das alles wog gering im Vergleich zu dem großen Fest, wenn die Jahreszahl eingemeißelt wurde und das Jahr seinen Namen erhielt.

Ish hörte, wie die Kinder darüber sprachen und Vermutungen darüber anstellten, wie der Name wohl lauten würde. Die jüngeren sagten, es müsse „das Pfeil-und-Bogen-Jahr" genannt werden. Aber die etwas älteren, die sich deutlicher des gesamten Jahresablaufs erinnern konnten, sagten, man müsse es vielmehr „das Jahr der Reise" nennen. Doch die noch älteren gedachten auch anderer Geschehnisse, und oftmals schwiegen sie und gerieten in Verlegenheit, und dann wußte Ish, daß sie an Charlie und die anderen Toten dachten. Ish selbst dachte vor allem an Joey und dann an die Wandlung seiner Grundhaltung, die er während dieses Jahres durchlebt hatte.

Als sie dann schließlich eines Abends Ausschau hielten, gewahrten sie, daß die Sonne an der gleichen Stelle wie am Abend vorher unterging und vielleicht gar ein bißchen weiter nördlich; die Älteren sagten, anderntags solle das Fest begangen werden, und die Kinder waren begeistert.

So versammelten sie sich denn am Ende des zweiundzwanzigsten Jahres abermals am Felsen, und Ish hieb mit Hammer und Meißel die Zweiundzwanzig genau unter die Einundzwanzig in das Gestein. Sie waren alle gekommen, denn es war schönes und für einen Wintertag warmes Wetter. Die Mütter hatten sogar ihre jüngsten Babys mitgebracht. Nachdem die Jahreszahl eingemeißelt war, riefen alle, die alt genug waren, um schon sprechen zu können, laut: „Prosit Neujahr!", wie es in den Alten Zeiten üblich gewesen und wie es jetzt noch immer üblich war.

Doch als Ish auf Grund des Rituals, das sich während der letzten Jahre herausgebildet hatte, fragte, wie das Jahr benannt werden solle, entstand ein jähes Schweigen.

Der einzige, der schließlich etwas sagte, war Ezra, der gute Helfer, der Menschenkenner: „Letztes Jahr ist zu viel geschehen, und wie wir es auch benennen könnten, es wäre stets ein böser Unterton dabei. Für die Menschen sind Zahlen etwas Tröstliches, und von Zahlen gehen keine schlimmen Gedanken aus. Laßt uns dem Jahr keinen Namen geben. Wir wollen uns seiner erinnern als des Jahres zweiundzwanzig."

Eilende Jahre

WIEDER einmal flossen die Jahre eilends dahin, und jetzt kämpfte Ish nicht länger und schlug sich nicht mehr mit Problemen herum, sondern ließ sich guten Muts von der Strömung treiben.

In jenen Jahren bauten sie ein wenig Mais an, nicht zuviel, aber genug, um im Herbst eine bescheidene Ernte zu erzielen und Saatgut übrigzubehalten. In jedem Herbst, als gebe der erste Regen das Zeichen dazu, spielten die Kinder eine Zeitlang mit Pfeil und Bogen, ehe sie des Spiels wieder müde wurden. Dann und wann kamen die Erwachsenen zu einer Besprechung zusammen, die wie eine Gemeindeversammlung war, und was dort beschlossen wurde, das war, jeder wußte es, bindend für alle.

Diesen Brauch wenigstens, dachte Ish, habe ich in die Zukunft hinübergerettet! Die jedoch bei dergleichen Versammlungen sprachen, das waren in von Jahr zu Jahr steigendem Maß junge Menschen. Natürlich führte Ish den Vorsitz. Er saß da, das Gesicht ihnen zugewandt, und wer zu sprechen wünschte, erhob sich und bat ihn voller Ehrfurcht ums Wort. Er saß da, hielt seinen Hammer oder hatte ihn, den Stiel nach oben, neben sich stehen. Wenn die Auseinandersetzung zwischen zwei jungen Leuten zu heftig wurde, klopfte Ish mit dem Hammer, und sogleich wurden die jungen Menschen ruhig und nachgiebig. Aber wenn er selbst sprach, hörten sie zwar genau zu, schenkten aber oftmals hernach seinen Ideen keinerlei Beachtung.

So flossen die Jahre dahin – das Jahr dreiundzwanzig, das des „tollwütigen Wolfes", das Jahr vierundzwanzig, „das Brombeerjahr", das Jahr fünfundzwanzig, das des „langen Regens".

Dann kam das Jahr sechsundzwanzig, und der alte George war nicht mehr unter ihnen. Nach seinem Tode wurden die Dächer nie wieder so gut ausgebessert, und die Zäune wurden nie wieder gestrichen. Maurine lebte noch ein Weilchen in dem sauberen Haus mit den rotfransigen Hängelampen, die nie wieder brennen würden, mit der Radiotruhe, die stumm blieb, und den Spitzendeckchen auf den Tischen. Aber sie war alt, und sie starb, noch ehe das Jahr zu Ende ging. So nannten sie es dann „das Jahr, da George und Maurine starben".

Und weiter rannen die Jahre – siebenundzwanzig, achtundzwanzig, neunundzwanzig, dreißig. Es war jetzt schwierig, sich die Namen zu merken und die Gründe für die Benennung. Kam das „Jahr des guten Maises" vor dem „Jahr der roten Sonnenuntergänge", oder kam es nach dem „Jahr, da Evie starb"?

Die arme Evie! Sie wurde bei den andern begraben, und wenigstens jetzt bestand kein Unterschied mehr zwischen ihr und ihnen. All diese Jahre hatte sie unter ihnen gelebt, und niemand hatte je gewußt, ob sie sich wohl gefühlt hatte. Nur einmal während der ganzen Zeit war sie in den Mittelpunkt gerückt, wenn auch nur für wenige Stunden; damals, als Charlie gekommen war, hatte sie eine wichtige Rolle gespielt. Nun war sie tot, und die jungen Menschen vermißten sie kaum; nur die älteren vergegenwärtigten sich, daß ihr Hinscheiden abermals ein Abreißen einer Verbindung zu den Alten Zeiten bedeutete.

Nach Evies Tod waren nur noch fünf übrig, die von Anfang an dabeigewesen waren. Jean und Ish waren die jüngsten dieser fünf, und es zeigten sich an ihnen die geringsten Spuren des Alters, obwohl Ish immer stärker hinkte. Molly klagte über unbestimmte Krankheiten und weinte oft. Ezra hustete trocken. Selbst Ems Gang war weniger sicher und nicht mehr von königlicher Anmut. Doch im Grunde waren sie alle für Leute ihres Alters erstaunlich gesund, und ihre verschiedenen Gebrechen rührten in der Hauptsache vom immer näher rückenden Greisenalter her.

Das Jahr vierunddreißig war bedeutsam! Vor einiger Zeit hatten sie herausbekommen, daß eine andere, freilich kleinere Menschenschar nördlich der Meeresbucht lebte; aber das Überraschende war, daß jene andern einen Boten sandten und eine Vereinigung vorschlugen. Ish hielt den jungen Menschen in gehöriger Entfernung, denn er wünschte keine Wiederholung der Angelegenheit Charlie. Als er von dem Boten alles erfahren hatte, was er wissen wollte, berief er eine Versammlung ein.

Ish saß mit dem Hammer da, denn es war ein feierlicher Augenblick. Es entstand eine hitzige Debatte. Ish, zusammen mit Ezra, widersetzte sich der Vereinigung, in allzu großer Furcht vor anstekkenden Krankheiten, und John, Ralph und Roger, die ältesten der jüngeren Leute, gedachten des Jahres zweiundzwanzig und unterstützten Ish und Ezra. Aber die noch jüngeren Männer, zumal die unverheirateten, verlangten die Vereinigung, und Ish merkte, daß der Gedanke an die Mädchen des andern Stammes sie anspornte.

Dann sprach Em. Ihr Haar war jetzt ganz grau, aber ihre ruhige Stimme ließ alle aufhorchen. „Ich habe es schon früher gesagt", sagte sie, „daß man nicht leben kann, wenn man das Leben verleugnet. Unsere Söhne und Enkel brauchen Frauen. Vielleicht kommt gleichzeitig der Tod, aber darauf müssen wir ohnehin gefaßt sein."

Nicht so sehr durch das, was sie gesagt hatte, als durch den Geist, den sie ausströmte, faßten sie alle Mut. Sie stimmten ausnahmslos dafür, die anderen aufzunehmen.

Diesmal hatten sie Glück; denn die einzige Epidemie bestand darin, daß „die andern" sich an den Masern ansteckten, sich aber rasch wieder erholten.

Nach jener Zeit gab es stets eine Zweiteilung innerhalb des „Stammes", etwa zwei Sippen vergleichbar: „die ersten" und „die andern". Wenn Angehörige verschiedener Sippen einander heirateten, so gehörten die Kinder der Sippe des Vaters an, obwohl Ish sich gefragt hatte, ob man nicht der Mutterlinie den Vorrang geben solle, wie es bei vielen primitiven Völkern der Fall gewesen war. Doch die alte amerikanische Tradition erwies sich als zu stark.

Im nächsten Jahre wurde Ish mehr denn je gewahr, daß Em nicht mehr mit königlicher Anmut einherschritt; als er sie ansah, erblickte er seltsame Falten in ihrem Gesicht, nicht die Falten des Alters, sondern solche des Schmerzes. Er verspürte in seinem Innern Frösteln und Furcht, und er wurde sich bewußt, daß nun auch dieses zu Ende ging.

Manchmal in den schlimmen, nun folgenden Monaten dachte er: Es ist vielleicht nur eine Blinddarmreizung. Der Schmerz sitzt an jener Stelle. Warum kann ich nicht operieren? Ich kann in den Büchern nachschlagen. Ich könnte nachsehen, wie es gemacht wird. Einer der Jungs könnte eine Äthernarkose durchführen.

Doch dann fiel ihm stets ein, daß er es nicht durchführen könnte – denn seine Hände waren nicht mehr jung und sicher, und vielleicht war auch sein Mut erlahmt, und so wagte er nicht, zum Operationsmesser zu greifen. Er wußte, daß Em das Künftige allein auf sich nehmen mußte.

Auch merkte er binnen kurzem, daß es keine Blinddarmreizung war. Als die Sonne sich wieder nach Süden wandte, wurde Em so schwach, daß sie nicht mehr gehen konnte. Ish durchstöberte die zerfallenen Apotheken und fand Pulver und Tropfen, so daß sie wenigstens nicht allzusehr litt. Wenn sie die Medizin genommen hatte, schlief sie oder lag ruhig und lächelnd da.

Er saß lange Stunden an ihrem Bett, hielt ihre Hand, und dann und wann sprachen sie miteinander. Wie von jeher war sie es, die ihn tröstete, obwohl sie Schmerzen hatte und im Sterben lag. Ja, sagte er sich, sie war ihm ebensogut Mutter wie Frau gewesen.

„Grüble nicht", sagte sie einmal, „über die Kinder, meine ich, und über die Enkelkinder und alle, die nach uns da sind. Ich glaube, sie werden glücklich sein. Wenigstens werden sie so glücklich sein, wie sie es unter anderen Gegebenheiten auch gewesen wären. Gib dich nicht gar zu sehr mit der sogenannten Zivilisation ab. Sie werden schon weiterkommen."

Hatte sie alles kommen sehen? fragte er sich. Hatte sie gewußt, daß er scheitern würde? Hatte sie gespürt, wie es werden würde? Rührte das daher, daß sie eine Frau war? Und abermals versank er in Nachdenken, was bei Mann und Frau die innere Größe ausmachte.

Jetzt sorgte Josey für den Haushalt und pflegte die Mutter. Josey selbst war Mutter, hochgewachsen, vollbrüstig, mit leichter Anmut einherschreitend. Von allen sah sie Em am ähnlichsten.

Auch die andern traten an das Bett – die hochgewachsenen Söhne und die starken Töchter und die Enkelkinder. Die ältesten Enkelsöhne waren schon groß, und an den Körpern der Enkeltöchter zeigte sich die Fülle der Weiblichkeit.

Indem er seine Blicke auf ihnen ruhen ließ, als sie an dem Krankenbett vorübergingen, erkannte Ish, daß Em recht hatte. Sie werden schon weiterkommen! dachte er. Die Schlichtesten und Einfältigsten sind zugleich die Stärksten. Sie werden schon weiterkommen.

Schließlich saß er eines Tages wieder da und hielt ihre Hand. Sie war sehr schwach, und plötzlich spürte er die Nähe eines düsteren Dritten. Sie sprach nicht mehr, und nur einmal fühlte er, daß ihre Finger in seiner Hand leise zitterten.

Deine Söhne sollen dich preisen, dachte er, und deine Töchter sollen dich die Gesegnete nennen!

Dann war dort, wo drei gewesen waren, nur noch einer; denn der Tod war hinweggegangen und sie ebenfalls. Er saß gebeugt da, und seine Augen waren tränenlos. Auch das war nun zu Ende. Sie würde begraben werden, schlicht und ohne Gepränge; denn so war es bei ihnen Brauch. Und wie es von Anbeginn gewesen war, seit die Liebe und mit ihr der Schmerz in die Welt kamen, saß er bei seiner Toten. Und er wußte, daß die Größe von ihnen gegangen war.

Und nach wie vor flossen die Jahre dahin, und die Sonne wandelte von Norden, von den Bergen, nach Süden, nach dem Goldenen Tor, und wieder zurück. Immer mehr Jahreszahlen wurden in die Felsplatte gemeißelt.

Eines Frühlingsmorgens starb unerwartet Molly; sie glaubten, es sei ein Herzschlag gewesen. Im gleichen Jahre wuchs ein großer Tumor in Jean – er wuchs schnell. Niemand war da, der wußte, wie man ihr hätte helfen können; und als sie durch eigene Hand gestorben war, fand sich niemand, der sie getadelt hätte.

Wir gehen dahin, dachte Ish, wir gehen dahin. Wir Amerikaner sind alt geworden und fallen ab wie Herbstblätter. So war er denn bisweilen traurig. Doch wenn er im Hügelgelände spazierenging, sah er viele Kinder eifrig beim Spiel, und junge Menschen tauschten lachend Zurufe, und Mütter nährten ihre Babys – es herrschte wenig Trübsal und viel Fröhlichkeit.

Eines Tages kam Ezra zu ihm und sagte: „Du solltest dir eine andere

Frau nehmen." Ish schaute ihn mit fragenden Augen an. „Nein", sagte Ezra, „ich bin zu alt. Du bist jünger. Da ist eine junge Frau unter den ‚andern' und kein Mann, der sie heiraten könnte. Abgesehen von Greisen ist es nicht gut, wenn man allein ist. Und wir müßten noch mehr Kinder haben."

Er liebte sie nicht, aber er nahm sie. Sie tröstete ihn in den langen Nächten; denn er war noch ein Mann und bei voller Kraft. Sie gebar ihm Kinder, obwohl jene Kinder ihm immer ein bißchen fremd vorkamen – kaum die seinen, da sie nicht zugleich von Em stammten.

Immer mehr Jahreszahlen wurden in die Felsplatte gemeißelt. Außer Ish und Ezra waren jetzt alle Amerikaner tot, und Ezra war ein ausgedörrtes, eingeschrumpftes Männlein, das hustete und immer magerer wurde. Ish selbst hatte jetzt ganz graues Haar. Obwohl er nicht dick war, trat sein Bauch hervor, und seine Beine wurden dünn, wie es bei alten Leuten geschieht. Die Hüfte, in die vor vielen, vielen Jahren der Puma seine Krallen geschlagen hatte, schmerzte ihn; so ging er nur selten aus. Und doch gebar seine junge Frau ihm im Jahre zweiundvierzig noch ein Kind. Er nahm an jenem Kinde nur geringen Anteil; denn er hatte jetzt bereits Urenkelkinder.

Als eines Tages das Jahr dreiundvierzig zu Ende ging, fühlte Ish sich nicht dazu aufgelegt, zu der Felsplatte zu gehen, wo die Jahreszahlen eingemeißelt wurden, und Ezra war dazu zu gebrechlich. So gaben sie es denn auf, die Jahreszahl einzumeißeln und das Jahr zu benennen. Dann und wann sagten die beiden einander, eigentlich müßten sie es tun, oder sie müßten einen der Jüngeren veranlassen, daß er die Zahlen einmeißelte; und bisweilen sprachen gar die Jüngeren und selbst die Kinder davon. Aber wie es mit dergleichen Dingen geht: Wenn man sie einmal aufgegeben hat, dann hat man sie für alle Zeit aufgegeben. So wurden die Zahlen nicht eingemeißelt, das Jahr erhielt keinen Namen, das Leben ging weiter, und niemand kümmerte sich groß darum. In der Folgezeit wußte niemand mehr, wie viele Jahre eigentlich hingegangen waren.

Jetzt bekam Ishs junge Frau keine Kinder mehr. Dann kam sie eines Tages mit einem jüngeren Mann zu Ish, und die beiden baten in aller Ehrfurcht, Ish möge die Frau freigeben und sie jenem überlassen.

Da merkte denn Ish, daß er in den letzten Abschnitt seines sonderbaren Lebens eingetreten war. Danach saßen er und Ezra immer häufiger als zwei alte Männer beieinander.

Es war nicht weiter seltsam, daß zwei alte Männer beieinandersaßen und plauderten; seltsam war lediglich, daß es außer diesen beiden keine anderen alten Leute gab. Überall war Jugend, wenigstens sozusagen. Es gab Geburten und Todesfälle, aber stets überwogen die Neugeborenen die Gestorbenen, und da alle sich jung fühlten, erscholl viel Gelächter.

Als die Jahre so dahineilten, sprachen die beiden alten Männer, wenn sie am Hügel in der Sonne saßen, immer häufiger von dem, was sich vor langer Zeit ereignet hatte. Die beiden wenigstens konnten noch über jene Jahre sprechen; denn den andern erschien deren Bedeutung gering.

Bei ihrer beider Gespräche stellte Ish oftmals fest, daß in Ezra nach wie vor Weisheit steckte und daß er zu helfen vermochte.

„Ein Stamm ist wie ein Kind", sagte er einmal mit seiner dünnen, piepsigen Greisenstimme – und dann mußte er husten. Als er sich erholt hatte, sprach er weiter. „Ja, ein Stamm ist wie ein Kind. Das kann man an der Art ersehen, wie er größer wird; vielleicht kann man ihn dabei ein bißchen lenken; aber am Ende geht das Kind doch seine eigenen Wege, und der Stamm macht es genauso."

„Ja", sagte er an einem anderen Tage, „die Zeit klärt alles. Mir erscheint alles jetzt verständlicher als früher, und wenn ich noch hundert Jahre lebte, so würde mir vielleicht alles, was geschehen ist, ganz klar und einfach vorkommen."

Oft sprachen sie über die anderen Amerikaner, die, die jetzt tot waren. Sie lachten, wenn sie des guten alten George gedachten und Maurines mit ihrem piekfeinen Radio, das nie funktionierte. Sie lächelten, wenn sie auf Jean zu sprechen kamen und ihre Weigerung, zur Kirche zu gehen.

„Ja", sagte Ezra, „mit der Zeit ist jetzt alles klarer geworden. Warum sie alle das Große Unheil überlebt haben, das werde ich nie herausbekommen. Aber ich glaube, ich kann erkennen, warum sie den Schock, der danach kam, überstanden haben, an dem so viele zugrunde gegangen sind. George und Maurine und vielleicht auch Molly, die haben weitergelebt und sind nicht verrückt geworden, weil sie dumm waren und keine Phantasie hatten. Und Jean hat weitergelebt, weil sie Charakter hatte und gegen das Leben ankämpfte; und ich, weil ich aus mir herausgehen und am Leben anderer Menschen Anteil nehmen konnte. Und du und Em ..."

An dieser Stelle nun aber hielt Ezra inne, so daß Ish seinerseits sprechen konnte.

„Ja“, sagte Ish, „ich glaube, du hast recht ... Und ich, ich habe weiterleben können, weil ich abseits gestanden und beobachtet habe, was geschah. Und Em ...“

Nun hielt auch er inne. Und Ezra sprach weiter.

„Ja, so wie wir überlebt haben, so wird der ‚Stamm‘ überleben. Er wird nichts Großartiges sein; denn großartig sind auch wir nicht gewesen. Vielleicht sind die Großartigen und Glänzenden zum Überleben ungeeignet ... Was aber Em betrifft, so bedarf es keiner Erklärungen, denn wir wissen ja, daß sie die Stärkste von uns allen war. Ja, wir brauchten mancherlei. Wir brauchten George und sein Zimmermannshandwerk, und wir brauchten deinen vorausschauenden Geist, und vielleicht brauchten wir meine Fähigkeit, die Leute dahin zu bringen, daß sie besser miteinander auskamen, obwohl ich selbst wenig dazu beigetragen habe. Aber meiner Meinung nach brauchten wir am meisten Em; denn sie flößte uns Mut ein, und ohne Mut ist das Ganze nur ein langsames Sterben, aber kein Leben.“

Es kam Ish vor, als schösse fast während ihres Dasitzens unter ihnen am Hang ein schnell wachsender Baum auf, der schließlich den Ausblick auf die Meeresbucht verdeckte, wo die rostroten Pfeiler der großen Brücke nach wie vor emporragten. Und dann schien nach einiger Zeit der Baum krank zu werden und umzufallen. Nun konnte er abermals von seinem Lieblingsplatz in der Sonne am Hang aus in die Ferne schauen und die Brücke sehen. Einmal sah er, wie eine gewaltige Feuersbrunst in der Ruinenstadt jenseits der Bucht wütete, und er erinnerte sich, daß vor langer, langer Zeit, noch ehe er geboren war, jene Stadt schon einmal einem Brande zum Opfer gefallen war. Nun brannte sie schon eine ganze Woche hindurch, und der trockene Nordwind fachte die Flammen an; niemand war da, der dem Feuer hätte wehren können, niemand, der sich überhaupt darum kümmerte, daß es brannte. Als die Flammen erloschen, war nichts Brennbares mehr da.

Es kam eine Zeit, da selbst das Sprechen eine Mühsal schien. So saß Ish denn zumeist behaglich in der Sonne, und neben ihm saß ein noch älterer Mann, der hustete und immer magerer wurde. Man konnte kaum sagen, wie die Tage hingingen und wie viele Wochen lang es regnete, und selbst die Jahre schienen hinzufliehen, ohne daß die Menschen darauf achteten. Aber nach wie vor war Ezra da, und bisweilen dachte Ish heimlich: Obwohl er hustet und hustet und immer dünner wird, wird er mich wohl überleben.

Doch jetzt, da selbst das Sprechen zur Mühsal geworden war, wandte der Geist sich nach innen, und Ish überdachte sein sonderbares Leben. Was war denn schließlich der Unterschied? Auch wenn es kein Großes Unheil gegeben hätte, wäre er jetzt wohl Professor im Ruhestand, zockelte herum, holte sich ein paar Bücher aus der Bibliothek, in der Absicht weiterzuforschen, einigermaßen zum Ärger der jüngeren Herren, die jetzt fünfzig und sechzig waren und die Lehrstühle der Fakultät innehatten; aber sie hätten den Studenten wohl loyal erklärt: Das ist Professor Williams – der war mal ein großer Gelehrter. Wir sind sehr stolz auf ihn.

Nun lagen die Alten Zeiten tiefer begraben als Ninive. Er selbst hatte alles zusammenbrechen und untergehen sehen. Doch sonderbarerweise war jener Zusammenbruch nicht imstande gewesen, seine Persönlichkeit zu zerstören. Er war der gleiche, der er als Professor im Ruhestand gewesen wäre, obwohl jetzt die Schatten seinen Geist immer mehr umhüllten, während er als der sterbende Patriarch eines primitiven Stammes auf einem einsamen Hügel saß.

Bisweilen geschah in jenen Jahren etwas sehr Seltsames. Die jüngeren Leute waren stets zu Ish gekommen und hatten sich Ratschläge geholt – obwohl die Schatten seinen Geist immer mehr umhüllten; doch jetzt begannen sie, ihn aus anderen Gründen aufzusuchen. Mochte er nun am Hügelhang sitzen oder bei Regen und Nebelwetter in seinem Hause: sie kamen und brachten ihm kleine Gaben dar: eine Handvoll reifer Beeren, die er gern mochte, oder einen schimmernden Stein oder in der Sonne blitzende bunte Glasstückchen.

Wenn sie ihm etwas dargebracht hatten, stellten sie in aller Form eine Frage, während er dasaß und seinen Hammer hielt. Manchmal fragten sie, wie das Wetter werden würde, und darauf antwortete Ish gern. Er konnte noch auf seines Vaters Barometer schauen, und so vermochte er oft zu sagen, ob die niedrigen Wolken bald in der Sonnenwärme verschwänden oder ob sie ein nahendes Unwetter ankündigten.

Aber manchmal stellten sie ihm auch andere Fragen – zum Beispiel, nach welcher Himmelsrichtung sie ausziehen sollten, damit die Jagd ergiebig war. Dann antwortete Ish höchst ungern; denn davon verstand er nichts. Aber wenn er nicht antwortete, waren die jungen Menschen unzufrieden, und dann zwickten sie ihn roh. Da ihm das weh tat, antwortete er, trotz seiner Unkenntnis. Er pflegte dann zu rufen: „Zieht südwärts!" oder „Jagt jenseits der Hügel!" Dann freuten sich die jungen Menschen und brachen auf.

Während jener Jahre gab es Tage, da er klar denken konnte; an anderen Tagen jedoch schien in allen Winkeln seines Gehirns dichter Nebel zu lagern. Doch als sie eines Tages kamen und ihn etwas fragten, war er klaren Geistes, und es fiel ihm ein, daß er ein Gott geworden sein müsse oder doch wenigstens ein Orakel, daraus ein Gott sprach. Dann gedachte er der weiter zurückliegenden Zeiten, da die Kinder Angst gehabt hatten, den Hammer zu holen, und da sie wissend genickt hatten, als er sagte, er sei ein Amerikaner. Dabei hatte er sich nie gewünscht, ein Gott zu sein.

Eines Tages saß Ish am Hügel in der Sonne, und nach einer Weile schaute er zu seiner Linken und gewahrte, daß dort niemand saß. Da erkannte er, daß Ezra, der gute Helfer, gestorben sei und daß nie wieder jemand neben ihm am Hügel sitzen würde. Bei diesem Gedanken umklammerte er den Stiel des Hammers, den er damals schon nur unter großer Anstrengung heben konnte, auch wenn er sich beider Hände bediente.

Weil der Schreck, der die jähe Erkenntnis, Ezra sei tot, begleitet hatte, ihn klarer denken ließ, schaute er helleren Auges um sich und nahm wahr, daß er auf dem Hügel an einer Stelle saß, die vor vielen Jahren ein gepflegter Garten gewesen und jetzt nur noch ein zertrampelter Platz mit hohem Gras inmitten emporgewucherter Büsche und Bäume war, deren Gewirr halb zerfallene Häuser überragten.

Dann schaute er nach der Sonne und merkte, daß sie im Osten stand, nicht im Westen, wie er geglaubt hatte. Also rückte sie jetzt weiter nach Norden, und es mußte Mittsommer sein, während er gemeint hatte, es sei früher Frühling. Ja, in vielen Jahren, die er am Hang gesessen hatte, hatte er den Zeitsinn eingebüßt, so daß das Wandern der Sonne von Osten nach Westen im Dahingleiten der Tage ihm fast das gleiche zu sein schien wie das Wandern der Sonne von Norden nach Süden im Dahingleiten der Jahreszeiten: Er konnte beides nicht mehr unterscheiden. Dieser Gedanke bewirkte, daß er sich sehr alt und sehr traurig fühlte. Vielleicht leitete diese Traurigkeit ihn wieder zu der anderen Traurigkeit, und er dachte: Ja, Em ist tot und Joey, und selbst Ezra, mein Helfer, ist jetzt tot.

Als er sich auf solcherlei Weise alles Geschehene ins Gedächtnis zurückrief, als er sich seiner Einsamkeit bewußt wurde, begann er leise zu weinen, denn er war ein sehr alter Mann, und was er tat, entzog sich seiner Kontrolle. Und er dachte: Ja, nun sind sie alle tot! Ich bin der letzte Amerikaner!

Dritter Teil

DER LETZTE AMERIKANER

1

Vielleicht geschah es am selben Tage, oder vielleicht war es nur derselbe Sommer oder vielleicht sogar ein anderes Jahr ... Als Ish aufschaute, sah er sehr deutlich, daß ein junger Mensch vor ihm stand. Der junge Mensch trug ziemlich saubere Jeans mit blanken Kupferknöpfen und außerdem über den Schultern ein gegerbtes Fell, dessen scharfe Klauen niederbaumelten. In der Hand hielt er einen starken Bogen und über der Schulter einen Köcher, aus dem die gefiederten Enden von Pfeilen hervorschauten.

Ish blinzelte; für seine alten Augen war das Sonnenlicht zu grell. „Wer bist du?" fragte Ish.

Der junge Mensch antwortete ehrerbietig: „Ich bin John, Ish, wie du doch ohnehin sehr wohl weißt."

Ish war verwirrt, und er schielte, als er eindringlich zu spähen versuchte; denn auf kurze Entfernungen verschwamm alles vor seinen Augen. Aber er wußte genau, daß John dunkles Haar hatte oder vielleicht jetzt angegrautes, und dieser hier, der sich als John bezeichnete, hatte langes, wehendes blondes Haar.

„Du solltest mit einem alten Manne keine Scherze treiben", sagte Ish. „John ist mein ältester Sohn, und den würde ich erkennen. Er hat dunkles Haar, und er ist älter als du."

Der junge Mensch lachte, aber höflich, und sagte: „Du sprichst von meinem Großvater, Ish."

„Bist du einer von den ‚ersten'", fragte Ish, „oder einer von den ‚andern'?"

„Von den ‚ersten'", sagte er.

Als Ish ihn weiter prüfend anschaute, machte es ihn betroffen, daß der junge Mensch, der offensichtlich kein Kind mehr war, einen Bogen statt eines Gewehrs trug.

„Warum hast du kein Gewehr?" fragte er.

„Gewehre sind hübsche Spielzeuge!" sagte der junge Mensch, und er lachte, vielleicht gar ein wenig verächtlich. „Auf ein Gewehr ist

kein Verlaß. Manchmal funktioniert das Gewehr, und dann macht es das laute Geräusch, aber zu anderen Malen drückt man ab, und es macht nur ‚klick'." Er schnalzte mit den Fingern. „Darum sind Gewehre für die richtige Jagd untauglich, wenn auch die älteren Leute sagen, vor langer, langer Zeit sei das anders gewesen. Jetzt nehmen wir Pfeile, weil das sicherer ist und weil sie stets losfliegen, und außerdem", hier richtete der junge Mensch sich stolz auf, „bedarf es der Kraft und der Geschicklichkeit, mit dem Bogen zu schießen. Mit einem Gewehr schießen, so heißt es, das kann jeder, wie du, Ish, ohnehin sehr wohl weißt."

„Zeig mir mal einen Pfeil", sagte Ish.

Der junge Mensch nahm einen Pfeil aus dem Köcher, sah ihn an und reichte ihn Ish. „Es ist ein guter Pfeil", sagte er. „Ich selbst habe ihn geschnitzt."

Ish betrachtete den Pfeil und fühlte, wie schwer er war. Das war kein Kinderspielzeug. Der Schaft war fast einen Meter lang und säuberlich aus fehlerlosem, gerade gewachsenem Holz geschnitzt und gerundet und geglättet. Er war gut gefiedert mit Schwungfedern; Ish konnte nicht mehr gut genug sehen, um zu erkennen, welcher Vogel seine Federn dazu hatte hergeben müssen. Aber er konnte sich durch Betasten davon überzeugen, daß die Federn sorgfältig angebracht waren, so daß der Pfeil sich im Fluge drehend fortbewegen konnte wie eine Gewehrkugel und dabei die Richtung beibehielt und eine größere Tragweite besaß.

Dann untersuchte er die Pfeilspitze, abermals mehr mit den Fingerspitzen als mit den Augen. Die Pfeilspitze war vorn und an den Seiten sehr scharf. Fast hätte Ish sich in den Daumen gestochen. Sie war höckerig und dennoch glatt, woraus er erkannte, daß sie aus gehämmertem Metall bestand. Zwar konnte er nicht richtig sehen; aber er merkte doch, daß die Farbe silberhell war. „Woraus besteht die Spitze?" fragte er.

„Aus einem der kleinen runden Dinger. Es sind Gesichter drauf. Die alten Leute haben dafür einen Namen, aber daran erinnere ich mich nicht ganz genau."

Der junge Mensch hielt inne, als müsse Ish ihm das richtige Wort sagen; doch als er keine Antwort erhielt, redete er weiter, begierig, seine Fachkenntnisse über Pfeilspitzen an den Mann zu bringen. „Wir finden diese kleinen runden Dinger in den alten Gebäuden. Manchmal liegen viele, viele in Büchsen und Schubfächern. Manchmal sind sie eingewickelt und sehen wie kurze runde Stöcke aus; sie sind aber schwerer als Stöcke. Manche sind rot, und manche sind weiß wie dieses hier, und von den weißen gibt es zwei Arten."

Ish dachte nach und glaubte, daß er verstünde, was gemeint war. „Und dies weiße hier?" fragte er. „War eine Prägung drauf – ein Bild?"

Der junge Mensch nahm Ish den Pfeil ab, schaute ihn an und gab ihn zurück. „Auf allen sind Bilder", sagte er. „Ich habe nur sehen wollen, ob ich noch erkennen kann, was für ein Bild auf diesem war. Es ist durch das Hämmern nicht ganz verschwunden. Es war eins von den kleinsten Stücken, und es war ein Bild von einer Frau darauf, der Flügel aus dem Kopfe wachsen. Auf manchen sind Bilder von Falken – aber es sind gar keine richtigen Falken!" Die Stimme des jungen Menschen klang sehr glücklich. „Auf anderen sind Männer; wenigstens sehen sie aus wie Männer – einer hat einen Bart, und dem einen hängt das Haar hinten lang herunter, und einer hat ein strenges Gesicht, einen kurzen Bart, kurzes Haar und kräftige Kiefer."

„Und wer, meinst du, waren all diese Männer?"

Der junge Mensch schaute nach rechts und links, als fühle er sich ein bißchen unsicher. „Das – oh, das – ja! Das, meinen wir, wie du selbst, Ish, sehr wohl weißt! – das waren die ‚Alten', die vor unseren ‚Alten' da waren!"

Als kein Blitz und Donnerschlag erfolgten, und als der junge Mensch merkte, daß Ish nicht zornig wurde, fuhr er fort: „Ja, so muß es sein. Diese Männer und die Falken und der Bulle! Vielleicht stammt die Frau, der die Flügel aus dem Kopf wachsen, aus der Ehe eines Falken und einer Frau. Aber wie dem auch sei: Sie scheinen es uns nicht zu verübeln, daß wir ihre Bilder nehmen und Pfeilspitzen daraus hämmern. Vielleicht sind sie zu groß, um sich um dergleichen kleine Dinge zu kümmern, oder vielleicht haben sie ihr Werk vor langer Zeit vollbracht und sind jetzt alt und schwach."

Er unterbrach sich, aber Ish merkte, daß er mit sich zufrieden war und gern sprach und daß er sich überlegte, was er jetzt noch sagen könne. Er wenigstens hatte Phantasie.

„Ja", fuhr der junge Mensch fort, „ich denke etwas ganz Bestimmtes. Unsere ‚Alten' – das waren die Amerikaner – haben die Häuser und die Brücken und die kleinen runden Dinger gemacht, aus denen wir uns die Pfeilspitzen hämmern. Aber die andern – die ‚Alten' der ‚Alten' –, die haben vielleicht die Berge und die Sonne und auch die Amerikaner geschaffen."

Obwohl es billig war, den jungen Menschen hinters Licht zu führen, konnte Ish nicht umhin, etwas Doppeldeutiges zu sagen. „Ja", sagte er, „ich habe davon sagen hören, jene ‚Alten' hätten die Amerikaner gezeugt – aber ich bezweifle, daß sie auch die Berge und die Sonne gemacht haben."

Der junge Mensch hatte den Sinn dieser Worte schwerlich erfaßt, wohl aber das Ironische des Tonfalls verspürt, und so schwieg er.

„Sprich nur weiter", fuhr Ish fort. „Erzähl mir mehr über die Pfeilspitzen."

„Ja, die Pfeilspitzen", sagte der junge Mensch, zögerte einen Augenblick und gewann dann sein Selbstvertrauen wieder. „Wir benutzen die roten und die weißen. Die roten sind gut, um Rinder und Pumas zu schießen. Die weißen sind für Hirsche und andere Tiere."

„Warum das?" fragte Ish heftig; denn er spürte, wie sein aus den Alten Zeiten stammender Rationalismus sich gegen dergleichen Magie und Hokuspokus auflehnte. Die Frage schien indessen den jungen Menschen lediglich zu überraschen und zu verwirren.

„Warum?" fragte er. „Warum? Das kann doch niemand wissen! Bis auf dich, Ish! Das mit den roten und weißen Pfeilspitzen – das ist nun einmal so. Es ist wie ..." Er zögerte; das Sonnenlicht schien seine Aufmerksamkeit auf sich zu lenken. „Ja, es ist wie mit der Sonne, die sich um die Erde dreht; aber warum sie das tut, das weiß natürlich niemand, und es fragt auch niemand danach. Warum sollte es da ein ‚Warum' geben?"

Nachdem er diese letzten Worte gesprochen hatte, schien der junge Mensch mit sich selbst außerordentlich zufrieden zu sein, als habe er einen tiefgründigen, philosophischen Weisheitssatz aufgestellt; dabei hatte er ganz naiv gesprochen. Aber wenn Ish sich die Sache richtig überlegte, war er dessen nicht völlig sicher. Vielleicht lag in dieser Naivität, in dieser Einfachheit und Schlichtheit Tiefe. Gab es denn überhaupt eine Antwort auf das „Warum"? Existieren die Dinge nicht einzig in ihrer Gegenwart?

Dennoch fühlte Ish tief in seinem Innern seinen alten Haß gegen ungenaues Denken aufwallen. Obwohl er ein alter Mann war, konnte und mußte er hier eingreifen. „Nein!" sagte er so laut und heftig, daß der junge Mensch zusammenzuckte. „Nein! Das ist nicht richtig! Das mit den weißen und roten Pfeilspitzen! Die einen sind so gut wie ..." Dann wurde seine Stimme schleppender. Nein, dachte er, dies war der falsche Weg. Er hörte eine volle, tiefe Altstimme sagen: „Gib nach! Entspanne dich!" Vielleicht hätte er diesen jungen Menschen namens John überzeugen können, der zweifellos ein bemerkenswert intelligenter und phantasiebegabter Junge war, möglicherweise etwas Ähnliches wie der Kleine, der Joey geheißen hatte. Aber was käme dabei heraus? Höchstens, daß der junge Mensch verwirrt wurde und sich zwischen all den andern unglücklich fühlte. Und was war denn auch im Grunde der Unterschied? Schließlich waren kupferne Pfeilspitzen in ihrer Wirkung gegen Pumas nicht schwächer, und wenn die Bogenschützen eben glaubten, sie seien sogar stärker, so flößte dieser Gedanke ihnen Mut ein und lieh ihnen eine sichere Hand.

So äußerte Ish sich nicht weiter über diese Angelegenheit, sondern lächelte dem jungen Menschen ermutigend zu und blickte dann wieder auf den Pfeil. Es kam ihm ein anderer Gedanke, und er fragte: „Könnt ihr denn immer eine genügende Menge von den kleinen runden Dingern auftreiben?"

Der junge Mensch lachte fröhlich auf, als sei das eine absonderliche Frage. „O ja!" sagte er. „Es liegen so viele herum, daß wir damit nicht fertig würden, auch wenn wir samt und sonders nichts anderes täten als Pfeilspitzen hämmern."

Ish überlegte. Ja, das stimmte wohl. Selbst wenn der „Stamm" jetzt aus hundert Menschen bestand, mußten für sie Tausende und Abertausende von Münzen in Ladenkassen und Geldschränken bereitliegen, und zwar allein schon in diesem Teil der Stadt. Und wenn diese Münzen aufgebraucht waren, so gab es Tausende von Kilometern kupfernen Telefondrahtes. Als er den ersten Bogen gefertigt, so erinnerte er sich, da hatte er sich vorgestellt, daß der „Stamm" zu steinernen Pfeilspitzen zurückkehren würde. Statt dessen hatten sie einen Abkürzungsweg eingeschlagen und bedienten sich bereits des Metalles. So waren denn vielleicht der „Stamm" und damit seine eigenen Abkömmlinge über den Tiefpunkt hinaus: Sie vergaßen nicht länger das Alte, sondern lernten schon wieder Neues. Er hatte dabei geholfen, indem er ihnen das Verfertigen von Bogen zeigte, und das erfüllte ihn mit großer Genugtuung.

Als Ish den Pfeil zur Genüge betrachtet hatte, gab er ihn zurück. „Es scheint ein sehr guter Pfeil zu sein", sagte er, obwohl er im Grunde ja nicht allzuviel von Pfeilen verstand.

Nichtsdestoweniger lächelte der junge Mensch beglückt über dieses Lob, und Ish bemerkte, daß er ein Zeichen darauf machte, ehe er ihn wieder in den Köcher steckte, als wünsche er, nach dem, was geschehen war, ihn von seinen anderen Pfeilen unterscheiden zu können. Als er dann den jungen Menschen auch weiter anschaute, empfand Ish plötzlich eine große Liebe zu ihm; seit langer Zeit, seit er als ein Greis am Hügel gesessen hatte, war er nicht so tief bewegt gewesen. Dieser John, der zu den „ersten" gehörte, mußte Ishs Urenkel in der männlichen Abfolge sein, und also war er auch Ems Urenkel. So ging ihm denn das Herz über, und er stellte eine seltsame Frage: „Junger Mann", sagte er, „bist du glücklich?"

Der junge Mensch namens John schaute ob dieser Frage betroffen drein, schaute nach rechts und links, ehe er antwortete, und dann sagte er: „Ja, ich bin glücklich. Die Dinge sind, wie sie sind, und ich bin ein Teil von ihnen."

Ish begann darüber nachzudenken, was das bedeuten sollte, ob diese Worte lediglich naiv hingesprochen waren oder ob dahinter eine tiefe Philosophie steckte; aber er konnte sich nicht entscheiden. Bei diesem Versuch zu denken schien der Nebel wieder in alle Winkel seines Gehirns zu dringen. Als er nach einer Weile aufschaute, stand niemand mehr vor ihm. Ish wäre tatsächlich nicht imstande gewesen, mit voller Sicherheit zu sagen, ob der junge Mensch namens John am gleichen Tage bei ihm gewesen war oder ob jetzt ein anderer Tag war oder vielleicht gar ein anderer Sommer.

2

EINES Morgens erwachte er früh, als im Zimmer noch Dämmerlicht herrschte. Eine Weile lag er still und überlegte, wo er war, und einen Augenblick lang glaubte er, er sei wieder ein kleiner Junge und sei zu seiner Mutter ins Bett gekrochen, weil es dort morgens so behaglich war. Dann fiel ihm ein, daß dem nicht so sein könne, und er glaubte, wenn er die Hand ausstreckte, würde er Em neben sich finden. Aber auch dem war nicht so. Dann dachte er an seine junge Frau. Doch auch die war nicht da; denn er hatte sie vor langer Zeit einem jüngeren Mann überlassen, weil es sich geziemt, daß eine Frau Kinder gebiert, so daß der Stamm an Zahl zunimmt und die Dunkelheit weiter zurückweicht. So wurde er sich denn schließlich bewußt, daß er ein sehr alter Mann war und ganz allein im Bett lag. Dennoch war es dasselbe Bett und dasselbe Zimmer.

Er empfand eine sonderbare Trockenheit in der Kehle. Nach einiger Zeit stand er langsam auf und ging unsicher auf steifen, alten Beinen ins Badezimmer, um sich ein Glas Wasser zu holen; er streckte die rechte Hand aus und knipste den Lichtschalter an. Er hörte das vertraute Klick, und plötzlich erschien ihm das Zimmer strahlend hell. Doch unmittelbar danach stand er wieder im Dämmerlicht, und er gewahrte, daß das elektrische Licht nicht aufgeflammt war. Seit Jahren hatte es nicht gebrannt, und es würde nie wieder brennen – sein altes Hirn war durch das vertraute Klick getäuscht worden, und so hatte er für einen Sekundenbruchteil geglaubt, der Raum sei hell geworden. Er zerbrach sich nicht den Kopf darüber, weil ihm dergleichen schon mehrmals widerfahren war.

Als er dann den ungelenken Hahn über dem Waschbecken aufdrehte, strömte kein Wasser unter lustigem Geplätscher heraus. Da fiel ihm ein, daß schon seit Jahren das Wasser nicht mehr lief.

So konnte er denn kein Wasser trinken; aber es war nicht so sehr Durst, was ihm zu schaffen machte, als jene Trockenheit in der Kehle. Er schluckte ein paarmal, und es wurde ihm besser. Als er wieder vor seinem Bett stand, zögerte er und schnupperte. Er konnte sich erinnern, daß die Gerüche sich im Laufe der Jahre oftmals geändert hatten. Ganz früher hatte der Geruch der großen Stadt geherrscht. Der war dem reinen Geruch von Grün und Wachstum gewichen. Aber auch der war hingeschwunden, und jetzt herrschte in dem alten Hause ein Geruch von Alter und Verfall. Doch dieser Geruch war ihm vertraut, und er kümmerte sich nicht darum. Was er mit Sicherheit wahrzunehmen glaubte, war eine Art trockener Rauchigkeit. Dieser trockene Rauchgeruch, so meinte er, hatte ihn so früh aufwachen lassen. Aber er ängstigte sich nicht und kroch wieder ins Bett.

Von Norden her wehte ein gleichmäßiger Wind. Er bewegte die Tannenbäume, die jetzt dicht um das Haus herum wuchsen, und ihre Zweige schabten an den Fenstern entlang und schlugen gegen sie und gegen die Hauswände. Das Geräusch hielt ihn wach, und er lag und lauschte. Er wünschte zu wissen, wie spät es wohl war; aber er trug seit langem keine Armbanduhr mehr. Zeit hatte früher bedeutet, daß bestimmte Dinge zu bestimmten Stunden getan werden mußten – all das gab es längst nicht mehr, und zwar weil die Lebensform sich geändert hatte und weil er selbst so alt war, daß er beinahe jenseits des Lebens stand. In gewisser Beziehung, so dünkte ihn, war er schon aus der Zeit in die Ewigkeit hinübergeglitten.

Nun lag er allein in dem alten, halb verfallenen Hause. Die andern schliefen in anderen Häusern oder, bei gutem Wetter, im Freien.

Obwohl er keine Uhr besaß, sagte ihm das Dämmerlicht, daß es kurz vor Sonnenaufgang sein mußte. Vielleicht hatte er so lange geschlafen, wie ein alter Mann eben schlafen mußte. Er wollte liegenbleiben und sich dann und wann auf die andere Seite drehen, bis die Sonne aufgegangen war und irgend jemand – er wünschte, es möge der junge Mensch namens John sein – kam und ihm das Frühstück brachte. Es würde aus einem gut durchgebratenen Rinderknochen bestehen, den er aussaugen konnte, und aus einem Maisbrei. Der „Stamm" sorgte gut für ihn, den alten Mann. Sie gaben ihm Maisspeisen, obwohl das jetzt ein seltener Leckerbissen war. Sie schickten ihm jemand, der ihm den Hammer trug und ihm nach draußen half, so daß er am Hügel sitzen konnte, wenn die Sonne schien. Oft war es John, der kam und ihm half. Ja, sie sorgten sehr gut für ihn, obwohl er ein alter Mann und zu nichts nütze war. Manchmal waren sie zornig auf ihn und zwickten ihn; doch das geschah nur, weil sie meinten, er sei ein Gott.

Nach wie vor blies der Wind, und die Zweige schabten und kratzten am Hause. Aber augenscheinlich hatte er nicht so lange geschlafen, wie sein Schlafbedürfnis es erforderte, und so schlummerte er trotz der Geräusche nach einer Weile ein.

Die Hügeldurchstiche und die langen Dämme der Landstraßen – sie sind als enge Täler und Bodenwellen auch noch nach zehntausend Jahren wahrnehmbar. Die großen Mengen von Beton, aus denen die Dämme bestanden – sie überdauern wie aus Granit gefügte Deiche.

Aber Stahl und Holz vergehen schnell. Über sie fallen drei Feuer her. Das langsamste von allen ist das Feuer des Rostes, das auf dem Stahl brennt. Doch gib ihm ein paar kurze Jahrhunderte Frist, und das hohe Stahlgerüst, das den Cañon überspannt, ist nur noch ein Streifen roter Erde auf den steilen Wänden darunter. Bei weitem schneller wirkt das Feuer der Vermoderung, das sich vom Holze nährt. Aber das schnellste von allen ist das Feuer der Flammen.

Plötzlich wurde er heftig von jemandem geschüttelt. Er wachte erschrocken auf. Als seine alten Augen sich richtig eingestellt hatten, sah er, daß der, der ihn schüttelte, der junge Mensch namens John war; Johns Gesicht war angstverzerrt.

„Steh auf! Steh rasch auf!" rief John. Durch den Schock bei dem jähen Erwachen schien Ishs Geist klarer denn zuvor, und sein Körper und sein Gehirn reagierten schneller. Hastig erhob er sich und warf ein paar Kleidungsstücke über. John half ihm. Das Zimmer war jetzt von dichtem Rauch erfüllt. Ish hustete, und seine Augen tränten. Er hörte ein Prasseln und dumpfes Sausen. In aller Eile stiegen sie die Treppe hinunter, durchschritten die Haustür und gingen über die Stufen auf die Straße. Erst als sie außerhalb des Hauses waren, merkte Ish, wie stark der Wind wehte. Er wälzte Rauch vor sich her und ein Gewirbel von brennenden Blättern und Rindenstücken.

Ish war nicht weiter überrascht. Er hatte stets gewußt, daß dies eines Tages geschehen würde. Jedes Jahr wucherte der wilde Hafer empor und reifte und verdorrte, wo er eben stand. Jedes Jahr war das Buschwerk der verwahrlosten Gärten dichter geworden, und das dürre Laub war dazwischengefallen. Es war lediglich eine Frage der Zeit, so hatte er von jeher gewußt, daß das Lagerfeuer eines Jägers sich dessen Gewalt entzog, vom starken Wind angefacht und weitergetrieben wurde und als Feuersbrunst auf dieser Seite der Meeresbucht reinen Tisch machte, wie es auf der anderen Seite bereits geschehen war.

Gerade als sie auf dem Bürgersteig angelangt waren, flammte das dichte, verfilzte Buschwerk des nächsten, nördlich gelegenen Hauses prasselnd auf, so daß Ish vor der Hitze zurückschreckte. John schickte sich an, ihn auf dem Bürgersteig vor dem sich nähernden Feuer wegzuführen; und gerade in diesem Augenblick merkte Ish, daß er etwas vergessen hatte, obwohl ihm nicht einfiel, was es war.

Sie stießen auf zwei andere junge Menschen, die dastanden und nach den immer näher rückenden Flammen hinschauten. Dann fiel es Ish ein.

„Mein Hammer!" rief er. „Wo ist mein Hammer?"

Kaum hatte er diesen Schrei ausgestoßen, als er sich schämte, in einem Augenblick höchster Bedrängnis so viel Aufhebens um eine Lappalie gemacht zu haben. Denn schließlich besaß der Hammer nicht die mindeste Bedeutung. Dann aber war er verblüfft, welch schreckliche Wirkung seine Worte auf die drei jungen Menschen ausübten. Plötzlich stürzte John zurück zum Haus, obwohl die Büsche im Garten jetzt schon zu rauchen anfingen.

„Komm zurück! Komm zurück!" rief Ish hinter ihm her; aber seine Stimme war nicht sehr stark.

Es war für Ish ein furchtbarer Gedanke, daß John um einer Nichtigkeit willen, wie der Hammer es war, im Feuer umkommen könnte.

Aber da kam John schon wieder herausgerannt. Sein Löwenfell war versengt, und er rieb sich ein paar Brandwunden, wo Funken auf ihn gefallen waren. Die beiden anderen jungen Menschen schienen seltsam erleichtert, als sie sahen, daß John den Hammer in der Hand hielt.

Dort, wo sie standen, konnten sie schwerlich noch lange bleiben.

„Wohin sollen wir gehen, Ish?" fragte einer. Ish fühlte, daß das eine merkwürdige Frage war, die da an ihn gerichtet wurde, denn er war ja doch ein alter Mann und wußte kaum so gut wie einer der Jüngeren, was jetzt zu tun sei. Doch die jungen Menschen, so überlegte er sich, konnten vor dem Feuer davonlaufen, während er selbst wohl nicht mehr die Kraft dazu hatte. So dachte er angestrengter nach denn je. Da fiel ihm die flache, kahle Felsplatte ein, in die sie in vergangenen Zeiten die Jahreszahlen gemeißelt hatten. Rings um jene flache Felsplatte befanden sich andere hohe Felsen, wo nichts wuchs, und in den Spalten zwischen jenen Felsen konnten sie Zuflucht finden, weil dort nichts Brennbares war.

„Laßt uns zu den Felsen gehen!" sagte er, wobei er ohne weiteres annahm, sie wüßten, welche Felsen er meinte.

Zwar stützten ihn die jungen Menschen; aber Ish war sehr erschöpft, als sie bei den Felsen angelangt und in Sicherheit waren. Er lag ruhig und schnappte nach Luft und kam so allmählich wieder zu Kräften. Bald flammte das Feuer rings in der Runde; doch zwischen den Felsen bestand für sie keinerlei Gefahr. Einer der Felsen stand schräg, und ein anderer hoher Felsen stand dicht daneben, so daß sie sich fast in einer Höhle befanden.

Als er dort lag, sank Ish vor Schwäche in Halbschlaf; vielleicht war es aber auch eine leichte Ohnmacht, weil sein altes Herz nach der Hetzjagd vor den Flammen wild pochte. Nach einer Weile kam er wieder zu sich, lag ruhig da, und sein Geist schien klarer als seit langem zu sein.

Ja, dachte er, jetzt ist die Zeit der Herbstdürre und der Feuersbrünste, der trockenen Nordwinde wegen. Und dieser Herbst ist dem Sommer gefolgt, in dem ich John kennengelernt und mich mit ihm über Pfeilspitzen unterhalten habe. Von jenem Augenblick an hat sich hauptsächlich John meiner angenommen. Vielleicht hat der „Stamm" es ihm bei einer Versammlung ausdrücklich befohlen. Also bin ich jemand, der sehr wichtig ist. Ich bin ein Gott. Nein, ich bin kein Gott. Aber vielleicht bin ich das Sprachrohr eines Gottes. Nein, ich weiß, daß ich auch das nicht bin. Doch sie sorgen wenigstens für mich, und ich habe es gut, weil ich der letzte Amerikaner bin.

Sein Geist war klarer denn je, so klar, daß er zunächst darüber betroffen war und dann ein wenig erschrocken. Denn ihm war, als wisse er um die gesamte Vergangenheit und um die gesamte Zukunft und auch um alles, was gegenwärtig war.

Die zweite Welt – die ist nun auch zunichte geworden! Die Gedanken durchflackerten sein Hirn. Ich habe die große Welt zugrunde gehen sehen. Nun geht die kleine, meine zweite Welt, ebenfalls zugrunde. Sie geht im Feuer zugrunde. Im Feuer, das wir seit so langer Zeit kannten, im Feuer, das uns wärmt und das uns vernichtet. Früher hat es geheißen, der Bomben wegen würden wir uns zurückentwickeln und wieder in Höhlen leben. Ja, nun sind wir hier in einer Höhle – aber es ist nicht auf die Art geschehen, wie man damals gemeint hatte. Ich habe den Untergang meiner großen Welt überlebt, aber die Zerstörung meiner kleinen Welt werde ich nicht lange überdauern. Ich bin jetzt ein alter Mann, und dafür ist mein Geist viel zu klar. Ich weiß es. Das Ende ist nahe. Aus der Höhle sind wir gekommen, in die Höhle gehen wir wieder ein.

Wie sein Geist schien auch sein Auge klarer als sonst geworden zu sein. Als er sich nach einiger Zeit kräftiger fühlte, richtete er sich auf und konnte nun all die anderen sehen. Im ersten Augenblick war er überrascht, daß nicht nur die drei jungen Menschen da waren, sondern überdies noch zwei Hunde. Er konnte sich nicht erinnern, die beiden Hunde zuvor gesehen zu haben. Es waren gewöhnliche Hunde von der Art, wie sie für die Jagd benutzt wurden – nicht groß, langhaarig, fast schwarz, mit einem bißchen Weiß dazwischen, eine Art Hirtenhund –, so hätte man sie, wie er vermutete, in den Alten Zeiten genannt. Es waren kluge und wohlerzogene Hunde. Sie lagen friedlich in der höhlenartigen Felsgrotte und bellten nicht aufgeregt.

Dann sah Ish zu den jungen Menschen hin. Da er jetzt auf einmal Vergangenheit und Zukunft ebenso wie die Gegenwart überschauen konnte, erkannte er in den jungen Menschen deutlicher denn je die Mischung aus der Vergangenheit, Gegenwart und Zukunft, die sie ja auch tatsächlich darstellten. Gekleidet waren sie wie John. Sie trugen weiche, bequeme mokassinartige Sandalen aus Hirschleder; sie trugen auch Blue jeans mit blanken Kupferknöpfen. Über den Oberkörpern trugen sie einzig die gegerbten Löwenfelle, von denen noch die Pfoten mit den Klauen niederhingen. Alle trugen sie ihren Bogen und den Köcher mit den Pfeilen, und jeder trug an der Hüfte ein Messer, obwohl sie keine Messer schmieden konnten. Der eine hatte einen Speer, dessen Schaft so groß war wie er selbst, und oben an dem Schaft war eine Speerspitze. Als Ish genauer hinsah, erkannte er, daß es sich um ein altes Schlachtermesser mit langer Klinge handelte. Die Klinge war in das Ende des Speerschafts eingelassen, und da sie sehr spitz und scharf war, bildete der Speer eine furchtbare Waffe für den Nahkampf.

Schließlich betrachtete Ish die Gesichter der jungen Menschen und nahm wahr, daß sie ganz anders als die Gesichter der Menschen vergangener Zeiten waren. Diese Gesichter waren jung, aber sie waren auch ruhig und voller Gleichmut, und es zeigten sich darin kaum Spuren von Überanstrengung, Grübelei und Furcht.

„Seht!" sagte der eine und nickte dorthin, wo Ish saß. „Seht – jetzt geht es ihm besser. Er hält Umschau." Ish hörte, daß die Stimme freundlich klang, und er empfand eine große Liebe zu dem jungen Menschen.

Sonderbar war auch, wie Ish jetzt dachte, daß nach all den Jahren die jungen Menschen nach wie vor eine Sprache redeten, die die Menschen ehedem als Englisch bezeichnet hatten.

Doch als er genauer zuhörte, merkte er, daß auch die Sprache sich verändert hatte. Als der junge Mensch das Wort „Seht!" sagte, da klang es nicht ganz so, wie es eigentlich hätte klingen müssen.

Jetzt wehte etwas Rauch zwischen die Felsen, so daß sie alle husten mußten. Draußen prasselten laut die Flammen; eine Baumgruppe mußte brennen oder ein nahe gelegenes Haus. Die Hunde winselten leise. Aber die Luft blieb ziemlich kühl, und so hatte Ish keine Furcht.

Er fragte sich, was mit den anderen geworden sein mochte. Der „Stamm" mußte jetzt aus mehreren hundert Menschen bestehen, und aus dem Gleichmut der jungen Menschen konnte er schließen, daß sich kein großes Unglück ereignet hatte. Wahrscheinlich, so dachte er, waren die anderen bei den ersten bedrohlichen Anzeichen der Feuersbrunst geflohen, und vielleicht war John erst im allerletzten Augenblick der alte Mann eingefallen – der zugleich ein Gott war –, der allein in dem Hause schlief.

Ja, jetzt war es leichter, einfach dazusitzen, Umschau zu halten und nachzudenken, ohne sich mit Problemen herumzuschlagen.

Jetzt spielte einer der jungen Menschen mit einem Hunde. Er streckte die Hand aus und zog sie dann schnell wieder zurück, und der Hund schnappte spielerisch zu und knurrte. Es war, als stünden der Hund und der junge Mensch auf einer Stufe, und beide schienen glücklich. Einer der anderen schnitzte an einem Stück Holz herum. Das scharfe Messer glitt tief in das weiße Holz, und unter Ishs Augen bildete sich aus ihm eine Gestalt heraus. Ish lächelte still vor sich hin, denn er sah, daß die Gestalt breite Hüften und üppige Brüste hatte, und er meinte, die Jugend sei nach wie vor die gleiche. Dabei kannte er nicht einmal ihre Namen, ausgenommen den Johns; aber sie mußten samt und sonders seine Enkel oder Urenkel sein. Hier saßen sie nun in der höhlenartigen Kluft zwischen zwei hohen Felsen, spielten mit einem Hunde oder schnitzten Figürchen, während draußen das Feuer prasselte. Die Zivilisation war vor vielen Jahren untergegangen; jetzt stand die letzte der Städte ringsum sicher in Flammen, und dennoch waren die jungen Menschen glücklich.

War alles zum Besten gediehen? Aus der Höhle kommen wir; in die Höhle gehen wir! Wenn jener andere gelebt, wenn es andere seinesgleichen gegeben hätte, so würde vielleicht alles ganz anders sein. Wiederum mußte er an Joey denken – Joey! Aber ob dann alles besser gewesen wäre? Plötzlich wünschte er, noch lange Zeit zu leben – weitere hundert Jahre und dann noch einmal hundert. Sein Leben lang hatte er die Entwicklung der Menschen und der Erde beobachtet, und er wünschte, er könnte das auch in Zukunft tun. Das nächste Jahrhundert und das nächste Jahrtausend würden sehr interessant sein.

Wieder lebt in jenen Tagen jeder kleine Stamm für sich und geht seine eigenen Wege, und bald sind sie verschiedenartiger als in den ersten Tagen der Menschheit.

Die einen leben in steter Furcht vor der Außenwelt und wagen kaum, Wasser zu lassen, ohne dabei zu beten. Sie sind geschickt im Umgang mit Booten. Sie fangen Fische und holen sich Muscheln als Nahrungsmittel; auch ernten sie die Samen wilder Gräser …

Hier hausen welche mit dunklerer Hautfarbe; sie sprechen eine andere Sprache und beten eine dunkelhäutige Mutter und deren Kind an. Sie halten Pferde und Truthühner und bauen in der Flußniederung Mais an. Sie fangen in Schlingen Kaninchen; aber den Bogen haben sie nicht …

Die hier sind von noch dunklerer Hautfarbe. Sie sprechen Englisch, können aber kein „r" aussprechen, und ihre Redeweise ist breit und plump. Sie halten Schweine und Hühner und bauen Mais an. Auch Baumwolle bauen sie an, aber sie werten sie nicht aus, außer daß sie ein paar Flocken ihrem Gotte opfern, weil sie von früher wissen, daß er Macht hat. Ihr Gott hat die Gestalt eines Alligators, und sie nennen ihn Olzaytn ...

Die hier sind Bogenschützen, und zwar geschickte, und ihre Jagdhunde sind so dressiert, daß sie Laut geben. Sie versammeln sich gern und führen Streitgespräche. Ihre Weiber schreiten stolz einher. Das Symbol ihres Gottes ist ein Hammer; aber sie zollen ihm nicht eben große Ehrfurcht ...

Viele andere gibt es noch, und alle sind verschieden geartet. In der Folgezeit, nach diesen Anfangsjahren, werden die Stämme wachsen und einander begegnen, und es werden sich in leiblicher und geistiger Beziehung fruchtbare Kreuzungen ergeben. Dann ergeben sich zweifellos blindlings und ohne menschliche Planung neue Zivilisationen und neue Kriege.

Nach einer Weile wurden sie hungrig und durstig. Da das Feuer inzwischen stellenweise erloschen war, wagte sich einer der jungen Menschen hinaus. Als er wiederkam, brachte er einen alten Aluminiumteekessel mit. Ish erkannte darin denjenigen, der immer bei der nahen Quelle gestanden hatte. Der junge Mensch reichte ihn zunächst Ish, und Ish nahm einen langen Schluck.

Wenigstens war die Fröhlichkeit nicht aus der Welt verschwunden. Solange Ish in der Felsgrotte blieb, sah er die andern mit den Hunden spielen oder untereinander scherzen. Sie lachten leicht und oft. Und während der eine an seinen Holzfigürchen schnitzte, pfiff er eine Melodie vor sich hin. Es war eine heitere Melodie, und Ish erinnerte sich der Weise, aber nicht der dazugehörigen Worte. Doch er mußte dabei an kleine Glocken denken und an Schnee und an schimmernde Kerzen und die Fröhlichkeit eines Festes. Ja, auch in den Alten Zeiten mußte es ein frohes Lied gewesen sein, und nun klang es fröhlicher denn je. Die Fröhlichkeit hatte das Große Unheil überlebt!

Das Große Unheil! Seit langer Zeit hatte Ish nicht mehr daran gedacht. Nun schienen die Worte ihre Bedeutungsschwere eingebüßt zu haben. Die Menschen, die damals gestorben waren, würden jetzt lange tot sein, einfach weil so viel Zeit hingegangen war.

Jetzt schien es keinen Unterschied zu bedeuten, ob sie alle in einem Jahr oder langsam innerhalb vieler Jahre gestorben waren. Und was den Untergang der Zivilisation betraf – so hatte er sie viel zu lange angezweifelt.

Noch immer pfiff der junge Mensch fröhlich vor sich hin, und Ish meinte, jetzt könnte er sich der Worte erinnern. „O du fröhliche ..." Er könnte den jungen Menschen nach den Worten fragen. Wie er indessen so in der tiefen Kluft zwischen den beiden Felsen saß, fühlte Ish sich zu müde, irgendwelche Fragen aufzuwerfen. Dennoch war sein Geist klar. Er war erschreckend klar, und er vermochte sich nicht zu erinnern, daß er je mit seinem Denken so tief unter die Oberfläche der Dinge habe dringen können.

Noch immer wunderte er sich über die Gesichter der jungen Menschen und ihre Vertrauensseligkeit, während draußen alles in Flammen stand. Obwohl Ish dieses Problem nicht lösen konnte, dachte er viel darüber nach, und es kamen ihm verschiedene Ideen. Vielleicht beruhte die Andersartigkeit im Unterschied zwischen der Zivilisation und den Zeiten, die sie jetzt durchlebten. Im Zeitalter der Zivilisation, so meinte er, hätte jeder dieser jungen Menschen im andern den Nebenbuhler gesehen, weil in den Tagen der Zivilisation zu viele Menschen gelebt hatten. Sie hatten sich wohl nicht allzu viele Gedanken über die Außenwelt gemacht, weil der Mensch sehr viel stärker als die Außenwelt zu sein schien. Sie hatten wohl in der Hauptsache darüber nachgedacht, wie sie andere Menschen ausstechen konnten, und so hatten sie einander sämtlich nicht getraut, nicht einmal der Bruder dem Bruder. Doch jetzt, dachte Ish, da nur noch sehr wenige Menschen lebten, schritt jeder dieser jungen Leute frei und ungehindert einher, den Bogen in der Hand, den Hund an der Seite, und der Gefährte mußte ihm auf Rufweite nahe sein. Aber ganz genau wußte Ish das nicht, und obwohl sein Denken völlig klar und sehr tief war in jener Stunde, war er sich der Sache doch nicht sicher.

Um die Mitte des Nachmittags war das Feuer weitergerückt und loderte jetzt südlich von ihnen. Sie verließen die Felsenschlucht, sie gingen den Stellen aus dem Wege, wo das Feuer noch gloste und wo glühende Asche lag, und stiegen allmählich in südlicher Richtung ohne allzu große Schwierigkeiten den Hang hinab. Augenscheinlich wußten die jungen Menschen, was sie taten. Ish nahm Abstand davon, Fragen zu stellen, weil er all seine Kraft zum Weitergehen brauchte. Sie warteten geduldig auf ihn, und oft stützten sie ihn; er legte dann seine Arme auf ihre Schultern. Als ihn gegen Abend die Kraft verließ, wurde an einem Bache gelagert. Der Sprunghaftigkeit des Windes wegen und weil hier mehr Grün wuchs, war das Fleckchen vom Feuer verschont geblieben.

Im Bachbett rann ein wenig Wasser. Die größeren Tiere schienen sämtlich vor dem Feuer davongelaufen zu sein; aber zahlreiche Wachteln und Kaninchen hatten am Bachbett Zuflucht gesucht, und die jungen Menschen, die mit ihren Bogen auf die Pirsch gegangen waren, kamen bald mit reicher Beute wieder.

Der eine, der sich darauf verstand, begann mit Hilfe eines Stöckchens, das er in der Vertiefung eines Holzes drehte, Feuer zu machen. Aber die anderen lachten ihn aus und sammelten rasch noch glühende und rauchende Äste, die das Feuer hinterlassen hatte.

Nachdem Ish ein wenig gegessen hatte und sich kräftiger fühlte, hielt er Umschau und erkannte an den vom Feuer ausgehöhlten Ruinen eines großen Gebäudes, daß sie dort lagerten, wo einst der Park vor der Universität gewesen war. Obwohl er noch erschöpft war, stand er neugierig auf und nahm in etwa hundert Meter Entfernung die Umrisse der Bibliothek wahr. Die Bäume ringsum waren verbrannt, aber das Gebäude selbst war unversehrt. Nahezu alle Bände, das gesamte Wissen der Menschheit, waren wahrscheinlich noch benutzbar. Benutzbar für wen? Ish versuchte gar nicht erst, sich die Frage zu beantworten, die so jäh und unvermittelt in seinem Geiste auftauchte. Auf irgendeine Weise waren die Rollen im Spiel vertauscht. Er hätte nicht sagen können, ob zum Besseren oder zum Schlechteren. Jedenfalls aber schien es ihm jetzt nur einen geringen Unterschied zu bedeuten, ob die Bibliothek erhalten oder zerstört war. Vielleicht war das die Weisheit des Alters. Vielleicht waren es nur Verzweiflung und Resignation.

Das ist diese Nacht eine seltsame Schlafstätte für mich, dachte Ish. Ob wohl die Geister meiner alten Professoren mich nach all den Jahren umspuken? Ob ich von einer Million Bücher träume, die in endloser Prozession an mir vorbeiziehen und mich vorwurfsvoll anschauen, weil ich nach so langer Zeit nun sie und alles, wofür sie eintreten, anzweifle?

Obwohl er häufig aufwachte und es ihn fror und er die jungen Menschen um ihren gesunden Schlaf beneidete, schlief er doch zwischen den Spannen des Wachseins vortrefflich und hatte keinerlei Träume, weil er von den Geschehnissen des Tages sehr ermüdet war.

3

Als er in der Morgendämmerung endgültig erwachte, fühlte er sich schwach, war aber klaren Kopfes. Dies ist sehr seltsam, dachte er. Ich weiß, daß ich mir während der letzten paar Jahre häufig nicht völlig dessen bewußt gewesen bin, was geschah; so ist es eben bei sehr alten Leuten. Jetzt aber, genau wie gestern, sehe ich alles sehr deutlich. Es fragt sich, was das bedeutet.

Er sah den jungen Menschen zu, die das Frühstück bereiteten. Der eine pfiff fröhlich die gleiche Weise, und wieder erinnerte sie Ish an kleine Glocken und Glückseligkeit, obwohl er sich der Worte nicht entsinnen konnte.

Ich habe es gehört, dachte er und setzte seine Gedanken in stumme Sätze um, wie er es gewohnt und wozu er jetzt als alter Mann mehr denn je geneigt war. Ja, ich habe es gehört; oder wahrscheinlicher ist, daß ich es in einem jener vielen Bücher gelesen habe, denn von irgendwoher muß der Gedanke schließlich stammen, daß des Menschen Geist kurz vor seinem Tode klar wird. Nun, ich bin sehr alt, und es ist etwas Naheliegendes, und ich brauche deswegen wirklich nicht unglücklich zu sein. Wäre ich Katholik und wäre nicht alles anders geworden, so müßte mich jetzt nach der Beichte verlangen.

Er lag an dem kleinen Bache; in der Luft hing noch immer der Rauchgeruch, und die alten Universitätsgebäude waren in der Dämmerung kaum wahrnehmbar. Er überdachte kurz sein Leben und erwog, was er an Sünden und guten Taten vollbracht hatte. Denn seiner Meinung nach mußte der Mensch Frieden mit sich selbst schließen, auch wenn alle Lebensbedingungen anders geworden waren, und der Mensch durfte der Frage nicht ausweichen, ob er in seinem Leben den Vorstellungen Genüge getan habe, die er in sich von dem, was er sein sollte, geformt hatte, das alles war nicht Sache der Priester und der Religion, sondern des Menschen selbst.

Nachdem er über sein Leben nachgedacht hatte, fühlte er sich durchaus nicht verstört. Er hatte Fehler begangen, aber manchmal hatte er auch das Richtige getan, wie er es stets oder doch wenigstens im allgemeinen versucht hatte. Das Große Unheil hatte ihn in eine Lage versetzt, für die er nicht vorgebildet war; dennoch hatte er dieses und jenes zuwege gebracht.

Dann brachte ihm einer der jungen Menschen ein Stück Fleisch, das am Spieß über dem offenen Feuer gebraten worden war. „Das ist für dich", sagte der junge Mensch. „Es ist eine Wachtelbrust, wie du, Ish, ohnehin sehr wohl weißt."

Ish dankte ihm höflich und verzehrte das Bruststück, wobei er froh war, daß er noch Zähne hatte. Durch das Braten über dem offenen Feuer schmeckte das Fleisch leicht nach Rauch, und der Geschmack war köstlich.

Warum sollte ich ans Sterben denken? fragte er sich. Noch macht mir das Leben Freude, und ich bin der letzte Amerikaner.

Aber er zerbrach sich nicht den Kopf mit Gedanken über das, was nun geschehen würde, noch stellte er Fragen, was sie heute tun wollten. Er hatte die sonderbare Empfindung, als sei er bereits zur Hälfte der Welt entglitten, obwohl er sich ihrer nach wie vor völlig bewußt war.

Nach dem Frühstück erscholl ein Ruf den Bach herauf, und bald darauf gesellte sich ihnen ein neuer Ankömmling hinzu. Darauf entstand eine ausgedehnte Unterhaltung, der Ish nicht allzuviel Aufmerksamkeit zollte. Er vernahm ohnehin, daß der ganze „Stamm" unterwegs zu einer Gegend war, wo es mehrere Seen gab und wo das Feuer nicht gewütet hatte. Wie der Ankömmling sagte, war es ein sehr gutes Land. Die drei jungen Menschen, die seit gestern bei Ish gewesen waren, neigten anfänglich zu Einwänden, weil sie bei dem Beschluß nicht gefragt worden waren. Aber der andere setzte ihnen auseinander, die Frage sei bei einer Versammlung des „Stammes" besprochen und dann in diesem Sinne entschieden worden. Da gaben die drei nach; denn was der „Stamm" beschlossen hatte, das war auch für sie bindend.

Bald trafen sie Vorbereitungen zum Beginn des Marsches; aber Ish war so schwach, daß er sich kaum auf den Füßen halten konnte. Da entschlossen sich die jungen Menschen denn, ihn abwechselnd auf dem Rücken zu tragen, und so brachen sie auf. Indem sie ihn trugen, kamen sie schneller voran als am vorhergegangenen Tage, als Ish marschiert war. Sie scherzten miteinander, wie leicht ein alter Mann allmählich werde. Ish war glücklich, daß er keine allzu schwere Last für sie bedeutete; der eine sagte, daß der Hammer schwerer wöge als Ish selbst.

Als sie sich auf solcherlei Weise vorwärts bewegten, wirkte sich wohl das Schaukeln durch das Getragenwerden auf Ish aus, und er spürte, wie der Nebel ihm wieder ins Gehirn kroch. Er konnte sich nicht einmal klar darüber werden, auf welchem Wege und in welcher Richtung sie gingen. Nur dann und wann nahm er Einzelheiten wahr.

Nach einiger Zeit kamen sie aus dem verbrannten Gebiet heraus und gelangten in einen Teil der Stadt, den das Feuer unversehrt gelassen hatte. An der Feuchtigkeit der Luft, die ihn leise frösteln ließ, erkannte Ish, daß der Wind sich gedreht hatte und daß dieser Bezirk in der Nähe der Meeresbucht liegen mußte. Es standen Ruinen von Fabrikgebäuden in diesem Stadtviertel. Einmal gewahrte Ish die parallelen Rostlinien einer Eisenbahnstrecke. Überall fanden sie aufgeschossenes Buschwerk und hohe Bäume; aber die langen, trockenen Sommer hatten verhindert, daß das Land sich in Wald zurückverwandelte, und so gab es denn viele Grasflächen, über die hinweg die jungen Menschen ohne Schwierigkeit einen Weg fanden. Oft indessen folgten sie einfach den Zügen ehemaliger Straßen, wo hier und dort noch die Asphaltdecke vorhanden war, trotz des in den Rissen und Sprüngen wuchernden Unkrauts und des von den Seiten her andrängenden Grases, das dort wuchs, wo der in all den Jahren hergewehte Staub eine dünne Erdschicht bildete. Im allgemeinen jedoch schienen die jungen Menschen sich mehr nach dem Sonnenstand oder nach einigen fernen Eigenheiten der Landschaft als nach dem Verlauf der Straßenzüge zu richten.

Als sie durch ein Gebüsch drangen, fiel Ish etwas auf, und er streckte die Hand aus und bat weinerlich darum, wie ein Kind. Die jungen Menschen sahen hin. Sie hielten inne und lachten fröhlich, um ihn zu beschwichtigen. Der eine ging und holte das, wonach Ish gegreint hatte. Als er es bekam, war Ish entzückt, und nun lachten sie ihn gutmütig aus, als sei er tatsächlich ein Kind.

Ish kümmerte sich nicht darum. Er hatte, was er wollte. Es war eine scharlachrote Blume – eine Geranie, die sich den neuen Daseinsbedingungen angepaßt und all die Jahre überdauert hatte. Es war nicht die Blüte, sondern die Farbe, die ihm den jähen Wunsch eingegeben und ihn hatte laut herausweinen lassen. Es war jetzt nicht mehr genug Rot in der Welt. Da er alt war, konnte er sich einer Welt erinnern, in der Farben und Lichter scharlachrot und zinnoberrot geflammt hatten. Jetzt aber war die Welt in eine ruhige Harmonie von Blau und Grün und Braun zurückgesunken – und nirgends mehr leuchtete ein Rot.

Doch als er, auf dem Rücken getragen, dahinschaukelte, verlor er das Bewußtsein, und als er wieder zu sich kam, saßen alle auf dem Boden und rasteten, und irgendwo war ihm die Blüte aus der Hand geglitten. Als er jetzt aber aufschaute, erblickten seine Augen in einiger Entfernung etwas, und als er genauer hinsah, sah er, daß es ein Wegweiser war. Er hatte die Form eines Schildes, und er las *„U.S."* und *„California"* und zwei große Zahlen, eine Vier und eine Null. Es war ihm dermaßen ungewohnt, Zahlen zu sehen, daß er erst ein paar Augenblicke später die beiden zusammenfügen und mit der Zunge das Wort „vierzig" bilden konnte.

Dies also, dachte er, diese Straße, die ich kaum erkennen kann, weil so viel darauf wächst, ist die alte Staatsstraße vierzig. Früher hat sie sechs Fahrbahnen gehabt. Wir müssen also auf dem Weg zur Brücke über die Bucht sein.

Noch ein anderes Geschehnis während dieses Morgenmarsches hob sich deutlich aus der Nebeldämmerung ab, die ihn umdrängte. Abermals hielten sie; aber diesmal setzten sie sich nicht. Die jungen Menschen riefen John, der ihn gerade trug, und als Ish über Johns linke Schulter hinwegschaute, sah er den mit dem Speer direkt vor ihnen beiden; und rechts und links standen die beiden andern mit halbgespannten Bogen, den Pfeil schußfertig auf der Sehne. Die beiden Hunde duckten sich neben ihnen und knurrten tief. Als er weiter vorwärts schaute, sah Ish auf dem Wege einen großen Puma.

Der Puma kauerte bedrohlich auf der einen Wegseite, und auf der andern wichen die Menschen und die Hunde nicht vom Fleck. So blieb alles etwa ein Dutzend Atemzüge lang.

Dann sagte der mit dem Speer: „Er will nicht springen." Er sprach ruhig, als bestätigte er lediglich eine Tatsache.

„Soll ich schießen?" fragte einer der andern.

„Sei kein Narr!" antwortete der mit dem Speer ohne die mindeste Erregung.

Sie gingen alle ein Stückchen zurück und machten nach rechts hinaus einen kleinen Umweg, wobei sie die Hunde unmittelbar neben sich hielten, so daß sie nicht davonlaufen und den Puma beunruhigen oder reizen konnten. So umgingen sie den Puma und überließen ihm den direkten Weg, vermieden also einen Zusammenstoß. Ish wunderte sich darüber. Soweit er sehen konnte, hatten die Menschen keine Furcht vor dem Raubtier, sondern vermieden lediglich den Zusammenstoß, und auf der anderen Seite schien auch das Raub-

tier den Menschen nicht zu fürchten. Vielleicht geschah das, weil jetzt keine Gewehre mehr benutzt wurden, oder vielleicht auch, weil es nur noch so wenige Menschen gab, daß der Puma selten einen sah und sich nicht vorstellen konnte, wie gefährlich diese harmlos aussehenden Geschöpfe waren. Vielleicht aber hätten die jungen Menschen den Angriff gewagt, wenn sie nicht mit dem hilflosen Manne belastet gewesen wären.

Als Ish sich das nächstemal der Umwelt bewußt wurde, näherten sie sich der Brücke. Sein Interesse erwachte, und wiederum wünschte er, daß er den jungen Menschen etwas von den Alten Zeiten erzählen könnte, über das Aussehen der Brücke, als nach beiden Richtungen hin der Verkehr darüber hingebraust war, als auf allen sechs Fahrbahnen Autos dahingeflitzt waren, so daß man keinesfalls lebendigen Leibes von einer Seite auf die andere hätte gehen können.

Jetzt aber schritten sie langsam die lange Auffahrt hinan und gelangten auf den ersten Bogen an der östlichen Seite der Bucht. Ish bemerkte, daß die Brücke als Ganzes, obwohl rostbedeckt, noch unversehrt war. Nur der Asphalt war in schlimmem Zustand, und einige der Pfeiler standen merklich schief.

An einer Stelle mußten sie mehrere Meter über einen einzelnen Träger gehen, weil das die einzige Möglichkeit zum Weiterkommen war. Wenn Ish vom Rücken des jungen Menschen aus niederschaute, konnte er tief unten die Wellen hin und her wogen sehen, und er nahm wahr, daß das Metall der Brücke dort, wo während all der Jahre das Salzwasser darauf gespritzt war, zerfressen war, sich gesenkt hatte und zu brechen drohte.

Danach trübte Ishs Bewußtsein sich wieder, bis er schließlich erkannte, daß er auf etwas Hartem saß und an etwas Hartem lehnte und daß seine Füße sehr kalt waren. Dann merkte er, daß jemand ihm die Hände rieb, und er kam langsam zum Bewußtsein.

Er erkannte, daß er auf der Brücke saß, mit dem Rücken gegen das Geländer. Das erste, was er richtig wahrnahm, war sein Hammer, der vor ihm auf dem Boden stand. Zwei der jungen Menschen rieben ihm die Hände, als versuchten sie, das Blut wieder hineinzutreiben. Auch die beiden anderen jungen Menschen waren da, und alle schienen sehr bestürzt.

Ish spürte, daß seine Füße und selbst der obere Teil der Beine kalt waren; oder vielleicht hatte sich schon alles Gefühl darin in eine Art Kälte aufgelöst, die man als tödlich bezeichnen konnte. Als sein Geist dann klarer wurde, erkannte er, daß es sich hier nicht nur um einen jener Schwächezustände handelte, wie sie das hohe Alter mit sich bringt, sondern daß er eine Art Anfall erlitten haben mußte und daß die andern sich ängstigten.

Er sah John die Lippen bewegen, als spreche er, und dennoch war nichts zu hören. Welch ein sonderbares Benehmen. Immer heftiger bewegten sich die Lippen, als rufe John. Dann merkte Ish, daß er selbst nichts mehr hören konnte. Der Gedanke war ihm nicht schmerzlich, sondern erfreute ihn eher, weil er wußte, daß die Außenwelt nun nicht mehr in ihn eindringen würde wie in die andern Menschen, die hören konnten.

Die anderen begannen zu sprechen, das heißt, sie bewegten die Lippen, und Ish merkte, daß sie versuchten, ihm unter allen Umständen und schier verzweifelt etwas zu sagen. Er schüttelte verwirrt den Kopf. Dann versuchte er ihnen klarzumachen, daß er nicht hören konnte; aber er merkte, daß er seine Zunge nicht mehr beherrschte. Das machte ihn tief betroffen, denn er bedachte, daß es eine üble Sache war, in der Welt zu leben, wenn man sich nicht durch Sprechen mitteilen konnte und wenn niemand imstande war zu lesen, was man geschrieben hatte.

Die jungen Menschen hatten ihm während des ganzen Tages viel Hochachtung und Freundlichkeit bezeigt. Jetzt aber gerieten sie außer sich und wurden zornig. Sie vollführten heftige Gesten, und Ish konnte erkennen, daß sie verlangten, er solle etwas tun, und daß sie zu fürchten schienen, er sei dazu nicht imstande. Sie deuteten auf den Hammer, aber Ish hielt es nicht für der Mühe wert, den Versuch zu unternehmen, sie zu verstehen.

Bald indessen wurden die jungen Menschen eindringlicher, und dann fingen sie an, ihn zu kneifen. Ish spürte den Schmerz, weil in seinem Körper noch Gefühl war, und er stöhnte, und es traten ihm Tränen in die Augen, obwohl er sich dessen schämte und die Empfindung hatte, so etwas gehöre sich nicht für den letzten Amerikaner.

Es ist etwas Seltsames, dachte er, ein alter Gott zu sein. Sie verehren einen, und dennoch mißhandeln sie einen. Wenn du nicht willst, was sie wollen, dann zahlen sie es dir heim. Das ist nicht anständig.

Als er dann mühselig nachdachte und ihre Gesten beobachtete, glaubte er, sie wollten ihn dazu bringen, daß er denjenigen bezeichnete, dem der Hammer übergeben werden sollte. Der Hammer war seit langer Zeit Ishs Eigentum, und es war ihm niemals zugemutet worden, ihn abzugeben; aber das kümmerte ihn jetzt nicht mehr, und überdies wollte er, daß sie mit dem Kneifen aufhörten. Er konnte noch die Arme bewegen, und so tat er durch eine Geste kund, daß der junge Mann namens John den Hammer haben sollte.

John ergriff den Hammer und schwang ihn in der Rechten. Die drei andern traten ein wenig zurück, und Ish empfand etwas wie eine sonderbare Sorge um den jungen Menschen, auf den der Hammer übergegangen war.

Doch sie schienen jetzt alle erleichtert zu sein, nachdem die Hammererbschaft geregelt war, und sie quälten Ish nicht mehr.

So blieb er denn ruhig sitzen, als habe er in dieser Welt alles getan, was getan werden mußte, und als habe er seinen Frieden geschlossen. Er lag auf der Brücke im Sterben; das wußte er jetzt. Viele andere, so erinnerte er sich, waren auf dieser Brücke gestorben. Auch er hätte hier schon vor vielen Jahren durch einen nichtigen Autounfall ums Leben kommen können. Jetzt hatte er sein eigenes Dasein unwiderruflich zu Ende gelebt und lag hier als ein Sterbender. Undeutlich erinnerte er sich einer Zeile, die er in irgendeinem Buche in den Jahren gelesen hatte, da er viele Bücher zu lesen pflegte. „Menschen gehen und kommen ..." Aber das klang ohne die ergänzende Hälfte seicht und sinnlos.

Er schaute zu den andern hin, obwohl ihm ein leichter Nebel vor den Augen schwamm und er nicht gut sehen konnte. Er nahm wahr, daß die beiden Hunde ruhig dalagen und daß die vier jungen Menschen ihn auf der Brücke im Halbkreis umstanden und beobachteten. Sie waren noch sehr jung, wenigstens im Vergleich zu ihm, und in der Entwicklung der Menschheit waren sie viele Tausende von Jahren jünger als er. Er war der Letzte der Alten; sie waren die ersten der Neuen. Aber ob nun die Neuen die Bahn einschlagen würden, die der Alte eingeschlagen hatte, das wußte er nicht, und er war sich jetzt beinahe sicher, daß er es nicht einmal wünschte, daß alles sich wiederholte. Unvermittelt gedachte er all dessen, worauf die Zivilisation errichtet worden war – Sklaverei, Eroberung, Krieg und Unterdrükkung.

Doch jetzt blickte er über die jungen Menschen hinaus auf die Brücke. Jetzt, da er bald tot sein würde, fühlte er sich der Brücke inniger verbunden als den Menschen. Auch sie war ein Teil der Zivilisation gewesen.

Zu seiner Überraschung sah er in einiger Entfernung ein Auto stehen oder das, was von einem Auto noch übrig war. Dann fiel ihm der kleine Zweisitzer ein, der all die Jahre hindurch hier gestanden hatte. Nun war die Farbe fast gänzlich verwittert; nicht nur die Reifen waren platt, sondern auch die Felgen hatten nachgegeben, so daß der ganze Wagen zusammengesackt war. Die oberen Teile waren weiß von Vogelkot. Seltsamerweise, obwohl es etwas völlig Unwichtiges war, konnte er sich noch erinnern, daß der Eigentümer des Wagens James Robertson geheißen hatte und daß er in Oakland gewohnt hatte.

Doch Ish ließ seinen spähenden Blick nur einen Augenblick auf dem kleinen Zweisitzer ruhen. Dann wandte sein Blick sich nach oben, und er sah die aufragenden Pfeiler und großen Kabel, die sich nach wie vor in vollkommenen Bogen spannten. Dieser Teil der Brücke schien sich in einem guten Zustand zu befinden. Er würde vermutlich noch lange Zeit aufrecht stehen; vielleicht die Lebenszeit vieler Generationen von Menschen hindurch. Die Geländer, die Kabel, die Pfeiler – alles war rostrot. Aber er wußte, daß der Rost nur die Oberfläche bedeckte. Die Spitzen der Pfeiler dagegen waren nicht rot, sondern schimmerten weiß von den Exkrementen vieler Generationen von Seemöwen.

Doch obwohl die Brücke noch viele Jahre durchhalten würde, fraß sich der Rost tiefer und tiefer. Ein Erdbeben würde die Fundamente erschüttern, und an einem Sturmtage würde eines der Tragkabel reißen. Wie die Menschen, so würden auch des Menschen Schöpfungen nicht ewig dauern.

Für eine Sekunde schloß er die Augen und stellte sich den Kranz der Berge rings um die Bucht vor; denn er konnte den Kopf nicht mehr drehen, um sie wirklich zu sehen. Ihre Gestalten hatten sich seit der Zerstörung der Zivilisation nicht verändert; gemessen an menschlicher Zeit, würden sie sich auch nicht verändern. Was die Meeresbucht und die Berge betraf, so starb er in der gleichen Welt, in die er hineingeboren war.

Als er die Augen aufschlug, konnte er wirklich sehen; er erblickte zwei gewölbte Erhebungen über dem Kamm der Bergkette. „Die beiden Brüste“ waren sie vormals genannt worden, und der Anblick ließ ihn an Em denken und, in noch fernerer Vergangenheit, an seine Mutter. Die Erde und Em und die Mutter glitten in seinem sterbenden Hirn ineinander und wurden eins, und er war glücklich, daß er heimkehren durfte.

Nein, dachte er nach einer Weile, ich muß sterben, wie ich gelebt habe, durch das Licht meines eigenen Geistes, durch das Licht, wie es auch beschaffen sein möge, das er mir spendet. Vielleicht haben jene beiden Berge wirklich die Form von Brüsten; doch sie sind nicht wie Em oder wie meine Mutter. Sie empfangen mich, sie empfangen meinen Leib – aber lieben können sie mich nicht. Überdies habe ich die Entwicklung der Erde studiert, und ich weiß, daß auch die Berge sich immerfort verändern, wenngleich die Menschen sie ewig nennen.

Doch als ein müder, sterbender alter Mann brauchte er etwas, worauf er den Blick richten konnte und von dem er glaubte, daß es unwandelbar sei. Die Kälte war ihm jetzt bis hinauf in die Hüfte gestiegen, und seine Finger waren starr und empfindungslos. Sein Augenlicht schwand.

Er richtete den Blick nach den fernen Bergen hin. Er hatte sich große Mühe gegeben. Er hatte gekämpft. Er hatte Ausschau in die Vergangenheit und in die Zukunft gehalten. Was lag daran? Was hatte er vollbracht?

Jetzt war es sicherlich bedeutungslos. Er würde ausruhen; er würde zu den Bergen zurückkehren. Und sie, wenigstens verglichen mit dem Hinschwinden der Menschengeschlechter, blieben unverändert. Und wenn die Form jener Berge an die Form von Brüsten erinnerte, so hatte vielleicht auch das seinen Sinn und war tröstlich.

Dann blickte er, obwohl er kaum noch etwas erkennen konnte, wiederum auf die jungen Menschen. Sie werden mich der Erde übergeben, dachte er. Aber ich übergebe sie gleichfalls der Erde. Denn nur aus ihr und durch sie lebt der Mensch. Ein Geschlecht vergeht, das andere kommt; die Erde aber bleibt ewiglich!

George R. Stewart

Mit „Leben ohne Ende" gelang dem 1980 verstorbenen George Rippey Stewart zweifellos ein großer Wurf. Obgleich die Geschichte vom „letzten Amerikaner" Stewarts einziger Ausflug in das Gebiet der Science-fiction war, trug sie dem Autor mehr Anerkennung und Ehre ein, als vielen seiner auf Zukunftsromane spezialisierten Kollegen je zuteil wurden. Der 1949 erschienene Roman wurde mit dem begehrten „International Fantasy Award" ausgezeichnet, galt fortan als Meisterwerk und konnte sich 1987 gar bei einer Expertenumfrage nach dem besten SF-Roman aller Zeiten in der Spitzengruppe plazieren.

George R. Stewart, der 1895 in Pennsylvania geboren wurde, studierte in Kalifornien und lebte dort als Universitätsprofessor für Englisch. 1962 trat er nach mehreren Jahrzehnten Lehrtätigkeit in den Ruhestand. Stewart hat eine ganze Reihe von Büchern geschrieben, darunter mit „Storm" (1941) und „Fire" (1948) auch zwei herkömmliche Katastrophenromane. Kein Wunder, daß der ambitionierte Schriftsteller, der mit seiner Familie zeitweise auch in Mexiko, Frankreich und Griechenland lebte, nie über Langeweile zu klagen hatte. Ein Interview, in dem er die Aktivitäten seines „Ruhestands" beschrieb, belegt überdies, daß einiges von der Schaffenskraft und vielseitigen Interessenlage des Autors auch in seine fast schon legendäre Romanfigur Isherwood Williams eingeflossen ist. „Ich habe eine Menge Lieblingsbeschäftigungen", erklärte Stewart damals: „Lesen, Mauern aus Ziegelstein bauen, reisen, alte Indianerpfade aufspüren, Theaterstücke ansehen, angeln und mit meinen Enkeln spielen."

STÖRFAKTOR

von ERIC FRANK RUSSELL

Ins Deutsche übertragen von
Hans Deter

Titelillustration: Karel Thole

DAS Schiff war klein, stromlinienförmig und nicht viel mehr als Schrott. Nutzlos lag es im tiefen Gras, hatte seinen Dienst getan und war zu nichts mehr zu gebrauchen. In den Bug war beidseitig der Name ELSIE II eingraviert. Das hatte keine romantische Bedeutung, sondern war lediglich aus L. C. 2 abgeleitet, was wiederum für „Long-Range Craft Number Two" stand. In der Mitte trug es den Silberstern der Raum-Union, und auch das war inzwischen bedeutungslos – denn es befand sich jetzt im Besitz des Gegners.

Ebenfalls in Feindeshand war die komplette siebenköpfige Besatzung, alles Terraner. Sie hingen trübselig herum, müde, genervt, der Waffen beraubt, und warteten darauf, daß jemand sie herumstieß.

Zwanzig Kastaner hielten Wache, während drei andere das Schiff daraufhin durchsuchten, ob vielleicht jemand versteckt zurückgeblieben war. Die Kleinsten unter ihnen überragten die längsten Terraner um Kopf und Schultern – ihre Größe variierte von zwei Meter zwanzig bis zwei Meter vierzig.

Die Terraner warteten in mürrischem Schweigen, während die Kastaner mit großen, schweren Stiefeln von Bug bis Heck durch ihr aufgebrachtes Schiff trampelten. Schließlich quetschte sich ein Offizier, dem zwei niedere Dienstgrade folgten, durch die Luftschleuse.

Gewichtig stolzierte er auf die Gruppe zu und sagte etwas zu einem Kastaner, dessen linker Ärmel von drei purpurnen Kreisen geziert wurde. Seine Sprache war eine Folge von Schnaub- und Grunzlauten. Sodann wandte er sich den Gefangenen zu und schaltete auf fließendes Extralingua um.

„Wer hat den Befehl über dieses Schiff gehabt?"

„Ich", antwortete Wardle.

„Sir."

Wardle starrte ihn kalt an.

„Sag ‚Sir', wenn du mit mir sprichst!" befahl der Offizier ungeduldig.

„Wie ist Ihr Rang?" fragte Wardle unbeeindruckt.

Der andere legte eine spatengroße Hand auf ein Holster, in dem eine gewaltige Maschinenpistole steckte. „Das hat dich nicht zu kümmern. Du bist ein Gefangener. Du wirst tun, was man dir sagt – und zwar von jetzt an."

„Ich werde ‚Sir' nur zu einem Offizier höheren Ranges sagen", informierte ihn Wardle im Tonfall von jemandem, der seine Rechte kennt. „Ich werde mich außerdem dessen Anordnung fügen, ob diese Anrede nun für höhere militärische Dienstgrade reserviert ist oder nicht."

Seinen Zuhörer befiel eine kurze Unsicherheit. Er kannte seine Vorgesetzten und ahnte, auf wessen Seite sie sich in einer Auseinandersetzung schlagen würden, die ihre Rechte und Privilegien betraf. Der Fluch des Offiziersdaseins besteht darin, über sich andere Offiziere zu haben. Vielleicht sollte er die Sache besser fallenlassen; das Thema war zu gefährlich, um sich darauf zu versteifen. Er warf den zuschauenden Soldaten einen Blick zu, um festzustellen, ob sie bemerkt hatten, daß ihm getrotzt worden war. Die Gesichter waren ausdruckslos und nichtssagend.

Er gewann seine Selbstsicherheit zurück, indem er Wardle rauh und autoritär anfuhr: „Ich habe nicht die Absicht, mit einem einfachen Gefangenen zu streiten. Ihr habt noch viel zu lernen. Und ihr werdet es schnell lernen."

„Ja, Herr Lehrer", stimmte Wardle zu.

Der Offizier schenkte dem keine Beachtung und fuhr fort: „Ihr werdet diesem Sergeanten folgen. Ihr werdet in einer Reihe hinter ihm hergehen. Ihr werdet zu beiden Seiten und hinten bewacht. Falls einer von euch zu fliehen versucht, wird die Eskorte gezielt schießen – tödlich. Verstehst du das?"

„Ja."

„Dann informiere deine Begleiter."

„Das ist nicht nötig. Sie verstehen Extralingua. Man bekommt eine gute Ausbildung auf Terra."

„Auch auf Kasta", gab der Offizier zurück, „wie ihr bald entdecken werdet." Er wandte sich an den Sergeanten. „Bring sie weg."

DIE Besatzung der *Elsie* folgte gehorsam dem Sergeanten und marschierte ab. Auf jeder Seite hielten drei Wachen in drei Meter Entfernung Schritt, gerade weit genug entfernt, um einen plötzlichen Sprung und einen erfolgreichen Griff nach einer Waffe unmöglich zu machen. Vier weitere folgten gewichtig hinterdrein.

Sie stießen auf einen breiten Pfad zwischen riesigen Bäumen und gingen schweigend weiter. Eine kleine Eidechse mit Halskrause kletterte in fünfzehn Meter Höhe träge über einen Zweig, starrte mit kleinen Perlaugen auf sie herab und stieß ein paar mitfühlende Quieker aus. Niemand nahm Notiz davon.

Die meterbreiten Schultern des Sergeanten schwankten vor ihnen hin und her, während seine mächtigen Stiefel *tapp-tapp-tapp* machten.

Es war nicht schwierig, ihm auf den Fersen zu bleiben, da die Langsamkeit seiner Schritte deren Weite aufhob. Die Stiefel der Eskorte an den Seiten und hinter ihnen machten ebenfalls *tapp-tapp-tapp,* und die Terraner kamen sich wie Pygmäen vor, die von Elefanten in Menschengestalt gefangen worden waren.

Schließlich erreichten sie ein kleines Lager, das aus einem halben Dutzend Hütten auf einer Lichtung bestand. Hier wurden die sieben in einen Truppentransporter mit Sitzbänken an den Längsseiten getrieben. Sie setzten sich nebeneinander auf die eine Seite, ihre Füße hingen mehrere Zentimeter über dem Boden. Die Wachen nahmen auf der anderen Seite Platz, die Maschinenpistolen im Schoß.

Der Lastwagen erwachte dröhnend zum Leben, ruckte an und holperte schlingernd über eine staubige Straße; dann erreichte er eine breite, gepflasterte Straße, auf der er drei Stunden lang mit Höchstgeschwindigkeit weiterraste. Während dieser Zeit sagten die Terraner kein Wort, aber ihre Augen nahmen die vorübergleitende Landschaft so in sich auf, als ob sie diese nie wieder vergessen wollten.

Mit einem plötzlichen Rechtsschwenk, der die Gefangenen auf den Boden warf, schleuderte der Lastwagen auf ein Militärgelände, wo er vor einem großen Steingebäude hielt. Die Wachen lachten dröhnend und stießen die taumelnden Gefangenen mit ihren Stiefeln an. Eine Gruppe uniformierter Kastaner versammelte sich und begaffte die Terraner neugierig, als diese ausstiegen und hineingeleitet wurden.

Der Sergeant stellte sie an einer Wand auf, schnaubte und grunzte den Wachen ein paar warnende Worte zu und hastete durch die Tür. Nach einer Weile steckte ein Offizier den Kopf zur selben Tür herein, betrachtete die schweigenden Gefangenen und zog den Kopf wieder zurück. Ein wenig später erschien wieder der Sergeant, scheuchte sie durch einen hohen Gang in einen Raum, wo zwei Offiziere hinter einem langen Tisch warteten.

Zwanzig Minuten lang stöberten die Offiziere in Papieren herum und ignorierten die Ankömmlinge betont. Diese Laß-sie-warten-Taktik war wohlbedacht und vorsätzlich, dazu bestimmt, den Gefangenen eindeutig klarzumachen, daß sie Abschaum waren, mit dem nach Belieben umgesprungen werden konnte.

Schließlich blickte einer der Offiziere auf, verzog das Gesicht zu einem Ausdruck des Mißvergnügens und schob seine Papiere auf die Seite. Dann stieß er seinen Kollegen an, der sich ebenfalls dazu herabließ, von fremder Anwesenheit Notiz zu nehmen.

„Wer spricht Kastan?" fragte der Offizier in dieser Sprache.

Keine Antwort.

„Nun dann, spricht einer von euch Extralingua?" fuhr er fort.

„Alle, Sir", mischte sich der Sergeant ein, ohne den Terranern die Möglichkeit zu geben, selbst zu antworten.

„So! Dann werden wir mit der Vernehmung weitermachen."

Er deutete wahllos mit seinem Schreibstift. „Du da – wie heißt du?"

„Robert Cheminais."

„Nummer?"

„105697."

„Rang?"

„Captain."

Der zweite Offizier schrieb dies alles auf einen Bogen Papier, während der Schreibstift weiterwanderte und auf den nächsten zeigte.

„Und du?"

„William Holden."

„Nummer?"

„112481."

„Rang?"

„Captain."

Eine erneute Bewegung, und der Schreibstift deutete auf den dritten.

„Frank Wardle. 103882. Captain."

Dann folgte der Rest in schneller Folge.

„James Foley. 109018. Captain."

„Alpin McAlpin. 122474. Captain."

„Henry Casasola. 114086. Captain."

„Ludovic Pye. 101323. Captain."

„Sieben Captains auf einem Schiff", kommentierte der Offizier. Er stieß ein lautes Schnaufen aus. „So also betreiben die Terraner ihre Flotte. Jeder ein Captain – wenn er nicht ein Admiral ist. Und zweifellos hat jeder von ihnen vierzig Orden." Sein säuerlicher Blick musterte die Gefangenen und blieb dann an Wardle hängen. „Wie viele Orden hast *du* bekommen?"

„Keinen – bis jetzt."

„Bis jetzt? Du hast natürlich eine dicke Chance, *jetzt* einen zu bekommen. Vorausgesetzt, wir werden verrückt und geben dir einen." Er wartete auf eine Antwort, die er nicht erhielt, und fuhr fort: „Aber du bist ein Captain?"

„Das ist richtig."

„Und alle anderen sind auch Captains?"

„Exakt."

„Wer hat dann das Schiff kommandiert?"

„Ich", antwortete Wardle.

„In diesem Fall", krächzte der Offizier, „kannst du mir etwas erzählen. Du kannst mir sagen, warum genau ihr hier seid."

„Wir sind hier, weil wir gefangengenommen wurden."

„Das weiß ich selbst, Schwätzer! Ich will wissen, warum ein terranisches Fahrzeug in dieser Gegend aufgetaucht ist, die früher nie besucht wurde."

„Wir befanden uns auf einer weiträumigen Erkundungspatrouille. Unsere Maschinen spielten verrückt, der Antrieb arbeitete unregelmäßig und sprunghaft, so daß wir zur Landung gezwungen waren. Ihre Truppen ergriffen uns, bevor wir die Reparaturen durchführen konnten." Wardle zeigte ein total resigniertes Schulterzucken. „Wir hatten Pech. So ist der Krieg eben."

„Ihr hattet Pech? Ich habe den Eindruck, daß ihr von mangelhafter Technik im Stich gelassen wurdet. Unsere Raummarine würde so etwas nicht dulden. Unser Effizienzstandard ist ziemlich hoch." Er starrte seinen Zuhörer durchbohrend an und fuhr fort: „Unsere Experten sind unterwegs, um die terranischen Maschinen zu untersuchen. Ich glaube nicht, daß sie etwas Wissenswertes entdecken werden."

Wardle ließ das unkommentiert.

„Ihr wart also auf einem Spionageflug, wie? Ist euch nicht gut bekommen, oder?"

Keine Antwort.

„Wir haben einen sehr nützlichen Arbeitsverband von viertausend Unionsgefangenen. Sieben Terraner werden dabei nicht ins Gewicht fallen. Ihr seid kümmerliche und schwächliche Kreaturen." Er besah sich einen nach dem anderen und verzog geringschätzig die Lippen.

„Aber wie dem auch sei, wir werden euch trotzdem dazulegen. In Kriegszeiten kann man alles brauchen, sogar ein paar verkümmerte Captains." Er wandte sich an den gleichmütig lauschenden Sergeanten: „Laß sie nach Gathin verschiffen. Die Papiere schicke ich sofort ab, wenn wir hier mit ihnen fertig sind."

Mit einer Geste entließ er sie. Der Sergeant geleitete die sieben zurück zum Lastwagen, trieb sie ungeduldig zum Einsteigen, setzte sich zusammen mit einer Wache ihnen gegenüber, die Maschinenpistole auf den Knien. Der Lastwagen bockte, schoß vorwärts, kam auf die Hauptstraße und raste mit Höchstgeschwindigkeit vorwärts.

Holden, hakennasig und schmalgesichtig, beugte sich vor. „Wo liegt Gathin?" fragte er den Sergeanten in Extralingua.

„Dort oben." Ein hammergroßer Daumen deutete in den Himmel. „Zwölf Flugtage, Anthrazitminen, Bleibergwerke, Maschinenfabriken. Viel Arbeit für die Toten." Er zeigte seine großen Zähne. „Kriegsgefangene sind so gut wie tot. Deshalb sollte man sich nicht gefangennehmen lassen."

„Verstehst du Terranisch?" fragte Holden, indem er auf diese Sprache umschaltete.

Der Sergeant sah ihn verständnislos an.

„Du dreckiger, großer, stinkender Idiot! Heil der Union!" äußerte Holden mit einem herrlichen strahlenden Lächeln.

„Bitte?" sagte der Sergeant und lächelte verwirrt zurück.

„Du plattfüßiger, dämlicher Schwachkopf", fuhr Holden fort und grinste liebenswürdig. „Hoffentlich erstickst du mit deinen schieläugigen Bastarden bald in einem Misthaufen! Heil der Union!"

„Bitte?" wiederholte der Sergeant verblüfft, aber geschmeichelt.

„Laß das, Bill", warnte Wardle.

„Halt die Klappe!" antwortete Holden und fuhr, an den Sergeanten gewandt, in Extralingua fort: „Wenn Sie wollen, werde ich Ihnen ein wenig terranisch beibringen."

Der Sergeant stimmte in dem Gedanken zu, daß jedes bißchen Bildung ein Schritt auf dem Weg zum Offizier war. Der Unterricht begann noch während der Fahrt. Gefangene und Posten hörten interessiert zu, als Holden Worte und Sätze genau und langsam vorsprach und der Sergeant sie perfekt wiederholte. Er sprach schon so fließend, daß am Raumhafen Abschiedsworte ausgetauscht werden konnten.

„Fall tot um, du fette Ratte", sagte Holden und salutierte übertrieben.

Der Sergeant, stolz auf seine sprachlichen Fähigkeiten, erwiderte: „Danke, mein Gott! Heil der Union!"

Sie trotteten die Gangway des Schiffes hinunter und besahen sich ihre neue Umgebung. „Punkt eins", sagte Wardle bedeutungsvoll, „wir sind angekommen, ohne daß man uns die Kehle aufgeschlitzt hat. Punkt zwei: Wir wissen jetzt genau, wo Gathin liegt."

„Ja", bestätigte Holden, „wir wissen, wo es liegt. Aber es ist leichter, hierher- als wieder wegzukommen."

„Ach, ich weiß nicht", meinte Wardle leichthin. „Unser größter Vorteil liegt darin, daß sie nicht erwarten, daß wir's versuchen. Vergiß nicht, Kumpel, daß es eine kosmosweite Übereinkunft ist, daß ein Kriegsgefangener zu den lebendigen Toten gehört und sich seinem Schicksal fügt. Diese Tatsache wird allgemein anerkannt, nur nicht von den Terranern, die komplett verrückt sind."

„Früher hatten nicht alle Terraner diesen Standpunkt", entgegnete Holden. „Zu der Zeit, als sie lernten, auf den Hinterbeinen zu gehen, hielten die Japaner Gefangenschaft für schlimmer als den Tod. Einige gingen sogar so weit, bei der ersten sich bietenden Gelegenheit Selbstmord zu begehen."

„Das ist aber schon verdammt lange her und ..."

„Ruhe!" brüllte ein dickbäuchiger Kastaner, der am Fuß der Gangway stand, den unvermeidlichen Posten neben sich. Finster starrte er die Gefangenen an, als sie sich vor ihm aufreihten. „Ihr seid also Terraner, was? Von eurer Gattung wurde uns von den Aluesianern und Stames berichtet, die" – er setzte ein selbstzufriedenes Grinsen auf – „jetzt durch das Recht der Eroberung unsere Sklaven sind. Aber sie haben nie etwas davon gesagt, daß ihr so klein seid. Oder hat man uns eine Gruppe ausgesuchter Zwerge geschickt?"

„Sieben Zwerge, Sonnyboy", erwiderte Holden. „Schneewittchen kommt mit dem nächsten Schiff."

„Schneewittchen?" Der Dickbauch runzelte die Stirn und konsultierte seine Papiere. „Ich habe hier Dokumente für sieben Terraner. Von einem achten, der mit diesem Schiff kommen soll, steht hier nichts."

„Dann muß sie es verpaßt haben", erklärte Holden hilfreich.

„Sie? Soll das heißen, daß es auch einen weiblichen Gefangenen gibt?"

„Augenscheinlich hat man sie nicht gefangen. Sie ist in den Wald gelaufen." Holden setzte eine Miene verzückter Bewunderung auf. „Ich hätte nicht geglaubt, daß sie auf diese Weise davonkommt."

Der Dickbauch holte tief Luft. „Habt ihr unser Vernehmungsbüro von diesem Schneewittchen unterrichtet?"

„Nein, Sonny. Sie haben uns nicht danach gefragt."

„Dummköpfe!" spuckte er aus. „Jetzt müssen wir einen Bericht nach Kasta durchgeben und eine breitangelegte Suche nach ihr veranlassen. Das wird unsere Streitkräfte viel Zeit und Ärger kosten."

„Halleluja!" meinte Holden fröhlich.

„Was heißt das?"

„Das ist äußerst bedauerlich."

„Da hast du recht", pflichtete ihm der Dickbauch mit einer gewissen Boshaftigkeit bei. „Und zu gegebener Zeit wird sie es noch viel mehr zu bedauern haben." Sein Blick wanderte die Reihe entlang und heftete sich an Ludovic Pye. „Was gibt's da zu lachen? Hast du einen Gehirnschaden?"

„Er leidet an Hysterie", erklärte Holden. „Das ist der Schock der Gefangennahme."

„Hmpf!" machte der Dickbauch verächtlich. „Schwach an Geist und Körper. Die Aluesianer und Stames haben mehr moralische Substanz, auch wenn sie niedere Lebensformen sind. Sie brechen zwar körperlich zusammen, aber verrückt ist noch keiner geworden." Nachdrücklich spuckte er aus. „Terraner!" Dann deutete er auf einen Lastwagen. „Einsteigen!"

Sie stiegen ein. Es war dieselbe Prozedur wie vorher. Auf der einen Seite saßen sie, auf der anderen Seite die mißmutigen Wachen. Sie fuhren durch eine Landschaft, die sich von der auf Kasta deutlich unterschied. Die Bäume hier waren kleiner, nach Erdmaßstäben allerdings immer noch groß. Sie standen bald dichter zusammen und schlossen sich zu einem Dschungel, den die Straße in einer breiten schnurgeraden Linie durchschnitt.

Auf halbem Weg passierten sie eine Gruppe von Aluesianern, die am Straßenrand arbeitete. Sie waren von humanoider Gestalt und fast so groß wie die Kastaner, nur viel dürrer. Sie hatten Pupillen wie Katzen und waren Nachtwesen. Nur sie konnten die Qual der Fronarbeit bei hellem Sonnenlicht voll ermessen.

Die Aluesianer betrachteten die Terraner ohne Überraschung oder Interesse. Ausnahmslos zeigten sie die Apathie eines Geschöpfes, das sich dem Brauch gemäß in sein Schicksal ergeben hat und diese Ergebenheit auch bei allen anderen erwartet.

Holden, der dem Ausstieg am nächsten saß, beugte sich hinaus, als der Lastwagen an ihnen vorbeidonnerte, und schrie: *„Floreat Aluesia!"*

Das rief keine merkliche Aufregung hervor. Eine der Wachen beugte sich vor und klopfte Holden mit dem Pistolenknauf aufs Knie. *„Fosham gubitsch!"* knurrte er in unverständlichem Kastan.

„Halt's Maul", antwortete Holden in ebenso unverständlichem Terranisch.

„Halt es selbst!" befahl Wardle. „Wir werden noch genug Ärger haben, bis wir da sind."

„In der Zwergensprache wird hier nicht gesprochen", warf Dickbauch dazwischen und zerschnitt ein finsteres Stirnrunzeln in sieben gleiche Teile, die er an die Terraner verteilte. „Wenn gesprochen wird, dann in Extralingua. Das heißt, bis ihr Kastan gelernt habt."

„Ha!" sagte Holden, der unbedingt das letzte Wort haben mußte.

DER Offizier war groß, selbst für seine Rasse. Er trug eine hautenge dunkelgrüne Uniform mit Silberstickerei. Die Klappe seiner Brusttasche war mit kleinen weißen Pfeilen verziert. Sein Gesicht war breit, fleischig und ziemlich derb, sein Ausdruck streng.

„Ich bin der Kommandant dieses Gefängnisses. Ich habe die Macht über Schmerz und Strafe, über Leben und Tod. Deshalb werdet ihr danach streben, mich zu allen Zeiten zu erfreuen. Von jetzt an ist euer einziges Ziel, euer Daseins- und Lebenszweck, mir Freude zu bereiten."

Die sieben sahen schweigend zu, wie er gewichtig auf dem Teppich hin und her stampfte. „Wir hatten noch nie Terraner, und jetzt, da wir sie haben, halte ich nicht viel von ihnen. Trotzdem werden wir vollen Gebrauch von dem machen, was ihr zu leisten imstande seid. Das ist unsere angemessene Belohnung für den Sieg und eure angemessene Strafe für die Niederlage."

Holden öffnete den Mund, schloß ihn aber wieder, als er Wardles Absatz schmerzhaft auf den Zehen spürte.

„Ihr werdet jetzt zu eurem Quartier gebracht", fuhr der Offizier fort. „Morgen kommt ihr ins Kreuzverhör über eure Ausbildung und eure Fähigkeiten. Dann werdet ihr geeigneten Aufgaben zugeteilt werden." Er setzte sich, lehnte sich zurück und nahm einen gelangweilten Ausdruck an. „Sergeant, abführen!"

Sie traten im Gänsemarsch ab und warteten eine Stunde in der Mitte eines großen betonierten Hofes. Massive, zehn Stockwerke hohe Steinbauten umschlossen ihn. Jenseits der Gebäude ragte eine zwanzig Meter hohe Mauer auf. Der ganze Komplex schien leer zu sein, es waren keine anderen Gefangenen in Sicht.

Schließlich erschien ein Major der Wache, übernahm sie vom Sergeanten und führte sie im Block zur Rechten in den sechsten Stock durch einen langen Gang in einen riesigen Raum mit kahlen Steinwänden.

„Versteht ihr Kastan?"

Sie starrten ihn an.

„Extralingua?"

„Ja", antwortete Wardle für die Gruppe.

Der Major richtete sich auf und warf sich in die Brust. „Ich bin Gardemajor Slovits. Ich kommandiere diesen Block. Ich habe die Macht über Leben und Tod. Deshalb werdet ihr danach streben, mich zu allen Zeiten zu erfreuen."

„Das ist von jetzt an euer einziges Ziel", soufflierte Holden.

„Hä?"

„Ich wollte bemerken, daß wir verstanden haben", erklärte Holden mit ausdruckslosem Gesicht. „Unser einziges Ziel wird sein, Sie zu erfreuen, Gardemajor Slobovitsch."

„Slovits", korrigierte Slovits. „Ihr werdet euch hier in diesem Raum aufhalten", fuhr er fort, „bis draußen der große Gong ertönt. Dann werdet ihr zusammen mit den anderen in den Hof gehen und euer Abendessen in Empfang nehmen. Verstanden?"

„Ja", erklärte Wardle, um Holden von weiteren Bemerkungen abzuhalten.

„Jawohl, Gardemajor Slovovitsch", versicherte Holden und verdrängte damit Wardle wieder aus seiner Sprecherrolle.

„Slovits!" korrigierte Slovits und funkelte ihn böse an. Er stampfte hinaus und knallte die Tür hinter sich zu.

„Eines Tages wirst du dich in deiner eigenen Klappe fangen", prophezeite Wardle Holden.

„Ist schon passiert. Schließlich habe ich mich freiwillig zu diesem reizenden Job gemeldet, oder?"

„Ja, das hast du. Laß dir's eine Warnung sein!"

In dem Raum standen zwölf Betten; sie waren aus rohen, an einem Holzrahmen befestigten Brettern zusammengefügt. Die Betten waren zwei Meter siebzig lang und mit einer ebenso langen, etwas fadenscheinigen und nicht allzu sauberen Decke versehen. Am anderen

Ende des Saales gab es ein Waschbecken mit einem einzigen Wasserhahn.

„Jede denkbare moderne Unbequemlichkeit", brummte Foley, für den der Hauptfluch des Militärdienstes im Mangel an Komfort bestand.

„Zwölf Betten", stellte Alpin McAlpin fest. „Ich möchte wissen, ob das heißt, daß wir noch ein paar Stames oder Aluesianer dazubekommen. Wenn ja, dann erleichtert uns das für den Anfang die Kontakte."

„Wir müssen abwarten", meinte Wardle. Er schlenderte zur Tür und drückte auf die Klinke. Die Tür war abgeschlossen. „Selbstschließend und ganz aus Metall. Hm, hm! Hätte mich auch überrascht, wenn's anders gewesen wäre!"

Er ging an eines der vier Fenster. Sie waren nicht vergittert und ließen sich leicht öffnen. Ein Elefantenbaby hätte sich durchquetschen und entweichen können – vorausgesetzt, es wäre mit Schwingen auf die Welt gekommen.

Die anderen unterstützten ihn bei seinen Untersuchungen. Unmittelbar vor ihnen fiel die Mauer sechs Stockwerke tief ab. Nach oben gab es drei Stockwerke, aber keine Simse, keine Fensterbretter, keine Spalten – nur die Fensteröffnungen.

Der Beton am Fuß des Gebäudes war knochenhart, zwölf Meter breit und endete an der Außenmauer. Man hatte sie anscheinend in dem Teil des Blocks untergebracht, der am weitesten vom Hof entfernt lag. Ob das ein Vor- oder ein Nachteil war, mußte sich herausstellen.

Die Außenmauer erhob sich bis zu einer Höhe von zwanzig Metern; ihre Krone lag kaum einen Meter unter dem Boden ihres Raums. So konnten sie darauf hinunterblicken und viel von dem Gelände auf der anderen Seite sehen. Soweit sie von ihrem Beobachtungsposten aus feststellen konnten, war die Mauerkrone etwa einen Meter fünfzig breit. An beiden Seiten war sie mit einer dreifachen Reihe von Metallspitzen bestückt, die etwa fingerlang waren und einen Abstand von einem halben Finger hatten. Dazwischen verblieb noch ein etwa neunzig Zentimeter breiter Gang für die bewaffneten Wachen, die von Zeit zu Zeit vorüberstapften, ihre Aufmerksamkeit aber weniger nach innen, sondern mehr nach außen richteten.

„Da hätten wir ja eine ganz nette Einrichtung, um sie auf einfache Art loszuwerden", sagte Foley zu Holden.

„Wie meinst du das?"

„Du lenkst von hier aus die Aufmerksamkeit des Postens auf dich. Er schaut her und sieht dein blödes Gesicht. Davon wird ihm so übel, daß er über den Spießen in Ohnmacht fällt, die ihn dann durchbohren und festnageln."

„Die witzigste Rede, die ich seit Jahren gehört habe", antwortete Holden säuerlich. „Sieh nur, wie ich mich auf dem Boden wälze."

„Klappe halten, ihr Quatschköpfe!" befahl Wardle. Er verließ das Fenster, setzte sich auf die Kante eines Bettes und zählte an den Fingern die Punkte ab, die er durchging. „Betrachten wir die Gesamtsituation", erklärte er.

Die anderen pflichteten ihm bei, setzten sich um ihn herum und hörten zu.

„Die Alleswisser auf der Erde sagen, die Union sei durch eine fremdartige Psychologie gehandikapt, die sowohl für die Gegner als auch für unsere Verbündeten gilt. In dieser Beziehung scheinen wir Terraner einzigartig zu sein, obwohl wir eines Tages einer noch unbekannten Lebensform begegnen könnten, die auch das benutzt, was wir als ‚gesunden Menschenverstand' bezeichnen. Richtig?"

Alle nickten.

„Gut. Dieser Standpunkt der Fremden besagt, daß man für ewig in Ungnade gefallen ist, sobald man in Gefangenschaft gerät. Selbst ein entlassener Kriegsgefangener weigert sich, wieder auf seinen Heimatplaneten zurückzukehren; seine Familie betrachtet ihn lieber als tot, als sich mit dieser Schande zu belasten. Also gibt es für die Gefangenen keinen Grund, eine Flucht auch nur zu versuchen, ja überhaupt eine solche Möglichkeit in Erwägung zu ziehen – mit einer einzigen Ausnahme: schön ruhig und ungestört Selbstmord zu begehen. Das ist unser Vorteil den Feinden gegenüber – für unsere Verbündeten allerdings ist das ein ganz höllischer Nachteil. Richtig?"

Wieder nickten sie.

„Die Stames und die Aluesianer fallen entweder im Kampf oder geraten verwundet in die Hände des Feindes. Offiziell gibt es keine Vermißten. Deshalb haben sie hier eine machtvolle Armee, die, wie sie sagen, nicht existiert." Er hielt inne und fügte dann hinzu: „Und sie behaupten, die Terraner seien verrückt."

„Wenn wir's nicht sind", warf Holden ein, „warum sind wir dann hier?"

Wardle nahm davon keine Notiz, sondern fuhr fort: „Die Alleswisser versprachen uns, daß wir uns hier unter Umständen befinden werden, die von der unvermeidlichen Überzeugung des Feindes geprägt sind, wir würden niemals und unter keinen Umständen eine Flucht in Erwägung ziehen – außer zum Zweck der Selbstzerstörung. Sie sagten zum Beispiel, daß man uns nach Waffen und Dokumenten durchsuchen wird, nicht aber nach Dingen, die uns zur Flucht verhelfen könnten. Bis jetzt haben sie recht behalten, oder?"

„Ja", bestätigte Holden und tastete nach seiner Taschenuhr, die keine war.

„Sie sagen, der Feind werde von uns unbedingten Gehorsam verlangen, denn die einzige Schwierigkeit, die er bei der Behandlung von Gefangenen hätte, sei Arbeitsverweigerung. Natürlich wird ein Bursche, der sich selbst als tot betrachtet, bei der Arbeit nicht mehr schwitzen, als er unbedingt muß. So haben also die Kastaner mit ihren Gefangenen nur zwei Sorgen: Bummelei bei der Arbeit und gelegentlich Selbstmorde. Aber sie haben niemals gegen Spott, Ironie und Hohn, gegen Sabotage, Versuche organisierter Massenflucht und dergleichen zu kämpfen. Da sie eine andere Geisteshaltung haben als wir, erwarten sie nicht, können sie nicht erwarten, daß ihnen ein paar Terraner Schwierigkeiten machen." Nachdenklich rieb er sich das Kinn und fuhr nach einer kleinen Pause fort: „Glaubt ihr Burschen, daß die Art und Weise, wie wir bisher behandelt wurden, zeigt, daß die Alleswisser auch hier recht gehabt haben?"

„Ja", bestätigte Holden, und die anderen nickten zustimmend.

„Gut. Dann müssen wir also als nächstes herauskriegen, ob sie auch mit allem anderen richtig liegen. Wenn nicht, sitzen wir ziemlich in der Patsche – und könnten da sitzenbleiben, bis daß der Tod uns scheidet."

Er zählte den nächsten Punkt an einem weiteren Finger ab. „Unsere Schlauköpfe behaupten, die Gefängnisse der Kastaner seien ebenso gut gebaut wie unsere – mit einer wichtigen Ausnahme: Man verteidigt sie eher gegen Angriffe von außen als gegen eine Massenflucht oder Meuterei der Gefangenen. Die Kastaner rechnen mit der ersten, aber nicht mit der zweiten Möglichkeit, denn sie nehmen als sicher an, daß die Union nicht die Absicht hat, ihre Gefangenen zu befreien, sondern nur die, der kastanischen Wirtschaft wertvolle Arbeitskräfte zu entziehen."

„Das sind aber alles nur ziemlich vage Vermutungen", warf Alpin McAlpin ein. „Ich würde absolut nicht als selbstverständlich annehmen, daß unsere Fachleute bezüglich der Mentalität der Kastaner recht haben. Wir müssen schon die eigenen Augen und Ohren benutzen, bevor wir wissen, was wir zu tun haben."

„Dazu komme ich jetzt", erwiderte Wardle und warf Holden einen energischen Blick zu. „Eine ganze Weile müssen wir schön gehorsam sein, geduldige Lasttiere, denen aber doch nicht die geringste Kleinigkeit entgeht. Von jetzt an werden wir jede Nacht eine Konferenz abhalten und vergleichen, was jeder von uns herausbekommen hat."

„Warum siehst du *mich* dabei so an?" fragte Holden hochfahrend.

„Du bist mir ein bißchen zu draufgängerisch, mein Lieber. Du sollst eine Rolle spielen und bist ein miserabler Schauspieler."

„Quatsch! Ich halte mich für ein ganzes Stück klüger als diese Kastaner. Schließlich bin ich ja im heiligen Stand der Ehe gezeugt und geboren."

„Das sind wir alle. Aber wir müssen diese Tatsache so lange geheimhalten, wie es geraten erscheint. Gute Manieren sind die Kunst zu verheimlichen, daß man überlegen ist."

Irgendwo draußen im Hof dröhnte ein Gong.

„Essen", erklärte Foley und stellte sich an der Tür auf. „Gefängniskost. Schauen wir mal, ob's darüber was zu lachen gibt."

Das Türschloß öffnete sich mit einem Klicken, sie marschierten den langen Gang entlang, klapperten die Treppen hinunter und kamen in den Hof. Dort händigte ihnen eine Wache je eine Holzschüssel und einen Holzlöffel aus.

„Das hier wird sorgfältig aufgehoben. Verlust oder Beschädigung werden bestraft." Mit einem bananengroßen Zeigefinger deutete er über den Hof. „Bei den Mahlzeiten seid ihr mit diesen Stames beisammen. Mit anderen Gruppen wird keine Verbindung aufgenommen, außer es wird euch befohlen. Verstanden?"

Sie schlenderten quer über den Hof und stellten sich hinter den Stames an. Vor ihnen war eine Schlange von mehreren hundert Metern Länge; sie wand sich durch eine Lücke zwischen zwei Blökken und umlief den Küchenbau an der Rückseite des einen Gebäudes. Vier weitere Schlangen schlurften langsam vorwärts. Die eine bestand nur aus Stames, zwei aus Aluesianern, und eine war gemischtrassig.

Auch die Stames waren von menschenähnlicher Gestalt. Mit ihren Köpfen und Schultern überragten sie die Terraner. Diese Ähnlichkeit der Gestalt erstaunte niemanden. Alle bis jetzt bekannten intelligenten Lebensformen hatte man bisher nur auf Planeten gefunden, deren Bedingungen ungefähr denen der Erde entsprachen, und alle waren von ähnlicher Gestalt mit nur unwesentlichen Unterschieden. Über dieses Thema waren ganze Bibliotheken geschrieben worden mit Titeln wie: *„Kosmische Dominanz des humanoiden Grundmusters"*.

Aber die Ähnlichkeiten betonten eigentlich erst die Unterschiede. Die Stames waren auf eigenem Boden großartige Kämpfer, sonst aber bei weitem nicht so aggressiv und kriegslüstern wie die Kastaner. Sie waren auch keine Nachtgeschöpfe wie die Aluesianer. Ihnen fehlte jeder Sinn für das Alberne, wie er den Terranern zu eigen ist. Sie waren eine ernsthafte, humorlose Gattung, die düstere Literatur und schwermütige Musik produzierte.

Holden gab seinem Vordermann einen leichten Stups; der Stame drehte sich um und sah auf den kleinen Terraner hinunter. Er hatte das traurige Gesicht einer ausgemergelten Bulldogge und sah aus wie ein Gründungsmitglied des Vereins der Mißvergnügten.

„Wie sieht's mit dem Futter hier aus, mein Sonnenschein?" fragte Holden.

„Wenig und schlecht."

„Das dachte ich mir."

„Jetzt nehmen sie also schon Terraner", seufzte der Stame. „So weit sind sie schon vorgedrungen, *houne*? Der Krieg ist fast verloren, *houne?*"

„Was kümmert das dich? Du bist doch sowieso schon den Krokodilen zum Fraß vorgeworfen."

„Krakodalen? Was ist das, bitte?"

„Grinsende Kastaner", erklärte Holden. „Aber verrat mich nicht."

Langsam bewegte sich die Schlange vorwärts. Weitere Stames erschienen und stellten sich hinter den Terranern an. Sie schwiegen, solange man sie nicht ansprach. Alle waren sehr mager, unterernährt und ausgemergelt und hatten traurige, apathische Augen. Auch die Aluesianer waren in keiner besseren Verfassung. Ihre Kleidung war schäbig und abgetragen. Jeder dritte hatte keine Stiefel oder Schuhe und mußte barfuß laufen.

Im Küchenbau standen vierzig teilnahmslose Aluesianer paarweise zwischen zwanzig riesigen, dampfenden Kesseln und teilten unter der Aufsicht einer gleichen Anzahl Posten das Essen aus.

Holden bekam seine Portion als erster Terraner. Er schnüffelte daran, stocherte darin herum und knurrte: „Was ist dieses abscheuliche Hundefutter eigentlich?"

Eine Wache sah ihn an. „Was sagen?"

„Ich sage, daß dieser Fraß eine himmelschreiende Schande ist, du schwerfälliges Trampeltier."

„Du wirst nur sprechen in Extralingua", befahl der Posten. „Eigene Sprache ist verboten."

Sie folgten dem Beispiel jener, die ihre vollen Schüsseln in eine Hofecke trugen, sich auf den harten Boden setzten und aßen. Sie schwangen die Löffel und schlürften im Chor. Das Zeug schmeckte wie eine Gemüsesuppe. In der Brühe schwammen einige nicht identifizierbare Brocken, und für die Nasen der Terraner roch das Ganze wie das Katzenhaus in einem Zoo.

Ohne Begeisterung vertilgten sie ihren Eintopf, wuschen Löffel und Schüsseln unter einem Wasserhahn und warteten, was jetzt kam. Eine ganze Weile geschah so gut wie nichts. Die schon abgefütterten Gefangenen lümmelten irgendwo im Hof herum, während die Schlangen der noch zu Fütternden langsam vorwärtsschlurften. Als die letzten am Küchenhaus angelangt waren, lief eine sonderbare Unruhe durch die Menge. Die Spannung war fast körperlich spürbar.

Dann brüllte ein Posten hinter dem Block etwas Unverständliches. Sofort rannte eine Schar Gefangener los und drängte sich um das Küchenhaus. Befehle wurden geschrien, Kastaner fluchten, Peitschen klatschten. Nach wenigen Minuten flutete die Menge zurück.

Ein dünner Aluesianer mit traurigen Augen setzte sich neben die Terraner und schlürfte gierig seine Suppe. Er seufzte, lehnte sich zurück und sah sich um. Seine Kleidung war schwarz vom Kohlenstaub, und quer über sein Gesicht lief eine frische Schramme.

Wardle drängte sich zu ihm durch. „Was war die Ursache für diesen Tumult?"

„Extra", antwortete der Aluesianer. „Extraportion Suppe. Manchmal bleibt etwas übrig. Die Wachen rufen dann, und wer zuerst kommt, kriegt einen Nachschlag."

„Und darum rennt ihr wie die wilden Tiere?"

„Wir sind Gefangene", erklärte der Aluesianer philosophisch. „Ein Gefangener ist nicht mehr als ein Tier. Was soll er denn sonst sein?"

„Ein Kämpfer."

„Was, ohne Waffen und ohne Ehre? Du redest dummes Zeug." Er stand auf und ging weg.

„Habt ihr das gehört?" fragte Wardle seine Kameraden. „Das zeigt, wogegen wir anzukämpfen haben."

„Scheußlich", erklärte Holden angewidert.

„Wir dürfen sie nicht verurteilen", warnte Wardle. „Sie denken so, wie man es ihnen beigebracht hat, und das Ergebnis ist ja nicht ihre Schuld. Außerdem ist es wirklich hart für die Aluesianer. Sie müssen arbeiten, wenn sie eigentlich schlafen sollten, und sie versuchen zu schlafen, wenn sie ihre aktive Zeit haben. Das läuft ihrer Natur genau zuwider. Ich glaube, der Bursche da ist völlig am Ende."

„Die Stames haben es auch nicht gut", warf Ludovic Pye ein. „Ich habe mich gerade mit einem unterhalten." Er deutete auf einen sich entfernenden Leidtragenden, der hinter einem unsichtbaren Sarg einherschritt. „Er sagt, er sei jetzt vier Jahre hier, habe wie ein Hund geschuftet, und wenn er sich nicht selbst gelegentlich mal auf die Zunge bisse, wüßte er überhaupt nicht mehr, wie Fleisch schmeckt."

„Na, schön", erklärte Wardle. „Das heißt also, daß wir noch einen kleinen Vorteil haben. Die Kastaner teilen ihren windigen Fraß nach dem Grundsatz zu, daß er gerade noch vor dem Verhungern bewahrt. Menschen, die halb so groß wären wie wir, könnten davon einigermaßen existieren und arbeiten. Uns geben sie dieselbe Portion wie den anderen, die viel größer sind. Das heißt also, daß wir im Verhältnis zu unserer Größe mehr bekommen als sie. Wir verhungern also nur zu einem Viertel, die anderen aber zur Hälfte."

„Mit den zahllosen anderen Vorteilen, die wir haben oder die uns eigentlich zustehen", fiel Pye sarkastisch ein, „wundert's mich eigentlich, daß die Kastaner nicht aufgeben."

„Das werden sie noch, mein Sohn, warte nur ab", behauptete Holden.

Wardle richtete sich auf. „Wir müssen irgendwo anfangen, solange die Zeit für uns günstig ist. Teilt euch auf, und bearbeitet unten im Hof einzeln so viele wie nur möglich. Fragt jeden aus, der ein bißchen zugänglich erscheint, und versucht rauszukriegen, wer der älteste Offizier des ganzen Vereins ist."

Das taten sie. Holden war der erste, der sich einen Stamen vornahm, weil der ein bißchen weniger heruntergekommen und verhungert aussah als die anderen.

„Wer ist der älteste Offizier in diesem Müllhaufen?" fragte er.

„Der Kommandant der Kastaner natürlich. Ihr habt ihn doch bei eurer Ankunft gesehen, oder nicht?" antwortete der Gefragte.

„Ich meine nicht Festerhead, sondern den ranghöchsten Offizier hier unter den Gefangenen. Den Dienstältesten."

„Es gibt keine Offiziere."

„Wirklich? Sind sie vielleicht in einem anderen Lager?"

„Es gibt keine Offiziere", erklärte der Stame nochmals nachdrücklich, als spreche er mit einem Idioten, „denn ein Gefangener hat keinen Rang. Wir alle sind Gefangene, also gibt es keine Offiziere."

„Ja", meinte Holden, „das stimmt. Logisch."

Er legte die Stirn in Falten, gab die Suche auf, bummelte aber ziellos herum. Schon bald traf er mit Casasola zusammen, dem großen Schweiger, der nur dann den Mund aufmachte, wenn es sich unter keinen Umständen vermeiden ließ.

„Keine Ränge, deshalb auch keine Offiziere", berichtete Holden.

Casasola zog eine Grimasse und ging kommentarlos weiter.

Als nächsten traf er Foley. „Keine Ränge, deshalb auch keine Offiziere", wiederholte er.

„Was du nicht sagst", erwiderte Foley angeekelt und setzte seine vergeblichen Befragungen fort.

Bald wurde Holden die Sache langweilig. Er suchte sich eine ruhige Ecke, hockte sich mit gekreuzten Beinen hin, klemmte die Schüssel zwischen die Knie, schlug mit dem Löffel einen Trommelwirbel und jaulte dazu, um Aufmerksamkeit zu erregen: „Keine Mama, keinen Papa. Habt Mitleid, Herr! Bakschisch!"

„In der Zwergensprache wird nicht gesprochen!" befahl eine Stimme aus beträchtlicher Höhe über enormen Stiefeln.

Holden sah hinauf. „Oh, guten Abend, Gardemajor Slobowitsch."

„Ich heiße *Slovits!*" brüllte Slovits und zeigte seine Pferdezähne.

ALS die Tür für die Nacht zuklickte, waren die sieben allein. Die fünf übrigen Betten blieben frei. Wardle beäugte sie nachdenklich.

„Entweder ist dieser Hühnerstall noch nicht voll besetzt, oder sie trennen uns von den anderen. Ich hoffe, ersteres trifft zu."

„Ist das so wichtig?" fragte Pye.

„Vielleicht. Wenn sie uns von den anderen getrennt halten, dann möglicherweise, weil sie mehr über die Terraner wissen, als wir glauben. Sie könnten sogar zuviel über unsere militärischen Taktiken wissen. Ich mag meine Feinde lieber groß, plump und unwissend."

„Viel können sie nicht wissen", vermutete Pye. „Zahlenmäßig sind sie die stärkste bis jetzt bekannte Lebensform, und sie haben ungefähr sechzig verstreute Planeten unter ihrer Herrschaft. Aber ihr Geheimdienst ist nie in den Operationsbereich Terras vorgedrungen. Die Kastaner haben ihre ganze Zeit damit verbracht, die Stames, Aluesianer und kleinere Völker zu bekämpfen; als wir zu Hause abflogen, kannten sie uns nur vom Hörensagen." Er schniefte verächtlich. „Ich wette, sie haben die *Elsie* von innen nach außen gekehrt und glauben, das sei das beste, das wir haben."

„In welchem Ton sprichst du von einer Dame?" rügte Holden vorgeblich entrüstet.

„Jedenfalls wissen wir", fuhr Wardle fort, „daß unsere Experten in bezug auf unsere gefangenen Verbündeten recht hatten und ihre Zahl ziemlich korrekt berechnet haben. Es ist offensichtlich, daß keiner dieser Gefangenen auch nur einen Finger rühren würde, um wieder nach Hause zu kommen. Ihre Rassengenossen würden sie zurückweisen; sie hätten keine Lebensmöglichkeiten mehr, ihre Familien würden sie verleugnen, und sie würden zu Ausgestoßenen. Das verlockt nicht zu einem Ausbruchsversuch oder zu Aufruhr."

„Noch nicht", sagte Holden.

„Nein, noch nicht. Unsere Fachleute glauben, einen Weg gefunden zu haben, um die harte Kruste des fremden Verhaltensmusters aufzubrechen, zum großen Vorteil der Union und zur Verwirrung der Kastaner. Wir müssen dafür sorgen, daß es funktioniert. Wir haben uns die Umstände ziemlich genau ansehen können. Wie seht ihr unsere Chancen?"

„Viel zu früh für ein Urteil", wandte Holden ein. „In einer Woche können wir die Sache besser einschätzen."

„Ich habe geglaubt, die auf Terra übertreiben", meinte Pye, „aber das stimmt nicht. Ganz und gar nicht. Die erwarten von uns, daß wir mit einem Haufen erschöpfter Zombies Wunder wirken. Eine schwierige Aufgabe, wenn ihr meine Meinung hören wollt."

„Laßt euch doch nicht so sehr von dem fremdartigen Standpunkt dieser Burschen beeinflussen", wandte Wardle ein. „Je mehr ihr euch davon verwirren laßt, desto schwieriger erscheint euch die Aufgabe. Versucht, die Geschichte einfacher zu betrachten."

„Wie meinst du das?"

„Im Grunde sind die Stames und Aluesianer erstklassige Kämpfernaturen, voller Mut und zu allem bereit, solange sie Waffen in der Hand haben und das, was sie für ihre persönliche Ehre halten. Nimm ihnen die Waffen weg, und gib ihnen einen Fußtritt, und du zerstörst ihre Ehre. Sie werden also durch etwas kaltgestellt, das letztlich nichts anderes ist als ein seit Jahrhunderten tradierter Stammesritus."

„Aber der ergibt doch keinen Sinn."

„Genausowenig wie einige unserer Gebräuche. Vielleicht hatte das früher, in grauer Vorzeit, mal einen Sinn. Vielleicht diente es nur dazu, in einer Zeit, in der es noch keine Sprengstoffe und Giftgase gab, die Schwachen auszusondern. Der einzige Unterschied zwischen diesen Gefangenen und uns ist doch nur der, daß man uns nackt ausziehen könnte und wir doch noch etwas behalten, das die anderen entbehren."

„Und das wäre?"

„Ein unsichtbares Etwas, das Moral genannt wird."

„Hmpf!" sagte Pye unbeeindruckt.

„Ein Gefangener hat sie, oder er hat sie nicht", erklärte Wardle. „Diese ganze Bande hier hat sie nicht, und das ist nicht ihr Fehler. Ihre uralten Sitten reden ihnen ein, daß es so etwas nicht gibt. Vielleicht sollte ich besser sagen: Sie sind blind dafür. Wir müssen ihnen dabei helfen, die Dinge richtig und klar zu sehen."

„Das weiß ich alles", brummte Pye. „Aber ich war mal fünf Jahre auf Hermione. Vielleicht weißt du, daß die Hermies scharfe Augen haben, aber nur schwarz und weiß und höchstens noch graue Schattierungen sehen. Das kann man ihnen nicht zum Vorwurf machen, sie sind eben so geschaffen. Du kannst mit ihnen in alle Ewigkeit diskutieren, aber es wird dir nicht gelingen, ihnen klarzumachen, daß es Farben gibt und was ihnen entgeht."

„Na und? Wir sind doch nicht hier, um den Stames und Aluesianern irgend etwas Mysteriöses zu geben, das sie noch nie hatten. Wir müssen ihnen das wiederbringen, was sie verloren haben, was sie noch besaßen, als sie geladene Waffen in den Händen hatten. Es mag schwer sein, aber nicht unmöglich."

„Was soll das heißen?" fragte Holden.

„Was soll *was* heißen?"

„Unmöglich?"

„Vergiß es", wies ihn Wardle grinsend zurecht. „So ein Wort gibt es nicht."

Holden beugte sich zu Pye hinüber. „Hast du gehört, was dieser reizende Herr hier gesagt hat?" dozierte er mit erhobenem Zeigefinger. „Ein solches Wort gibt es nicht."

„Hmpf!" wiederholte Pye, entschlossen, seiner derzeitigen Skepsis nicht zu entsagen.

Wardle schlenderte zu einem Fenster und sah hinaus. Es war dunkel, und der rötliche Himmel war von zahllosen Sternen gesprenkelt.

Einer der drei kleineren Gathinmonde stand hoch am Himmel und goß sein gelbes Licht über die Landschaft.

Die Krone der Gefängnismauer war von den dünnen, scharfen Scheinwerferstrahlen hell erleuchtet. Der einzige Zweck dieser Festbeleuchtung sollte offensichtlich sein, daß die Posten ihren Weg sahen und nicht versehentlich auf die Eisenzacken traten und zwanzig Meter tief stürzten.

„Wir müssen beobachten, in welchen Zeitabständen die Posten ihre Runden machen", sagte Wardle. „Wir müssen uns ablösen, um schnellstens genaue Einzelheiten festzustellen."

„Und dann müssen wir uns irgendwo eine kleine Kiste beschaffen", mischte sich Holden ein, „oder noch besser, eine Klappleiter."

„Wozu?" fragte Wardle.

„Früher oder später müssen wir einen von ihnen erschlagen. Wer ihn umlegt, braucht aber eine Leiter, wenn er zu einem Kerl von zwei Meter fünfzig Größe hinaufreichen will. Man braucht wirklich Grips, um an alles zu denken." Er suchte sich ein Bett aus, ließ sich darauffallen, und sein Blick begegnete dem des Dauerschweigers Casasola. „Du bist auch noch da, ja? Eine einsame Rose in einem Garten voller Unkraut."

Casasola würdigte ihn keiner Antwort.

Dann kam die Morgendämmerung. Sie wurde versüßt durch die Majestät, Gardemajor Slovits. Er riß die Tür auf, marschierte herein und streichelte jeden Schläfer unsanft mit seinem Peitschenstiel.

„Ihr werdet euch sofort anziehen und um euer Frühstück kümmern. Sobald ihr gegessen habt, werdet ihr euch vor dem Büro des Kommandanten aufstellen." Er fügte noch ein paar unfreundliche Bemerkungen hinzu. „Habt ihr das verstanden?"

„Jawohl", bestätigte Wardle.

Slovits trampelte hinaus. Foley rollte sich herum, grunzte, setzte sich auf, rieb sich die rotgeränderten Augen.

„Was hat der Kerl gesagt?"

„Dem Sinn nach: aufstehen", erklärte Wardle.

„Nach dem Frühstück sind wir zu einem Drink bei Festerhead eingeladen", ergänzte Holden.

„Von wegen", meinte Foley. „Wozu braucht uns Festerhead eigentlich?"

„Gegen eine kleine Gebühr sag ich es dir", bot Alpin McAlpin an.

Sie reihten sich rechtzeitig in die Schlange ein und empfingen ihre

Portion Suppe mit Raubtiergeruch. Wie üblich setzten sie sich auf den Betonboden und aßen.

„Gut, *houne?"* bemerkte ein Stame neben ihnen, dessen einzige Freude im Leben das Schlürfen dieser Suppe zu sein schien.

„Meinst du?" Foley schnitt eine Grimasse. „Ich würde eher sagen, sie stinkt."

„Eine Beleidigung für den Magen", unterstützte ihn Cheminais.

„Selbst für Schweine zu schlecht", erklärte Ludovic Pye.

„Kusch, ihr Hunde!" brüllte Holden, so laut er konnte.

Zehntausend Augenpaare richteten sich auf sie, zehntausend Holzlöffel blieben bewegungslos über ebenso vielen Holzschüsseln hängen. Ein Dutzend Wachposten rannten auf den Brennpunkt des allgemeinen Interesses zu.

„Was ist los?" fragte der erste, der atemlos herankeuchte.

„Was soll los sein?" fragte Holden verständnislos wie ein kleines Kind.

„Du hast geschrien. Warum hast du geschrien?"

„Ich schreie *immer* zwei Stunden nach Sonnenaufgang, regelmäßig am Donnerstag."

„Donnerstag? Was ist das?"

„Ein heiliger Tag."

„Und warum schreist du dann?"

„Das ist meine Religion", versicherte Holden und schlug fromm die Augen auf.

„Ein Gefangener hat keine Religion", verkündete der Posten mit bemerkenswertem Nachdruck. „Und jetzt wird nicht mehr geschrien." Böse stampfte er weg, mit ihm die anderen Posten. Zehntausend Augenpaare wandten sich ab, zehntausend Holzlöffel senkten sich in ebenso viele Holzschüsseln.

„Dieser Büffel", sagte Holden, „ist so blöd, daß er glaubt, Tonerde sei ein musikalischer Planet."

Der neben ihm sitzende Stame sah sich vorsichtig um. „Ich verrate dir etwas", flüsterte er vertraulich. „Alle Terraner sind verrückt."

„Nicht alle", bestritt Wardle. „Nur einer von uns. Ein einziger."

„Welcher?" fragte der Stame.

„Darf ich nicht sagen", warf Holden ein. „Militärisches Geheimnis."

„Gefangene haben keine Geheimnisse", antwortete der Stame bestimmt.

„Wir schon", erwiderte Holden und schlürfte geräuschvoll seine Suppe. „Gut, *houne?*"

Der Stame stand auf und ging weg. Aus Gründen, die nur ihm selbst bekannt waren, fühlte er sich ein wenig benommen.

„Ist das eure Vorstellung von einem ruhigen, unterwürfigen Benehmen?" rügte Wardle. „Wenn ja, was passiert, wenn wir uns entschließen, aufmüpfig zu werden? Warst du irgendwann jugendlicher Straftäter?"

„Gehorsam hat seine Grenzen", bemerkte Holden, als er mit seiner Suppe fertig war. „Zumindest, soweit es mich betrifft. Außerdem bekämpfen wir eine bestimmte Geisteshaltung. Diese Kriecherei schlägt mir auf den Magen. Je eher wir sie kurieren, desto besser."

„Das mag sein. Aber wir müssen trotzdem vorsichtig sein, damit wir uns nicht dadurch übernehmen, daß wir zu früh loslegen. Wir müssen diesen Stames und Aluesianern beweisen, daß sowohl Selbstachtung als auch ein Sieg erreicht werden können. Es nützt uns gar nichts, wenn sie alles, was wir sagen und tun, als Wahnsinnsausbrüche erklären."

„Es hilft uns auch nichts, wenn wir Trübsal blasen und vor allem und jedem unseren Kratzfuß machen."

„Tu, was du willst", brummte Wardle und gab damit auf.

DIE Stames und die Aluesianer stellten sich in dichtgedrängten Kolonnen auf und marschierten durch das Haupttor ab. Sie trugen noch ihre Löffel und Schüsseln. Keiner hatte irgendwelches Werkzeug bei sich; wahrscheinlich wurde es am Arbeitsplatz aufgehoben. Ständig trieben Posten sie an, drängten sie, schneller zu gehen. Einige stolperten und fielen; mit ein paar Fußtritten wurden sie an ihren Platz zurückbefördert.

Mittlerweile stellten sich die Terraner, wie befohlen, vor dem Büro des Kommandanten auf. Eine große kastanische Fahne flatterte und knatterte am Fahnenmast über dem Gebäude. Holden betrachtete das Banner, augenscheinlich fasziniert von dessen Bewegungen.

Sie warteten noch immer, als die letzten Arbeitsgruppen den Hof verlassen hatten und die großen Gatter geschlossen wurden. Der Platz war leer, die Unterkünfte verlassen. Nur die dumpfen Schritte der Wachposten auf der Mauer waren zu hören, hin und wieder ein Befehl der Wachen, die die Kolonnen begleiteten, und entfernte Geräusche jener Sklaven, die ihr Tagewerk bereits begonnen hatten.

Nach über einer Stunde erschien endlich Slovits. „Ihr kommt jetzt hier herein und beantwortet alle Fragen."

Sie trabten hinein und sahen sich fünf Offizieren gegenüber. Der in der Mitte war der Gefängniskommandant. Alle fünf zeigten das gelangweilte Verhalten von Bauern, die an den Milchertragslisten ihrer Kuhherden arbeiten.

„Sie", sagte Festerhead und deutete: „Wer sind Sie?"

„Alpin McAlpin."

„Was haben Sie gelernt?"

„Radiotechnik."

„Dann sind Sie also Techniker?"

„Ja."

„Gut", bemerkte Festerhead, „geschultes Personal können wir brauchen. Zu viele dieser Gefangenen von der Union sind nur gewöhnliche Soldaten, die nichts können, als herumzutrödeln." Er flüsterte mit dem Offizier zu seiner Linken.

„Ja, den kriegt Raduma." Er wandte sich den anderen zu und deutete auf einen von ihnen. „Sie?"

„Ludovic Pye."

„Ausbildung?"

„Elektroingenieur."

„Raduma", gab Festerhead an. „Der nächste?"

„Henry Casasola. Waffenmeister."

„Reparaturwerkstatt", entschied Festerhead. „Der nächste?"

„James Foley. Flottenarzt."

„Gefängnislazarett. Der nächste?"

„Frank Wardle. Flugkapitän."

„Pilot? Fremde Piloten brauchen wir nicht. Wie lange standen Sie im Dienst der Terrastreitkräfte?"

„Acht Jahre."

„Und was waren Sie vorher?"

„Forstmeister", berichtete Wardle und zwang sich zu einer gleichgültigen Miene.

Festerhead klatschte mit der Hand auf den Tisch. „Großartig!" schrie er begeistert. „Der kommt zu den Waldarbeitern! Dann haben wir wenigstens einen, der sich zweimal umdrehen und immer noch sagen kann, wo Norden und Süden ist." Fragend sah er den letzten der Terraner an.

„William Holden. Navigator."

„Was sollen wir mit einem Navigator anfangen? Haben Sie denn keine anderen technischen Qualifikationen oder einen vernünftigen Beruf?"

„Nein."

„Was waren Sie früher?"

„Steinbruchdirektor."

Festerheads Augen blitzten. „Der hier kommt in den Steinbruch." Der Kommandant grinste.

Holden grinste zurück, er konnte nicht anders. Durch den Kopf ging ihm gerade die kurze Ansprache eines alten grauhaarigen Herrn auf Terra: „Alle intelligenten Lebensformen sind ohne Ausnahme gute Baumeister. Sie verwenden natürliche Stoffe, vorwiegend Stein, der überall vorkommt. Steine kommen aus Steinbrüchen. Man gewinnt sie durch Sprengung. Deshalb hat ein Steinbrucharbeiter immer Zugang zu Sprengstoffen, die in neun von zehn Fällen nicht vom Militär kontrolliert werden." Der alte Herr wartete, bis diese Worte in die Gehirne seiner Zuhörer gesickert waren. „Sie werden nun einen Kurs in Steinbruchtechnik mitmachen und sich besonders mit Sprengungen befassen."

Festerhead hatte keine Ahnung, was in Holden vorging, und wandte sich an Wardle: „Sie waren also Kommandant des Raumschiffes, das die Notlandung machte?"

„Ja."

„Und doch war die ganze Mannschaft von gleichem Rang. Weshalb das?"

„Jeder von uns hat sich auf seinem speziellen Gebiet bis zum Captain hinaufgearbeitet."

„Das kommt mir eigenartig vor", bemerkte Festerhead und schüttelte den massigen Kopf. „Die Terraner müssen eine seltsame Arbeitsweise haben. Aber das ist an sich ohne Bedeutung und interessiert hier nicht. Eine andere Sache berührt mich viel mehr." Er sah seinen Gesprächspartner scharf an. „Heute morgen erhielten wir eine Nachricht von Kasta. Man unternimmt Schritte, um Schneewittchen zu fangen."

Es kostete Wardle ungeheure Anstrengung, nicht herauszuplatzen und eine gleichgültige Miene beizubehalten.

„Warum war dieses – hm – weibliche Wesen an Bord?"

„Wir sollten sie zum Hauptquartier bringen", log Wardle, wagte aber nicht, seine sechs Kameraden anzusehen.

„Weshalb?“

„Das weiß ich nicht. Wir hatten unsere Befehle und stellten keine Fragen.“

„Warum steht ihr Name nicht in den Dokumenten, die wir im Schiff gefunden haben?“

„Ich weiß nicht. Die Papiere wurden von den terranischen Behörden vorbereitet und uns übergeben. Die Verantwortung für das, was in diesen Papieren steht oder nicht steht, kann ich nicht übernehmen.“

„Wie konnte dieses – hm – weibliche Wesen entkommen, während Sie alle sieben gefangengenommen wurden?“

„Im Augenblick der Landung verschwand sie im Wald. Wir blieben beim Schiff und versuchten, es wieder flottzumachen.“

„Hat sie etwas mitgenommen, eine Waffe oder Geräte?“ Er beugte sich vor, um seiner Frage den entsprechenden Nachdruck zu verleihen. „Vielleicht weitreichende Sender?“

„Ich weiß nicht. Wir waren mit der Reparatur zu sehr beschäftigt und konnten nicht aufpassen.“

„Antworten Sie der Wahrheit entsprechend, oder es geht Ihnen schlecht! Ist diese Schneewittchen Geheimagentin?“

„Nicht, daß ich wüßte.“ Wardle hob bedauernd die Schultern. „Und wenn ja, dann hätte man uns das bestimmt nicht gesagt.“

„Ist sie jung oder alt?“

„Ziemlich jung.“

„Und hübsch?“ Aus dem Gesichtsausdruck des Kommandanten sprach Begierde.

„Ja, ich würde sie hübsch nennen.“ Wardle fühlte, wie ihm ein paar Schweißtropfen den Rücken hinunterliefen.

Festerhead setzte die wissende Miene eines Mannes auf, der bereits von jedem Barmixer und Oberkellner der Stadt hemmungslos ausgenommen worden war. „Haben Sie Grund zu der Annahme, daß sie vielleicht die – hm – Freundin eines hohen Offiziers war?“

„Das könnte sein“, gab Wardle zu und strahlte eine geradezu närrische Bewunderung aus.

„Dann wäre sie also für uns eine wertvolle Geisel?“ fuhr Festerhead fort und sonnte sich in der dümmlichen Bewunderung.

„Könnte sein“, wiederholte Wardle bedeutsam.

Festerhead warf sich in die Brust. „Beschreiben Sie sie in allen Einzelheiten.“

Das tat Wardle und ließ nicht einmal die Perlenohrringe aus. Es war ein meisterlich entworfenes Bild, auf das jeder arabische Liebespoet hätte stolz sein können. Festerhead hörte gespannt zu, während einer seiner Offiziere geschäftig mitkritzelte.

„Das wird alles sofort per Funk nach Kasta durchgegeben", befahl Festerhead, als Wardles Schweißbäche allmählich wieder trockneten. Er wandte sich an Slovits: „Diese Terraner nehmen heute die Arbeit auf. Sehen Sie zu, daß sie an ihre Plätze gebracht werden."

Slovits führte sie ab.

Die sieben Gefangenen wurden aufgeteilt und zu ihren verschiedenen Zielen geleitet. Sie trafen erst wieder zusammen, als sie sich in der Schlange der Stames zum Empfang des Abendessens anstellten.

„Keine Unterhaltung jetzt", begrüßte sie Wardle. „Die wird zurückgestellt, bis wir allein sind."

Holden drehte sich zu Casasola um, der mit der leeren Schüssel in der Hand unmittelbar hinter ihm stand. „Hast du gehört, was der nette Herr hier gesagt hat? Keine Unterhaltung. Also halt endlich mal deine Klappe."

Casasola sagte wie üblich nichts.

Als sie in ihrem Saal eingeschlossen waren, begann Wardle: „Soll ich anfangen?"

„Wenn du magst", antwortete Pye im Namen aller.

„Na schön. Ich war bei einer Gruppe Stames und hatte Bretter zu schneiden und zu verladen. Sechs Posten beaufsichtigten uns, aber alle waren faul und unaufmerksam. Sie saßen in einer Hütte und spielten Karten. Sie wußten ja, daß keiner abhauen würde. Wohin auch? Im Dschungel ist's mit der Disziplin nicht besonders weit her."

„Willst du vielleicht, daß sie besser ist?" fragte Holden.

Das überhörte Wardle und fuhr fort: „Ich habe mich viel mit diesen Stames unterhalten, und kein Posten hat es uns verboten. Es scheint, die Kastaner halten an ihrer alten Zeiteinteilung fest, obwohl hier der Tag über achtundzwanzig Stunden hat. Die Kastanerstunde hat nur etwas mehr als zweiundvierzig unserer Minuten. Der Posten geht viermal in der Stunde über die Mauern, grob gerechnet also alle zehn Minuten."

„Das haben wir schon gestern festgestellt, als wir sie beobachteten", erinnerte ihn Pye.

„Also, jeder, der über die Mauer will, darf dazu höchstens zehn Minuten brauchen; bemerkt man ihn, dann wird auf ihn geschossen, und zwar nicht deshalb, weil er einen Fluchtversuch unternimmt, sondern weil er sich des Ungehorsams schuldig macht. Zehn Minuten sind allerdings nicht viel." Er zuckte die Achseln. „Die Mauerpatrouillen haben nicht den Zweck, Ausbrüche zu verhindern, weil niemand welche erwartet. Sie sind nur eine Art kriegerischer Routine gegen Angriffe von außen. Aber das nützt uns nichts. Die Posten haben jedenfalls Augen im Kopf, ganz gleich, wohin sie schauen."

„Und wie steht es mit dem Tor?" fragte Foley.

„Das ist die ganze Nacht bewacht. Zwölf Mann auf Posten und zwölf Mann Bereitschaft. Im ganzen gibt es vierhundert Mann Wachpersonal in diesem Gefängnis. Auf Gathin sind vierzig solcher Gefängnisse, ein Dutzend davon in unserer unmittelbaren Nähe, ein paar auch so nahe, daß die Arbeitsgruppen neben den unseren Holz machen."

„Wie nahe?"

„Eines davon ist nur einen Kilometer weit weg. Wenn die Bäume und Bodenwellen nicht wären, könnte man es von hier aus sehen. Ich habe soviel wie möglich herumgehorcht. Ihr habt doch das Gebäude hinter Festerheads Büro gesehen? Das ist die Waffenkammer der Garnison. Sie enthält mindestens vierhundert verschiedene Schußwaffen und jede Menge Munition."

„Ist wenigstens einer von den Stames durch deine Fragen aus seiner Lethargie aufgewacht?" wollte Holden wissen.

„Nicht, daß ich etwas bemerkt hätte." Wardle schnitt eine Grimasse. „Sie hielten mich nur für äußerst neugierig. Und wie seid ihr weitergekommen?"

Holden lachte dröhnend. Es klang, als poltere ein Sarg eine Treppe hinunter. Er nahm einen Klumpen von grauem, weichem Material aus der Tasche, warf ihn in die Luft, fing ihn auf und jonglierte geschickt damit. Dann knetete er ihn mit den Fingern tüchtig durch.

„Was ist das?" fragte Foley.

„Alamit."

„Und was ist Alamit?"

„Ein plastischer Sprengstoff", erklärte Holden.

„Um Himmels willen!" Foley flüchtete und fiel über ein Bett.

„Tu es weg", bat Pye, „du machst mich nervös."

„Pah!" rief Holden. „Du könntest darauf herumkauen, ohne daß etwas passiert. Man braucht dazu einen Zünder."

„Du hast nicht etwa zufällig einen bei dir?" fragte Pye mißtrauisch.

„Nein, damit habe ich mich nicht aufgehalten. Wenn ich will, kann ich fünfzig auf einmal bekommen und eine Tonne Alamit dazu. Das Zeug ist sehr wirksam. Die Posten halten sich in respektvoller Entfernung und überlassen es den Sklaven, sich in die Luft zu sprengen." Er lachte schallend. „Und ich bin Sklave."

„Na, wie ist's, Kameraden?" meinte Wardle befriedigt. „Eine Ladung an der Tür der Waffenkammer – und wir haben vierhundert Kanonen."

„Ich hab noch etwas." Holden schob den Klumpen Alamit in die Tasche, zog Jacke und Hemd aus und wickelte sich ein langes, dünnes Seil, das sehr kräftig zu sein schien, von der Taille. „Das lag herum und hat ums Mitgenommenwerden direkt gebettelt. Gut, *houne*?"

„Das versteckst du irgendwo", drängte Wardle, „wir werden es noch dringend brauchen – und was hast du zu berichten?" wandte er sich an Alpin McAlpin.

„Pye und ich, wir dürfen zusammen arbeiten. Große Werkstatt, alle Arten von elektronischen Geräten. In der Hauptsache Radio- und Fernsehgeräte, normale Inspektionen. Zusammenbau und Reparatur von Raumschiffselektronik. Uns beide beobachteten sie sehr genau, bis sie sich davon überzeugt hatten, daß wir unser Geschäft verstehen. Dann ließen sie uns in Ruhe."

„Wie ist es mit Sabotagemöglichkeiten?"

„Noch nichts", bedauerte Alpin McAlpin. „Vielleicht später. Raduma, der Werkstattleiter, ist sehr kleinlich; aber man muß es ihm lassen – er ist Fachmann. Jede Arbeit muß tadellos sein, Pfuscherei liegt unter der Würde seiner Werkstatt. Jedes fertige Stück wird von ihm persönlich genau geprüft. Das läßt uns nicht übermäßig viel Spielraum, oder?"

„Wahrscheinlich nicht. Vermutlich ist er aber eher pedantisch als schikanös oder mißtrauisch."

„Stimmt. Und wie jeder Fachmann von seiner Sorte verschwendet er keinen Gedanken an Geräte, die sich nicht mehr oder nur mit viel Aufwand an Zeit und Mühe reparieren lassen. Die kommen alle in den Hinterhof und verrotten dort."

„So ...?"

„... können wir uns nach Belieben bedienen, solange wir es nicht übertreiben und unsere Arbeit anständig tun. Es gibt eine Menge Zeug, das wir brauchen können, aber natürlich darf uns niemand erwischen. Wenn wir den Abfall geschickt ausschlachten, kriegen wir alles zusammen, was wir brauchen. Das einzige Problem ist, es unbemerkt herauszuschmuggeln."

„Kannst du es nicht irgendwie in den Dschungel bringen?" fragte Wardle.

„Sicher. Aber weiter nicht. Länger als fünf oder sechs Minuten wegzubleiben, können wir nicht riskieren."

„Alles andere könnt ihr mir überlassen. Ihr bringt das Zeug zum Rand des Dschungels; ich muß nur wissen, wann und wo. Irgendwie kann ich es dann schon verstecken. Schließlich bin ich nicht umsonst beim Holzfällen. Was meinst du, wie lange werdet ihr brauchen, bis ihr alles habt, was dazugehört?"

McAlpin überlegte. „Den Verstärker können wir praktisch vor ihrer Nase bauen. Die Schirmantenne müssen wir stückweise herausbringen und irgendwo zusammenbauen. Bis wir alles zusammengeklaut oder -gebaut haben, werden vielleicht zwei Wochen vergehen – vorausgesetzt, wir werden nicht erwischt."

„Es genügt nicht, das Material zu klauen, wir müssen es auch verschwinden lassen", warf Pye ein. „Wir brauchen dazu eine kleine Lichtung, wo wir unseren Peilsender störungsfrei aufbauen können. Die Stelle muß abseits der Waldwege liegen, damit sie kein Kastaner oder schwatzhafter Gefangener sieht. Sie muß sich andererseits innerhalb unserer vermutlichen Reichweite befinden."

„Wie nahe an den Stromleitungen?"

„Nicht mehr als etwa siebenhundert Meter entfernt", schlug Pye vor. „Soviel Kabel werden wir zusammenbringen."

„In Ordnung. Du wirst also das Gerät bis an den Dschungel bringen. Ich suche einen Platz und sorge dafür, daß es dorthin gebracht wird."

„Wie?"

„Weiß ich noch nicht. Darüber zerbreche ich mir den Kopf schon noch, und wenn er dabei kaputtgeht." Wardle wandte sich an Foley: „Hast du etwas zu berichten?"

„Nicht viel. Das Gefängnislazarett ist ein Hohn auf die sogenannte Zivilisation. Es hat nur den Zweck, halbtote Sklaven in der kürzestmöglichen Zeit und mit den geringsten Kosten wieder arbeitsfähig zu machen. Sogar krankes Wachpersonal hat dort die Hölle auf Erden. Die Einrichtung ist dürftig, die Behandlung unmenschlich, und der Arzt, Major Machimbar, ist eine Schande für den Arztberuf."

„Eine Warnung also, Kameraden", sagte Wardle. „Keiner wird krank, wenn es sich irgendwie vermeiden läßt."

„Ihr könnt euch ja vorstellen, wie mich Machimbar empfangen hat, als ich mich bei ihm gemeldet habe."

„Dein einziger Lebenszweck ist künftig der, mich zu erfreuen", schlug Holden vor.

„Genau." Foley dachte eine Weile nach. „Zwei wichtige Dinge gibt es. Erstens liegt das Lazarett außerhalb des Gefängnisses, und bis zum Dschungel ist es nur ein Katzensprung. Theoretisch ist es eine gute Fluchtmöglichkeit. Schlimmstenfalls müssen wir versuchen, alle dorthin zu kommen."

„Und zweitens?" fragte Wardle.

„Ich habe einen Colonel der Stames gefunden."

„Tatsächlich?"

„Ich habe einen furchtbar mageren Stame gefragt, was er vor der Gefangennahme gewesen sei. Er sagte, Colonel bei der Infanterie. Er und seine Truppe wurden durch Gas gelähmt, und bis sie sich wieder rühren konnten, waren sie alle mit Handschellen versehen. Er denkt unablässig daran, daß das eine Schande für seine Rasse ist."

„Den können wir brauchen", stellte Wardle befriedigt fest.

„Noch besser", fuhr Foley fort, „er sagt, es gebe im Kittchen noch vier weitere Ex-Colonels, außerdem einen früheren General der Aluesianer."

„Name?"

„General Partha-ak-Waym."

„Den müssen wir finden. Dann suchen wir uns ein ruhiges Fleckchen und reden mit ihm."

„Und bringen ihn zur Vernunft", warf Pye ein, obwohl er daran zweifelte, daß das bei einem Fremden möglich war.

„Die Nacht ist jung, Kameraden", warf Holden ein. „Einer von uns mit Namen Cheminais ist darauf spezialisiert, mit jedem nur denkbaren Schloß fertig zu werden. Und da ich zählen kann, habe ich herausgekriegt, daß es in diesem Laden vier Blöcke gibt. Es steht also vier zu eins, daß dieser Pat Ak-Whatzit in unserem Block wohnt."

„Partha-ak-Waym", berichtigte Foley.

„Habe ich doch gesagt", erklärte Holden. „Worauf warten wir also noch? Könnt ihr plötzlich nicht mehr laufen, oder was ist los mit euch?"

„Kannst du das Schloß aufkriegen?" fragte Wardle Cheminais.

Dieser wackere Bursche, ein wenig dicklich und mit blauen Schatten am Kinn, tastete seine Kleider ab und brachte einen ganzen Bund Dietriche zum Vorschein. „Ich habe nicht umsonst einen ganzen Tag lang in der Werkstatt gearbeitet“, sagte er und machte sich am Türschloß zu schaffen.

„Du warst mit ihm in der Werkstatt“, wandte sich Wardle an Casasola. „Hast du irgend etwas Wertvolles?“

Kommentarlos griff Casasola an seinen Nacken, zog an einer Schlinge und brachte das Mittelblatt einer Lastwagenfeder zum Vorschein: ein Stück Stahl, etwa einen Meter lang, einen Finger breit, leicht gebogen. Zwei Schraubenlöcher waren links und rechts von der Mitte gebohrt, je eines am Ende des Blattes. Er reichte es Wardle.

„Hast du die Löcher gebohrt, ohne daß man es merkte?“ fragte der.

Casasola nickte.

„Gut. Hast du auch Draht?“

Gleichmütig reichte ihm Casasola eine Rolle Draht, außerdem ein Dutzend langer Nägel, deren Köpfe abgefeilt und abgeschrägt waren und die unten in nadelscharfen Spitzen ausliefen.

„Du bist ganz schön fleißig gewesen“, lobte Wardle erfreut.

Casasola lächelte und nickte wieder.

„Dieser verdammte Kram!“ schimpfte Cheminais an der Tür. „Weil sie Kastaner sind, glauben sie, sie können ihre Schlösser verkehrt herum einbauen.“ Er fummelte am Schloß herum, es quietschte jämmerlich, gab aber dann doch nach. Die Tür ging auf. „Das hätten wir. Kinderleicht, wenn man erst weiß, wie es eingebaut ist.“

„Kommt jemand mit?“ fragte Wardle.

„Ich nicht. Bin zu müde“, antwortete Holden und gähnte.

„Ich muß mitkommen“, erklärte Cheminais, „denn jede Tür hat ein Schloß.“

„Vielleicht sollte ich auch mitgehen“, schlug Foley vor. „Der Colonel der Stames hat mich ja schließlich eingeladen. Das verschafft uns gleich zu Anfang Vertrauen.“

„Ja, du hast den Nagel auf den Kopf getroffen.“ Vorsichtig schlüpfte Wardle in den Gang hinaus. Er war leer. „Drei reichen. Es hat keinen Sinn, wenn eine ganze Streitmacht aufmarschiert. Wenn wir erwischt werden, stellt euch dumm. Schlafwandler. Oder die Tür war nicht zu, und wir wußten nicht, daß es verboten ist.“ Er überlegte einen Augenblick. „Wir fangen im obersten Stockwerk an und arbeiten uns nach unten. So vermeiden wir am ehesten, erwischt zu werden.“

Rasch, aber leise bewegten sie sich durch den Gang und erreichten die Treppe. Eine Beleuchtung gab es nicht; aber da die Nächte auf Gathin wegen der drei Monde und der unzähligen Sterne niemals ganz finster sind, fanden sie sich gut zurecht. Außerdem spendete auch der beleuchtete Weg auf der Mauerkrone der Decke etwas Licht.

Am Fuß der Treppe wartete Wardle einen Augenblick und lauschte. Kein Laut kam von oben, kein Schritt einer Patrouille war zu hören, nicht einmal das Knistern von Leder oder irgendwelche Geräusche von den Gefangenen.

Wären alle Gefangenen dieses Gebäudes Terraner, überlegte Wardle, dann würde der ganze Bau von ihrer lärmenden Geschäftigkeit dröhnen. Der Ärger mit den Terranern war, daß sie ständig irgendwelche Ungezogenheiten im Kopf hatten. Andererseits gab es gleichzeitig Umstände, unter denen sie einen wirklich beträchtlichen Wert als Unruhestifter hatten.

Er erklomm die Treppe, blieb an der Ecke wieder lauschend stehen und setzte dann seinen Weg nach oben fort. Cheminais und Foley folgten ihm, auch sie nicht mehr als dunkle Schatten in der Finsternis.

Oben blieb Wardle stehen. Die anderen hielten prompt mit ihm, da sie glaubten, er habe ein Geräusch gehört. Sie lauschten, nahmen aber nichts Beunruhigendes wahr.

„Was ist los?“ flüsterte Foley.

„Habe gerade an etwas gedacht. Holden – er wollte nicht mitkommen. Das sieht ihm gar nicht ähnlich, daß er nicht mitmacht.“

„Er sagte, er sei müde.“

„Ja, ich weiß“, murmelte Wardle. „Und er lügt. Mir ist gerade seine Verschwörermiene klargeworden, als er das sagte. Er wollte mich nur aus dem Weg haben. Wenn er Krawall macht, während wir hier sind ...“

„Ach, denk nicht daran“, drängte Foley. „Wir müssen es versuchen. Jetzt können wir nicht mehr zurück.“

„Verdammter Holden!“ fluchte Wardle leise. „Und sein Schneewittchen dazu. Er ist entsetzlich undiszipliniert.“

„Sind wir das nicht alle?“ Foley gab ihm einen kleinen Stups. „Geh weiter. Ich möchte noch ein paar Stunden schlafen, auch wenn du wach bleiben willst.“

Wardle schlich langsam weiter, fand eine Tür, legte das Ohr daran und hörte leises Schnarchen.

„Versuch mal dieses Schloß hier!“

Cheminais tastete das Schloß ab, fummelte ein bißchen daran herum, und – es klickte. Die Angeln quietschten, als er die Tür aufdrückte. Wardle ging hinein. Ein Stame fuhr in seinem Bett auf und starrte ihn mit ungläubigen Augen an.

„Sind Aluesianer hier?" fragte Wardle flüsternd.

Der Stame öffnete den Mund, schloß ihn, öffnete ihn noch einmal. Seine Augen wurden immer größer. Es hatte ihm die Sprache verschlagen.

„Schnell! Wo sind Aluesianer?"

„Zwei Türen weiter", keuchte der Stame.

„Danke." Wardle schloß leise die Tür hinter sich und huschte weiter.

Der Stame kletterte aus seinem Bett; er rüttelte seinen Nachbarn wach. „Da war gerade ein Terraner da. Hörst du mich, Vermer? Ein Terraner läuft herum, das ist befehlswidrig."

„Weshalb sollte er dann herumlaufen?" antwortete schlaftrunken der andere. „Du hast eben geträumt." Er drehte sich um und schnarchte weiter.

Die zweite Tür ging lautlos auf, und geräuschlos wie Geister huschten die drei in den Raum. Trotzdem hörte und sah man sie sofort. Die Aluesianer als Nachtgeschöpfe konnten sich nie richtig an den Nachtschlaf gewöhnen; außerdem hatten sie ein unendlich feines Gehör und ungemein scharfe Augen, gerade bei Dunkelheit.

Alle zwanzig setzten sich auf, und die Blicke ihrer Katzenaugen hingen an den drei Terranern.

„Wir suchen Partha-ak-Waym", flüsterte Wardle ohne jede Vorrede. „Weiß hier jemand, wo er ist?"

Einer von ihnen war geistesgegenwärtig genug, prompt zu antworten. „Er ist in diesem Block, im zweiten Stock, Mittelraum zum Hof."

Wardle nickte ihm anerkennend zu.

„Und sein Rang?"

„Ein Gefangener hat keinen Rang. Ihr wißt das doch."

Foley verfolgte seine eigene Taktik. „Welchen Rang hatte er vor seiner Gefangennahme?"

„Er war Flugleiter."

„Ah, Raumschiffoffizier?"

„Ja, aber jetzt gibt es keine Offiziere."

„Dein Name?" fragte Foley.

„Dareuth."

„Schönen Dank. Wir werden ihn uns merken."

Sie schickten sich zum Gehen an, aber Dareuth war nicht bereit, sie so ohne weiteres verschwinden zu lassen. „Erdenmänner, darf ich euch einen Rat geben? Die Latrine ist am besten."

„Wozu?" fragte Wardle perplex. „Wozu am besten?"

„Zum Selbstmord. Überall sonst werden die Kameraden bestraft, weil sie das Verbrechen zugelassen haben."

„Vielen Dank, Dareuth", antwortete Wardle liebenswürdig. Er trat in den Gang hinaus und schloß die Tür. „Du lieber Gott, welche Geisteshaltung! Jeder, der sich gegen Vorschriften vergeht, muß entweder übergeschnappt sein oder den Galgen suchen!"

„Spar dir den Atem", riet Foley. „Wollen wir jetzt gleich in den zweiten Stock, oder verschieben wir's auf eine andere Nacht?"

„Wir versuchen es jetzt, solange alles gutgeht."

Ohne Zwischenfall erreichten sie den zweiten Stock und fanden die richtige Tür. Cheminais knackte das Schloß, und sie marschierten hinein. Der Raum sah genauso aus wie ihr Zimmer und hatte zwölf Betten. Augenblicklich fuhr ein Dutzend Aluesianer in die Höhe und sah ihnen mit hellwachen, glühenden Augen entgegen.

Wardle flüsterte dem im ersten Bett etwas zu. Der Aluesianer deutete zum sechsten und sagte: „Da."

Die drei wußten nun, was sie zu tun hatten. Sie schritten zum Fuß des bezeichneten Bettes, stellten sich in einer Reihe auf, drückten die Schultern zurück und streckten das Kinn vor. Drei Arme hoben sich zu einem schneidigen Salut. „Captain Wardle und zwei Offiziere melden sich bei General Partha-ak-Waym!"

General Partha faßte sich sofort und war ganz Würde. Er kletterte aus dem Bett, faltete seine schmutzige Decke zusammen und zog seine fleckigen, fadenscheinigen Kleider an. Dann sah er auf die drei kleinen Terraner hinunter. Er war älter als der Durchschnitt der Gefangenen, und um seine Augen lag ein ganzes Netz von Fältchen.

„Scherze haben keinen Sinn", sagte er ruhig. „Ehemalige Offiziere sollten wissen, wie sie sich zu benehmen haben."

„Bei uns, Sir, gibt es keine ehemaligen Offiziere", antwortete Wardle fest. „Wir sind immer noch Offiziere. Ich bin noch Captain, und Sie sind noch General."

„Wirklich?" Seine Miene verfinsterte sich. „Ein General welcher Armee?"

Ha, das war's! Er hatte danach gefragt, und jetzt sollte er es hören! Und da würde es auch nützen.

„Ich habe die Ehre, Sir, Sie davon zu unterrichten, daß Sie General der Freien Gath-Republik sind."

„Wirklich? Wer sagt das?"

„Die Raum-Union, Sir. Die Gaths brauchen jeden erreichbaren Offizier."

„Was soll dieser Unsinn?" fragte Partha ungeduldig. „Von den Gaths habe ich nie in meinem Leben etwas gehört. Ich glaube auch nicht, daß es eine solche Rasse gibt. Und wenn, wo hat sie ihren Sitz?"

„Auf Gathin, Sir."

Partha fuhr zurück. „Aber wir sind doch auf Gathin!"

„Das ist korrekt, Sir."

„Ich bin kein Eingeborener von Gathin."

„Das sind die Kastaner auch nicht, Sir."

„Ich bin ein – ich bin ein ..."

Wardle sah ihn fest an. „Sie sind ein *was*, Sir?"

Keine Antwort.

„Entweder Sie sind ein Gath oder – ein Nichts", sagte Wardle bestimmt. „Und nichts können Sie nicht sein!"

General Partha schwieg. Er stand so still, als nehme er eine Parade ab. Den Blick hatte er auf das Fenster gerichtet, auf die Sterne. Elf andere Aluesianer standen von ihren Betten auf und stellten sich neben ihn, motiviert von einer Idee, die sie nicht beschreiben konnten.

„Auf dieser *unserer* Welt", fuhr Wardle fort, „gibt es eine Horde von einer Viertelmillion kastanischer Invasoren. Es gibt außerdem eine Armee von vierhunderttausend kämpfenden Gaths, denen nur eine einzige Sache fehlt – Waffen."

„Die Stames ..."

„Welche Stames? Es gibt hier keine Stames, Sir. Es gibt nur Gaths."

Partha brauchte einige Zeit, um seiner wirbelnden Gedanken Herr zu werden. Er mußte erst den geistigen Kampf gegen die fixe Idee gewinnen, daß ein Gefangener ein für alle Zeiten Verdammter war, ohne Hoffnung auf Rettung, ohne Möglichkeit zur Flucht, es sei denn, ins Grab. Eine völlig entgegengesetzte Sichtweise läßt sich nur extrem schwer annehmen, und diese drei Terraner waren, bildlich gesprochen, an der Zimmerdecke zu ihm gekommen.

Aber er war General, und das verhalf ihm zur raschen Einschätzung der militärischen Vorteile des unnormalen Handelns und damit zum moralischen Sieg.

Er musterte Wardle mit plötzlicher Gerissenheit. „Ein paar Fragen. Erstens, welche Antwort haben Sie von den Gaths bekommen, die zu den Stames gehören?"

„Keine – aus dem Grund, daß wir noch nicht an sie herangetreten sind, Sir. Irgendwo mußten wir anfangen, und wir haben es vorgezogen, bei Ihnen zu beginnen, Sir."

„Sie haben aber vermutlich die Absicht, noch an sie heranzutreten?"

„Mit absoluter Sicherheit, Sir."

„Zweitens", fuhr Partha fort, „haben Sie festgestellt, daß wir Waffen brauchen. Können sie beschafft werden, und wenn ja – wann?"

„Kanonen und andere Waffen werden dann zur Verfügung stehen, wenn die Gaths den Mut haben, sie zu benutzen, Sir."

Partha zuckte mit keiner Wimper; ganz im Gegenteil, er strahlte noch mehr Würde aus als vorher. „Ich akzeptiere ohne Vorbehalt. Um unsere Ehre wiederzugewinnen, müssen wir sie verdienen." Er machte eine Pause und fuhr fort: „Drittens befähigt mich meine frühere Ausbildung, den taktischen Nutzen eines Aufstandes der Gath-Armee zu erkennen. Ich möchte gerne wissen, ob ein solcher Aufstand ein Plan für sich oder Teil eines größeren Ganzen ist."

„Er ist ein Teil eines großangelegten Planes der Union", antwortete Wardle.

„Das soll heißen, daß eine errichtete Gath-Republik Freunde hätte?"

„Ja, Sir. Die Raum-Union würde sie offiziell anerkennen und unterstützen."

„Die *ganze* Union, einschließlich ...?"

„Einschließlich des Reiches Aluesia", versicherte Wardle. „Gibt es einen Grund dafür, daß die kämpfenden Aluesianer die siegreich kämpfenden Gaths nicht anerkennen sollten?"

In diesem Augenblick wurden der brennende Gedankenstrom und die Welle heftiger Gefühle zuviel für Partha. Er ließ sich auf die Bettkante fallen und barg das Gesicht in den Händen. Terraner und Aluesianer verharrten in gespanntem Schweigen.

Endlich faßte er sich wieder. „Geben Sie mir Zeit, diese Angelegenheit mit meinen Kameraden zu besprechen. Glauben Sie, daß es

Ihnen möglich sein wird, mich morgen abend wieder zu besuchen?"

„Ich kann dem nicht zustimmen, Sir, wenn Sie es nicht richtig ausdrücken."

„Richtig? Wieso?"

„Ja, Sir, Sie müssen strammstehen und sagen: ‚Captain Wardle, ich muß mich mit meinem Stab beraten. Melden Sie sich morgen um die gleiche Zeit.'"

General Partha-ak-Waym erhob sich. Instinktiv stellten sich die Aluesianer links und rechts von ihm auf. Seine Augen glänzten, und seine Stimme klang fest. „Captain Wardle, ich muß mich mit meinem Stab beraten. Melden Sie sich morgen um die gleiche Zeit."

„Jawohl, Sir." Wardle salutierte, Cheminais und Foley mit ihm. Die drei marschierten hinaus.

Im dritten Stock sagte Foley: „Die sind am Haken, juhu!"

Auf dem halben Weg zum fünften Stock durchbrach irgendwo draußen ein Schuß die Nachtstille. Wie erschreckte Ratten rannten die drei in ihr Zimmer zurück.

WARDLE handelte mit der Schnelligkeit eines Menschen, der geheime Gründe hat, das Schlimmste zu befürchten. Er überließ es Cheminais, die Tür wieder zu versperren, sah sich im Raum um und versetzte einem zugedeckten Hinterteil einen Fußtritt. „Wo ist er?" fragte er.

Pye drehte sich um, stützte sich auf seine Ellenbogen und starrte den Fragesteller rotäugig an. „Was'n los?"

„Wo ist Holden?" knurrte Wardle.

„Weg", gähnte Pye in schläfriger Gleichgültigkeit. Er ließ sich zurücksinken.

„Wohin?" schrie Wardle verzweifelt.

„Dorthin." Pye deutete mehr oder weniger genau auf ein offenes Fenster. Diese Anstrengung war offensichtlich zuviel für ihn, denn er ließ den Arm sinken, schloß die Augen, räusperte sich, schluckte ein paarmal und begann, rhythmisch zu schnarchen.

Wardle stieß einige unzusammenhängende Worte hervor, von denen keines Extralingua war. Er rannte zum Fenster und spähte hinaus. Der dunkle Boden achtzehn Meter unter ihm war nur undeutlich zu erkennen, und er konnte niemanden sehen, der dort unten lauerte. Aus dem Fenster hing ein Seil; leise schwang es im Nachtwind hin und her. Im Zimmer war das Seil um den Fuß eines Bettes geschlungen, und daneben lagen sauber aufgerollt noch etwa fünfzehn Meter Reserveseil.

Während Wardle hinausblickte, rannte ein Posten die Mauerkrone entlang und verschwand nach links. Von dort hörte man ein paar Stimmen; es wurde heftig gestritten. Er konnte nicht verstehen, was sie sagten, aber es klang jedenfalls recht aufgebracht.

Wardle kletterte zu seinem Bett zurück, warf sich darauf und starrte die Fensterhöhle an. Foley und Cheminais wuschen sich am Becken und gingen mit der Gemütsruhe von Männern, die ihr Tagewerk vollbracht hatten und sich keiner Verschwörung schuldig wußten, zu Bett. Sofort stimmten sie in den Schnarchchor der anderen ein. Wardle beobachtete noch immer das Fenster.

Eine halbe Stunde später spannte sich das schwankende Seil und gab schwache Quietschlaute von sich, als es sich fest an den Fensterrahmen preßte. Ein Kopf erschien in der Fensteröffnung. Holden kletterte herein, zog das Seil herauf, wickelte es sorgsam auf und schloß das Fenster. Dann spuckte er in die Hände und rieb sie an seinen Hosenbeinen ab.

„Du hinterlistiges Aas", sagte Wardle. „Du könntest die Geduld einer ganzen Bischofskonferenz erschöpfen."

Holden erstarrte, erholte sich und sagte liebenswürdig: „Du siehst heute aber blühend aus. Hast du deine Zunge eben erst frisch aus der Reinigung bekommen?"

„Das ist überhaupt nicht komisch. Wir haben einen Schuß gehört. Wenn wir die Kastaner dazu einladen, auf uns zu schießen, bevor wir mit unseren Vorbereitungen fertig sind, bringen wir den ganzen Plan in Gefahr."

„Auf *mich* hat niemand geschossen, verstanden?" antwortete Holden beleidigt.

„Der Schuß hat sich wohl rein zufällig gelöst?"

„Verdammt richtig, Kumpel. Es war Zufall, wenn auch kein reiner." Holden hockte sich auf die Bettkante und zog die Stiefel aus. „Dieser Spaßvogel hat sich an die Ecke des Arsenals gelehnt, weil er mehr Unterstützung brauchte, als er sie von seinem Sergeanten hat. Und sein Gewehr hat er auch angelehnt. Er hat sich ausgerechnet, der fixe Junge, daß ein Gewicht am Boden leichter ist als auf der Schulter, verstehst du?"

„Ja, ja, mach weiter mit deiner Geschichte."

„Na schön. Ich habe ein Stück Draht aus dem Zaun am Zeughaus gebrochen und die beiden Enden zu Haken gebogen. Dann brauchte ich zehn Minuten, um bis zur Ecke zu robben. Ein Ende des Drahtes hakte ich an den Abzug seines Gewehrs, das andere an den Zaun. Dann kroch ich zurück und überließ alles andere der Natur."

„Du bist ja wahnsinnig! Wenn er dich gesehen hätte, wärst du völlig durchlöchert!"

„Er hat mich aber nicht gesehen. Er hat überhaupt nichts gesehen als seine Waffe." Er schleuderte die Stiefel unter das Bett und stand auf. Dann zog er die Hose aus, tastete innen die Sitzfläche ab und zog ein Stück Stoff hervor. Es schien einige Meter lang zu sein.

Da wurde Wardle neugierig. Er kam zu Holdens Bett und besah sich das Zeug im schwachen Licht der Monde. Dann raffte er es zusammen und trug es zu einer genaueren Besichtigung zum Fenster.

„Liebe Güte! Das ist ja ihre Fahne."

„Jawohl", bestätigte Holden.

„Woher hast du die denn?"

„In den Binsen gefunden." Er kicherte. „So wie Pharaos Tochter den kleinen Moses."

„Die Wahrheit, Mensch! Du hast sie vom Mast geklaut? Ja oder nein?"

„Ich kann's ja genausogut zugeben", antwortete Holden mit gespielter Zerknirschung. „Teufel, das hat mich Zeit gekostet! Auf Festerheads Dach bläst vielleicht ein frischer Wind! Zweimal hätte er mich beinahe hinuntergepustet. Ich hätte nur meine Jacke aufzuknöpfen brauchen, dann wäre ich ein Segelflugzeug geworden."

„Aber – aber ..." Wardle wedelte mit der gestohlenen Fahne und fand, zumindest für den Augenblick, keine Worte mehr.

„Viermal ist unter mir die Wache vorbeigestiefelt, bis ich das Ding herunterkriegte und in meiner Hose verstaut hatte. Der blöde Kerl hat nicht mal raufgesehen."

„Aber ..."

„Den Fetzen können wir gut brauchen. Den roten Streifen am Ende schneiden wir ab, ändern die zwei weißen Pfeile in einen sechszackigen Stern um – und was haben wir dann? Einen weißen Stern auf blauem Grund. Für wen hat die Union diese Fahne entworfen?"

„Für die Republik Gath."

„Na, also. Manchmal hast du ein ganz kluges Köpfchen." Holden rollte sich in seine Decke ein.

„Wo sollen wir sie aufheben, bis wir sie brauchen?" fragte Wardle.

„Ich habe sie geholt – du verstaust sie. Jedenfalls machen sie niemals systematische Zimmerinspektionen."

„Es gibt immer ein erstes Mal", erklärte Wardle. „Mir paßt die Sache nicht. Der Teufel wird los sein, wenn sie entdecken, daß über Nacht ihre Fahne gestohlen wurde."

„Die werden keinen Finger rühren. Als ich das Tau abgeschnitten hatte, habe ich die Enden so ausgefranst, daß sie wie abgerissen aussehen. Ich wette zehn zu eins, daß sie glauben, der Wind habe sie mitgenommen und in den Dschungel geweht. Wenn ja, dann melde ich mich freiwillig zum Suchtrupp. Das gibt uns dann eine großartige Gelegenheit, nach einem Platz für unseren Sender zu suchen."

„Du hast Nerven wie Drahtseile", erklärte Wardle, und durch sein Knurren klang eindeutige Bewunderung.

Mit einer bescheidenen Geste wies Holden diese Feststellung zurück. „Ich möchte mich lieber nicht so sehen, wie die anderen mich sehen. Ich bin schon eingebildet genug."

Und damit schlief er ein. Wardle blieb noch einige Zeit wach, hütete die Flagge und dachte nach. Er kam zu dem Schluß, daß Holdens eigenmächtige Tat absolut nicht zu tadeln war.

Denn schließlich mußten die Terraner ja *irgend* etwas tun.

IN DEN folgenden vier Tagen fanden die Flaggensucher unter Holdens Führung nicht die geringste Spur. Festerhead verlor die Geduld. Er schickte die Leute zur Holzarbeit zurück, besorgte sich eine neue Fahne und ließ sie am Fahnenmast annageln.

Aber die Mühe war nicht umsonst gewesen. In diesen vier Tagen gelang es Holden, mitten im allertiefsten Dickicht einen Platz für den Sender zu finden; sie rodeten einen kleinen Fleck, gruben ein Loch von zwei Metern im Quadrat und einem Meter Tiefe und füllten es mit großen Steinen auf. Es war zum Einbetonieren des Sendemastes bereit. Was bei nächster Gelegenheit geschehen sollte.

Am einundzwanzigsten Tag der terranischen Gefangenschaft tauchte von völlig unerwarteter Seite eine Bedrohung für ihre sorgsam ausgeklügelten Pläne auf. Wieder einmal erwies sich, daß nicht einmal die raffiniertesten Köpfe alles voraussehen können.

Über jeder Ansammlung intelligenter Lebewesen hängt etwas, das „Atmosphäre" genannt wird. Sie ist weder zu sehen noch zu riechen oder zu schmecken. Sie ist nur zu ahnen, manchmal zu fühlen.

An jenem Tag stand Wardle nach dem Abendessen im Hof und

wurde sich plötzlich eines entscheidenden Wandels bewußt. In seinem Kopf klingelte es Alarm, als er versuchte dieses Phänomen zu fassen und zu analysieren. Die Atmosphäre des Gefängnishofes war völlig verschieden von der, die noch vor drei Wochen geherrscht hatte. Die Ursache – oder Ursachen – mußte doch zu klären sein.

Es dauerte nicht lange, bis er Ursache und Wirkung miteinander in Verbindung brachte. Wie üblich, bummelten die Stames und Aluesianer ziellos im Hof herum. Als Masse glichen sie noch ausgepeitschten Hunden – aber der einzelne nicht mehr. Im persönlichen Benehmen hatte sich etwas geändert.

Sie schlurften nicht mehr, sie gingen; einige marschierten. Sie krochen nicht mehr mit gesenktem Kopf an den Posten vorbei. Ganz im Gegenteil: Sie hatten den Kopf hoch erhoben und sahen die Posten offen an, Mann zu Mann, Auge in Auge. Selbst die humorlosen, teilnahmslosen Stames hatten grimmige Mienen aufgesetzt.

Vage, nicht greifbar, aber um so stärker fühlbar war der Eindruck der „Ruhe vor dem Sturm", einer geballten Kraft, von der nicht vorauszusagen war, ob sie ihre Zeit abwarten konnte.

Auch die Posten spürten etwas, sie wußten nur nicht, was es war. Ihre Verständnislosigkeit ließ sie das Rumoren, die feinen Untertöne, so bekannt und gefürchtet in den Lagern Terras, nicht erkennen. Aber sie fühlten sich unbehaglich, ohne zu wissen, weshalb. Sie waren nervös, hielten die Gewehre in den Händen, standen gruppenweise im Hof beisammen und machten schnellere Schritte auf ihrem Postengang oben auf der Mauerkrone.

Wardle sträubten sich die Haare, als er eine eilige Runde durch den Hof machte. Es war schwierig, aus dieser Menge gerade jene Leute herauszufischen, die er suchte. An einer Ecke traf er mit Pye zusammen.

„Hilf mir, Partha zu finden. Und such die Offiziere der Stames zusammen, die du gerade triffst."

„Etwas schiefgegangen?" fragte Pye.

„Sieh dich doch um. Hier kann es jede Minute zur Explosion kommen. Es ist die alte Geschichte vom Pendel, das zur anderen Seite ausschlägt." Er deutete mit dem Daumen auf eine kleine Gruppe von Wachsoldaten, die im Schatten der Mauer stand. „Sogar die Kastaner sind unruhig. Macht das erst einmal die Runde, dann schießen sie wahrscheinlich auf alles, was ihnen vor den Lauf kommt. Und das heißt: auf *uns*."

Ein paar Minuten später waren Partha und zwei Colonels der Stames gefunden und in eine ruhige Hofecke gelotst worden. Dort hielt Wardle ihnen eine kurze Rede über die bedenklichen Symptome, die er festgestellt hatte, und wies besonders auf den Unterschied zwischen einer disziplinierten Armee und einem undisziplinierten Mob hin. „Früher haben Ihre Leute voll Verzweiflung gewartet“, führte er aus, „und jetzt sind sie voll neuer Hoffnung, voll Ungeduld; das ist viel schwieriger. Geduld ist anstrengend.“

„Sie haben die Krankheit verursacht“, erklärte Partha, „und deshalb müssen Sie jetzt eine Kur vorschlagen.“

„Na, schön. Dann lassen Sie so schnell wie möglich einen Bescheid herumgehen, daß wir heute abend eine Konferenz abhalten werden und daß wir morgen wahrscheinlich Freiwillige brauchen.“

„Freiwillige – wofür?“

„Ich weiß nicht, wenigstens jetzt noch nicht“, gab Wardle zu, denn im Augenblick war er mit seinem Latein am Ende. „Wir müssen einen Plan finden, der den Dampf etwas abläßt. Es ist die Philosophie der Ratte im Käfig: irgend etwas tun, wenn nichts zu tun ist.“

„Sehr gut“, pflichtete ihm Partha bei. Er schickte sich an zu gehen.

„Und machen Sie jedem eindringlich klar, daß es absolut nicht nötig ist, die Kastaner aufzuscheuchen“, fügte Wardle nachdrücklich hinzu. „Das heißt, daß alle Gefangenen wie Sklaven auszusehen und sich so zu benehmen haben.“

Partha und die Stames entfernten sich, mischten sich unter die Menge, wechselten ein paar Worte mit verschiedenen Gruppen und gingen weiter. Innerhalb von zwanzig Minuten war das Ergebnis sichtbar, aber Wardle fühlte sich noch immer unbehaglich.

Wie alle Amateure, neigten die Gefangenen dazu, erheblich zu übertreiben. Manche, die vorher erhobenen Hauptes und aufrecht marschiert waren und so dem Geist neuerwachten Widerstandswillens Ausdruck verliehen hatten, übertrieben nun ihre Demut und bemühten sich, sie den verblüfften Wachen vorzuführen. Zwanzig Stames setzten sich zeremoniell vor drei Kastaner und beglückten sie mit einem einmütigen O-Tod-wo-ist-dein-Stachel-Blick.

Holden kreuzte auf, und Wardle war voll Bitterkeit. „Schau dir nur diese Anfänger an. Der Hafer hat sie gestochen, und man mußte ihnen sagen, sie sollten ein bißchen leisetreten. Jetzt könnte man ja meinen, die ganze Bande würde an irgend etwas dahinsiechen.“

„Das ist eigentlich eine Idee“, meinte Holden. „Die Wirtschaft der

Kastaner ist zum großen Teil auf Sklavenarbeit angewiesen. Eine Epidemie wäre deshalb eine reizende, wirkungsvolle Form von Sabotage, von dem Durcheinander, die sie in ihrer Organisation hier ausrichten würde, ganz zu schweigen."

„Eine Epidemie? Welche Krankheit?"

„Seife", antwortete Holden.

„Könntest du freundlicherweise zur Abwechslung mal vernünftig reden?" schlug Wardle vor.

Das überhörte Holden, denn Foley näherte sich. „Genau der, den wir brauchen", erklärte er, als Foley zu ihnen trat. „Welches Fassungsvermögen hat das Lazarett?"

„Dreißig Mann", antwortete Foley. „Wieso?"

„Was, glaubst du, würde dieser Metzger Machimbar tun, wenn sich dreihundert Gefangene bei ihm meldeten?"

„Nichts. Überhaupt nichts. Er ließe sie krepieren. Er würde sagen, das Lazarett sei voll und Kastaner hätten den Vorrang. Machimbar gehört zu denen, die nur das Allernotwendigste tun, um Rang und Stellung zu behaupten; er will nur vermeiden, ins Kampfgebiet abgestellt zu werden."

„Er drückt sich also vor der Verantwortung?"

„Mehr als das – er ist ein absolut selbstsüchtiges Schwein."

„Der kriegt sein Fett noch, bevor wir fertig sind", versprach Holden.

„Was hast du eigentlich, außer Wasser, noch im Kopf?" fragte Wardle.

Eine Pfeife schrillte über den Hof, bevor Holden antworten konnte. Die Gefangenen stellten sich in langen Reihen an, um in ihre Quartiere zu verschwinden. Die Posten stampften die Reihen entlang, schimpften und brüllten und trieben sie zur Eile an.

Dann gab es einen kleinen, aber vielsagenden Zwischenfall. Ein humpelnder Stame stolperte und fiel aus der Reihe. Ein fluchender Posten hob die Peitsche. Der Stame richtete sich auf und sah seinem Feind mit eisigem Blick in die Augen, bis dieser die Peitsche senkte, ohne zugeschlagen zu haben.

„Wir haben nicht mehr viel Zeit", erklärte Wardle. „Hoffen wir, daß sie reicht und daß wir sie richtig nützen."

In der folgenden Nacht arbeitete Cheminais fieberhaft. Er schaffte drei Türen in seinem eigenen, zwei im Nachbarbau. Ein Dutzend Gefangene huschten im schwachen Dämmerlicht ungesehen und ungehört über den Hof. Im Raum der Terraner wurde Kriegsrat gehalten.

„Es gibt einige Schwierigkeiten", begann Wardle. „Sie müssen so gut wie möglich und den Umständen angemessen gelöst werden. Zuerst einmal ist da der Peilsender."

„Hat man ihn entdeckt?" fragte Partha-ak-Waym.

„Bis jetzt nicht. Er ist eingebaut und an das Netz angeschlossen, und das genügt vorerst. Falls die Kastaner ihn zufällig finden sollten, besteht eine ziemlich große Wahrscheinlichkeit, daß sie ihn für ein Werk ihrer eigenen Nachrichtentruppe halten. Selbst wenn sie unerträglich neugierig werden, brauchen sie ein paar Monate, um herauszukriegen, daß keine ihrer Einheiten etwas davon weiß."

„Ich teile deine Einschätzung nicht ganz", fiel Holden ein. „Die werden nicht ganz sicher sein, ob er nicht doch ein Produkt unbotmäßiger Gefangener ist."

„Gut. Und was ist das Problem?" fragte Partha.

„Die Waldarbeiter waren ungemein fleißig, aber sie sind keine Fachleute. Sie haben das ganze Material weggeschafft, das McAlpin und Pye unter den Bäumen versteckt hatten, und den Sender nach deren Anweisungen aufgebaut. Jetzt brauchen wir Techniker für die letzten Kleinigkeiten, damit wir senden können. Tagsüber können McAlpin und Pye nicht länger als jeweils fünf Minuten fortbleiben. Sie sagen, sie brauchen etwa drei oder vier Stunden ungestörter Arbeit, bis der Sender funktioniert." Nachdrücklich fuhr er nach einer kleinen Pause fort: „Und die Unionsstreitkräfte kennen den Standort von Gathin nicht, bevor sie ihn durch den Sender erfahren."

„Unter meinen Männern kann ich ein paar Techniker auftreiben. Wenn ihr sie in die Waldarbeiterkolonne bringt . . ."

„Das ist unser Problem, und wir werden schon auf unsere Art damit fertig", erklärte Wardle. „Wir werden McAlpin und Pye eine Nacht wegschicken. Sie klettern über die Mauer."

„Sie meinen – *flüchten?*" Partha sprach das Wort so aus, als handle es sich auch jetzt noch um eine Art Blasphemie.

„Nicht auf immer. Sie kommen zurück und melden sich am Morgen wie gewöhnlich zur Arbeit. Wie ich schon sagte: Wir dürfen die Kastaner nicht mißtrauisch machen. Aber den Gefangenen wird es einigen Auftrieb geben, wenn Sie durchsickern lassen, daß wir draußen waren. Aber warnen Sie sie; sie dürfen sich nicht so benehmen, als könnten sie selbst auch hinaus. Bis jetzt wenigstens nicht."

„Aber es ist unmöglich, über die Mauer zu kommen."

„Das geben wir erst zu, wenn es uns mißlungen ist", meinte Wardle, „aber nicht vorher." Dieser Punkt war also geklärt; er ging zum zweiten über. „Ungefähr zehntausend sind in diesem Gefängnis, etwa hunderttausend auf Gathin. Wir hier sind also etwa ein Zehntel der Gesamtzahl. Wir müssen mit anderen Gefängnissen Verbindung aufnehmen, sie dazu bringen, sich mit uns zusammenzutun und zu gleicher Zeit loszuschlagen. Sieben Gefängnisse sind in unserer unmittelbaren Nähe. Haben sie ungefähr unsere Größe, so heißt das, daß wir zusätzlich siebzigtausend Mann haben."

Partha stülpte die Lippen vor und dachte nach. „Zwischen den Gefängnissen gibt es keine Verbindung."

„Dann muß sie hergestellt werden, und zwar so: Sie werden es zwar nicht zugeben wollen, aber für Terraner sehen die meisten Aluesianer einander ungeheuer ähnlich. Das trifft auch auf die Stames zu." Wardle bemerkte, daß der General lächelte.

„Für uns sieht auch ein Terraner wie der andere aus", bemerkte Partha.

„Es ist sehr wahrscheinlich, daß die Kastaner ähnliche Schwierigkeiten haben, einen vom anderen zu unterscheiden." Wardle zeigte nach draußen. „Die Waldarbeiterkolonnen der angrenzenden Gefängnisse arbeiten fast neben den unseren. Wenn einige Gefangene die Plätze tauschen, werden die Posten den Unterschied nicht bemerken."

„Und wenn sie es bemerken, ist es ihnen egal", warf Holden ein. „Eine Gruppe von Sklaven ist so gut wie die andere."

„Möglich", gab Wardle zu. „Aber ein Plan kann immer an der Zudringlichkeit eines einzelnen Individuums scheitern." Er wandte seine Aufmerksamkeit wieder Partha zu. „Sie müssen eine Anzahl Freiwillige finden, Offiziere, die in der Lage sind, ihre Autorität wiederzugewinnen und auszuüben, Propagandisten der neuen Sichtweise. Sie werden sich einer Waldarbeiterkolonne anschließen und von einem Gefängnis ins andere wechseln."

„Das geht", pflichtete ihm Partha bei. „Es gibt nur eine Schwierigkeit. Ein Austausch ist ein zweiseitiges Arrangement. Es ist abhängig von der Kooperation der anderen, die geistig gesehen immer noch Sklaven sind und auf absoluten Gehorsam konditioniert sind."

„Die Kastaner haben keine Vorschriften erlassen, nach denen die Gefangenen in ihr eigenes Gefängnis zurückkehren müssen. Man kann nicht gegen einen Befehl handeln, den es nicht gibt. Außerdem ist ein Gefängniswechsel keine Flucht."

„Ja, das stimmt. Überlassen Sie diesen Punkt mir."

„Das müssen wir; wir haben keine andere Wahl. Ein Terraner kann den Platz nicht tauschen. Unter euch Riesen fallen wir auf wie Liliputaner im Zirkus. Und jetzt zu unserem dritten Problem. Die Gefangenen müssen sich so lange zurückhalten, bis der richtige Moment zum gemeinsamen und wirkungsvollen Losschlagen kommt. Vorzeitige Aktionen durch einzelne Individuen könnten für unsere Pläne verhängnisvoll werden. Wir müssen sicherstellen, daß sie nicht verfrüht losschlagen. Irgendwelche Vorschläge?"

„Sie brauchen eine Ablenkung", meinte Holden. „Ein hübscher Tumult macht sie einen Moment lang glücklich."

„Kannst du einen passenden Gag vorschlagen?"

„Ja", antwortete Holden. Er kaute, stieß ein markerschütterndes „A-a-argh!" aus und sackte zusammen. Dann krümmte er sich heftig, bis seine Knie sich in den Brustkorb rammten, seine Augen verdrehten sich, so daß nur noch das Weiße sichtbar war, weißer Schaum triefte ihm von den zitternden Lippen. Es war ein so schauerlicher Anblick, daß es jedem Zuschauer den Magen umdrehte.

„A-a-argh!" stöhnte Holden. Der Schaum wurde immer mehr. Den Stames und Aluesianern fielen fast die Augen aus dem Kopf. Selbst Wardle wurde unruhig.

Holden erholte sich bemerkenswert rasch, sprang auf und lief zum Waschbecken, spülte sich den Mund aus und gurgelte mehrmals. „Man braucht nur ein wenig Übung."

„Und was soll das nützen?" fragte Partha und begutachtete ihn, als sei er ein Wahnsinniger.

„Ein kranker Sklave kann nicht arbeiten. Hundert kranke Sklaven können nicht arbeiten. Tausend kranke ..."

„Zeigen Sie mir, wie man das macht", bat Partha entschlossen.

Holden schnitzelte ein Stückchen Seife ab und steckte es ihm in den Mund. „Jetzt kauen. Sehr gut, fallen Sie um. Zusammenkrümmen und stöhnen. Lauter, viel lauter! Ihre Augen, Mann, Ihre Augen! Rollen, rollen, bis Sie Ihr Gehirn sehen können!"

General Partha krümmte sich zusammen und rollte die Augen. Das war ungemein eindrucksvoll, da die Augäpfel der Aluesianer blaßorange sind. Er sah zum Fürchten aus.

Innerhalb kurzer Zeit stöhnten und schäumten zehn Aluesianer und acht Stames auf dem Boden. Es ist, dachte Wardle, die wundervollste Darbietung, die je eine Gruppe militärischer Vorgesetzter gegeben hat.

„Gut", sagte er, als die grauenerregende Vorstellung beendet war. „Versuchen Sie, ein Bataillon Freiwilliger dafür zu finden, und lassen Sie fleißig üben. Die Schau beginnt morgen beim Frühstück. Damit könnten sie Dampf ablassen und die Kastaner mehr als genug verwirren."

Die Ratssitzung war beendet. In Begleitung von Cheminais, der die Türen wieder abzuschließen hatte, begaben sie sich in ihre Zimmer zurück. Als alle gegangen waren, wandte sich Wardle an Holden. „Du sagst, man braucht Übung dazu. Du bist darin ein wahrer Meister. Wann und wo hast du das gelernt?"

„Als ich ungefähr vier Jahre alt war. Wenn ich mich zusammenkrümmte und Schaum vor dem Mund hatte, war meine liebe Mutter immer bereit, mir den Mond vom Himmel zu holen."

„Du mußt ein ekeliges kleines Biest gewesen sein. Wenn ich dein Vater gewesen wäre, hätte ich dich ordentlich übers Knie gelegt."

„Das hat er auch getan", gab Holden zu und schnitt eine Grimasse. „Das heißt, wenn er mich erwischte." Er drehte sich zu Casasola um, dem Schweiger: „Um Himmels willen, halt doch endlich mal die Klappe, und laß mich reden!"

„Wir verlieren Zeit", erklärte Wardle ungeduldig. „Auch die längste Nacht dauert nicht ewig. Wir müssen unsere beiden Kumpels über die Mauer schaffen. Schließlich haben wir den Geheimsender nicht umsonst gebaut."

Er rückte an die Bettkante, sah nach unten, machte sich dort zu schaffen, kam wieder hervor. Jetzt hielt er einen gebogenen Stock in der Hand, an dessen Ende die Mitte der Lastwagenfeder befestigt war. Ein Draht lief, straff gespannt, von einem Blattende zum anderen. Weiter unten am Stock war eine Haspel befestigt, dazu ein einfacher Abzugsmechanismus, den Casasola in der Werkstatt angefertigt hatte.

„Das", erklärte Wardle, „ist ein Ding, an dem wir unsere Fähigkeiten zur Verwendung spärlicher Hilfsmittel einsetzen konnten. Man braucht nur zu lernen, wie man das Beste aus dem macht, was einem gerade zur Verfügung steht. Das haben sie uns ja beigebracht. Und daß man auch die primitivsten Dinge nicht verachten soll, denn damit hat sich der Mensch die von wilden Tieren beherrschte Welt untertan gemacht." Er hielt Casasola die Hand hin. „Die Bolzen."

Casasola reichte ihm die zugefeilten Nägel; Aluminiumstreifen ersetzten die Steuerfedern.

„Die Schnur."

Gleichmütig gab ihm Casasola ein Knäuel feiner Schnur. Wardle maß an der Wand etwa vierzig Meter Länge ab, schnitt sie ab, legte sie zusammen und befestigte die Mitte des Stücks am Ende eines Bolzens. Fünfzehn Zentimeter hinter dem Bolzen, also gut in Fingerlänge, knüpfte er ein Stückchen Holz ein, das als Spreizer diente und die beiden Schnüre eine kleine Spanne auseinanderhielt.

„Mach ein Fenster auf, und beobachte die Posten", bat er. Er blieb wartend stehen, während Pye eines der beiden Schnurenden an einem Ring stärkerer Schnur befestigte, die Holden im Steinbruch mitgenommen hatte. „Denk daran", sagte er zu Pye, „daß du weniger als zehn Minuten Zeit hast, wenn es soweit ist."

„Ich weiß."

„Wenn du länger brauchst, wirst du mindestens ein Dutzend Kugeln im Bauch haben."

„Na und?"

„Wenn einer von euch, du oder Alpin, zurücktreten will, dann sagt es. Wir hätten Verständnis dafür."

„Quatsch!" antwortete Pye.

„Wofür hältst du mich?" fragte McAlpin gekränkt.

„Wache im Anmarsch", warnte Holden vom Fenster her. „Da ist er ja, der dicke Plattfußindianer. Genau gegenüber." Pause. „Jetzt ist er weg."

Er trat zur Seite. Wardle kniete am Fenster und stützte die Armbrust auf das innere Fensterbrett. Sorgfältig zielte er auf die Mauerkrone und drückte ab. Die Armbrust quietschte ein wenig, als die Bogensehne gegen zwei Dämpfer schnellte, die sauber aus Holdens Gummiabsätzen herausgeschnitten waren.

Der Pfeil flog etwa drei Viertel der Entfernung zwischen Fenster und Mauer in die Nacht hinaus, verfehlte sein Ziel und schlug hart auf, als er einen Fensterstock streifte. Er prallte ab und knallte zwei Stockwerke tiefer auf. Es krachte, Glas splitterte, ein erschreckter Stame schrie laut auf. Wardle fluchte leise vor sich hin, lugte hinaus und versuchte festzustellen, was die Stames taten. Nichts rührte sich. Wer immer auch aus einem Schönheitsschlaf geweckt worden war, hatte es klugerweise vorgezogen, nichts zu unternehmen.

„Anderthalb Minuten", verkündete Pye.

Sie holten den angeleinten Pfeil wieder zurück und ordneten die Schnüre so, daß sie ungehindert ablaufen konnten. Wieder zielte Wardle etwa eine Handbreit über den Postengang. Der Bolzen schoß hinaus, nahm seinen Weg glatt über die Mauer und fiel ab, als die Reserveschnur auslief. Langsam und sehr vorsichtig zogen sie an der Schnur. Der Pfeil verfing sich in den Spießen an der Mauerkrone, kam aber bald wieder frei. Jetzt wurde er mit fliegender Hast eingeholt, wieder knallte er an die Hauswand, und die Nachtstille vervielfachte dieses Geräusch noch. Doch diesmal ging wenigstens keine Fensterscheibe in Trümmer.

„Vier Minuten vorbei", stellte Pye fest.

Der dritte Schuß ging ebenso daneben und erzeugte wieder Krach. Als der Pfeil eingeholt war, stellte sich heraus, daß der Spreizer gebrochen war. Rasch klemmten sie einen anderen ein.

„Sechseinhalb Minuten", sagte Pye düster.

„Jetzt muß er auf dem Rückweg sein", vermutete Wardle. „Wir warten besser, bis er vorbei ist."

Im Dämmerlicht standen sie beisammen, lauschten und warteten, hörten aber kaum etwas anderes als den eigenen Atem. Der Posten nahm seinen Weg über die Mauerkrone und stand wie ein riesiger schwarzer Schatten im schwachen Licht. Er schien nicht besonders aufmerksam zu sein, jedenfalls ließ er nicht erkennen, durch die ungewohnten Geräusche irgendwie aus seinem Brüten aufgescheucht worden zu sein.

Kaum war er verschwunden, da feuerte Wardle wieder. Mit einem leisen Zischen schoß der Pfeil davon. Seine Steuerfedern aus Aluminium blitzten kurz auf, als er über die Mauerkrone flog.

Sanft zog Holden an der Schnur und holte sie ein Stück ein, bis sie gespannt war. „Halleluja!" jubelte er.

Jetzt zog er nur an einem Ende und ruckte ein paarmal heftig, um den festhängenden Spreizer zu lockern. Zuerst sperrte er sich, aber dann kam er frei. Die Schnur ließ sich dann leicht einholen. Gleichzeitig lief das andere Ende nach draußen und nahm das stärkere Seil mit.

Es dauerte nicht lange, bis er statt der Schnur wieder Seil hereinzog. Jetzt hatten sie ein Doppelseil, das aus dem Fenster lief, in zwanzig Meter Höhe eine Breite von zwölf Metern überspannte und an einem oder mehreren Spießen der Mauerkrone festhing.

„Wieviel Zeit haben wir noch?" fragte Wardle.

„Vier Minuten."

„Reicht nicht. Wir müssen noch einmal warten. Hast du dein eigenes Seil bereit?"

„Klar", antwortete Pye.

Sie warteten. Die Schritte des zurückkehrenden Postens waren gut zu hören. Er schien unendlich viel Zeit zu brauchen. Alles hing nun davon ab, wie sehr er aufpaßte, in welche Richtung sich seine Aufmerksamkeit wandte. Der Postenweg war ein dünner, scharfer, leuchtender Strahl; auf die Mauerkrone konzentriert, gab er zur Seite hin so viel Licht ab, daß das horizontal gespannte Seil in einigen Metern Entfernung zu erkennen sein mußte.

Der Posten näherte sich dem kritischen Punkt. Sie hielten den Atem an, als sie ihn beobachteten. Gelangweilt stapfte er heran, blieb neben der Spitze mit der Seilschlinge stehen, sah nach außen statt nach innen, gähnte herzhaft und trottete weiter.

„Dem Himmel sei Dank, daß wir das Seil schwarz gefärbt haben!" flüsterte Holden.

„Jetzt!" drängte Wardle.

Pye kletterte zum Fenster hinaus und hing, je eine Hand um ein Tau, an den Seilen. Hand um Hand hangelte er sich vorwärts; heftig pendelten seine Beine hin und her, als er sich bemühte, rascher vorwärts zu kommen. Das Seil ächzte, aber es hielt.

Endlich erreichte er die Mauerkrone, und kein Alarmruf, kein Gewehrschuß war zu hören. Mit einem seitlichen Schwung seines Körpers erreichte er mit den Beinen zwei Eisenspitzen und klemmte die Schuhspitzen dazwischen. Dann rollte er sich über die drei Reihen metallener Dorne ab und landete auf dem Postengang. Zusammengekauert, damit ihn niemand im Lichtstrahl sehen und erkennen konnte, griff er zu einem weiteren Seil, das er mitgenommen hatte, und hängte es über einen der Eisenspieße auf der anderen Seite. Den Beobachtern war nicht klar, wie er die dreifache Spießreihe schaffte, aber sie sahen, daß er sich aufrichtete, einen Augenblick an sich herumfummelte, über die Mauer glitt und verschwand.

„Er hat viereinhalb Minuten gebraucht", stellte Holden fest.

„Mir kamen sie wie Jahre vor", bemerkte Wardle.

Der Posten kehrte zurück. Es gab jetzt zwei metallene Dorne mit Seilschlingen, die er hätte entdecken können, je eine zu beiden Seiten des Laufganges. Ob er sie bemerkte? Er übersah sie. Er schlenderte auf dieselbe Weise vorbei wie zuvor, und seine Schritte verklangen.

Der Posten war kaum verschwunden, da schwang sich McAlpin auch schon durch die Luft. Er überquerte den Abgrund wesentlich schneller als Pye, hatte aber größere Schwierigkeiten, über die Eisenspieße zu kommen. Es gelang ihm trotzdem. Auch seine Gestalt verschwand hinter der Mauer.

Holden knüpfte das eine Seilende ab und zog am anderen, bis er es ganz im Zimmer hatte. Es einige Stunden lang draußen zu lassen hieße das Schicksal zu versuchen. Das Seil am Außenrand der Mauer mußte hängenbleiben, aber davon war nur ein vergleichsweise kurzes Stück zu sehen, wo es um den Spieß geschlungen war, und der Rest hing im Dunkeln nach außen.

„Mir ist gerade etwas aufgefallen", sagte Holden. „Jemand, der über den Laufgang marschiert, kann ganz gut nach links oder rechts sehen, wird aber geblendet, wenn er geradeaus blickt. Ich bezweifle, daß der Blödmann Pyes Seil findet, selbst wenn man ihm sagt, daß es da ist."

„Darauf werden wir uns nicht verlassen", erklärte Wardle. „Wir setzen auf unsere Geisteshaltung. Außer auf einem merkwürdigen Lehmklumpen namens Terra bricht niemand aus einem Gefängnis aus – niemand!"

Dann organisierten sie einen Wachwechsel am Fenster, damit alle etwas schlafen konnten. Eine Stunde vor Anbrechen der Dämmerung kehrten die beiden Ausbrecher zurück.

Cheminais, der mit rotgeränderten Augen die Mauer beobachtete, wußte, daß ihr Seil noch da war, da bisher keiner der beobachtenden Posten etwas unternommen hatte.

Eine Wache, das Gewehr in der schaufelgroßen Hand, ging vorbei. Eine Minute später schob sich McAlpin über die äußeren Spießreihen, holte die Hälfte des Doppelseils ein und hängte es an der Innenseite der Mauer fest. Wieder bereitete es ihm einige Schwierigkeiten, die Spießreihen zu überqueren, aber bald glitt er in die Dunkelheit hinab.

Offensichtlich halfen ihm seine fünfzehn Kilo Übergewicht dabei, seinen Kameraden an der Außenmauer in die Höhe zu ziehen, als er an der Innenmauer herbeiglitt. Kaum war er verschwunden, als Pye wie ein Sektkorken in die Höhe schnellte; er befestigte seine Seilschlinge und folgte dem Kameraden nach unten. Das Tau schwankte heftig und fiel hinunter.

Cheminais weckte die andern. „Sie sind zurück", meldete er.

Wieder ließen sie den Posten vorbeigehen, bevor sie ihr eigenes

Seil aus dem Fenster warfen. Ein Gewicht spannte es; sie zogen alle zusammen aus Leibeskräften. McAlpin erschien in der Fensteröffnung, zwängte sich durch, trat einem auf die Zehen und bekam, statt eines Willkommensgrußes, ein paar saftige Flüche zu hören. Wieder wurde das Seil hinuntergelassen, und sie holten Pye herauf.

„Wie ist es gegangen?“ fragte Wardle interessiert.

„Großartig“, versicherte McAlpin. „Der Sender schreit sich jetzt den Hals aus dem Leib.“

„Was, meinst du, wird passieren, wenn ihn ein Kastanerschiff vor einem der unseren hört?“

„Sie werden feststellen, daß er auf Gathin steht, und sie wissen, daß Gathin eine kastanische Festung ist. Also muß der Sender eine offizielle Einrichtung sein, selbst wenn man sie nicht davon unterrichtet hat. Das ist doch logisch, nicht? Die einzige Alternative ist ein illegaler Sender, und die ist offensichtlich absurd.“

„Hoffen wir, daß du recht hast. Du hast gute Arbeit geleistet.“

„Möchtest du wissen, was am ekelhaftesten dabei war?“ McAlpin zeigte ihm die roten Striemen an seinen Handballen. „Zwanzig Meter an einem dünnen Seil hinaufklettern.“

„Kinderleicht“, höhnte Holden.

„Für dich schon“, entgegnete McAlpin, „du stehst den Affen ein paar Generationen näher.“

Holden strafte diese Bemerkung mit der ihr gebührenden Mißachtung.

„Na“, drängte Casasola Holden und überraschte ihn damit, daß er plötzlich sprach, „warum sagst du nichts darauf?“

Die zum Frühstück aufgestellten Reihen ließen sich in zwei Gruppen teilen: in eine, die wußte, was sich zusammenbraute, und in eine, die es nicht wußte. Partha hatte es für richtig gehalten, einen Großteil in Unwissenheit zu halten und so das Spiel mit einem Publikum zu unterstützen, bei dem man sich darauf verlassen konnte, daß es natürlich reagierte.

Der Eintopfmatsch wurde serviert. Zehntausend saßen herum und löffelten in ihren Holzschüsseln. Die letzten und langsamsten waren kaum fertig, als Gardemajor Slovits seine Pfeife ertönen ließ.

Achtzig Gefangene, sorgfältig über den ganzen Hof verteilt, fielen prompt um, krümmten sich, schäumten, stöhnten gottserbärmlich. Die Menge, die sich auf die Tore zubewegte, hielt inne und glotzte. Vier kräftige Wachposten neben den Toren starrten entgeistert einen der befallenen Stames an, der sich wand wie ein Zirkusakrobat mit tausend Teufeln im Leib. Die Wachen zeigten den unvermeidlichen Augenblick kurzer Unentschlossenheit, währenddessen sich weitere fünfzig Gefangene kunstvoll den Leidenden auf dem Boden zugesellten. Sie wetteiferten miteinander um den meisten Schaum, die lautesten Schreie und die schlimmsten Agonien.

Nichteingeweihte Gefangene liefen herum wie aufgeschreckte Schafe und beobachteten sich selbst, ob sich nicht auch schon Symptome zeigten. Einige Posten wurden von der Menge eingekeilt und mußten sich mit Gewalt ihren Weg freikämpfen. Stames und Aluesianer fielen um, lagen ihnen vor den Füßen und daneben, so daß die Wachen beinahe über sie stolperten. Die Menge drückte und schob, als diejenigen, die den Opfern am nächsten waren, versuchten, vor diesen zurückzuweichen.

Ein Stame, der in einer Art geschockten Schweigens dastand, stieß plötzlich ein ohrenbetäubendes Kreischen aus, schlang die langen, knochigen Arme um den neben ihm stehenden Posten und glitt, dem Kastaner die Hosen und Stiefel vollschäumend und -sabbernd, an diesem herunter. Der Posten sah mit schreckgeweiteten Augen auf ihn hinunter und rannte, ohne ein einziges Mal seine Peitsche erhoben zu haben, an einen sicheren Ort.

Slovits stampfte in das Verwaltungsgebäude und tauchte mit dem Gefängniskommandanten wieder auf. Sechzehn Aluesianer beeilten sich, sie zu erfreuen, und brachen direkt vor ihnen zusammen; schäumend, ächzend, sabbernd rollten sie mit ihren orangeroten Augäpfeln.

Weitere hundert, die bemerkten, daß Festerhead unter ihnen weilte, schlossen sich dem Schauspiel an und verstärkten mit ihrem Heulen den allgemeinen Aufruhr. Wachen schrien Befehle, die niemand hörte, Festerhead wedelte mit den Armen, Slovits blies unaufhörlich in seine Pfeife.

Immer mehr klappten auf die Winke der Offiziere hin zusammen. Einige von ihnen gingen aufs Ganze und steigerten sich so in die „Krankheit" hinein, daß sie ihre Seifenschnitzel schluckten und dann allen Ernstes spuckten, schäumten und stöhnten.

An diesem Punkt gerieten die nicht informierten Gefangenen in Panik. Wie ein Lauffeuer ging das Gerücht herum, daß der sogenannte Schwarze Tod äußerst ansteckend und gefährlich sei. Mit aller Macht drängte die Menge zu den offenen Toren.

Vier Posten, die ihre Geistesgegenwart noch nicht verloren hatten, rannten auf die Gatter zu und schlossen sie vor den Herandrängenden. Die Meute drehte sich um, fällte eine Kollektiventscheidung und strebte dem Allerheiligsten des Barackenblocks entgegen. Sie teilte sich in hundert rasende Reihen, die sich zwischen den sich windenden Körpern einen Weg bahnten. Darunter waren auch einige Simulanten, die man dazu bestimmt hatte, sich bis zuletzt „aufzuheben". Diese trieben nun die allgemeine Verwirrung einem neuen Höhepunkt entgegen, als sie gerade an den strategischen Punkten, wie den Eingängen zu den verschiedenen Gebäuden, zusammenbrachen.

Über tausend Gefangene lagen im Hof auf dem Rücken, krümmten sich, brüllten, heulten, trommelten sich mit den Fäusten auf den Bauch, röchelten und gaben jede nur mögliche Art der Äußerung tödlicher Schmerzen von sich. Die Aluesianer und Stames überboten sich gegenseitig in ihren melodramatischen Darbietungen von Höllenqualen. Es war eine Szene, die entweder direkt aus dem Inferno oder dem verrücktesten Irrenhaus der Galaxis zu stammen schien. Das Getöse war ohrenbetäubend.

FESTERHEAD und seine Streitkräfte wurden durch das bloße Ausmaß dieser Massendarbietung überwältigt. Sie scharten sich vor dem Verwaltungsgebäude zusammen und blickten düster auf die Szenerie, taten aber nichts. Das war keine Meuterei und keine Gehorsamsverweigerung. Das war ein unbekanntes, ungeahntes Phänomen. In den Vorschriften der Kastaner gab es dafür keine Paragraphen und keine Anweisungen, wie man damit fertig werden sollte.

Ein Stame, der sich selbst über sein schauspielerisches Talent wunderte, kroch mühsam auf allen vieren zu Gardemajor Slovits, ließ seine purpurne Zunge heraushängen und krächzte: „Wasser! Habt Erbarmen! Wasser!"

Der Posten neben Slovits schwang seinen riesigen Stiefel und trat dem Armen direkt in die Zähne. Der Stame fiel auf die Seite, spuckte Blut und stöhnte jetzt echt. Unter der Armee der „Kranken" blickten einige hundert auf. Sie prägten sich das Gesicht des Untäters für eine Gelegenheit zur Rache ein. Das wußte der Posten nicht und hob den Fuß gegen ein zweites Opfer.

„Was fällt dir denn ein, du Narr?" brüllte Festerhead. „Willst du sie so wieder arbeitsfähig bekommen?"

Der Posten ließ den Fuß sinken und verdrückte sich hinter einer

Gruppe seiner Kameraden. Unter diesen Umständen war es besser, sich möglichst unsichtbar zu machen. Aus seinem Versteck heraus starrte er mißmutig auf den verletzten Stamen.

„Wo ist Doktor Machimbar?“ wandte sich Festerhead an Slovits.

„Er ist heute nicht da, Kommandant, wenn's beliebt“, antwortete Slovits.

„Natürlich, wie konnte es anders sein? Es beliebt mir nicht.“ Er überlegte schnell und angestrengt. „Es muß etwas geschehen. Innerhalb einer Stunde wird das Hauptquartier uns mit Fragen überschütten, warum die Arbeitskolonnen nicht erschienen sind.“

„Jawohl, Kommandant. Was schlagen Sie vor?“

„Schicken Sie zwölf Mann in jeden Block. Sie sollen dafür sorgen, daß die Gesunden die Kranken hineintragen. Wenn das geschehen ist, lassen Sie die Gesunden im Hof antreten, suchen die mit medizinischer Erfahrung heraus und treiben die anderen an die Arbeit – und zwar mit Tempo!“

„Wie Sie befehlen, Kommandant.“ Slovits salutierte, drehte sich zu seinen Leuten um und beglückte sie mit dem üblichen Gebell. Gruppen von je zwölf Mann liefen zu den einzelnen Gebäuden.

Die Gesunden kamen heraus, hoben die Kranken auf und trugen sie zu ihren Schlafsälen. Das nahm ziemlich viel Zeit in Anspruch, denn ab und zu fiel einer der Träger um und mußte nun seinerseits weggetragen werden. So geschah es zum Beispiel, daß die gesamte Besatzung eines Saales, die aus zwanzig opponierenden Aluesianern bestand, es fertigbrachte, sich von einer Gruppe mißmutig dreinschauender Stames zu Bett bringen zu lassen. Die Stames waren stocksauer, weil sie keine Möglichkeit sahen, der unangenehmen Arbeit auszuweichen, bevor es für ihren eigenen Einsatz zu spät war.

Schließlich stellten sich die Gesunden im Hof auf; als gesund wurde angesehen, wer noch stehen konnte. Zwei Dutzend sackten im selben Augenblick zusammen, als Slovits den Mund auftat und zu dröhnen begann. Slovits schloß den Mund wieder, und die letzten in der Reihe hoben die „Kranken“ müde auf und schleppten sie weg. Fünf der Träger entschieden sofort, daß es beschwerlicher sei zu tragen, als getragen zu werden, worauf sie zu Boden fielen und zu schäumen begannen. Die angetretene Linie wurde kürzer, denn nun mußten wieder einige heraustreten, um diese „Kranken“ wegzuschaffen.

An diesem Punkt war das Ende von Slovits' Geduld erreicht. Mit dem Finger deutete er auf alle, die sich noch auf den Beinen hielten, und röhrte: „Alle früheren Ärzte, Chirurgen, Krankenpfleger und ähnliches Personal sechs Schritte vortreten!“

Foley trat vor und schrie genauso laut: „Eins, zwei, drei, vier, fünf, *sechs*.“ Er stand still.

Acht Aluesianer und elf Stames taten es ihm nach, brüllten unisono und endeten mit einem geschmetterten „Sechs“. Als sei das ein Signal, fielen zwei von ihnen um.

Slovits starrte die beiden einen Moment lang an, sein Gesicht verzog sich, seine Fäuste öffneten und schlossen sich. Dann befahl er den Überlebenden: „Mir nach!“

Gehorsam trabten sie hinter ihm zum Verwaltungsgebäude. Drei, die ihr Bett vorzogen, brachen schamlos auf dem Weg zusammen. Vier weitere folgten ihrem Beispiel während der zehn Minuten, die sie vor der offenen Tür zu warten hatten, durch die sie hörten, wie Festerhead unverständliche Bemerkungen ins Telefon brüllte.

An den Gefängnistoren war die Situation nicht besser. Lange Kolonnen von Gefangenen schlurften hinaus; sie umklammerten ihre Holzlöffel und Schüsseln mit knochigen Fingern, an den Füßen trugen sie entweder zerlumptes Schuhzeug, oder sie tappten mit nackten Füßen über den Beton. Etwa alle fünfzig Meter hielten die Kolonnen an, zusammengekrümmte Körper wurden aus dem Weg geschafft und zu den Blöcken zurückgetragen. Nach weiteren fünfzig Metern wiederholte sich das Schauspiel, es wurde wieder angehalten, und es gab neue „Kranke“, die weggebracht wurden.

Zum ersten Mal brüllten die begleitenden Kastaner nicht, noch fluchten sie oder schwangen ihre Peitschen. Sie marschierten mit der Kolonne, trieben sie zur Eile an und beobachteten ihren ständigen Schwund mit kaltblütigem Desinteresse. Soweit es sie betraf, war eine Epidemie ein Problem, das ausschließlich die Offiziere anging. Sollten die sich den Kopf zerbrechen! Dafür wurden sie ja schließlich bezahlt, oder?

Festerhead knallte den Hörer auf die Gabel, trat aus der Tür und warf einen grimmigen Blick auf die elf Wartenden. „Ihr werdet in den Blöcken bleiben und die Kranken pflegen“, knurrte er. „Ich mache euch dafür verantwortlich, daß sie mit der geringstmöglichen Verzögerung wieder arbeitsfähig werden. Wenn ihr versagt, werdet ihr bestraft.“ Er bedachte jeden einzelnen mit einem bösen Blick. „Die Strafe wird hart sein.“

„Wenn wir versagen", antwortete Foley ruhig und bestimmt, „werden die Konsequenzen noch ernster sein – das ganze Gefängnis wird krank und arbeitsunfähig sein, Kastaner eingeschlossen."

„Es ist eure Sache, das zu verhüten."

„Womit?" fragte Foley und riskierte damit viel. „Wir haben keine ärztliche Ausrüstung, keine Medikamente, nichts."

„Ich ermächtige euch, das Lazarett mit all seinen Einrichtungen und Vorräten zu benutzen", schnappte Festerhead.

„Wenn sich aber Doktor Machimbar weigert, sie uns zur Verfügung zu stellen?"

„Das wird er nicht tun", erklärte Festerhead. „Ich bin der Gefängniskommandant. Meinen Befehlen wird gehorcht. Ihr werdet verwenden, was es im Lazarett gibt, um die Gefangenen wieder an die Arbeit zu bringen." Er wandte sich zum Gehen und fügte dann betont hinzu: „Oder ihr werdet zu leiden haben."

Einer der ihm zuhörenden Stames begann in diesem Augenblick und an Ort und Stelle zu leiden: Er legte sich flach auf den Rücken und verrenkte seine Beine so sehr, daß es aussah, als wolle er damit hinter die Ohren gelangen.

HOLDEN ging im Saal auf und ab, schaute in die sternhelle Nacht hinaus und unterhielt sich mit sich selbst. „Das war eine großartige Schau, aber ziemlich überzogen. Einen Terraner hätte man damit nicht an der Nase herumgeführt. Der hätte innerhalb einer Minute den Wasserwerfer rauschen lassen."

„Wie kommt es, daß du so gut über Gefängnisbräuche auf Terra Bescheid weißt?" fragte McAlpin.

„Ich weiß, was ich weiß."

„Sicher weißt du das. Aber deine Vergangenheit verbirgt sich in den Nebeln des Lasters und der Sünde."

„Hör auf zu sticheln!" befahl Wardle. „Partha wird gleich mit seinen Leuten da sein. Wir haben jetzt über Geschäfte zu reden."

Zuerst kam Cheminais herein, den Dietrichbund noch in der Hand. Ihm folgte Partha mit zwanzig Stames und Aluesianern. Die Terraner machten ihnen Platz und luden sie ein, auf ihren Betten zu sitzen. Draußen schlurfte ein Wachposten über die Mauerkrone und ahnte nichts von der Tätigkeit der Verschwörer, die sich innerhalb seiner Hörweite abspielte.

Wardle eröffnete die Diskussion. „Sie wissen vielleicht, daß es heute einundzwanzig Männern gelungen ist, mit Angehörigen der Nachbarkolonnen Plätze zu tauschen. Einige von ihnen werden noch zwei- oder dreimal tauschen müssen, bis alle etwa gleichmäßig auf die nächstliegenden Gefängnisse aufgeteilt sind." Er wandte sich an Partha: „Diese Zahl reicht noch nicht aus. Wir brauchen doppelt so viele. Können Sie nicht mehr Freiwillige finden?"

„Nach dem heutigen Theater sollte das nicht allzu schwierig sein", antwortete Partha und gestattete sich die Andeutung eines Lächelns. „Ich glaube, es lassen sich genug Freiwillige finden."

„Nach dem, was wir in Erfahrung bringen konnten", fuhr Wardle fort, „gibt es zwölf Gefängnisse in einer Entfernung bis zu einem Tagesmarsch. Sieben davon sind beinahe von hier aus zu sehen. In diese sieben kommen einige von unseren Leuten. Es wäre besser, wenn wir mehr schicken könnten für den Fall, daß es ihnen gelingt, auch noch in die anderen fünf überzuwechseln."

„Es ist einen Versuch wert", pflichtete ihm Partha bei. „Eine Armee von hundertzwanzigtausend ist natürlich besser als eine von siebzigtausend. Ich habe gehört, daß es auf Gathin vierzig Gefängnisse gibt, außerdem noch einige neue, nicht fertige, die aber vielleicht schon mit Leuten belegt sind, die erst kürzlich in Gefangenschaft gerieten. Es wäre ausgezeichnet, wenn wir unseren Einfluß auch auf diese ausdehnen könnten."

„Daran habe ich schon gedacht. Die anderen sind weit entfernt, etliche liegen fast auf der anderen Planetenhälfte. Sicher, wir könnten auch sie erreichen, wenn wir umständliche, vielleicht auch gefährliche Maßnahmen ergreifen. Aber das würde zu lange dauern und ist nicht der Mühe wert. Wenn uns in unserem Gebiet ein Handstreich gelingt und wir genügend Schußwaffen schnappen können, dann werden wir auch alle anderen Gefängnisse nacheinander besetzen können."

Partha überlegte. „Der einzige Zweck der Eroberung von Gefängnissen ist doch die Befreiung der Gefangenen und damit die Stärkung der Gath-Armee. Ist das richtig?"

„Ja, Sir", bestätigte Wardle.

„Es wird einen gewaltigen Unterschied zwischen Gefangenen, die von der freiheitlichen Propaganda beeinflußt sind, und solchen geben, die noch nie etwas von ihr gehört haben, sich darunter nichts vorstellen können oder nicht einmal davon zu träumen wagten. Hier schaffen wir ein Heer von potentiellen Kämpfern, die mit neuer Hoffnung und Kampfesmut erfüllt sind. Überall sonst wird ein Gefängnis nicht mehr sein als eine Ansammlung furchtsamer, eingeschüchterter Sklaven."

„Wie lange, glauben Sie, dauert es, bis ein furchtsamer Sklave seine Chance erkennt, einem Kastaner einen tüchtigen Nasenstüber zu versetzen?" fragte Wardle.

„Ich kann nur von mir aus urteilen", bekannte Partha. „Ich habe viel zu lange dazu gebraucht."

„Aber nur, weil Sie General sind. Sie sind zu militärischer Korrektheit erzogen. Sie sehen alles vom Standpunkt persönlicher Verantwortlichkeit aus. Die niedrigen Ränge und die Mannschaften kennen diese Zurückhaltung nicht. Geben Sie ihnen Waffen in die Hand, erzählen Sie ihnen, daß sie Gaths sind, daß sie ihre Ehre zurückgewinnen, wenn sie den Kastanern einen Fußtritt geben" – er machte eine entsprechende Geste –, „und ich gebe ihnen zwei Minuten, bis sie die Tatsachen begreifen und zu schießen anfangen."

„Ich hoffe, Sie haben recht", meinte Partha zweifelnd.

„Warten Sie's ab. Wer hat heute morgen die besten Szenen hingelegt? Die Mannschaften. Es war kein Offizier, der einem Posten die glänzenden Stiefel vollgespuckt hat."

Partha blickte gequält.

„Lassen wir's dabei. Die wirklichen Prüfungen stehen uns erst noch bevor. Im Augenblick haben wir Wichtigeres zu beschließen." Wardle stand vor Partha und sprach mit großem Ernst. „Wenn die Zeit reif ist, gibt es zwei Möglichkeiten, an Schußwaffen zu kommen."

„Zwei?" fragte der General.

„Ja, zwei", antwortete Wardle. „Und die Entscheidung, welchen Weg wir einschlagen, liegt bei Ihnen."

„Weshalb bei mir?"

„Weil Sie zur Zeit der einzige aktive General der Armee der Gath-Republik sind. Deshalb haben Sie das Kommando über deren Streitkräfte und sind gleichzeitig Sprecher der Republik."

„Ich verstehe. Und zwischen welchen Möglichkeiten kann ich wählen?"

„Kampfverbände Terras werden Waffen und anderes Kriegsmaterial über den Gefängnissen abwerfen. Sie werden auch Fallschirmtruppen und spezielle Kampfeinheiten absetzen, welche die nahe gelegenen Lager, Arsenale und Stützpunkte nehmen." Er machte eine kleine Pause, damit seine Worte Zeit hatten, in Parthas Gehirn einzusickern.

„Die Alternative wäre die", fuhr er fort, „daß die Gath-Republik ihre eigenen Schlachten schlägt und ihren Sieg mit Waffen erringt, die den Feinden abgenommen wurden."

Partha richtete sich zu kerzengerader Haltung auf, legte die Hände an die Hosennaht und sagte ruhig: „Der Kampf wird härter sein, die Verluste werden uns mehr bedrücken – aber wir ziehen es vor, unseren eigenen Kampf zu führen." Die hinter ihm stehenden Stames und Aluesianer murmelten zustimmend.

„Auf der Erde", erklärte Wardle lächelnd, „stand die Wette vierzig zu eins, daß Sie diese Entscheidung treffen würden. Die ganze Idee der Gath-Republik beruhte auf der Vermutung, daß jedes intelligente Wesen seinen Stolz habe, daß es ihn an seiner Fähigkeit mißt, diesen zu erhalten und wiederzugewinnen. Das gilt auch für Gefangene, selbst für Sklaven." Wieder lächelte er. „So bittet also Terra Sie um eine Gunst."

„Eine Gunst?" Partha war verblüfft.

„Wir bitten die Gath-Republik, den ersten Angriff zeitlich so zu legen, daß er in unseren Zeitplan paßt."

„Den größeren Plan?"

„Genau. Das Hauptziel des Raumkrieges ist es, die feindlichen Flotten zu entdecken und zu isolieren. Der Weltraum ist so ungeheuer groß, und die Entfernungen sind so unermeßlich, daß ein Leuchtfleck, der auf dem Radarschirm eine Zehntelsekunde zu spät ankommt, hunderttausend Kilometer Ortsabweichung bedeutet."

„Und?"

„Deshalb wird eine große Revolte auf Gathin die kastanische Flotte aufscheuchen, und sie wird fast vollzählig antreten, so rasch es nur geht. Selbstverständlich konzentriert sie sich auf einen Gefahrenpunkt, der ihrem Heimatplaneten Kasta so nahe liegt. Erinnern Sie sich, von dort bis hierher hat man eine Flugzeit von nur zwölf Tagen." Wieder lächelte Wardle. „Terra würde es als einen Akt der guten Nachbarschaft betrachten, wenn die Gath-Republik den ganzen Zauber zeitlich so abrollen ließe, daß wir unsere Positionen einnehmen können, um die kastanische Flotte zu isolieren."

„Und wann wird das voraussichtlich der Fall sein?"

„Nicht später als acht Tage, nachdem unser Sender die genaue Lage Gathins durchgegeben hat."

„Es wird mindestens einen Monat dauern, bis sie den Sender bemerken", klagte Partha. „Vielleicht sogar zwei oder drei Monate."

„Nicht mit unserer Sendeleistung und den eingesetzten Horchposten", versicherte Wardle. „Sie erwarten, daß früher oder später ein Sender in Funktion tritt, sie hoffen darauf und suchen beständig danach. Ihn zu finden ist nur Sache systematischer Suche, nicht eines glücklichen Zufalls. Sehr wahrscheinlich werden sie den Sender sehr bald orten und entsprechend reagieren."

„Gut. Wir werden losschlagen, sobald die terranischen Flotten in der Lage sind, einen Vorteil aus der Situation zu ziehen. Sonst noch etwas?"

„Ein Punkt. Die Ärzte müssen vorgeben, daß sie die Epidemie bekämpfen und mit ihr fertig werden. Aber wir wollen den Kastanern nicht in die Hände arbeiten, indem wir ausnahmslos alle kurieren. Deshalb wäre es besser, wenn wir die für morgen vorgesehene Krankenzahl etwas einschränken, um gleichzeitig den Prozeß noch in die Länge zu ziehen. Zwei- oder dreihundert reichen, und dabei wollen wir es belassen, bis jeder einmal drangekommen ist. Foley kann Festerhead erklären, daß die Krankheit zwar unter Kontrolle ist, aber ihren Lauf nehmen muß."

„Ja, das läßt sich machen", stimmte Partha zu. „Die Gefangenen ziehen eine psychische Befriedigung aus dieser Art von Revolte, und deshalb sollten wir sie nicht ganz aufgeben. Ich werde anordnen, daß die Anzahl der Kranken auf ein vertretbares Maß zurückgeschraubt wird."

„Ich hätte auch gern, daß Sie die Ärzte anweisen, Foley hundertprozentig zu unterstützen, wenn er wieder mit Festerhead zu streiten hat", fuhr Wardle fort. „Er möchte alles auf die schlechte und unzureichende Ernährung schieben. Diese Diagnose muß einstimmig gestellt werden. Vielleicht nützt sie uns etwas, vielleicht auch nicht; ein Versuch wird jedenfalls keinen Schaden anrichten."

„Die Ärzte werden entsprechend angewiesen." Partha leckte sich die Lippen bei dem Gedanken an ein paar Brotkrusten als Zugabe zu dem schäbigen Eintopf. „Geschwächte Gaths gegen überfütterte Kastaner ist hart genug. Ein Bissen mehr pro Mahlzeit wäre ein großer Schritt zum Sieg."

„Sie und die anderen haben tausend Schritte getan, als Sie von Sklaven zu potentiellen Eroberern wurden. Vor uns liegen nur noch weniger als hundert Schritte. Die werden Sie tun, und wenn Sie kriechen müßten – selbst mit leerem Magen."

„Das werden wir", bekräftigte Partha fest entschlossen. Er folgte

Cheminais nach draußen, mit seinem militärischen Stab auf den Fersen.

Die Tür schloß sich. Ein Posten tappte über die Mauerkrone und warf einen schläfrigen Blick auf den Dschungel und den sternübersäten Himmel.

Wardle streckte sich müde auf seinem Bett aus. „Laß mich schlafen. Ich möchte von T-Bone-Steak mit Pilzen träumen."

Er schloß die Augen und sank nach und nach in die Tiefen der Träume. Holden lag noch eine Weile müßig herum, stand auf, ging zu Wardle hinüber und rüttelte ihn wach.

„Aloysius, warum bist du so grausam zu mir?"

„Geh zum Henker!" brüllte Wardle, über alle Maßen erbost.

Der Posten auf der Mauerkrone blieb abrupt stehen, starrte zu den offenen Fenstern hinüber und schrie: *„Fosham gubitsch!"*

Holden ging zum Fenster und rief zurück: „Du hast gehört, was der nette Herr gesagt hat – du sollst zum Henker gehen."

„Ihr werdet keine Zwergensprache reden!" befahl die Wache streng und bedrohlich. „Ihr werdet schlafen gehen!"

„Ja", sagte Holden, „das ist eine Idee." Er fand in sein Bett zurück, streckte sich aus und weckte bald alle anderen mit seinem Schnarchen auf.

DREIZEHN Tage waren träge vergangen. Die Kranken, die unter dem litten, was Foley „saponische Mastikation" nannte, waren inzwischen auf achtzig pro Tag reduziert worden, hauptsächlich, um Festerhead zu besänftigen.

Dr. Machimbar entfaltete den Kranken gegenüber weiterhin vornehme Gleichgültigkeit, wenn es sich nicht um kastanische Wachen handelte, ließ Foley und die anderen aber voll über das Hospital verfügen.

Der Peilsender arbeitete achtundzwanzig Stunden am Tag. Niemand wußte genau, ob die Kastaner von seiner Existenz noch immer nichts ahnten oder ob sie ihn bereits entdeckt hatten und nach einer offiziellen Erklärung für sein Vorhandensein suchten. Die letztere Möglichkeit erfüllte Partha und seinen Stab inzwischen mit wachsender Unruhe.

Hundertvierzig Stames und Aluesianer waren in vierzig Waldarbeiterkolonnen aus verschiedenen Gefängnissen untergetaucht, hatten sich in alle sieben in der Nähe gelegenen Gefängnisse eingeschmuggelt und in drei weitere, die etwas weiter entfernt waren. Sie hatten gute Arbeit geleistet. Alle zehn Gefängnisse waren jetzt auf eine Revolte vorbereitet und hatten sich mit der Seifenkrankheit beschäftigt, um während der Wartezeit die Moral aufrechtzuerhalten.

Um Mitternacht übernahm Pye die Wache. Er lag auf dem Bett, starrte die Sterne an, die im Fensterausschnitt funkelten, und zählte die Minuten, bis Casasola ihn abzulösen hatte. Er gähnte zum hundertsten Male und langweilte sich entsetzlich.

Von Holdens Bett drangen schwache Klickgeräusche herüber. Pye fuhr mit aufgerissenen Augen hoch und lauschte.

Das Bett klickte weiter.

Schnell kletterte er hinüber, riß Holdens Jacke hoch und zog die Taschenuhr heraus. Er öffnete das Gehäuse und drehte sie in der Horizontalen hin und her. Das Ticken wurde schwächer, hörte auf, war wieder leise zu vernehmen und wurde schließlich so laut, daß es den ganzen Saal weckte.

Pip-pop, pip-pop.

„Heureka!" rief Wardle aus. Er rieb sich erfreut und befriedigt die Hände. „Sie sind halb durch, und sie werden es so lange wiederholen, bis sie wissen, daß wir empfangen haben."

Die sieben saßen um die Pseudouhr herum und lauschten aufmerksam, während diese fortfuhr, ihre Pip-pops von sich zu geben. Das Signal hielt zehn Minuten an, hörte dann eine Minute lang auf und begann wieder von neuem.

„Wie wär's, wenn wir uns hinausschleichen und den Sender abstellen würden?" schlug McAlpin eifrig vor.

„Ist nicht der Mühe wert, über die Mauer zu klettern", entschied Wardle. „Das kann ich morgen erledigen, wenn ich draußen arbeite. Zwölfmal aus- und einschalten mit einer Minute Pause. So hast du's gesagt, oder?"

„Ja. Wir müssen ihn jedenfalls ein paarmal abstellen, um ihnen zu zeigen, daß wir sie gehört und verstanden haben."

„Wird gemacht. Um einen Schalter ein paarmal umzudrehen, braucht man ja nicht unbedingt Radiotechniker zu sein."

„Eine Stunde vor Morgengrauen, fünf Tage von heute an", kommentierte Pye, der immer noch verzückt dem Pip-pop lauschte. „Das geht ja schneller, als wir gedacht haben."

„Macht gar nichts. Sie werden trotzdem so lange warten, bis sie von uns eine Bestätigung bekommen", meinte Wardle. „Morgen in aller

Frühe unterbrechen wir den Sender. Fünf Tage müßten genügen. Außerdem möchte ich nach Hause. Von diesem öden Klumpen habe ich mehr gesehen, als ich ertragen kann."

„Ich auch", erklärte Pye nachdrücklich.

Diesen Augenblick wählte Holden zur Darbietung eines unmusikalischen Heulens von *„Home, home, swe-e-eet home ...*"

Draußen stampfte eine Wache auf der Mauerkrone und brüllte eine Reihe von unverständlichen Worten. Sie klangen arrogant und verdrießlich.

Holden ging zum Fenster und sah hinaus. „Du wirst nicht in der Läusesprache sprechen! Du wirst jetzt spazierengehen!" rief er mit überzogener Demut. Dann duckte er sich und ließ sich auf sein Bett fallen.

Die Uhr, jetzt wieder geschlossen und in seiner Jackentasche, klickte auch am Morgen noch leise vor sich hin. Dasselbe Thema immer und immer wieder: noch fünf Tage, noch fünf Tage, eine Stunde vor Morgengrauen.

Am letzten dieser fünf Tage machte sich erneut eine Veränderung der Atmosphäre bemerkbar. Abends saßen zehntausend Gefangene im Hof oder schlenderten betont lustlos herum, um ja keinen Hinweis auf die kommenden Ereignisse zu geben. Doch über allem lag eine seltsame, unsichtbare und dennoch fast greifbare Spannung.

Wieder reagierten die Posten instinktiv und wurden unangenehm und nervös. Sie bildeten Gruppen und hatten die Finger am Abzug ihrer Waffen. Aber ihrer ganzen Einstellung nach suchte jeder von ihnen insgeheim nach einem Grund für diese Unruhe außerhalb der Mauern oder am Himmel; jedenfalls überall sonst, nur nicht im Gefängnis selbst.

Partha kam zu Wardle. „Die Männer halten sich recht gut", stellte er fest. „Trotzdem schnüffeln die Kastaner herum und wittern Ärger. Glauben Sie, es wäre besser, wenn die Leute den Hof verlassen und ihre Schlafsäle aufsuchen würden?"

„Das wäre ganz gegen die Routine", widersprach Wardle. „Die Gefangenen schätzen diese Zeit in relativer Freiheit, möchten einander treffen und miteinander reden. Sie gehen nicht hinein, solange sie nicht müssen. Der plötzliche Wunsch, vorzeitig eingeschlossen zu werden, würde doch noch den Verdacht dieser Dummköpfe wecken."

„Sie haben recht. Aber es ist noch eine ganze Stunde bis dahin. Ich fürchte, unter so vielen könnte der eine oder andere unter der Anspannung des Wartens zusammenbrechen und Dummheiten begehen."

„Ich glaube nicht, daß das unsere Pläne stören würde", entgegnete Wardle. „Die Kastaner sind an solche Dummheiten gewöhnt. Wie viele Gefangene haben in den letzten vier Jahren Selbstmord begangen und wie viele in der Art, daß sie sich von den Wachen eine Kugel in den Leib jagen ließen?"

Partha runzelte die Stirn, sagte aber nichts.

„Eine Stunde ist eine Stunde", fuhr Wardle fort. „Wir müssen sie absitzen."

Er sah Partha nach, als dieser wegging. Gut, daß er so verständig ist, dachte er. Dann lehnte er sich an die Mauer und ließ nachdenklich den Blick über das Arsenal schweifen.

Hinter dessen riesigen, dicken Stahltüren lag ein Schatz, der nur gehoben zu werden brauchte. Ein direkter Angriff auf das Zeughaus oder auf die Posten am Tor würde die Angreifer nur dem mörderischen Feuer der zweiundzwanzig Posten aussetzen, die oben auf der Mauer standen. Deshalb mußte man sich zuerst um diese Wachen kümmern. Das würde eine höchst verzwickte Angelegenheit werden, und man mußte sie sehr sorgfältig planen.

Bereits zurechtgelegte Pläne waren von allen Seiten her nochmals durchdacht worden, ehe die Stunde um war und die Gefangenen eingeschlossen wurden. Sie schlurften betont widerwillig hinein, um den üblichen Eindruck langweiligen Zögerns nicht zu verwischen. In solchen Augenblicken hatten die Stames einen beachtlichen Vorteil gegenüber den Aluesianern: ihre angeborene Verdrießlichkeit.

JETZT stand ihnen nur noch die lange Nacht für die abschließenden Vorbereitungen zur Verfügung. Die Türschlösser klickten, die Wachen verließen die Gebäude und überquerten den Hof, um in ihre eigenen Unterkünfte zu gehen. Der letzte war noch nicht richtig verschwunden, da war Cheminais schon draußen und schloß die Türen auf. Er mußte frühzeitig anfangen, denn in drei Stunden hatte er viele Türen zu öffnen.

„Bist du fertig mit deiner Arbeit?" fragte Wardle Holden.

„Klar. Der Aluesianer Dareuth wird die Steinbruchkolonne schnell zum Abfallhaufen führen. Dort stehen vierzig alte Konservendosen bereit, alle mit Alamit gefüllt und mit einem kompletten Zünder ausgestattet." Er seufzte. „Ich wollte, wir hätten mehr hereinschmuggeln können. Im Steinbruch liegt ein riesiges Eisenfaß. Das hätte eine höllische Explosion gegeben, wenn wir es nur durch die Tore gekriegt hätten."

Wardle zuckte gleichmütig die Achseln, legte sich aufs Bett und deckte sich zu. „Ich werde jedenfalls jetzt schlafen."

„Kannst du das jetzt?" fragte Pye.

„Weiß nicht. Versuchen werde ich es jedenfalls." Er drehte sich um und schloß die Augen. Im Raum war es still, aber keiner von ihnen fand auch nur eine Minute Schlaf.

Schließlich setzte sich Wardle ans Fenster und beobachtete die Wachen auf ihren regelmäßigen Mauerrunden. Ungeduldig zählte er die Stunden, die Minuten, hin und wieder warf er einen Blick hinauf zum Sternenhimmel. Draußen im Dunkel, noch oben und weit weg, lauerte eine große Flotte schwarzer, spitzschnauziger Raumschiffe im Hinterhalt. Er wußte, sie waren da, und diese Gewißheit war tröstlich und beruhigend.

Zehn Minuten vor der Stunde Null waren sie alle an den Fenstern. Sie ließen einen Posten vorbeigehen und warfen dann ein Seil aus. Holden kletterte auf das Fensterbrett, bekam das Tau zu fassen und machte sich fertig, daran hinunterzugleiten. Er hielt inne, grinste sie alle freundlich an und sagte unnötig laut: „Tarzan ist wieder unterwegs."

„Pscht!" zischte Wardle. „Ab mit dir, du Schwachkopf!" Ängstlich spähte er zur Mauerkrone und war erleichtert, als keine aufgescheuchte Gestalt dahergetrampelt kam.

Holden glitt in die Dunkelheit hinab. Als das Seil zu vibrieren aufhörte, holten sie es ein. Sie sahen undeutlich seine schattenhafte Gestalt am Fuß der Mauer entlanghuschen.

„Zwei Minuten Zeit", gab Wardle bekannt.

Sie nahmen ihre Bogen, dehnten die Federn bis zur vollen Spannung, legten Pfeile in die Führungsrillen und stellten sich neben den Fenstern auf. Überall ging ähnliches vor; eine Gestalt kauerte am Fuß der Mauer, ein halbes Dutzend bewaffneter Männer lauerte hinter den Fenstern des sechsten Stocks. Die Nacht war etwas dunkler als sonst, deshalb erschien auch der Postenweg auf der Mauerkrone heller als üblich.

Der Posten kam zurück. Er schien sich ungewöhnlich langsam zu bewegen, fast apathisch. Für Nerven, die zum Zerreißen gespannt waren, schien er für jeden Schritt eine volle Minute zu brauchen.

„Ich dreh dem Kerl, der zu früh abdrückt, den Kragen um", drohte Wardle. „Die Waffe des Burschen muß nach innen fallen, nicht nach außen oder auf die Mauer."

„Mach dir keine Sorgen", antwortete Pye mit eisiger Ruhe.

Jetzt war der Posten auf Fensterhöhe. Weit unten rasselte Holden mit einer Konservendose. Der Posten blieb stehen und sah sich um. Holden rasselte wieder. Der Posten nahm die Waffe von der Schulter, hielt sie in der rechten Hand, beugte sich hinunter und spähte nach der Ursache des Geratters.

„Jetzt."

Sechs Armbrüste machten *wunph-wunph*.

Einen schrecklichen Augenblick glaubten sie, fehlgeschossen zu haben. Der Posten blieb gebeugt und unbeweglich stehen und sah anscheinend immer noch nach unten. Doch dann plumpste er kopfüber hinunter, ohne einen Laut von sich gegeben zu haben. Die Spieße rissen seine Hosenbeine in Fetzen und hielten einen seiner Stiefel fest. Dann war er verschwunden. Sein Gewehr knallte mit einem harten, metallischen Klacken auf, das unnatürlich laut klang. Eine Sekunde später schlug auch der Körper mit dem üblen Geräusch brechender Knochen auf den Betonboden.

Zur Linken, gerade noch außer Sicht, gab jemand auf der Mauerkrone seltsam pfeifende Laute von sich. Weiter weg, auf der anderen Seite des Gefängnisses, schrie die Stimme eines Kastaners Zeter und Mordio. Ein leichtes Maschinengewehr, das der Schreier vielleicht hatte fallen lassen, trat mit einem scharfen *Tack-tack-tack* in Aktion, und das Schreien hörte auf.

Die sechs Terraner schossen durch die Tür und rasten die Treppe hinunter, um sich mit Holden im Hof zu treffen. Das heißt, sie versuchten es, aber es war gar nicht so einfach. Eine dicht geschlossene Kolonne von Stames torkelte, drängte sich und fiel halb über die Stufen, quetschte sich in dicken Trauben an jedem Treppenabsatz zusammen und wurde von den Nachdrängenden weitergeschoben. Hinter ihnen kreischten die Aluesianer vor Ungeduld und benützten ihr Gewicht, um die anderen nach draußen zu treiben. So gingen die kleinen Terraner fast in einem Strom von Riesenleibern unter, und es blieb ihnen nichts anderes übrig, als sich mittreiben zu lassen, bis sie in den Hof hinausgeschnellt wurden.

Schon waren etwa tausend draußen und rannten auf die zugewiesenen Plätze. Zweihundert aus dem Block an den Toren hatte man kurz auf die Überwältigung der dortigen Wachen gedrillt, zu denen noch die zwölf Mann Bereitschaft kamen, die in der Nähe schliefen. Die meisten der Gruppe hatten sich den Toren bis auf etwa fünfzig Meter genähert und waren noch kaum auf Widerstand gestoßen.

Wardle und seine Kameraden blickten gespannt in jene Richtung, während die Masse aus ihrem eigenen Block über den Hof zu den Schlafräumen der Wachen raste.

Die Gruppe, die die Tore angriff, hatte weitere dreißig Meter zurückgelegt, bevor die erstaunten Wachen ihren Augen trauten. Aber da war es schon zu spät. Ein großer, dürrer Aluesianer an der Spitze des Trupps schwang ein scharf geschliffenes Stück Stahl, das wie ein Metzgerbeil aussah. Er hatte sich den geistesgegenwärtigsten Posten ausgesucht, der sein Gewehr von der Schulter gerissen hatte und nach dem Abzug tastete. Der Metzger verfehlte sein Ziel, als der Posten sich duckte. Einen Moment später gingen alle zwölf vor dem rachedurstigen Mob zu Boden, ohne daß ein einziger Schuß abgefeuert worden war.

Auf der rechten Seite des Komplexes eilte ein Trupp zum Abfallhaufen. Noch weiter rechts rannte eine große Gruppe früherer Ingenieure zum Kraftwerk und zum Fahrzeugpark. Zu Hunderten strömten die übrigen Gefangenen aus den Gebäuden und schlossen sich den Gruppen an, für die sie eingeteilt waren.

Die beiden Kastaner, die den Fahrzeugpark zu bewachen hatten, erwiesen sich als ein wenig schneller als ihre Kameraden. Alarmiert von dem wachsenden Aufruhr flüchteten sie hinter ein paar riesige Lastwagen, stützten ihre Maschinenpistolen auf deren Stahlkarosserien und eröffneten das Feuer. Neun heranstürmende Gefangene brachen zusammen und blieben liegen. *Ratatatack* machten die Maschinenpistolen, und die Geschosse peitschten durch den Hof.

Die Ingenieure teilten sich auf, duckten sich hinter die Wagen, kletterten hinüber, krochen unter ihnen durch. Die Wachen versuchten, auf zehn Ziele gleichzeitig zu schießen, mit dem Erfolg, daß sie überhaupt nichts mehr trafen. Die Angreifer drangen aus allen Richtungen auf sie ein; die Wachen sanken zusammen, und ihre Waffen wurden ihnen entrissen.

Zu diesem Zeitpunkt verloren die Terraner den Überblick darüber, was woanders vorging. Als sie die Wachunterkünfte erreichten, wurden sie von den Nachdrängenden durch die Tür hineingeschoben.

Vor ihnen rannten katzenäugige Aluesianer durch einen dunklen Korridor, als sei er hell erleuchtet. Ein paar Stames in ihrer Begleitung, gehandikapt durch den Lichtmangel, strauchelten und stolperten. Andere Aluesianer schoben die Stames ungeduldig beiseite und stürmten ihren Kameraden nach.

Wardle bemerkte neben sich eine enge Treppe und ergriff die Gelegenheit, dem Druck größerer und schwerer Körper zu entrinnen. Er quetschte sich zur Seite aus der Menge, erreichte die Stufen und hastete nach oben, so schnell er konnte. Unmittelbar hinter ihm keuchte jemand. Ein Blick über die Schulter zeigte ihm Foley und – zu seiner gelinden Überraschung – den verlorengeglaubten Holden, der sich irgendwie zu ihnen durchgeschlagen hatte. Holden umklammerte eine Automatic und war somit der einzige von ihnen, der eine vernünftige Waffe besaß. Von den anderen war nichts zu sehen. Vielleicht hatten sie in dem Durcheinander weiter unten zu tun.

Die schlafenden Posten im ersten Stock waren von dem allgemeinen Spektakel unsanft aus dem Schlaf gerissen worden, besonders natürlich von dem Kampfgetümmel unmittelbar neben ihnen. Gerade als Wardle oben am Treppenabsatz ankam, rannte ein riesiger, nur mit Unterhosen bekleideter Kastaner aus einem Raum, eine Maschinenpistole in der Hand.

Die Terraner waren ihm zwar an Größe und Gewicht unterlegen, hatten jedoch den Vorteil der Überraschung. Man wird niemals erfahren können, was der Kastaner erwartet hatte, aber seine Reaktion ließ nur allzu deutlich erkennen, daß er mit aufrührerischen Gefangenen zuletzt gerechnet hätte. Er verschwendete einen kostbaren Augenblick, als er die Kinnlade fallen ließ und wie vom Donner gerührt stehenblieb. Wardle nutzte genau dies, um ihm seine Armbrust in den Magen zu rammen. Der Kastaner trompetete wie ein angeschossener Elefant, krümmte sich zusammen und brachte so seinen Kopf in passende Höhe. Wardle hieb ihm prompt mit aller Kraft auf den großen Schädel. Der Kastaner fiel mit einem Krach um, der den Boden erzittern ließ.

Wardle warf seine Armbrust weg und schnappte sich die kostbare Maschinenpistole. Das war der glücklichste Augenblick seines Lebens. Ein Dutzend Kugeln pfiffen zur offenen Tür heraus, schlugen fingerbreit über ihm ein und brachen kleine Mauerstückchen aus der Wand. Wardle ließ sich flach auf den Boden fallen und wälzte sich in Windeseile aus der Schußlinie.

„Liegenbleiben!" rief Holden ihm von der Treppe aus zu. Er quetschte sich an Foley vorbei, kroch vorsichtig zur Tür, schob den Lauf der Waffe um die Ecke und ballerte in den Raum hinein. Ein erneuter Kugelhagel war die Antwort.

Die Bewohner dieses Raumes hatten offensichtlich nicht die Absicht, sich zu ergeben. Ihre schweren Waffen lagerten zwar im Zeughaus, aber jeder von ihnen hatte seine Maschinenpistole bei sich. Es schien, als wollten sie kämpfen, solange Kraft und Munition reichten. Die einzige Alternative war lebenslängliche, ehrlose Sklaverei ohne jede Hoffnung, und das mitten aus einem Herrendasein heraus, was das Ganze noch weniger verlockend erscheinen ließ. Daher war dieser Augenblick nicht sehr passend, sie zu dem für sie einigermaßen seltsamen Standpunkt der Terraner zu bekehren.

Es gab eine kleine Kampfpause, denn die Terraner lagen draußen und konnten es nicht wagen, in den Saal einzudringen, während die Kastaner drinnen warteten und sich nicht trauten herauszukommen. Der Druck der Angreifer von unten schob die im Augenblick unbeschäftigten Kämpfer höher die Treppe hinauf. Der erste von ihnen war ein langer Aluesianer, der aufgeregt und doch zeremoniös eine große, rostige Büchse vor sich her trug, auf der IMFAT NOGOLY stand, was immer das heißen mochte.

„Gib her!" schnarrte Holden, warf Foley seine Automatic zu und entriß dem Aluesianer die Büchse. Er machte sich am Deckel zu schaffen, dann warf er die Büchse mit einer weiten Armbewegung in den Raum. „Runter!"

Alle warfen sich hin. IMFAT NOGOLY 111 detonierte mit einem so höllischen Krach, daß sich in zweihundert Metern Entfernung ein seines Glases beraubter Fensterrahmen um einen Colonel der Stames drapierte. Sie stürmten zusammen in den Raum. Elf tote Kastaner lagen verstreut umher. Unterstützt von der über die Treppe nachdrängenden Meute wandten sich die Männer sofort dem nächsten Saal auf demselben Gang zu. Er enthielt zwölf Betten, zwölf sauber zusammengefaltete Uniformen, war aber sonst gähnend leer. Ebenso sahen die anderen Säle in diesem Stockwerk aus.

Inzwischen drängte die Flut weiter nach oben und wurde im dritten Stock von konzentriertem Feuer empfangen. Leichen rollten die Treppe hinunter und versperrten den Nachdrängenden den Weg. Stames und Aluesianer arbeiteten rasend, um die Toten beiseite zu schaffen. Sie stießen wieder vor und wurden wieder zurückgeworfen.

Offensichtlich hatten sich die im zweiten Stock fehlenden Kastaner mit denen im dritten zusammengetan. Einige Offiziere der Wachmannschaften mußten noch genug Zeit gehabt haben, Widerstand zu organisieren. Da das Gebäude zehn Stockwerke hoch war, hatten die Verteidiger genügend Rückendeckung von oben, konnten Stockwerk für Stockwerk verteidigen, wodurch das Aufbringen des Gebäudes extrem hohe Verluste kosten würde. Es war jetzt klar, daß die Kastaner mit äußerster Verbissenheit kämpfen würden. Die Eroberung des Gefängnisses erwies sich als schwieriger als erwartet.

WARDLE fand einen Offizier der Aluesianer. „Tote Gaths nützen der Gath-Armee nichts", meinte er. „Es wäre besser, Sie würden Ihre Leute vom Angriff zurückziehen."

„Wir haben Befehl, dieses Gebäude zu nehmen, ganz gleich, was es kostet", protestierte der andere. „Die meisten der vierhundert Kastaner sind hier drin."

„Vielleicht können wir sie uns billiger vom Hals schaffen."

„Wie?"

„Wir sprengen sie in die Luft. Wenn wir den ganzen Bau mit Sprengstoff ausstopfen, fliegen sie so hoch, daß sie ihrer Raumflotte oben begegnen können. Und wie geht die Schlacht ansonsten weiter?"

„Ich habe nicht die leiseste Ahnung", bekannte der Offizier.

Dann machte er einen großen Schritt auf Wardle zu, umklammerte seinen Nacken und zog ihn mit seinem Gewicht fast zu Boden. Die Mauern stöhnten, von der Decke rieselten Staub und Mörtel, der Boden bebte. Ein Stück verbogenen Stahls sauste zu einem Fenster herein und zur Tür hinaus, ohne jemanden zu verletzen. Glas regnete aus den oberen Stockwerken.

„Die Zeughaustore!" rief Wardle. „Jetzt haben wir genug Mittel, um sie zu vernichten!"

Er raste in den Hof und rannte zum Arsenal. Etwa auf halbem Weg machte etwas *tacka-tacka-tack,* und über seinem Kopf summte ein Schwarm unsichtbarer Bienen. Danach rannte er in langen Zickzacksprüngen weiter, wurde aber nicht mehr beschossen.

Vor dem Zeughaus lagen die großen Eisentore wie von einer Riesenfaust zerknittert. In fieberhafter Eile holten die Gefangenen die Waffen heraus. Er kam gerade dazu, als Cheminais und zwei Stames ein schweres Maschinengewehr auf einer Lafette herauszogen.

„Es sind noch vier von diesen Spielzeugen da", berichtete Cheminais. Er kniff die Augen zusammen und spähte in den Hof hinaus, der teilweise verdächtig leer war. „Die Posten am Tor sind wie Kegel umgefallen, aber die Bereitschaft hält sich. Sie haben sich im Wachhaus verbarrikadiert und scheinen recht gut bewaffnet zu sein."

„Ach, dann haben die wohl auf mich geschossen?" fragte Wardle.

„Ja, sie haben leichte Schnellfeuergewehre, und sie bestreichen damit kleinere Abschnitte rund um das Gebäude."

„Aber jetzt zahlen wir's ihnen heim, *houne?*" erklärte ein Stame mit düster-glücklicher Miene.

„Gibt's dort drinnen Sprengstoff?" fragte Wardle und deutete auf das Zeughaus.

„Nur ein Dutzend Fäßchen mit dem Zeug für den Steinbruch", berichtete Cheminais.

„Das reicht. Ich muß schnell Holden finden. Er weiß, wie man es am wirksamsten einsetzt."

Damit hastete er zurück, mit den Gedanken bei den Möglichkeiten, die eine Tonne Alamit bot. Das Gewehr im Wachhaus eröffnete sofort das Feuer, als er in Reichweite kam. Er ließ sich zu Boden fallen und blieb liegen. Das Feuer erstarb. Langsam robbte er weiter. *Tacka-tacka.* Wer hinter dem Gewehr saß, hatte gute Sicht, aber wenig Geduld. Die Geschosse kamen sehr nahe. Eines streifte das Schulterpolster seiner Jacke und riß ein Stück Stoff heraus. Ein anderes traf unmittelbar vor seiner Nase auf den Beton und prallte mit dem Kreischen einer Kreissäge himmelwärts.

Wieder eine Pause, in der ihm der Schweiß den Rücken entlang rann. Vorsichtig hob er den Kopf. *Tacka-tacka.* Das dauerte kaum eine Sekunde, denn es wurde sofort mit einem schnelleren lauteren Hämmern aus dem Hof beantwortet. *Gamma-gamma-gamma* hörte man Cheminais und seine Stames. Der Posten im Wachhaus wurde mit einem Hagel kleiner, explosiver Geschosse eingedeckt.

Im Dämmerlicht des bevorstehenden Sonnenaufgangs war das ausgezeichnete Maßarbeit. Wardle sprang auf und rannte los. Zwei Minuten später war er mit Holden zurück, der die Fäßchen inspizierte.

Dreißig Stames schleppten die tödliche Ladung in die Wachunterkünfte, hievten sie in den zweiten Stock und verstauten sie in einem der mittleren Räume.

Die Kastaner im dritten Stock und höher ahnten nicht, was weiter unten vor sich ging, und versuchten daher nicht, dagegen einzuschreiten. Sie hockten eng beieinander und warteten auf weitere Angriffe der Feinde unter ihnen.

Gutbewaffnete Stames und Aluesianer hielten Wache an der Treppe nach oben, während Holden aus den Fäßchen eine Pyramide baute und sie fachmännisch herrichtete.

In diesem Augenblick erschien Wardle mit einem der gefangenen Wachposten am Tor. Der riesige Kastaner war völlig unterwürfig und hatte bereits den Status eines Sklaven angenommen, der nur existiert, um zu gehorchen.

„Du gehst jetzt in das nächste Stockwerk hinauf", befahl Wardle, „und rufst zu deinem eigenen Schutz und in deiner eigenen Sprache laut deinen Namen. Dann sagst du denen da droben, daß sie sich ergeben sollen, oder sie werden in die Luft gesprengt."

Ohne zu zögern, stimmte der Kastaner zu, wie es einem Gefangenen gebührt. Nicht den Bruchteil einer Sekunde dachte er daran, den Gehorsam zu verweigern oder sich mit einem Schwindel zu retten, und das trotz der wirklich schlimmen Umstände, deren Opfer er geworden war. Er stieg die Treppe hinauf und trompetete eine Warnung. „Ich bin Rifada. Nicht schießen, ich bin Rifada."

Er erreichte den Treppenabsatz und verschwand im dritten Stock außer Sicht. Kurzes Schweigen. Die unten lauschten mit angestrengten Ohren. Dann: „Gardesergeant Kling, ich habe den Befehl, Ihnen zu melden, daß Sie sich alle zu ergeben haben, oder Sie werden in die Luft gesprengt."

„So? Und du bist der Gefangene der Gefangenen, wie?"

Pause. „Der kommt einfach hier herauf und lädt uns ein, seine Schande mit ihm zu teilen. Nein, der Tod ist besser als das." Pause. Dann ein kurzes, scharfes „Erschießt ihn!"

Ein Dutzend Schüsse krachten. Etwas knallte dumpf auf den Boden. Aluesianer und Stames sahen einander mit den wissenden Blicken jener an, die von einer überoptimistischen Handlung eines Terraners nichts anderes erwartet hatten.

Wardle machte eine enttäuschte, angewiderte Geste. „Das entscheidet die Sache. Unter den gegebenen Umständen können wir nichts mehr tun. Sie sollen bekommen, was sie wollen."

Zwei Aluesianer blieben am Fuß der Treppe zurück, um einen Ausbruch in letzter Sekunde zu verhindern. Der Rest hastete aus dem Gebäude und brachte sich in angemessener Entfernung in Sicherheit.

Holden betrat den Mittelraum, blieb dort einige Sekunden und schoß heraus, als sei er mit einem rotglühenden Feuerhaken versengt worden. Das veranlaßte die beiden Aluesianer, ihren Posten ebenfalls zu verlassen und ihm mit halsbrecherischer Geschwindigkeit zu folgen. Sie mischten sich unter die Menge, die das Ereignis beobachten wollte.

Einen Moment stand das riesige Gebäude stark und schweigend im heraufziehenden Morgenlicht. Dann beulten sich die Wände aus. Es folgte ein gewaltiges Dröhnen, und der ganze Bau brach auseinander. Eine große, senkrechte Säule aus Staub und Rauch erhob sich zum Himmel, dunkle Brocken fielen herab.

Achtzehn Kastaner überlebten die Sprengung, zerschunden und schwer erschüttert, im übrigen jedoch unversehrt. Der schmutzigste von ihnen war Gardemajor Slovits. Er krabbelte aus dem Schutthaufen, tastete sich ab und sah sich mit völlig verstörter Miene um.

Holden brachte ihn schnell wieder zur Vernunft. Er tippte ihm auf die Brust. „In Zukunft ist es Ihr einziger Lebenszweck, mich zu erfreuen. Verstanden?"

„Jawohl", antwortete Slovits.

„Sie werden unter keinen Umständen den Gehorsam verweigern."

„Nie", bestätigte Slovits, erschreckt von dem Gedanken, einen altehrwürdigen Brauch zu brechen.

„Deshalb", fuhr Holden fort und deutete über den Hof, „werden Sie jetzt diese ehemaligen Wachen geschickt und soldatisch schneidig zu General Partha-ak-Waym führen und ihn um die sofortige Aufnahme in die Streitkräfte der Gath-Republik bitten."

Slovits starrte auf ihn hinab. Sein wuchtiger Körper schwankte leicht, während sich auf seinem breiten, ledrigen Gesicht sonderbare Gefühle widerspiegelten. Seine Lippen arbeiteten, aber es kam kein Ton heraus. Dann schlossen sich plötzlich seine Augen, und er sackte lautlos zusammen.

„Na so was!" rief Holden überrascht aus. „Jetzt ist der dicke Affe ohnmächtig geworden."

„Was erwartest du, wenn ein Soldat lebend in sein Grab sinkt und sofort wieder von seinem Feind herausgezogen wird?" fragte Wardle.

Das Wachhaus fiel eine halbe Stunde später. Man fand zwölf tote Kastaner, die bis zum letzten Atemzug gekämpft hatten. Das Gefängnis war nun völlig erobert, aber die Aktivitäten ließen nicht im mindesten nach.

Eine blaue Flagge mit weißem Stern wurde an den Mast über dem Verwaltungsbau genagelt und mit formellem Salut und liebevollen Blicken bedacht. Trägerkolonnen sammelten die Verwundeten ein und brachten sie zum Lazarett, wo die Ärzte an die Arbeit gingen. Andere Gruppen suchten unter den Toten nach Festerhead und Machimbar, fanden aber keinen der beiden, denn sie hatten das Glück gehabt, gerade abwesend zu sein, als der Zauber begann.

Eine triumphierende Kolonne von tausend Mann brauste und donnerte in den erbeuteten Lastwagen über die Dschungelstraße, die sie als Sklaven selbst gebaut hatten. Vierhundert waren mit leichten Schnellfeuergewehren bewaffnet, vierhundert mit Maschinenpistolen und zweihundert mit eilig zurechtgebastelten Alamitgranaten.

Sie erreichten das nächstgelegene Gefängnis gerade rechtzeitig, um den letzten, entscheidenden Angriff mitmachen zu können. Auch dort kämpften die Kastaner mit bitterer Entschlossenheit, die aus der Überzeugung geboren war, daß die einzige Alternative lebenslange Verdammnis war. Dreihundertsiebzig starben. Achtundvierzig verstörte Kastaner ergaben sich und akzeptierten ihre Erlösung in den Reihen der wachsenden Gath-Armee.

Wieder machte sich die Kolonne auf den Weg, jetzt in doppelter Stärke und Feuerkraft. Sie kamen auf der Straße zum nächsten Gefängnis an Festerhead und Machimbar vorbei. Sie trafen sie in einem Offizierswagen sitzend an und ließen sie mit toten Augen in dem rauchenden Wrack zurück.

Auch die Mannschaft des dritten Gefängnisses ergab sich, weitere folgten. Nach der Eroberung des zehnten war die Kolonne zu einer Armee angewachsen, in der nur jeder siebte eine moderne Waffe trug. Ein Überraschungsangriff in voller Stärke auf eine Garnisonstadt behob den Waffenmangel, versorgte sie mit reichlich Munition und reihte siebenhundert geistig verwirrte Kastaner in die Reihen ein. Hier kamen die Gaths auch in den Besitz der ersten schweren Artillerie in Form von zehn mobilen Batterien aus Mehrzweckkanonen.

Ein Abstecher zu einem nur ungenügend verteidigten Flugplatz brachte ihnen vier kleine kampfbereite Raumkreuzer und zweiundsechzig Düsenjäger ein. Gelegenheitsmaler überpinselten die Insignien mit den Doppelpfeilen und ersetzten sie durch einen weißen Stern. Ehemalige Piloten, Navigatoren, Raumfahrtingenieure und Bordschützen trieben sie zur Eile an, stiegen dann auf und bombardierten feindliche Flughäfen.

Telefoningenieure trennten Stromleitungen, zapften Kommunikationsverbindungen an, lauschten den Ferngesprächen unwissender Kastaner, versorgten sie mit falschen Nachrichten und lieferten einen unaufhörlichen Nachrichtenstrom an den Geheimdienst der Gath-Armee. Patrouillenflugzeuge versorgten den Stab des Hauptquartiers mit Nachrichten über Feindbewegungen. Funktechniker hörten die Sendungen der Kastaner mit eroberten Geräten ab und lieferten ihren Anteil wertvoller Details. Es gelang den Gaths sehr schnell, die Kriegsführung zu systematisieren – sie wußten, was sie taten und warum.

Sorgfältig bemessen war ein Störfaktor in eine passende Umgebung gebracht worden, wo er gewirkt hatte wie Hefe in einem Braukessel.

Am neunten Tag der Revolte fiel ein flammendes Schlachtschiff vom Himmel, wo sich zwischen den Sternen ein permanentes Flakkern und lebhaftes Aufblitzen gezeigt hatte. Es schlug wie ein Meteor in die Kuppe eines Hügels ein und verstreute Klumpen geschmolzenen Metalls. Auf einer verbeulten Platte waren noch schwach die Spitzen zweier Pfeile zu erkennen.

In der gleichen Nacht stürzten weitere weißglühende Schiffe ab und erhellten den Dschungel kilometerweit. Eines war nicht identifizierbar; eines trug das Emblem eines terranischen Kometen. Neun zeigten die weißen Pfeile.

Am zehnten Tag wurden Wardle und die anderen in einem dahinrasenden Lastwagen hin und her geworfen, der zu einer gigantischen Marschkolonne gehörte, die mehr als tausendfünfhundert Kilometer südlich vom Gefängnis vorstieß. Ihr Fahrer war Gathmajor Slovits, der einzige an Bord, der groß genug war, das gewaltige Lenkrad zu halten und die großen Fußpedale zu bedienen. Slovits, der in unerwarteter Freiheit und neugewonnener Ehre schwelgte, war jetzt der gathischste aller Gaths.

Eine mobile Funkeinheit, die am Straßenrand arbeitete, lenkte ihre Aufmerksamkeit auf sich, als ein danebenstehender Sergeant der Aluesianer sie heranwinkte. Der Sergeant kam heran, mit seinen Katzenaugen musterte er sie neugierig.

„Ihr Terraner werdet in Langasime erwartet."

„Das liegt eine Tagesreise zurück", beschwerte sich Wardle. „Die Kämpfe finden in der anderen Richtung statt. Worum geht's?"

„Man sucht euch über Funk. Ihr werdet so schnell wie möglich in Langasime erwartet."

„Wer erwartet uns?"

„Eine terranische Fregatte ist gelandet. Die Besatzung sagt, daß die feindliche Flotte schwere Verluste hinnehmen mußte und daß die Eroberung Gathins nur noch eine Frage der Zeit ist. Und Unionsstreitkräfte sammeln sich zu einem Angriff auf Kasta selbst."

„Hm! So wie es aussieht, holt man uns nach Hause."

Wardle zeigte sich enttäuscht, kämpfte kurz mit momentaner Unentschlossenheit. Ein Lastwagen holperte vorbei, er zog einen Tank mit Lähmgas und den dazugehörigen weitreichenden Projektor. Drei weißsternige Düsenjäger gingen über der vorrückenden Kolonne herunter, zogen hoch und verschwanden in der Ferne. Der Horizont spuckte Rauch, und entfernte Geräusche waren zu hören, das *Tacka-tacka* der leichten Gewehre und das *Gamma-gamma-gamma* der schweren MGs, das kurze tiefe *Bumm* von Alamitbomben, großkalibrigen Mörsern und Mehrzweckkanonen.

Widerwillig gab Wardle nach. „Also gut, vielleicht haben sie schon etwas anderes für uns in petto." Dann wandte er sich an Slovits: „Fahren Sie uns schnell zurück."

Auf dem ruinierten und zerbombten Raumhafen Langasimes kam der Fregattenkapitän die Gangway herunter, um sie zu begrüßen. Hochgewachsen, jung und adrett sprach er mit einem Hauch müder Resignation. „Im Hauptquartier sollten die sich mal die Köpfe untersuchen lassen. Man hat mir befohlen, eine spezielle Einsatztruppe abzuholen – in einer Fregatte." Seine Aufmerksamkeit richtete sich auf Casasola. „Ich nehme an, ihr Burschen seid ein Teil davon?"

Casasola sagte nichts.

„Wir Burschen", informierte ihn Holden, „sind die gesamte Einheit."

Der Captain runzelte mißbilligend die Stirn, während er sich umsah, um herauszufinden, wo der Witz lag. Da er ihn nicht finden konnte, bemerkte er ungläubig: „Was, ihr seid nur sieben?"

„Ja", erklärte Holden und bedachte ihn mit einem irritierenden Grinsen. „Gut, *houne?*" Er wandte sich um und sagte mit einer Geste des Abschieds: „Viel Glück, Slobovitsch."

„Slovits", erinnerte ihn Slovits mit ausgesuchter Höflichkeit.

Eric Frank Russell

Zur Science-fiction kam Eric Frank Russell, der am 6. Januar 1905 in Camberley in der englischen Grafschaft Surrey geboren wurde, über die „British Interplanetary Society", zu deren Gründungsmitgliedern er zählte. In den dreißiger Jahren veröffentlichte der Autor erste Kurzgeschichten, die beim Publikum bald so großen Anklang fanden, daß er von 1937 an bis zu seinem Tod im Jahr 1978 ganz vom Schreiben leben konnte. Als junger Mann hatte er nach dem Abschluß einer militärischen Ausbildung bei der Telefonvermittlung, als Qualitätsprüfer und im technischen Außendienst mehrerer Stahlwerke und Maschinenfabriken in Liverpool gearbeitet.

Im Mittelpunkt von Russells Büchern steht meist die Auseinandersetzung zwischen Menschen und Außerirdischen. Dabei relativiert der Schriftsteller nicht nur immer wieder die irdischen Wertbegriffe, sondern betrachtet das Aufeinandertreffen der unterschiedlichen Systeme auch mit einer gehörigen Portion Humor. Hauptziele seines gutmütigen Spotts sind Beamtenwillkür, Engstirnigkeit und militärischer Starrsinn. Für seine Kurzgeschichte „Allamagoosa", eine glänzende Satire auf die Bürokratie, erhielt er den *Hugo Award*. Aber auch für bizarre menschliche Evolutionsformen zeigt der Autor eine Vorliebe. Sein erster Roman „Die Todesschranke" beispielsweise ist von der These geprägt, daß die Menschheit von unsichtbaren Parasiten beherrscht und gelenkt wird.

Russells Ruhm ist eng mit dem SF-Magazin *Astounding* verbunden, in dem in den dreißiger und vierziger Jahren viele Geschichten erschienen, die später zu Klassikern ihres Genres wurden. Doch nicht nur John W. Campbell, der Herausgeber dieser Zeitschrift, war ein großer Bewunderer Russells, auch einige Schriftstellerkollegen, etwa Alan Dean Foster, bezeichnen ihn als ihren Lieblingsautor.

Der Overview-Effekt

Die Erde vom Weltraum aus betrachtet

Ulf Merbold nimmt einen besonderen Rang in der Geschichte der deutschen Raumfahrt ein: Ausgewählt aus zweitausend Bewerbern, begleitete er im Jahr 1983 als wissenschaftlicher Astronaut die Spacelab-1-Mission und war damit nicht nur der einzige Europäer an Bord des Shuttle „Columbia“, sondern zugleich der erste Bürger der Bundesrepublik Deutschland im Weltall. Wie dieses Unternehmen sein Verhältnis zu unserem Heimatplaneten verändert hat und welche Hoffnungen er für die Raumfahrt hegt, schildert Merbold im folgenden Beitrag.

Als ich am 28. November 1983 im Middeck der Raumfähre Columbia auf den Start in den Weltraum wartete, war mir nicht im mindesten bewußt, wie die Eindrücke des bevorstehenden Raumfluges mein Denken beeinflussen würden. Ich wußte natürlich, wie sehr sich die Welt durch die Raumfahrt bereits verändert hatte. Die Kommunikationssatelliten sorgten dafür, daß auf längere Zeit nichts mehr geschehen oder unternommen werden konnte, ohne daß die Weltöffentlichkeit davon Zeugnis erhielt. Die politischen Führer aller Staaten sahen sich in helles Licht getaucht. Wurden die Menschenrechte mißachtet, geschah es nicht länger im verborgenen, sondern vor aller Augen.

Ich wußte auch, wie sehr die Kommunikationssatelliten dazu geführt hatten, daß sich Menschen verschiedenster Nationalitäten, Rassen, Religionen und Kulturen nähergekommen waren. Kostete es doch nur noch einen Telefonanruf, mit einem Fachkollegen aus Kalifornien eine wissenschaftliche Frage zu diskutieren oder sich nach dem Wohl jenes griechischen Fremdenführers zu erkundigen, der den letzten Urlaub so interessant gemacht hatte. Kein Zweifel: Die Satelliten hoch über den Menschen hatten die Barrieren und Distanzen zwischen ihnen kleiner werden lassen.

Nun war ich selbst unterwegs in die lebensfeindliche Leere des Weltraumes. Die Raketenmotoren des Shuttle waren gezündet worden. Die Gewalt von mehr als dreitausend Tonnen Schub trieb uns mit wachsender Beschleunigung aufwärts. Doch nach achteinhalb Minuten war alles schon vorüber. Wurde ich eben noch mit dem Dreifachen meines normalen Körpergewichtes in den Sitz gepreßt, so war ich nun plötzlich schwerelos. Wären die Anschnallgurte nicht gewesen, wäre ich beim Abschalten der Raketenmotoren von meinem

Sitz davongeschwebt und hätte mich irgendwo in der Kabine gefunden. Nach dem Losschnallen fand ich mich erstmals in meinem Leben in einem isotropen Raum wieder. Die Wörter oben und unten hatten ihren Sinn verloren. Es fiel nichts mehr herunter. Mir wurde bewußt, wie viele Begriffe unsere Sprache nur deswegen entwickelt und geprägt hat, weil wir in einer Welt leben, in der die Dinge Gewicht haben. Wären wir alle im Weltraum geboren worden, würden wir uns vermutlich unter einem Pfeiler, einem Querträger, einem Fundament, einer Brücke nichts vorstellen können. Auch Tisch, Stuhl oder Bank wären unbekannte Gegenstände geblieben, weil Möbelstücke dieser Art im Weltraum überflüssig sind.

Es bedurfte der Gewöhnung, sich im Raumschiff zu orientieren und

Kommunikationssatelliten lassen die Menschheit zusammenrücken: Nachdem „TV-Sat 1" als erster deutscher Nachrichtensatellit 1987 in die Erdumlaufbahn gebracht wurde, aber aufgrund von Funktionsstörungen nicht in Betrieb genommen werden konnte, strahlt nun der baugleiche „TV-Sat 2" seit August 1989 Programme über dem Gebiet der Bundesrepublik ab, die mit Hilfe von Parabolantennen erstmals vom Fernsehteilnehmer direkt empfangen werden können.

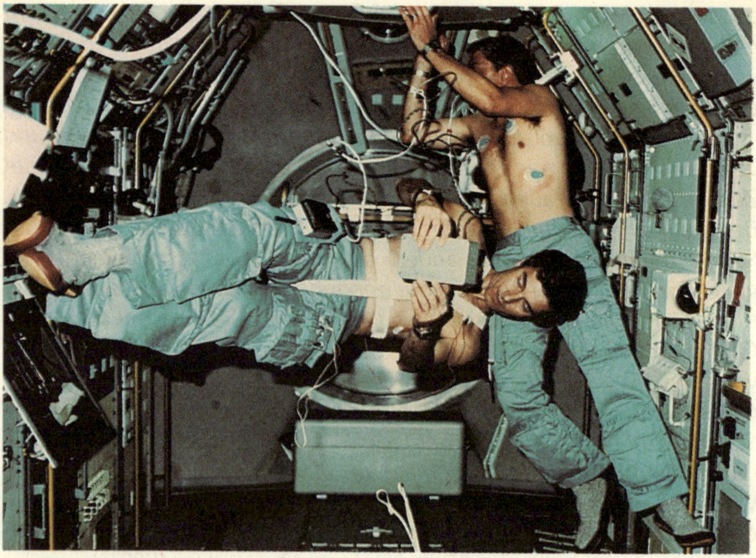

Schwerelos im Weltall: Autor Ulf Merbold, erster Astronaut der Bundesrepublik Deutschland, an Bord des Spacelab 1

richtig zu bewegen. Es dauerte allerdings nicht lange, bis wir erfahren und gelernt hatten, daß eine Arbeit schneller von der Hand geht, wenn man langsam, sanft und umsichtig zu Werke geht als schnell und ruckartig. Jedesmal wenn eine Kraft vom Astronauten auf einen Teil des Raumschiffes ausgeübt wird, entsteht nämlich eine Gegenkraft. Wirkt der Astronaut also mit Vehemenz auf die Tasten eines Rechners ein, setzt er sich nur selbst rückwärts in Bewegung.

Beim ersten Blick aus dem Fenster verschlug es mir die Sprache. Die Sonne strahlte auf uns herab und ließ Spacelab im Laderaum des Shuttle glänzen, daß es eine Lust war. Doch erstmals in meinem Leben sah ich die Sonne aus einem tiefschwarzen Himmel leuchten.

Beim ersten Blick zum Horizont der Erde stockte mir der Atem. Nicht daß mich die Krümmung der Horizontlinie überrascht hätte, es war vielmehr die königsblaue Farbe der Atmosphäre, die mich verzauberte. Doch wie dünn war die lebenserhaltende Schicht! Hier war der Moment, von dem alle Astronauten erzählt hatten, die vor mir geflogen waren. Die Erde lag ausgebreitet unter uns. Ihre Schönheit war hinreißend – keine Sprache kann es beschreiben –, doch wie verletzlich sah sie aus!

Von dem Moment an, als ich den ersten Blick durch das Fenster geworfen hatte, kam ich nicht mehr davon los. Wann immer es meine Zeit erlaubte und auch wenn sie es eigentlich nicht erlaubte, zum Beispiel während der Schlafenszeit, betrachtete ich Sonne, Mond und Sterne, doch mehr als alles andere die Erde. Es war faszinierend, wie viele ihrer Feinheiten sich uns offenbarten. Wir sahen die Ozeane, die Kontinente, die Küstenlinien, die Inseln, die Gebirge mit all ihren Gipfeln, Gletschern, Tälern und die Flüsse. Mit staunenden Augen verfolgten wir die Schauspiele der Natur. Die hohen Türme der Gewitterwolken warfen im Licht der untergehenden Sonne lange Schatten auf die Oberfläche der Erde. War es schon dunkel, sahen wir die Wolken bei jedem Blitzschlag von innen heraus auf wundervolle Weise erleuchtet. Wir waren hingerissen von der Schönheit und der Gewalt der unter uns tobenden Gewitter. Kamen wir bei Nacht in die Nähe eines magnetischen Poles, sahen wir die Nordlichter schräg

Ein globales Bewußtsein wird notwendig: Die Computersimulation veranschaulicht die Bevölkerungsdichte der Erde.

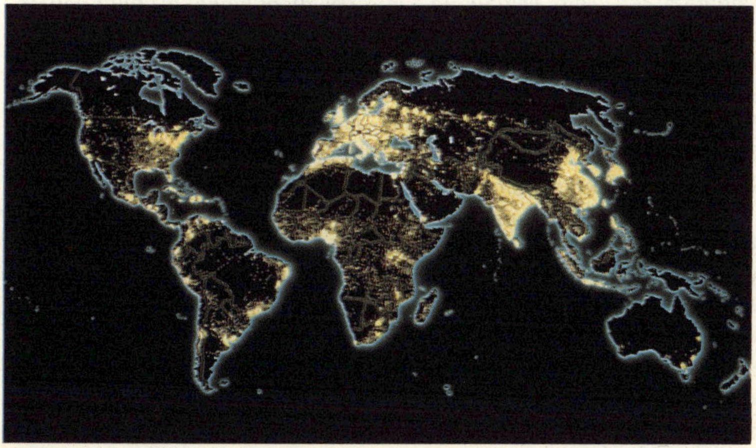

unter uns ein märchenhaftes Schauspiel aufführen. Ähnlich wie riesenhafte, leuchtende Gardinen schienen sie sich im Wind zu bewegen. Doch sie änderten dabei nicht nur ihre Form, sondern auch immerwährend ihre pastellene Farbe.

Wir fanden vom Menschen geschaffene Strukturen wie Kanäle, Stauseen oder die Kondensstreifen der Flugzeuge wieder. Wir nahmen sie als freundliche Zeichen zur Kenntnis. Nachts grüßten uns die Großstädte der Welt mit Myriaden von Lichtern. Sie schienen zum Greifen nahe zu sein. Doch wir sahen auch die hellen Flammen über den Erdölfeldern des Nahen Ostens und entdeckten die industriellen Ballungsräume in Europa, der Sowjetunion, den Vereinigten Staaten von Amerika und in Asien. Dort war die Luft von Abgasen, Rauch und Aerosolen weiß getrübt. Seit ich mit eigenen Augen sehen konnte, wie dünn die schützende Lufthülle der Erde ist und wie sehr wir die Atmosphäre stellenweise durch Industrie- und Verkehrsabgase belasten, bin ich besorgt, ob wir die Selbstreinigungskraft der Natur nicht überfordern. Dürfen wir unbesorgt Wohlstand, Bequemlichkeit und Komfort genießen, ohne uns um die damit verbundene Belastung der Umwelt zu kümmern, oder haben wir nicht vielmehr die Pflicht, die Erde denjenigen, die nach uns kommen, in einem guten Zustand zu hinterlassen?

Ein einziger Umlauf um den Erdball kostete uns weniger als neunzig Minuten Zeit. Länder wie Frankreich oder Deutschland waren jeweils in einer Minute passiert. Wir suchten die trennenden Grenzlinien zu finden, die auf allen Landkarten zwischen den Staaten so deutlich vorhanden sind. Doch sie existieren nicht. Ich erinnerte mich daran, daß mein Großvater während des Ersten Weltkriegs, mein Vater während des Zweiten Weltkriegs Soldat in Frankreich gewesen waren. Wie grotesk ist die Geschichte. Ich konnte es nicht begreifen.

Die Erde, das war klargeworden, ist ein kleiner Himmelskörper. Sie ist von zauberhafter Schönheit, und gleichzeitig hält sie alles bereit, was wir zum Leben brauchen: die Luft zum Atmen, die Nahrungsmittel, das Wasser und die soziale Einbindung in die menschliche Gesellschaft, ohne die ein Leben nicht möglich oder zumindest nicht lohnend wäre. Gleichzeitig schützt uns die Erde vor der ionisierenden Röntgenstrahlung und den Elementarteilchen aus der Tiefe des Kosmos. Genau besehen, ist sie ein Raumschiff, mit dem fünf Milliarden

Passagiere durch das lebensfeindliche Weltall fliegen. Sie ist ein Raumschiff mit einem wundervollen Lebenserhaltungssystem. Eine Eigenschaft des Raumschiffs Erde ist, daß keiner der Passagiere aussteigen kann. Wir sind gezwungen, die Reise durch das finstere All gemeinsam fortzusetzen, ob uns alle Mitreisenden sympathisch sind oder nicht. Vom Weltraum aus erschien mir die Erde als eine überaus freundliche Heimat. Dort unter uns lagen die Stätten der Kindheit und der Jugend, dort unten warteten meine Frau, meine Kinder und meine Freunde darauf, mich und meine Gefährten wieder in die Arme schließen zu können.

Meine fünf amerikanischen Freunde und ich waren uns einig, daß die Rückkehr zur Erde ein besonders schöner Teil unseres Fluges werden würde. Wir hatten zehn Tage lang gemeinsam hart im Schichtbetrieb gearbeitet, um möglichst viele gute wissenschaftliche Daten mitzubringen. Wir hatten hundertsechsundsechzigmal die Sonne auf- und untergehen sehen und dabei sieben Millionen Kilometer durch das All zurückgelegt. Fast wie die Kinder hatten wir jeden Tag von neuem die Welt bewundert. Dabei waren wir zu Brüdern geworden. Doch wir fühlten auch, daß wir mit allen anderen verbunden waren, die vor uns einen Raumflug erlebt hatten und dadurch zum Nachdenken angeregt worden waren.

Die Raumfahrt hat gewiß vielerlei Aspekte. Für einen Wissenschaftler wie mich ist sie vor allem deshalb wichtig, weil Beobachtungen und Experimente unter Bedingungen durchgeführt werden können, wie sie auf der Erde nicht möglich sind. Für die Techniker mag die Raumfahrt jenes Aufgabenfeld sein, das den Ingenieuren noch immer das Letzte ihres Könnens abverlangt. Sie wirkt deshalb als eine Antriebskraft, neue Technologien zu entwickeln und einzuführen. Für die Wirtschaft hat die Raumfahrt Bedeutung, weil sie Arbeitsplätze für viele hochqualifizierte Fachkräfte schafft.

Doch ganz gewiß hat die Raumfahrt auch eine philosophische Dimension. Sie erlaubt dem Menschen, seinen Heimatplaneten aus der Distanz zu erfahren. Mit Sicherheit können dabei Erkenntnisse und Einsichten gewonnen werden, die zum Nachdenken über unsere Rolle im Kosmos anregen werden. Sicherlich wird sich eine Art globales Bewußtsein entwickeln. Angesichts einer rasch wachsenden Weltbevölkerung mag hierin ihre größte Bedeutung liegen.